環境法案内

A Guide to Environmental Law

坂口 洋一【著】

Sophia University Press
上智大学出版

はじめに

　本書は、当初、『環境法ガイド』(2007年)の改訂版にするつもりで仕事を進めてきた。だが、作業が進むにつれて、構成だけでなく、内容も大きく変更・追加し、別の書物となった。そこで、書名も『環境法案内』とした。ただし、本書では、新たに「第1部　日本の3大環境汚染事件—足尾鉱毒事件、水俣病事件、福島原発事件—」を設けたことに伴い、『環境法ガイド』の足尾鉱毒事件（第1章）をそのまま残し、水俣病事件に新たな動向を追加した（第2章）。

　本書の構成と内容は、私の取り組んできた教育と研究の足跡とも言うことができる。振り返ってみると、1960年代の後期に取り組んだ足尾鉱毒事件の調査を出発点として、1970年に水俣病事件など「4大公害訴訟」に関心を持ち、1983年から自然生態系の保全と再生のテーマを取り上げて長期にわたる研究を行ってきた。1994年より環境法の諸科目を担当したことに伴い、環境法の全体に視野を広めた。そして、最近、2011年の福島原発事故を契機に、原発と日本のエネルギー政策を考えている。

　本書の重点は次のようになっている。

　第1部の「日本の3大環境汚染事件」では、足尾鉱毒事件、水俣病事件、福島原発事件を取り上げる。

　足尾鉱毒事件は、今日までの環境汚染事件の「原型」を示していると言われているが、時代背景と表れ方は異なるものの、加害企業の対応、国の対策、被害者の運動などの対応を考察する（第1章）。

　水俣病事件では、1973年の熊本水俣病事件第1次訴訟の熊本地裁判決から2013年の水俣病認定訴訟の最高裁判決に至るまでの主要な判決を検討することにより、水俣病のような悲惨な被害を再び繰り返さないための法政策を追究する（第2章）。

　福島原発事件では、原発事故の被害者救済の法律、事故以前の判例（伊方、志賀、もんじゅ）を検討し、今後の福島原発裁判での被害者救済のあり方、財物賠償、ふるさと喪失の慰謝料、原発施設の差止請求を検討し、日本のエ

ネルギー政策のあり方を提案する（第3章）。

　第2部の「環境汚染をめぐる法と紛争」では、環境法の特色、環境政策の手法、理念・原則・基本指針など環境法の総論を述べた後、各個別法を説明し、それぞれの分野での紛争事例を検討する。

　まず、環境法の全体にかかわる分野では、健全な生態系の保全と再生による持続可能な社会・生態系サービスの確保、環境配慮を組み込むための環境政策の手法、未然防止、予防原則、原因者負担の原則、拡大生産者責任、環境教育、協働、環境影響評価法を取り扱う（第4章～第7章）。

　次に、環境法の個別法分野では、大気汚染防止法、地球温暖化対策、水質汚濁防止法、土壌汚染対策法、廃棄物処理法、自然保護法（第8章～第14章）を検討する。

　地球温暖化対策では、省エネ法の他に、重要な3政策として再生可能エネルギーの固定価格買取制度、地球温暖化対策税、国内排出量取引制度を取り上げている。排出量取引制度は、最初に、実施の先行事例となっている東京都の条例を分析し、引き続き、導入が検討されている国の国内排出取引制度をめぐる論議を紹介する（第9章）。

　廃棄物処理法は、最も紛争事例の多い分野であり、排出事業者の責任、条例、協定をめぐる紛争を取り上げ、判例の動向を整理し（第12章）、循環型社会づくりの方向を考える（第13章）。

　自然保護法の分野は、昨年出版した『里地里山の保全案内―保全の法制度・訴訟・政策―』で詳述したので、本書では課題の検討と生物多様性基本法だけを述べている（第14章）。

　本書は、以上のような内容になっているが、環境法を学ぶ初歩者から中上級者のための案内になっていると考える。

　最後になるが、本書の出版にあたっては、上智大学出版とぎょうせいの皆様に大変お世話になった。この場を借りて、心から感謝を申しあげたい。

　　　2014年12月

　　　　　　　　　　　　　　　　　　　　　　　　坂　口　洋　一

凡　例

1．法律略称名

埋立法	公有水面埋立法
海洋汚染防止法	海洋汚染等及び海上災害の防止に関する法律
化学物質の排出量管理法	特定化学物質の環境への排出量の把握等及び管理の改善の促進に関する法律
化審法	化学物質の審査及び製造等の規制に関する法律
環影法	環境影響評価法
環基法	環境基本法
環境教育促進法	環境教育等による環境保全の取組の促進に関する法律
環境配慮促進法	環境情報の提供の促進等による特定事業者等の環境に配慮した事業活動の促進に関する法律
希少種保存法	絶滅のおそれのある野生動植物の種の保存に関する法律
行訴法	行政事件訴訟法
グリーン購入法	国等による環境物品等の調達の推進等に関する法律
建基法	建築基準法
原子炉等規制法	核原料物質、核燃料物質及び原子炉の規制に関する法律
原賠法	原子力損害の賠償に関する法律
公害健康被害補償法	公害健康被害の補償等に関する法律
工場排水規制法	工場排水等の規制に関する法律（旧法）
国賠法	国家賠償法
再生エネ買取法	電気事業者による再生可能エネルギー電気の調達に関する特別措置法
支援機構法	原子力損害賠償・廃炉等支援機構法
事業者負担法	公害防止事業費事業者負担法
自治法	地方自治法
自然再生法	自然再生推進法
首都圏緑地法	首都圏近郊緑地保全法
自動車NOx・PM法	自動車から排出される窒素酸化物及び粒子状物質の特定地域における総量の削減等に関する特別措置法
循環基本法、循基法	循環型社会形成推進基本法
省エネ法	エネルギーの使用の合理化等に関する法律
食品リサイクル法	食品循環資源の再生利用等の促進に関する法律

水質保全法	公共用水域の水質の保全に関する法律（旧法）
水濁法	水質汚濁防止法
政府補償契約法	原子力損害賠償補償契約に関する法律
生物基法	生物多様性基本法
生物多様性地域連携促進法	地域における多様な主体の連携による生物の多様性の保全のための活動の促進等に関する法律
瀬戸内法	瀬戸内海環境保全特別措置法
大防法	大気汚染防止法
宅建業法	宅地建物取引業法
地球温暖化対策法	地球温暖化対策の推進に関する法律
鳥獣保護法	鳥獣の保護及び狩猟の適正化に関する法律
都計法	都市計画法
土対法	土壌汚染対策法
農地汚染防止法	農用地の土壌の汚染防止等に関する法律
廃棄物処理法	廃棄物の処理及び清掃に関する法律
文化財法	文化財保護法
放射性物質汚染対処特措法	平成二十三年三月十一日に発生した東北地方太平洋沖地震に伴う原子力発電所の事故により放出された放射性物質による環境の汚染への対処に関する特別措置法
容器包装リサイクル法	容器包装に係る分別収集及び再商品化の促進等に関する法律

2．法律雑誌の略称

環境百選	環境法判例百選（初版）2004年
環境百選2版	環境法判例百選（第2版）2011年
ジュリ	ジュリスト
判　時	判例時報
判　タ	判例タイムズ
判　自	判例地方自治
法　教	法学教室
法　時	法律時報
法　セ	法学セミナー
民　商	民商法雑誌

環 境 法 案 内

A Guide to Environmental Law

目　　次

はじめに

凡　例

第1部　日本の3大環境汚染事件
―足尾鉱毒事件、水俣病事件、福島原発事件―

第1章　足尾鉱毒事件 ———————————— 2
  1　背　景　*2*
  2　足尾鉱毒事件の発端　*3*
  3　古河市兵衛と被害民の示談契約　*5*
  4　鉱業停止請願運動と政府の対応　*7*
  5　川俣事件の刑事裁判　*9*
  6　足尾鉱毒事件の終息　*12*

第2章　水俣病事件 ———————————— 14
  1　水俣病　*14*
  2　熊本水俣病事件　*16*
  3　行政の責任―水俣病関西訴訟事件判決―　*26*
  4　阿賀野川・新潟水俣病事件第1次訴訟　*32*
  5　水俣病の認定訴訟　*38*
  6　水俣病事件の教訓　*44*

第3章　原子力発電所事故の環境汚染をめぐる法と
    被害者救済の訴訟―福島原発事件を中心に― ——— 46
  1　福島原発事故　*46*
  2　原子力基本法　*51*
  3　原子炉等規制法　*51*
  4　電気事業法　*53*
  5　原賠法・支援機構法　*53*
  6　損害賠償請求の手続　*61*

         7　伊方原発事件の最高裁判決
            （行政訴訟・取消訴訟）　*63*
         8　高速増殖炉もんじゅ事件訴訟
            （行政訴訟・無効確認訴訟）　*70*
         9　志賀原発2号炉差止請求訴訟（民事訴訟）　*81*
        10　原子力発電所の新規制基準　*90*
        11　福島原発事故の訴訟　*93*
        12　除染と原状回復　*103*
        13　函館市の大間原発差止請求訴訟
            （無効確認訴訟、義務付け訴訟、民事訴訟）　*115*
        14　福島原発事故後、初の判決
            ――大飯原発3、4号機運転差止判決――（民事訴訟）　*120*
        15　エネルギー政策の選択　*127*

第2部　環境汚染をめぐる法と紛争

第4章　環境法の対象と特色 ——————————— *136*
    1　環境法の対象　*136*
    2　環境法の特色　*142*

第5章　環境政策の手法 ——————————————— *154*
    1　計画的手法　*154*
    2　規制的手法　*160*
    3　経済的手法　*164*
    4　情報的手法　*171*
    5　手続的手法　*173*
    6　合意的手法　*175*
    7　自主的取組手法　*177*
    8　手法の組合せ　*178*

第6章　環境法の理念・原則・基本指針・環境基本法 ── 180

1. 環境基本法の基本理念　180
2. 各主体の責務　181
3. 環境保全施策の指針　182
4. 環境基本計画　182
5. 環境基準　183
6. 国の環境配慮義務　186
7. 経済的手法の導入　187
8. 原因者負担の原則　187
9. 防止原則と予防原則　197
10. 環境教育　202
11. 協　働　203

第7章　環境影響評価法 ── 208

1. 環境影響評価法の背景と事例の検討　208
2. 環境影響評価法の概要　220

第8章　大気汚染防止法 ── 228

1. 大気汚染防止法の概要　228
2. 四日市大気汚染訴訟　241
3. 大気汚染訴訟の推移　251
4. 大気汚染訴訟の到達点　261

第9章　低炭素社会づくりの法 ── 264

1. 日本の地球温暖化対策　264
2. 地球温暖化対策の新たな展開　272
3. 再生可能エネルギーの固定価格買取制度　273
4. 地球温暖化対策税　277
5. 東京都の総量削減義務と排出量取引制度　280
6. 国内排出量取引制度　286

第10章　水質汚濁防止法 ─────────── 290

1. 水質汚濁防止法の概要　*290*
2. イタイイタイ病事件　*301*

第11章　土壌汚染対策法 ─────────── 313

1. 土壌汚染対策法の目的と対象　*313*
2. 土壌汚染状況調査　*314*
3. 要措置区域　*316*
4. 形質変更時要届出区域　*317*
5. 要措置区域内の土地の汚染除去等の指示と措置命令　*318*
6. 土地所有者等への汚染除去等の措置の指示と措置命令　*319*
7. 汚染原因者への汚染除去等の措置の指示と措置命令　*320*
8. 土壌汚染対策法に基づく土地所有者等の費用請求権　*321*
9. 民事法上の請求権　*322*
10. 地下水への有害物質汚染問題の対応　*327*

第12章　廃棄物処理法 ─────────── 332

1. 廃棄物処理法の目的と定義　*332*
2. 廃棄物の分類　*334*
3. 一般廃棄物の規制　*335*
4. 産業廃棄物処理の規制　*336*
5. 循環型社会の「廃棄物等」と「循環資源」
   ─新たな動向─　*340*
6. 産業廃棄物処理規制の変化と実際　*341*
7. 廃棄物処理施設（焼却場・埋立地）の建設と操業の計画手続　*349*
8. 条　　例　*352*
9. 協　　定　*357*
10. 産業廃棄物処理施設をめぐる訴訟の動き　*358*

第13章　循環型社会づくりと法 ────────── 370
　　1　循環基本法　370
　　2　容器包装リサイクル法　375

第14章　人と自然の共存社会 ──────────── 384
　　1　里地里山　384
　　2　生物多様性の保全と再生の方向　385
　　3　生物多様性基本法　386

索　　引　395

第１部

日本の３大環境汚染事件
―足尾鉱毒事件、水俣病事件、福島原発事件―

第1部　日本の3大環境汚染事件

はじめに

ここでは、日本の3大環境汚染事件として足尾鉱毒事件、水俣病事件、福島原発事件を取り上げ、それぞれ事件の推移と紛争解決の実態を検討し、それぞれの歴史的背景を踏まえ、共通点、特殊な点、紛争解決の手法を明らかにし、悲劇を繰り返さないために、環境汚染事件の経験から学ぶ課題を考えたい。

第1章　足尾鉱毒事件[1]

1　背　景

すでに、欧米諸国は海外の植民地を求めて競争していたので、明治政府は、日本が植民地になることを避けるだけでなく、急速に産業革命をやり遂げ、自らも強力な資本主義国として発展していく必要があった。明治政府は、そのために、「富国強兵」と「殖産興業」の政策を緊急目標に掲げた。この政策は、第1に、軍事力の強化であり、そのために軍備増強に役立つ工業を振興し、重要なものについては国営企業として政府自身が経営した。第2に、殖産興業政策であり、急速に資本主義を確立する必要があったので、先進欧

---

[1]　本章は、坂口洋一「足尾鉱毒事件」(青年法律協会『青年法律家』1973年4月号2～3頁)に加筆したものである。足尾鉱毒事件の参考文献は数多く、図書だけでも100冊以上にも上る。ここでは、代表例を挙げると、荒畑寒村『谷中村滅亡史』(岩波文庫、1999年)初版は1907年に刊行されたが、刊行日に発売禁止となる。1970年代に復刻され長く読み継がれている。宇井純『公害原論Ⅰ』(亜紀書房、1971年)189頁以下、大鹿卓『谷中村事件—ある野人の記録田中正造』(新泉社、1972年)、田中正造『田中正造選集(第1巻～第7巻)』(岩波書店、1989年)、川名英之『日本の公害(第4巻)』(緑風出版、1989年)7～100頁、永島与八『鉱毒事件の真相と田中正造翁』(復刻版・明治文献、1971年)、森長英三郎『足尾鉱毒事件(上・下)』(日本評論社、1982年)などがある。

米資本主義国からの汽車、旋盤、工作機械など生産技術を輸入し、産業を保護することにあった。

「殖産興業」政策のための財政資金は、主として、農民からの高額な地租収入であるが、貿易も重視された。貿易は「殖産興業」に必要な生産技術の輸入のために重要だったからである。当時の貿易状態をみると、輸入品の大部分は、船舶、鉄道設備、機械などであり、輸出品は生糸、お茶、米、銅、石炭などであった。輸入は輸入関税5パーセントという植民地的条件のために大きく増大したのに対して、輸出は製品の生産力の低さのために停滞していた。そこで、明治政府は、重要な輸出品である銅の生産増強に全力を尽くすことになった。

欧米諸国はすでに産業革命を終了していたので、高度な生産技術を輸入し、短期間に資本主義を確立する必要のある日本の場合に[2]、銅の生産拡大は明治政府の殖産・貿易政策において重視された。このようにして、銅生産の企業は政府の強力な援助の下に置かれたのである。

2　足尾鉱毒事件の発端

古河市兵衛の古河鉱業は、政府から1877(明治10)年に足尾銅山を買い取り、水力発電、溶鉱炉、鉄道、転炉など近代技術を導入し、輸出製品としての需要量に支えられて、東洋一の銅山となった。銅は、電気をよく通すので、電線や電気器具に用いられた。足尾銅山の生産額は、明治20年代には別子銅山を抜き、1位となり、全国の30パーセントを占めている。生産額が増加しても、鉱害予防設備が付けられていくならば、汚染問題は生じない。しかし、当時の鉱業財閥は、予防設備への投資を「不生産的事業」(無駄遣い)としてはぶくので、生産拡大は当然、被害を拡大してゆくことになる。

足尾銅山の生産量が増加するとともに、製錬所付近の草木が枯れた。枯れ

---

[2] 産業革命は、1770年から1830年にかけてイギリスで典型的に見られた生産技術の変革であった。主要工業国は、すでに、19世紀末までに産業革命を経験していた。明治期の日本は、これら先進資本主義国に追いつかなければならない時代にあった。日本では、1890年代から1900年代にかけて産業革命をなしとげ、日露戦争後の1910年には資本主義が確立した。

ないところでも、銅山用として山々の木が伐採されたので、雨が降れば洪水になりやすくなっていった。渡良瀬川が洪水になるたびに、「魚が浮いて流れてくる。置かれた土には草一本も生えぬ。桑の葉を蚕にくれれば、たちまち死ぬ。洪水の浸入した井戸の水を飲めば必ず下痢をする」。このような異変が続くので、渡良瀬川沿岸一帯農民は、川上に毒物があって、洪水に混じって流れてくるのではないかと恐怖に襲われていた(3)。このような異変が10年程続いた。

渡良瀬川は、足尾山を源流として栃木県、群馬県、埼玉と茨城の両県の県境を流れ、埼玉県栗橋町で利根川に注ぎ込む川である。1890(明治23)年8月、渡良瀬川は、大洪水となり、群馬県でも、栃木県でも、各地で堤防の決壊のために、洪水が農地に流れ込み、農作物が腐敗する被害が出た。この時に上流から運ばれてきた土壌の分析を県立病院が検査していたところ、農作物に有害であることが判明した。そこで、地元選出の衆議院議員の田中正造は、帝国議会(第2議会)で足尾銅山の採掘許可を取り消すようにと質問している(4)。大日本帝国憲法には国民の所有権は侵害してはならないと規定されており、さらに、「鉱業条例」19条1項では採掘が公益を侵害するとき、農商務大臣は許可を取り消すことができると規定されている。下野国(栃木県)上都賀郡一帯は、足尾銅山より流れてくる鉱毒水によって、田畑、人の飲み水、植物に至るまで被害を受けているため、許可の取消しをすべきであると政府に迫った。しかし、この第2議会は、政府が答弁をしないうちに、与野党の衝突で解散となったので、後に、答弁書が発表となった。その答弁書の内容は、被害の事実は認めるが、被害の原因は不明であるから、現在のところ、専門家の調査を待っているというものであった。

ところがその調査の結果、被害の原因は、足尾銅山の鉱毒であることが判

---

(3) 永島与八、前掲注(1)、6〜8頁。
(4) 田中正造は、下野小中村(現・栃木県佐野市)生まれの政治家で、自由民権運動に参加し、1890(明治23)年帝国議会第1議会以来の衆議院議員となる。田中は、六角家という庄屋の家に生まれ、20代の頃、六角家のお家騒動に巻き込まれ、住民から高い税金を取り上げる悪家老を成敗してつかまり、六角家の屋敷牢に10ヶ月ほど入れられた。30代の後半には、「栃木新聞」(現「下野新聞」)を発刊し、1880(明治13)年には栃木県会議員となっている。改進党に属した。

明したのである。第3議会で、田中正造は、あらためて政府を追及した。農商務大臣は1892（明治25）年6月10日、被害の原因が足尾銅山にあることは認めるが、「この被害は公共の安全を脅かす性質のものではないだけでなく、その損害も足尾銅山の操業を停止させるほど大きなものではないので、鉱業条例19条により鉱業の特許を取り消す必要はない」と述べ、古河鉱業を擁護する答弁をしている。

3　古河市兵衛と被害民の示談契約

一方、現地では、古河市兵衛と被害民との間に示談契約を締結することにより紛争を処理しようとする動きが強まっていた。栃木県知事の折田平内は県会議員19人からなる「仲裁会」を組織し、野村藤太・群馬県会議長も動き、それぞれ示談契約で決着を付けようとしていた。

栃木県安蘇郡の役所では1892（明治25）年5月、県知事、郡長の立会いのもとに説明会が開かれた。栃木県会議長の横尾輝吉は、この鉱毒問題解決の方法について、鉱業停止、裁判による損害賠償、示談の3通りの方法がありうるが、そのうち示談による解決が最善の方法であると説明している。その演説の部分を現代文に直して引用しよう。

「諸君、我々仲裁会委員の意見を申し上げます。本件の解決には、3つの方法があります。第1は行政上の処分として鉱業を停止することであり、第2は裁判所に損害賠償を請求すること、第3はお互いに歩み寄り示談（和解）契約をすることであります。

しかし、行政上の鉱業停止処分は簡単にはできません。なぜなら、足尾銅山は、全国一の大鉱山であり、生産額は年間200万円以上あり、これに関係して生活している国民が10万人もいます。したがって、操業停止となれば、国家が重大な損害を受けるとともに、多数の人々が生活の途を失うことになってしまう。……また、裁判所に損害賠償を求める方法も、きわめて困難なことになります。なぜなら、被害地の査定と賠償金額の確定には、所有者数千人にのぼる田畑・山林について一筆ごとに被害程度の等級付けを行い、賠償額を算定しなければ、支払側では承知

しないことになる。裁判は長引くので、解決も困難になります。
　次に、仲裁による賠償です。仲裁とは、道徳上の裁判であって、社会問題には良い解決方法である。……特に、古河氏は、すでに折田県知事に対して、仲裁の方法で解決することを提案しています。仲裁委員会は、この方法で示談契約することを希望します。」(永島与八、前掲注(1) 58～60頁)

　この説明を聞いた500人の農民は、満場一致で県知事・議員の構成する仲裁会に一任することを決定してしまった。このようにして、最初の「示談契約」が締結された。この契約は、古河市兵衛が「道徳上の示談金」を支払うので、4年間を休戦期間として、「粉鉱採集器」と呼ばれる公害予防措置を取り付ける。この契約内容は、休戦期間中においては、第1に、苦情を申し出たり、行政処分を請求したり、裁判所に損害賠償請求を訴えない。第2に、被害民が所有する土地を売却する場合、この示談契約の内容を受け継がせる。第3に、粉鉱採集器の防止効果がない場合、再度交渉をすることなどが規定されていた。古河・加害企業に都合のよくできた契約が、下都賀郡、梁田郡、足利郡でも結ばれていった。示談金額は、道徳上の示談なので、全般に低額だが、群馬県では栃木県より一層低く抑えられてしまった。

　しかし、当時、法令を遵守すれば、鉱業停止及び損害賠償を認めることは、それほど難しくはないという意見も当時存在した。その著者の高橋秀臣によると、1890(明治23)年9月公布の「鉱業条例」(法律87号)は、採掘の事業が公益を侵害すれば、農商務大臣は許可を取消すことができるとの規定(19条)があるとともに、「土地使用により土地所有者又は関係人に損害を与えたとき、鉱業人はこれに対し相当の賠償をしなければならない」(50条)とも規定されている。他方、元老院での鉱業条例の審議過程では、「鉱業人は鉱業をなすに当たり他人に損害を蒙らしめたときは賠償の責めに任ずべし」(35条)が削除されている。削除の理由は、鉱毒騒ぎであるといわれている[5]。民法の施行(1898(明治31)年)は、横尾県会議長の演説から6年後の

---

(5) 鉱業条例50条の規定は、高橋秀臣『鉱毒事件と現行法令論』(愛善社、1902年) 37～38頁による。元老院の審議過程で、鉱毒事件を理由に「無過失賠償責任規定」(35条)を削除したとの指摘は、神岡浪子『日本の公害史』(世界書院、1987年) 182～183頁。

ことであるが、民法の不法行為は「故意・過失」(709条) を成立要件として明記している。「土地使用により」とあるのはあいまいだが、無過失賠償規定が削除(修正)されたにせよ、鉱業条例は過失を要件にしていないので、むしろ当時、裁判上、後に制定される民法よりも損害賠償の請求がしやすかったと考えられる。

　示談契約の公害予防措置は、何の効果もなく、洪水が発生すると、相変わらず鉱毒被害が出た。権利を奪われた被害民は、何の救済手段もなく、ますます窮地においやられることになった。加えて、日清戦争(1894～95(明治27～28)年)には、「挙国一致」のスローガンが掲げられたので、国策上重要な企業に苦情を申し立てることは困難な状態になった。

　最初の示談契約の期間が満了しようとするとき、古河はこれに代えて、「永久示談契約」を結ばせたのである。この永久示談契約の内容は、最初の示談契約よりも低額であっただけでなく、足尾銅山の鉱毒によって渡良瀬川沿岸の農民に迷惑をかけることが起こっても、「苦情や損害賠償を一切言わない」と規定されたひどいものであった。同じ文章の永久示談契約が、郡役人の権力を背景にして各市町村に結ばされていった。この「永久示談契約」を拒否したのは、阿蘇郡植野村、界村、犬伏町、足利郡久野村など若者が鉱害反対運動の中心になった地域にすぎなかった。

4　鉱業停止請願運動と政府の対応

　1896(明治29)年、大洪水が起こり、大被害が発生。各被害地では、もはや損害賠償の請求の段階ではなく、足尾銅山の鉱業停止を求めるべきであるとの空気がみなぎり、「鉱業停止請願書」が続々と提出された。群馬県邑楽郡渡良瀬村の雲龍寺に請願事務所が置かれた。これ以降、ここを拠点にして鉱業停止運動が繰り返されるようになる(写真1-1)。

　被害民は1896年11月、「足尾銅山鉱業停止請願書」を郡役所と県庁を通じて農商務大臣に提出したが、郡と県の役人に握りつぶされてしまい、大臣の手元には届かなかった。この握りつぶしに激怒した田中正造は衆議院で鉱業停止を求める質問をしている。しかし、政府の答弁は、足尾銅山を停止すれ

第1部　日本の3大環境汚染事件

写真1-1　請願事務所が置かれた雲龍寺
　　　　（著者写す）

ば、足尾のみならず全国に発展しつつある各地の鉱業にも同様なる鉱毒事件を引き起こす可能性があるので、鉱業停止の処分はできないと答弁をしている（1897年2月26日）。地方官による請願書の握りつぶしと冷淡な政府答弁に憤慨した被害民は、東京に行き、農商務大臣と直接交渉を行い、鉱業停止の要求をする方針を決めた。これ以降、上京運動が繰り返されるようになった。

(1) 第1回目の上京

　第1回目の上京は1897（明治30）年3月、蓑を着て、笠をかぶり、わらじ履きの農民5,000人が隊列を組んで出発した（以下参加人数は永島の前掲注(1)によった）。途中、各所で警官や憲兵に阻止されながらも、数百人が東京の日比谷が原にたどり着いた。そこで、代表50人を選び、榎本農商務大臣に鉱業停止を訴えた。

　この結果、請願の2ヶ月後、政府は1897年5月27日、古河市兵衛に対して「鉱毒防止命令」を出した。この工事は短期間の突貫工事であった。当時、古河市兵衛は、このような工事が「不生産的事業」（無駄遣い）であり、工事期間中の操業停止が重大な損失になることを説明する本を出版している。しかし、この予防工事の効果はなかった。不思議なことに、工事終了と同時に、政府命令を出した責任者の南挺三・東京鉱山監督所長は、役人をやめて古河に雇われたのである。わが国の役人天下りの最初の例となった。

(2) 第2回目の上京

　第2回目の上京は1898（明治31）年2月、真夜中の半鐘を合図に3,000人が集まった。請願団は、途中の各地で、警官と憲兵の阻止のために行進できず、やむなく75人の代表を上京させ、村に帰らざるを得なかった。

(3) 第3回目の上京

　第3回目の上京は1898年9月、半鐘を合図に10,000人が集まり、「鉱毒哀歌」を歌いながら、真夜中、東京に向かった。警官の抑圧は一層厳しかった。群馬県邑楽郡川俣村（現・明和町）の桟橋では、利根川を渡るための船を奪われ、川を渡れず、やがて8キロほど下ったところで被害地農民の協力により渡ることができた。田中正造は、東京でこのことを知り、東京府淵江村に駆けつけた。淵江村にまでたどりついた農民は2,400人にまで減っていた。田中正造は、衝突を案じて、「現在の政府は憲政党の政府であり、我々の政府であるから、代表10名を残して帰ってくれ」と訴えた。田中の演説が終わっても、野口春蔵らは全員上京を主張したが、結局、「現在の内閣は我々の内閣であるから、何とかしてくれるだろうとするわずかな望みを抱いて」、50人の代表を残して村に帰った。ところが、「我々の内閣」と呼ばれた大隈重信の内閣は、その後2ヶ月で総辞職し、軍部と官界の代弁者である第2次山県有朋内閣に取って代わられてしまった。

(4) 第4回目の上京

　第4回目の上京は1900（明治33）年2月、被害民3,000人が死に物狂いの請願に出かけた。請願団が利根川北岸の群馬県邑楽郡川俣村まで来ると、警官と憲兵が行く手を阻止し、多数を逮捕したのである。被害者68人は、兇徒集衆罪（騒乱罪）などに問われることになった。これが川俣事件である。

5　川俣事件の刑事裁判

　前橋地方裁判所での1審判決は1900（明治33）年12月22日、検事側の主張した兇徒集衆罪（騒乱罪）ではなかったが、官吏抗拒罪として野口春蔵が重禁錮2年・罰金20円、永島与八等6人が重禁錮1年・罰金10円、家富元吉ら19人が重禁錮4月・罰金4円の他に、治安警察法違反として原田栄三郎等2人が軽禁錮2月、「馬鹿巡査」と言った小野寅吉が官吏侮辱罪（旧刑法141条）で重禁錮1月、罰金5円となった。旧刑法では、執行猶予制度はなかったの

で全部実刑であった⁽⁶⁾。川俣事件では、鉱害の加害者ではなく、被害者が刑事事件で有罪の判決を受けることになった。この裁判の直前の9月10日、加害者の古河市兵衛は国家から従五位の勲章を授与されている。

東京控訴院での2審判決は1902（明治35）年3月15日、野口春蔵と永島与八の2人は雲龍寺で警官の解散命令にしたがわなかったとして治安警察法（8条、23条）⁽⁷⁾でそれぞれ罰金5円、小野寅吉は官吏侮辱罪（旧刑法141条）として重禁錮15日・罰金2円50銭となったが、その他の被告人は全部無罪又は控訴棄却となった⁽⁸⁾。控訴審では、1審判決と異なり、被告の大半が無罪となり、有罪者の刑も軽くなった。

控訴審の審理中の1901（明治34）年12月10日には田中正造の直訴があった。田中正造は、議員を辞職した後、明治天皇の車に向かって、直訴状を掲げて駆け寄った⁽⁹⁾。田中は麹町署に連行されたが、翌日、「狂人」ということで、「不敬罪」⁽¹⁰⁾に問われずに放免となった。この事件をきっかけに、世論は高まり、学生や市民が鉱毒被害地を訪れ、各層の国民が支援にのりだした。「鉱毒地救済婦人の会」は、演説会、救援物資収集、医療救護などをした。著名な婦人が立ち上がったということで、注目をあびた⁽¹¹⁾。

鉱毒地救済婦人の会の創立記念の演説会は1901年11月29日、神田青年会館で行われ、阿部磯雄、木下尚江、島田三郎、田村直臣などが演説をしている。

(6) 森長英三郎『足尾鉱毒事件（下）』264～273頁。
(7) 治安警察法は、1900（明治33）年に第2次山県有朋内閣により制定された労働運動・社会運動弾圧のための法律であった。日清戦争（1894～95年）後に台頭してきた労働運動と農民運動を抑えることを目的にし、政治集会の届出制、警官の集会解散権、労働組合の結成制限、ストライキの扇動禁止など労働・農民運動取締りに用いられた。1945年に廃止された。
(8) 控訴審判決
(9) 直訴状は、萬朝報の記者だった幸徳秋水が執筆したものであった。岩崎祖堂『田中正造奇行談』（明治34年刊）や木下尚江『田中正造翁』（大正10年刊）などに記述されている。
(10) 天皇、皇族、神宮、皇陵などに対して敬意を失する行為をする罪であり、現在は1947年の刑法改正で削除されている。
(11) 鉱毒地救済婦人の会の創立者は、矢島楫子（徳富蘇峰の祖母、東京女子学院初代院長、婦人矯風会会頭）、潮田千勢子（東京婦人慈善会創立者）、三輪田真砂子（三輪田女子学校長）、田中正造の友人で島田三郎毎日新聞社長夫人の島田信子、毎日新聞記者の松本栄子などであった。

第1章　足尾鉱毒事件

この日、会場に参加していた東京帝大生の河上肇（後の京大教授・高名な経済学者）は、演説に感激して、「私が最も刺激されたのは、この夜初めてその演説を聞いた田村直臣という牧師の演説であった。私の右手に座を占めていた友人の岩田君は、……がまぐちを倒さにして在金はたいていたが、私は金を持っていなかったので、……その代わり私は演説会が済んで会場を出るとき、着ていた二重外套と羽織と襟巻きを係りの婦人に差し出し、翌日朝起きると、身に付けている以外の衣類をほとんど残らず一纏めにして行李につめ、人力車夫に頼んで救済会の事務所に送り届けた」[12]。12月30日には、神田の青年会館で視察報告会が開催されたが、都内の各大学・法律学校・中学の学生も多数参加した。第1審判決から控訴審判決への変化の背景には、婦人と学生の救済運動と世論の高まりがあった（写真1-2、川俣事件衝突の地）。

大審院判決は1902年5月12日、検事長の上告論旨をそのまま採用して、原判決を破棄し、宮城控訴院に移送した[13]。大審院の判決は、請願団の指導者に兇徒集衆罪で有罪とする法律論であった。判決によると、兇徒集衆罪は多数者の共同意思で成立する。この場合、多数者の意思共同は、集合のはじめから存在しなくともよい。最初は平穏な集合であっても、途中から共同して暴動をなすときは兇徒集衆罪が成立する。多数参加者の全員が暴動に参加しなくとも、一部の者に暴動の意思があれば、その一部の者に兇徒集衆罪が成立する。

大審院判決は、大衆運動を抑圧する危険性を持つ判断であった。大衆運動は、足尾鉱毒事件の上京運動のように、はじめから暴動を起こそうとするものではなく、平穏に行われていたとしても、途中で警官が行進を阻止し、力で妨害すれば、暴動的になりがちである。大審院判決

写真1-2　川俣事件衝突の地（著者写す）

(12)　河上肇『自叙伝（第5冊）』（岩波文庫版、1997年）128～129頁。
(13)　『大審院刑事判決録』8輯5巻105頁。

は、川俣事件に兇徒集衆罪を適用してもよいとする解釈に転じたのである。

　移送を受けた仙台の宮城控訴院では、前橋の検事の作成した控訴申立書の署名が検事の自書ではないことが問題となり、弁護人は公訴が無効であるから控訴を棄却せよと主張した。控訴申立書の署名は代人が書いたものであった。さらに、予審請求書も全部自書ではなかった。予審とは、日本国憲法の施行に伴い、1947（昭和22）年に廃止された制度であるが、事件を公判に付すべきか否かを決定する公判前の裁判官（予審判事）による非公開手続であり、その判断に必要な事項と公判では調べにくいと考えられる事項の取調べを目的としていた。判決は、控訴申立書と予審請求書の署名が自書でなかったとして、（旧）刑事訴訟法20条1項に反し無効であるとして、検事の控訴を取り消すとの判決を言い渡すことになった[14]。緊張が一瞬にして解けた状態の結末になった。裁判闘争は終了したが、これ以降、谷中村被害地は全被害地から孤立する方向に向かうことになった。

6　足尾鉱毒事件の終息

　政府の対策は、栃木県下都賀郡の谷中村を取りつぶしして、そこに貯水池を作ることにより、洪水を回避するものであった。そのために、谷中村強制移転の議案を1901年以来、県会に3回提出している。日露戦争が始まり、権利主張が抑えられる雰囲気の中で、谷中村取りつぶし案は1904（明治37）年、「買収案」や「堤防修築費」の名前を付けられ、警官の警戒する議場において採決されるに至った。これを知った田中正造は、谷中村に移り住んだ（写真1-3）。64歳の時だった。正造は、住民とともに家に立てこもり国と県に抵抗したが、県役人は家々を強制的に取り壊し、立ち退きを命じたのである。

　足尾鉱毒事件は、戦後の熊本水俣病事件とともに日本の公害事件の「原点」といわれている。両事件は、約1世紀の時代変化の差はあるものの、国と企業の癒着、国の対応、企業の対策、被害者の対応など共通点も多く、今日の環境問題の解決を考えるうえで検討が必要な事件である。

---

(14)　森長英三郎、前掲注（6）320～330頁。

第1章　足尾鉱毒事件

写真1-3　田中正造
（佐野市郷土博物館蔵）

写真1-4　田中正造の墓
（著者写す）

　足尾鉱毒事件の場合、被害者は、被害の救済と差止めを司法制度に求めることはできず、永久示談契約と押出しによる鉱業停止の要求行動を行った。示談契約は、古河市兵衛の意向に沿った国や県の権力者の介入によって進められたものであった。鉱毒流出がなくならない限り、被害者は、農商務大臣に鉱業停止を要求する方針を決めざるを得なかった。裁判所で加害企業の法的責任を明確にし、被害救済と差止請求を行うことは、第2次世界大戦後の水俣病訴訟を含む4大公害訴訟をはじめとする訴訟で望むことになった。

第2章 水俣病事件

1 水俣病

　水俣病は、熊本県水俣湾周辺と新潟県阿賀野川流域で発生した病気であり、工場廃水に含まれたメチル（有機）水銀が海や川の魚介類を汚染し、それを食べた人が発症したメチル水銀中毒である。メチル水銀は、熊本県水俣市のチッソ会社水俣工場のアセトアルデヒド酢酸の製造過程で触媒として使用した無機水銀が工場内でメチル水銀に変わり、工場廃水として水俣湾に流出した。この汚染企業は、1965（昭和40）年に社名を変更し、新日本窒素肥料株式会社からチッソ株式会社となっている。チッソ会社水俣工場では、塩化ビニールの原料となるアセトアルデヒドを作るときに、無機水銀を使用しており、その無機水銀が反応してメチル水銀が発生し、それが工場廃水に混じり水俣湾に流れ込んでいた。水俣湾の海底には、約70トンから150トンにのぼる水銀がたまっていた。海水や海底泥に含まれる低濃度のメチル水銀は、プランクトンに吸収され、それを小さな魚が食べ、その魚をもっと大きな魚が食べる。メチル水銀は、生物濃縮と食物連鎖により、魚介類で高濃度となって体内に取り込まれていった。さらに、それら魚介類を食べた周辺住民が水俣病になった。メチル水銀を含んだ魚介類を食べた住民は、手足がしびれる、動きがぎこちない、言葉がはっきりしない、耳が聞き取れなくなる、視界が狭くなるといった症状が現れる。発生当初は原因がわからなかったので、病名は付けられず、「奇病」とも呼ばれていたが、1956（昭和31）年に熊本県の水俣市で発生が確認されたことから「水俣病」と名付けられた。その後、新潟県阿賀野川流域で昭和電工の工場廃水で発生した病気も新潟水俣病と呼ばれている。

　水俣病の原因物質の究明は困難であった。熊本大学医学部研究班は1959

第2章　水俣病事件

（昭和34）年7月、原因物質はメチル水銀だと研究結果を発表した。しかし、政府の公式見解は9年後の1968（昭和43）年9月26日となった。

水俣病は、メチル水銀による中毒性中枢神経疾患であり、患者の症状は汚染時期や魚介類の摂食頻度により多様な症状となるので、あたかもピラミッドの頂上の「重症例」から底辺に至る「軽症例」まで広範囲に及ぶ[15]。

水俣病の患者数は3万人にのぼる。①行政に認定された患者数は、2,265人（約7割の人は死亡している）、②関西水俣病訴訟の勝訴（2004年）で水俣病に認定された50人と各種の裁判で水俣病と認定された人は合計で7,890人、③村山政権時代に政治決着（1995年）として一時金260万円を受け取った水俣病未認定患者は10,353人。その他に④水俣病であることを隠している者、発見前に死亡した者、気づかず生活している者を含めれば、合計で3万人といわれている。水俣病として正式に認定されれば、患者は、チッソ会社から慰謝料、医療費、年金が支給される。

本章では、「2(2)　熊本水俣病事件第1次訴訟」と「4　阿賀野川・新潟水俣病事件第1次訴訟」が「重症例」の訴訟である。熊本地裁は1973（昭和48）年3月20日に判決を言い渡した。水俣病の正式見解から17年目にしてチッソ会社の企業責任が明らかにされ、企業の法的責任を前提に慰謝料の算定がなされた。

「3　行政の責任─水俣病関西訴訟事件判決」では国と県の行政責任を取り扱う。行政の責任を問う訴訟は「第3次訴訟」とも呼ばれている。チッソ会社だけではなく、国と県の行政責任を問う国家賠償訴訟が各地に起こり、その原告数は2,200人になった。

4は、繰り返された水俣病である阿賀野川・新潟水俣病事件第1次訴訟での新潟地方裁判所判決の検討である。熊本での水俣病が社会問題になっている折しも、1965（昭和40）年6月には新潟水俣病の発生が発表され、1967（昭和42）年には被害者が損害賠償を求めて訴訟を提起した。新潟での水俣病事件の発生は熊本水俣病の後だが、新潟地裁の判決は、熊本水俣病事件第1次

---

(15)　水俣病の文献は、数多いが、ここでは原田正純『水俣病は終わっていない』（岩波新書、1985年）、同『水俣病』（岩波新書、1972年）、同『慢性水俣病・何が病像論なのか』（実教出版、1994年）、宇井純『公害原論』（亜紀書房、1971年）を参照した。

訴訟判決よりも2年半ほど早く言い渡された。この判決では、因果関係の証明について、疫学的方法により解明されない場合でも、①被害疾患と原因物質、②汚染経路、③加害企業の原因物質の生成・排出のメカニズムの3点に分け、被害者・原告に①と②を立証すればよいとする新しい考え方を提示した。

「5　水俣病の認定訴訟」では、水俣病の認定を棄却された患者が棄却処分の取消しを求めた訴訟での最高裁判決を検討する。1973（昭和48）年の第1次訴訟判決の後、原告は、自主交渉により同年7月にチッソ会社と患者との間に補償協定書を取り交わすことになった。この補償協定により、新認定患者にも判決なみの補償金が払われることになったために、棄却された患者は、認定を求める裁判を起こすことになった。この訴訟は「第2次訴訟」とも呼ばれた。これは、患者の分布をピラミッドに例えれば、底辺の「軽症例」の事件であるが、患者数は多く存在している。認定をめぐる訴訟では、水俣病の病像をめぐる問題が争点となった。

2　熊本水俣病事件

(1)　事件の経過

熊本県水俣市の異変は、自然現象の変化から始まった。1950年頃には、水俣湾内の魚が浮き上がり、手で容易に捕まえることができた。1951（昭和26）年から1952（昭和27）年には、アサリ、カキなどの貝の殻が目立つようになり、クロダイ、スズキ、タイなどの魚が浮上するようになった。また、魚を食べたカラスが飛んでいるうちに、突然落下するようになった。

死んで腐った魚の悪臭がひどくなっただけでなく、漁業者の漁獲量も減ったので、水俣市漁協は、熊本県水産課に調査を要望した。これを受けた熊本県水産課の三好係長は、現地調査を行い、1952年8月、漁業被害の原因が工場廃水にあると結論付ける報告を出している。この段階で行政は防止の措置をとるべきであった。しかし、その後、この報告に対して何の措置もとられなかった[16]。

第 2 章　水俣病事件

　1953（昭和28）年頃には、突然、猫がけいれん発作を起こしたり、突然壁に頭をぶつけたり、走り回ったあげく、海に飛び込んで死亡する状況がたびたび発生した。猫が減少したために、ネズミが目立つようになったので、住民は1954（昭和29）年7月31日、水俣市衛生課を訪れて、ネズミ駆除の申し入れを行っている(17)。

　人間への被害の「公式発見」は1956（昭和31）年5月1日だとされている。チッソ会社（当時新日本窒素肥料会社）付属病院に診察のためにやってきた子供の患者を診て、事態を重視した細川一病院長から水俣保健所を通じて厚生省に報告された。その報告内容には、原因不明の中枢神経疾患者の30例が記述されていた(18)。

　この公式発見以前にも、数多くの原因不明の類似症状の患者が発生していた。後になって考えると、明らかに水俣病であった。水俣市出月で大工をしている住民の5歳の娘さんの異常に気づいたのは1953年12月15日であった。この女の子は、急によだれをたらすようになり、足がもつれ、何度もしりもちをつき、話ができなくなった。両親は、小児麻痺ではないかと疑い、市内の2ヶ所の開業医に連れて行った。原因がわからず、総合病院であるチッソ会社（新日本窒素肥料）付属病院に娘を連れて行った。しかし、医師たちは、首を傾げるばかりで、病名を付けることはできなかった。母親は、何もできず、娘に栄養をつけてやろうと、恐ろしい水銀が入っているとも知らずに、魚や貝を食べさせた。後で母は悔しがった。

　1954年6月には、出月地区の隣町の月ノ浦地区に住む漁業をしている住民の11歳になる男の子が同じ奇病にかかり、小児麻痺の診断を受けている。

---

(16)　橋本道夫編『水俣病の悲劇を繰り返さないために―水俣病の経験から学ぶもの』（中央法規、2000年）129頁。
(17)　水俣病被害者・弁護団全国連絡会議編『水俣病裁判―人間の尊厳をかけて』（かもがわ出版、1997年）30～33頁。その他に、水俣病事件全体の参考文献は数多くあるが、ここでは、水俣病被害者・弁護団全国連絡会議編『水俣病裁判全史（1～5巻）』（日本評論社、1998～2001年）、千場茂勝『沈黙の海―水俣病弁護団長のたたかい』（中央公論新社、2003年）、原田正純『水俣病』（岩波新書、1972年）、矢吹紀人『水俣病の真実―被害の実態を明らかにした藤野糺医師の記録』（大月書店、2005年）。
(18)　報告書の概要については、石牟礼道子『苦海浄土―わが水俣病』（講談社、1969年）26～34頁。

第1部　日本の3大環境汚染事件

この年には12人の奇病患者が出ている。

1956年には、月ノ浦地区からチッソ会社（新日本窒素肥料）付属病院に4人の奇病患者が運びこまれた。患者は全員、犬の泣き声のような声を出し、狂ったように動き回った。細川一院長は、集団発生しており、伝染病であるかどうかわからないが、これまで見たことがない症状であるとして、前述のように、水俣保健所に報告をしたのである。水俣保健所は、この奇病が伝染病か、中毒かわからなかったが、集団として発生していることから11人を水俣白浜隔離病棟に収容した。症状は、日本脳炎に似ていたが、日本脳炎につきものの熱がなかった。

奇病患者の発生地域は広がり、八代海（不知火海）を挟んだ海岸に面した各都市や島々にも及んだ。患者は、手足のしびれから始まり、目や耳、言葉が不自由になって、やがて水も飲めなくなっていく。患者の死亡率は、30パーセント以上となった。水俣保健所の調査によれば、1957（昭和32）年5月現在で、患者数は54人であり、うち17人が死亡していることが判明した。熊本県は同年、食品衛生法を適用し、水俣湾の魚介類の捕獲を禁止したいがどうかと厚生省に尋ねたが、厚生省は適用できないと回答している。

住民の間には、チッソ会社（新日本窒素肥料）水俣工場の廃液に有害なものが含まれており、魚が汚染されているのではないかとの不安が広がっていた。しかし、水俣市はチッソ会社（新日本窒素肥料）[19]によって支配されている都市だったので、誰も、工場廃液が原因だと主張する勇気はなかった。この会社と水俣市は特殊な結びつきがあった。1956年当時、水俣市の人口は3万3,000人だがその4分の3はチッソ会社の社員か家族、出入りの商工業者であった。チッソ会社水俣工場が水俣市に納めた税金の合計は、1960年度現在、市税総額の48パーセントを占めていた。しかも、水俣市長は、チッソ会社元工場長の橋本彦七氏であった。橋本市長は、後に判明することになる

---

(19)　チッソという会社は、明治の終わりに水力発電の会社として出発した。発電した電気を利用してカーバイド工場を作り、やがて化学肥料の生産を始め化学会社となった。チッソ会社は、1932年から政府の公式公害認定のなされる1968年にいたるまで工業用原料の酢酸、塩化ビニールの原料となるアセトアルデヒドを作るときに無機水銀を使った。そのときにできた有機水銀を海に流し、水俣湾の魚介類を汚染した。現在のチッソ会社は、液晶、化学肥料、食品添加物などを作っている。

第2章 水俣病事件

が、水俣病の原因物質のメチル水銀を副産物として出すアセトアルデヒド装置の発明者でもあった。橋本市長は、1950～1956年の2期と1957年からの2期と合計4期も市長職を務めている。行政と企業の特殊な結びつきは水俣被害を一層深刻なものにする背景となった。

1959（昭和34）年7月、熊本大学医学部研究班は、奇病の正体をメチル水銀の中毒による神経系の病気との結論を出した。工場廃液が水俣湾に流れており、魚介類に取り込まれた。患者たちはすべて、水俣湾の魚介類を食べていた。工場廃水の中に含まれているメチル水銀の量は、魚の体の中で濃縮される。汚染された魚を食べ続けているうちに、人間の身体は、メチル水銀の濃度がさらに濃くなり、神経系の病気になる。

1959年11月、厚生省の食品衛生調査会も、奇病は水俣湾の魚介類の中に含まれる有機水銀化合物が原因との結論を出した。しかし、この結論は、通商産業省の反対によりチッソ会社（新日本窒素肥料）水俣工場の廃液中の有機水銀が原因であるとまでは述べていなかった。

1959年12月30日、チッソ会社（新日本窒素肥料）水俣工場は、賠償金ではなく、被害者と「見舞金契約」という名の契約を結び、死者に一時金30万円と葬祭料2万円、生存患者に一時金10万円と年金10万円（子供1万円）を支払った。この見舞金契約は、足尾鉱毒事件の永久示談契約と類似しており、被害者抑圧の手段として重要な役割を果たすことになった。この見舞金契約は、1970年5月に行われた「一任派」の人々の補償処理においても、有効であることを前提に処理された。「訴訟派」の起こした裁判の判決（1973年3月）によって、見舞金契約は、無効とされるにいたった。見舞金契約を無効とする判断は、チッソ会社の過失責任と並んで大きな意義を持っている。

1968（昭和43）年9月26日、政府は、ようやくチッソ会社水俣工場の工場廃水に含まれているメチル水銀が水俣湾に流され、魚介類に蓄積され、それを食べた人間と生物が病気になったことを認定した。熊本大学医学部研究班がメチル水銀による中毒との結論を出して以来9年も経っていた。この政府見解は工場の責任であることをはっきりと認めた。

10年前の見舞金契約（1959年）は原因がはっきりしないことを前提に結ばれていたものであった。患者側は、政府による公害病の認定があり、会社の

責任が明確になったのであるから、会社側には新たな賠償の義務があると主張した。しかし、会社側は、患者側の主張を拒否し、政府（厚生省）の仲裁に任せた。これまで1つにまとまっていた患者側は、会社と政府の強い姿勢のために、仲裁に任せようとする「一任派」と、あくまで訴訟でチッソ会社水俣工場の責任を明確にしたうえで、損害賠償を請求する「訴訟派」に分裂することになった。一任派の人々は、斡旋案を受け入れて、補償がまとまった。訴訟派の人々は1969（昭和44）年6月、チッソ会社に対して損害賠償を求め、熊本地方裁判所に訴訟を起こした。

(2) 熊本水俣病事件第1次訴訟

(a) 判決の概要

　熊本水俣病事件第1次訴訟の提訴は、1969年6月14日であり、政府見解発表の1968年9月以来9ヶ月後のことであった。他の4大公害訴訟と異なり、この政府見解で因果関係が確認されていたので、因果関係をめぐる争点は他の裁判ほど力点が置かれなかった。熊本水俣病事件の訴訟の争点は、①チッソ会社の工場廃水と水俣病発症との因果関係の存在、②チッソ会社の過失責任、③見舞金契約の効力、④損害論であった[20]。熊本地方裁判所は1973（昭和48）年3月20日、原告勝訴の判決を言い渡した。

　第1に、因果関係についてみると、原告側は、熊本大学の疫学調査などを証拠に「汚悪水論」を主張し、特定原因物質にまで立ち入る必要はないと主張していた。被告側は水俣病が世間によく知られている事実であるところから、争う姿勢を見せながらも、反証を挙げなかった。判決は、水俣病の発生状況、臨床所見、病理的所見、動物実験、熊本大学医学部の原因究明成果、政府見解などによりチッソ会社工場廃水と水俣病発症との因果関係の存在を認めた。

　第2に、過失責任についてみると、原告側は、新潟水俣病判決の過失論を

---

[20] 判時696号15頁、判タ294号108頁、解説については、大塚直「水俣病判決の総合的検討（1～5）」ジュリ1088号21頁1090号81頁、1093号101頁、1094号109頁、1097号76頁）、森泉章「熊本水俣病事件」（『公害・環境判例（第2版）』有斐閣、1980年）50頁以下、阿部満「熊本水俣病事件第1次訴訟」（環境百選52頁以下、同第2版54頁以下）。

適用しても被害者救済が難しいので、新たに汚悪水論を主張し、予見対象をメチル水銀化合物に特定せずに、有害な汚悪水により他人の法益侵害を予見できるかぎり、その汚悪水の安全性を確認すべき義務があるとした。被告側は、工程中でメチル水銀が生成され、それが水俣病を引き起こすとは知らなかった。当時の学問では予見できなかったので責任はないと争った。責任論（過失）が最大の争点となった。

判決は、化学工場の廃水の中には予想しない反応生成物が混入する可能性があるので、工場廃水を河川に放流すれば、人間と環境に危害を及ぼす可能性が予想される。工場廃水の放流に際しては、最高の技術を用いて安全性を確認し、疑念があれば、操業を中止するなど防止措置を講じ、危害を未然に防止する高度の注意義務がある。しかし、被告側は、この注意義務を果たさなかっただけでなく、水俣病の原因究明に協力せず、ネコ実験を打ち切らせるなどの対応は納得のいくものではないとして、被告側・チッソ会社の過失責任を認めた。

第3に、見舞金契約の効力について、原告側は、原告・被害者の窮状につけ込んで結ばせた契約であり、特に権利放棄の条項については「要素の錯誤」(民法95条)又は「公序良俗」(同90条)違反で無効であり、さらに詐欺（同96条）による契約であるから取り消すと主張した。これに対して、被告側は、見舞金契約は有効な和解契約であり、原告は見舞金を受け取っており、本件の損害賠償金の請求権は失われていると争った。

判決は、見舞金契約を公序良俗違反で無効であるとした。契約が社会一般的な秩序や道徳観念（公序良俗）に反するときは、その契約は無効であるとしている。加害者がいたずらにその賠償義務を否定し、被害者の無知、窮状に乗じて、低額の補償をするのと引き替えに、被害者の正当な損害賠償請求権を放棄させることは公序良俗に違反して無効であるとしている。

第4に、損害論について、原告側は、単に精神的苦痛に対する慰謝料としてではなく、原告たちがこうむった社会的・経済的、精神的損害のすべてを包括する総体としての「包括請求」を主張した。これに対して、被告側は、慰謝料の算定に当たり、患者の病状の程度、病状の推移、年齢、個人の収入など具体的事情を考慮すべきであると争った。

判決は、原告側の請求について、弁護士費用のほかは慰謝料だけを請求しており、逸失利益を含む財産上の利益を請求する意思のないことは明らかである。財産上の損害を請求すれば、立証が困難なために裁判が長期化し、被害者救済が遅れるので、財産上の損害を慰謝料の中に含めることは許される。ただし、財産上の損害を慰謝料に含ませる以上、裁判所は、慰謝料を算定するに当たり、患者の生死の別、各患者の症状と経過、闘病期間の長短、年齢、職業、収入などの事情を斟酌しなければならない。被害者側の個別事情を考慮せず、一律に損害額を算定請求することは妥当な損害の賠償という不法行為の理念に反するとした。結論として、死亡者1,800万円、生存患者についてはその症状により、1,600万円、1,700万円、1,800万円の慰謝料が認められた。生存患者の近親者（民法711条）には、100万〜400万円の慰謝料が認められた。

(b) 判決後の動きと判決の意義
(i) 補償協定と行政の認定

本判決は、被告企業の責任を明確に認め、賠償金額も満額を認めた。判決直後、「水俣病患者家族チッソ東京本社交渉団」は、島田社長ら会社幹部との直接交渉の末、「水俣病のすべての被害の補償に誠意を持って実行する」という誓約書の署名・捺印に同意させた。

この直接交渉以外にも、患者家族互助会「一任派」は、厚生省補償処理委員会の斡旋で結んだ1970（昭和45）年5月の和解契約と第1次訴訟判決で示された補償額との差額を要求することを決めている。環境庁の三木長官は、患者の要求を取り入れ、水俣病対策を一元化することを明言した。

水俣病患者家族チッソ東京交渉団は、交渉を続けていたが、判決直後の交渉開始以来3ヶ月以上経った1973（昭和48）年7月9日、補償協定を締結することになった。この補償協定の結果、「一任派」患者にも、慰謝料は第1次訴訟判決と同じ1,600万〜1,800万円、その他に生活年金2万〜6万円などが支払われることになった。これは本判決の大きな成果だった。しかし、「補償の対象は行政による認定患者である」という条件は、患者として認定されないかぎり、何の補償も受けられないことになってしまい、今日まで水俣病

認定をめぐる問題の解決を遅延させる結果にもなっている[21]。

(ⅱ) 熊本水俣病事件第1次訴訟判決の意義

本判決の争点として特に注目されたのは、被告側の過失責任、見舞金契約の効力、包括請求であった。

判決は、被告側の過失責任について、化学工場が廃水を流すときは、常に最高の知識と技術を用いて安全を確認し、もし、安全性に疑問があれば、操業を中止するなどして、防止措置を講じ、住民の生命・健康に対する危害を防止すべき高度の義務があるとした。その高度の注意義務の内容は、①文献調査・研究、②廃水の水質分析・調査、③廃水放流先の監視などをすべきであるのに、これらの注意義務を果たさず、チッソ会社は漫然とアセトアルデヒド廃水を工場外に放流したのであるから過失の責任がある。特に、戦前からアセトアルデヒド製造過程でメチル水銀が精製されることを示す文献が存在する。しかも、1954（昭和29）年には、チッソ会社工場の技術部員がそのことを学会で発表している。チッソ会社工場は、調査・研究により安全性を確認し、住民の生命・健康への危害を防止する高度の注意義務に違反したので過失があるとしている。

さらに、判決の注目すべき点は、被告側の主張する予見可能性がなかったとの主張について、住民の生命・健康に危害が及んだ段階で、はじめてその危険性が実証されることになり、それまでは危険性のある廃水も許されることになり、「人体実験」を認めることになると批判している。この指摘は、弁護団が主張した「汚悪水論」の基本線を認める格好になった[22]。本判決の評価すべき点は、予見の対象についてメチル水銀化合物というような原因を特定したものとして捉える考え方を排除して、とにかく有害であるかもしれないと考えられる工場廃水が出される、そのことがわかっていればそれだけで故意、少なくとも過失は認定できるということになる。

本判決（1973年）は、新潟の判決（1971年）を2つの点で前進させた。第1点は、水俣病という特定された病気の発生を問題にすべきではなく、予見

---

(21) 千場茂勝『沈黙の海―水俣病弁護団長のたたかい』（中央公論新社、2003年）159頁以下。
(22) 同上、149〜150頁。

の対象として「人体に対する何らかの被害」を判断すべきとしている。第2点は、原因物質について、特定物質の考え方を排除して、何らかの形で有害物質が含まれていることを予見できれば過失があるという考え方を採用している。要するに、後述する1971（昭和46）年の新潟判決までは、予見の対象について被害を与える特定の物質を確認するという考え方をとってきた。しかし、熊本判決では、この考え方を転換させ、工場廃水の中に何らかの形で有害物質が含まれていることが調査でわかった場合、予防措置をとるべきであるが、その調査を怠ったことについて過失があると判断しているのである[23]。

　1959（昭和34）年12月にチッソ会社が水俣病患者家族と結んだ見舞金契約について、本判決は、チッソ会社が被害者の窮迫を利用して低額の見舞金を与え、正当な損害賠償請求権を放棄させたので、公序良俗に反して無効であるとした。生活困窮のどん底にあり、差別を受け孤立していた患者家族の窮状につけ込み、しかも、チッソ会社は、すでにネコ400号実験により自社工場の廃水が水俣病を引き起こす原因であることを知りながら、それをかくして、低額の見舞金契約を結ばせたものであるので、公序良俗に反して無効である。ネコ400号実験は、チッソ会社付属病院の元院長細川一氏による法廷での証言で明らかにされたことであった。細川氏が工場の廃水をかけたエサをネコに食べさせる実験（ネコ400号）をしていたところ水俣病の発症を確認したので、10月7日に工場幹部に結果を伝えたのである。見舞金契約締結（12月30日）には、工場廃液が水俣病の原因であることを知っていたからこそ、「将来、原因がわかっても、新たな補償要求はしない」との被害者の権利を放棄させる条項を締結の直前に挿入したことになる。見舞金契約の効力をめぐっては、見舞金契約全体が無効になるか、権利放棄条項だけが無効になるかの見解の対立があるが、見舞金契約の全体が無効となると解されるべきであり、本判決も見舞金契約自体が公序良俗違反で無効としている。ただし、損害賠償額の算定では、既払いの見舞金は控除される。明治時代の足尾鉱毒事件「永久示談契約」（本書7頁）では、裁判所で取り上げられることは

---

[23]　牛山積『現代の公害法（第2版）』60〜68頁。

なかったが、本件では訴訟で無効と判断された。

　判決は、生存する水俣病認定患者を3ランクに分けて慰謝料として請求額をほぼ満額認めた。従来の「個別損害積み上げ方式」（財産上の損害と精神上の損害に大別したうえで、財産上の損害については逸失利益、治療費、弁護士依頼費など各損害項目を合計する方式）はとらず、「包括請求」を認めている。また、個々人の損害額に差をつけないという「一律請求」についても、3ランク付けをしているものの、基本的には認めている。一括・包括請求方式請求の理由は、従来の個別損害積み上げ方式だと、①人の生命に差をつけることにつながり、②裁判の長期化をもたらすからである。また、原告側の立場から見れば、③原告・被害者の団結を守る必要もあったからである。

　判決は、熊本大学医学部研究成果と政府見解などに基づき、チッソ会社の水俣工場と水俣病発症との間の因果関係の存在を認めた。

　因果関係論の目的は、加害者を特定することにあるので、この目的からすれば、公害責任の原因究明にとって、汚悪水中の特定物質にまでさかのぼる必要はないことになる。後述の新潟水俣病判決の因果関係論は、①被害疾患の特性とその原因物質は何か、②原因物質はいかなる経路で被害者に達したのか、③被告が原因物質を生成・排出したメカニズムはどのようなものであったか、という3点に分けた。原告側が①と②を立証し、工場の門前まで責任追及が及べば、因果関係存在が推認される。被告側は、自分のところで原因物質を生成・排出していないことを証明しなければならないとした。新潟判決は、立証の点で修正しながらも、個々の物質の特定を問題にしなければならなかったために、救済が遅れてしまった。したがって、熊本水俣病事件での原告側は、因果関係の立証について、汚染源はチッソ会社の水俣工場であり、汚染物はその工場の汚悪水であるとすれば十分だと主張していた。判決は、汚悪水論には触れずに、因果関係の存在を認めたが、汚悪水論の言及が必要であったと思われる。

　責任論についてみると、汚悪水論は、動植物や人体に対して危険が及ぶおそれのあることが明白な汚悪水を排出すること自体を故意・過失であると考えている。原告側は、動植物・人体に対し、汚悪水の危険性が世間によく知られている以上、そのことを知りながら汚悪水を排出すれば、それだけで人

体に対する責任があると主張していた。熊本水俣病判決は、予見の対象について特定の物質を確認するという考え方（新潟判決）を転換させて、工場廃水の中に「何らかの有害物質」が含まれていることがわかっている場合、その調査を怠れば、過失があるとした。本判決は、責任論において、特定原因物質と水俣病という特定の病気を問題にせず、汚悪水論の基本の考え方を認めた点は高く評価されよう。

3　行政の責任—水俣病関西訴訟事件判決—

(1)　行政責任問題の所在

　熊本水俣病事件第1次訴訟とは、チッソ会社の不法行為責任を追及した訴訟をいう（熊本地裁1973年3月2日判決）。第1次訴訟判決直後の1973（昭和48）年7月、水俣病患者の各会派は、チッソ会社との交渉の結果、補償協定を締結したが、この協定による補償を受けるには行政による認定患者に限られるとしてしまった。環境庁は1977（昭和52）年に水俣病認定基準を厳しくする改定を行い、患者の切捨てを行った。そのために、未認定患者の救済が困難になってしまったのである。

　熊本水俣病事件第2次訴訟とは、未認定患者の救済を課題に掲げ、チッソ会社、国、県を相手にした訴訟であり、「水俣病とは何か」をめぐって争われた訴訟である。第2次訴訟で原告が勝訴すると、行政は、司法の判断と行政の判断は別だとして、判決の認めた救済を拒否した。水俣病の認定をめぐる訴訟は、患者の認定申請以来約40年間もかかったが、後述5（38頁）で述べるように、2013（平成25）年4月16日の最高裁判決で原告・患者側の勝訴となった。

　熊本水俣病事件第3次訴訟とは、1980（昭和55）年の提訴以来、国と熊本県を被告として行政の責任を追及し、各地で起こされた国家賠償訴訟をいう。水俣病患者は、水俣病患者の発生・拡大に深く関わったにもかかわらず、適切な防止策をとらなかった行政を被告とした裁判を起こした。本節3の(1)行政責任問題の所在と(2)水俣病関西訴訟では、国家賠償責任の訴訟を取り扱う。

第2章 水俣病事件

(a) 水質2法

　国に水俣病発生の増大を止める気があれば、水質保全法と工場排水規制法（水質2法）を活用し、排水の規制は可能であった。水質2法は、浦安事件を契機として1958（昭和33）年12月に制定された法律であるが、1970（昭和45）年12月25日に施行された水質汚濁防止法により取って代わられたので、現在では廃止になっている。水質2法の下での規制措置発動の仕組みは次のようになっていた。

　まず、経済企画庁長官は、水質保全法に基づき、水質の汚濁により人の健康や生活環境に影響が出ているとき、水質の保全を図るために、水汚染が問題になっている水域を指定する。その「指定水域」に排出される水の基準である「水質基準」（現行法では排水基準）を定める規定になっていた。

　次に、工場排水規制法は、排水を出す工場に適用し、工場施設の届出制と計画変更命令、改善命令などにより、水質保全法に基づいて設定された水質基準を遵守させようとする規制を定めていた。そのために、内閣は、政令で工場などを指定し、担当大臣が汚水処理の方法の改善命令など必要な措置をとることができたのである。1959（昭和34）年12月には、政府内部で水俣湾周辺の海域を水質保全法による指定水域に指定する案がまとまっていたが、業界の圧力によって実行されることはなかった。国は、水質2法という水汚染公害の防止を図る手段があったのに、この権限を行使することなく、漫然と、水俣病患者発生の拡大を見過ごした責任が問題になった[24]。

(b) 熊本県漁業調整規則

　熊本県知事は、熊本県漁業調整規則に基づき、チッソ会社水俣工場の排水を規制することができたのであり、この規則により排水規制をしていたならば、水俣病の拡大防止ができた。熊本県漁業調整規則は、「何人も水産動植物の繁殖保護に有害なものを遺棄し、又は漏せつしてはならない」（32条1項）と規定し、「知事は、それに違反する者があるときは、除害に必要な設備の設置を命じることができる」（同1項）と規定している。

---

(24)　水俣病被害者・弁護団全国連合会議編『水俣病裁判―人間の尊厳をかけて』（かもがわ出版、1997年）190～196頁。

熊本県知事は、遅くとも1959（昭和34）年11月末ごろまでには熊本県漁業調整規則に基づき、規制権限を行使し、チッソ会社水俣工場の排水を規制できたのである。規制を怠った結果、多数の水俣病患者を生じさせたのであり、熊本県の責任が問題になる。

(c)　**食品衛生法に基づく漁獲・販売の禁止措置**

当時の食品衛生法4条によれば、「有毒な、又は有害な物質が含まれ、又は附着した」（2号）食品は、「これを販売し、又は販売の用に供するために、採取し、製造し、輸入し、加工し、使用し、調理し、貯蔵し、若しくは陳列してはならない」と定めていた（1972年改正法以前）。

当時の水俣保健所長は1957（昭和32）年、水俣湾の魚をネコに食べさせ、ネコが発病するかどうかの実験をしていた。結果は、7匹のネコのうち5匹が発病した。早い例では7日目に発病した。このネコ実験で水俣病の原因が水俣湾の魚であることの科学的な裏付けができたので、熊本県は、食品衛生法に基づき漁獲を禁止する知事の公示を出すことを決めた。県は1957年7月24日、念のために、県の見解を厚生省に照会した。しかし、厚生省の回答は、水俣湾内特定地域の「すべての魚介類が有毒化しているという明らかな根拠」が認められないので、食品衛生法4条2号を適用できないものと考えるというものであった。

この時点までに水俣保健所長のネコ実験のほかに、熊本大学医学部研究班の疫学調査、県水産課長の漁業調査などでも水俣湾の魚が有毒化していることは明らかだった。しかし、県は、魚のすべてが有毒化しているという明らかな証拠は出せるはずはなく、適用を断念することになった[25]。

(d)　**公権力の行使に基づく損害賠償**

水俣病事件第3次訴訟では、企業活動により国民の生命・健康が重大な危険にさらされているとき、国民の生命・健康を確保するための規制権限を行使すべき義務があるにもかかわらず、行政が規制権限を行使しないこと（規

---

[25]　水俣病被害者・弁護団全国連合会議編、同上、178～185頁。

制権限の不行使）が、国家賠償法上、違法となるかが問われたのである。行政の規制権限の不行使（不作為）は「公権力の行使」に含まれる。「違法な行為」とは、職務上の義務違反、行政権の乱用、違法裁量などが挙げられる。「損害」は、財産的損害であると精神的損害であるとを問わないが、加害行為と損害の間に因果関係のあることが必要になる。

(2) 水俣病関西訴訟

(a) 事件の背景

　最高裁判所第2小法廷は2004（平成16）年10月15日、水俣病関西訴訟について、国と熊本県の国家賠償責任を認める判決を言い渡した[26]。患者原告58名は、不知火海沿岸に住んでいた経験があり、チッソ会社水俣工場が排出したメチル水銀が蓄積した魚介類を食べたことにより、メチル水銀中毒にかかった患者であった。

　患者は、水俣病の発生で漁業が打撃を受けたので、生活の手段を求めて全国各地に移り住むことになった。水俣病の国家賠償法訴訟は1980（昭和55）年以来、行政の責任を追及して、各地の裁判所に提訴された。地方裁判所の6判決のうち、行政の責任を認めた判決と否定した判決は半々に分かれた。国の責任を認めた判決は、①熊本水俣病第3次訴訟第1陣判決（熊本地判1987年3月30日）、②熊本水俣病第3次訴訟第2陣判決（熊本地判1993年3月23日）、③水俣病京都訴訟判決（京都地判1993年11月26日）の3判決である。併せて、熊本県の責任を認めた判決は、①と③の判決である。国と熊本県の責任を否定した判決は、水俣病東京訴訟判決（東京地判1992年2月7日）、新潟水俣病第2次訴訟判決（新潟地判1992年3月31日）、水俣病関西訴訟判決（大阪地判1994年7月11日）の3判決であった。

　1995（平成7）年、水俣病被害につき政治的解決が図られ、1996（平成8）年には水俣病関西訴訟以外の原告団は、一時金、医療給付を受け取り、国と県に対する訴えを取り下げた。その結果、水俣病関西訴訟の高裁判決と最高裁判決は、行政責任を問う唯一の判決となった。大阪地方裁判所の判決は

---

[26]　判時1876号3頁。

写真2-1　立って話をする水俣病互助会会長の諫山茂さん（76歳）
胎児性水俣病患者の親でもあり、寝たきりの娘さんの介護は大変だと話す（2006年6月18日東京。著者写す）

1994（平成6）年7月11日、チッソ会社の責任だけを認め、国と県に対する請求をすべて棄却した[27]。大阪高等裁判所の判決は2001（平成13）年4月27日、水質2法、県漁業調整規則に基づき排水の規制権限を行使すべきであり、これを怠ったとして、チッソ会社だけでなく、国と熊本県に対しても、原告患者の慰謝料請求を認めた[28]。

(b) 判　旨

　最高裁判決の要旨は次の3点である[29]。第1に、国は、水俣病による健康被害の拡大防止のために水質2法に基づく規制権限を行使しなかったので、国家賠償法1条1項の適用上違法となる。1959（昭和34）年11月末の時点において、①国は、水俣病公式発見から起算してもすでに約3年半が経過しており、その間、魚介類を食べる住民の生命、健康に対する深刻な被害が生じうる状況が続いており、多数の患者が発生し、死亡者も相当数に上っていることを認識していた。②国は、水俣病の原因物質がある種の有機水銀化合物であり、その排出源がチッソ会社水俣工場のアセトアルデヒド製造施設であることを高度の蓋然性を持って認識しうる状況にあった。③国は、チッソ会社水俣工場の廃水に微量の水銀が含まれていることについての定量分析をすることは可能であった。そうすると、1959年11月末の時点で、水質2法の手続をとり、指定水域に指定し、その指定水域に排出される工場廃水から水銀

---

(27)　判時1506号5頁。
(28)　判時1761号3頁。
(29)　水俣病関西訴訟最高裁判決の解説については、小野田学「チッソ水俣病関西訴訟最高裁判決の歴史的意義と今後の課題」（『環境と公害』35巻2号）18頁以下、永嶋里枝「水俣病・関西訴訟」（法セ602号）60頁以下、吉村良一「水俣病国家賠償訴訟」（民商132巻3号）114頁以下などがある。

が検出されないという水質基準を定め、アセトアルデヒド製造工場を特定施設に定めるという規制権限を行使するべき状況にあった。この手続に必要な期間を考慮しても、同年12月末には、通商産業大臣は規制権限を行使すべき状況にあった。そのようにしていれば、それ以降の水俣病の被害拡大を防ぐことができたが、実際には、その行使がなされなかったので、被害が拡大する結果となった。以上の事情を総合すれば、1960（昭和35）年1月以降、水質2法に基づく規制権限を行使しなかったことは、水質2法の趣旨、目的、権限の性質に照らし、著しく合理性を欠くものであり、国家賠償法1条1項の適用上違法というべきである。したがって、国の損害賠償責任を認めた原審の判断は、正当として是認できる。上告人国の論旨は採用できない。

第2に、熊本県は、水俣病による健康被害の拡大防止のために同県の漁業調整規則に基づく規制権限を行使しなかったことが国家賠償法1条1項の適用上違法となる。熊本県知事は、水俣病に関わる諸事情について国と同様の認識を有し、1959年12月までに県漁業調整規則32条に基づく規制権限を行使すべき作為義務があり、1960年1月以降、この権限を行使しなかったことは、著しく合理性を欠くものである。県漁業調整規則が、水産動植物の繁殖保護を直接の目的とするものであるが、それを摂取する者の健康保持をもその究極の目的とするものであると解される。したがって、原審の判断は是認できる。上告人県の論旨も採用できない。

第3に、水俣病による健康被害につき加害行為の終了から相当期間を経過したときが民法724条後段所定の除斥期間の起算点となる。民法724条後段の除斥期間は、「不法行為のときから20年」と規定されており、加害行為が行われたときに損害が発生する不法行為の場合には、加害行為の時がその起算点になると考えられる。しかし、身体に蓄積する物質が原因で人の健康が害されることによる損害や、一定の潜伏期間が経過した後に症状が現れる疾病による損害のように、加害行為が終了してから相当の期間が経過した後に損害が発生する場合には、その損害の発生したときが除斥期間の起算点となる。本件では、患者が水俣湾周辺地域から他の地域へ転居した時点が各自についての加害行為の終了した時であるが、水俣病患者の中には潜伏期間のあるいわゆる遅発性水俣病が存在するのであって、遅発性水俣病の患者におい

ては、水俣湾又はその周辺海域の魚介類の摂取を中止してから4年以内に水俣病の症状が客観的に現れる。判決は、原審の認定した事実関係の下では、転居から遅くとも4年を経過した時点が本件における除斥期間の起算点となるとした原審の判断を是認し、上告人国と県の論旨は採用できないとした。

(c) 水俣病関西訴訟判決の意義と課題

最高裁判所は、国と熊本県の上告理由を排斥し、大阪高等裁判所の結論を支持し、国と熊本県が1960（昭和35）年1月以降、規制権限を行使しなかったことは著しく合理性を欠くものであり、国家賠償法1条1項の適用上違法と判断した。この判決は、行政に対して、国民の生命・健康が危険にさらされているときに、適切に規制権限を行使し、人命・健康の保護を優先的に図る義務のあることを指摘している点できわめて重要な判決である。

最高裁は、食品衛生法の適用について、食品営業者に対する規制であり、漁業者の自家摂取まで規制できないとした大阪高等裁判所の判決を支持した。しかし、熊本水俣病第3次訴訟第1陣判決（熊本地裁1987年3月30日）と熊本水俣病第3次訴訟第2陣判決（熊本地裁1993年3月25日）は食品衛生法の適用を認めていた。1956（昭和31）年11月、遅くとも1957（昭和32）年春の段階で、熊本県が食品衛生法に基づく漁獲禁止措置をとっていれば、被害の拡大防止の上で効果があったことは間違いない[(30)]。

4 阿賀野川・新潟水俣病事件第1次訴訟

(1) 第2水俣病が阿賀野川下流に発生

阿賀野川は、福島県会津盆地から西に流れ、新潟県北部を流れ、新潟市東方で日本海にそそぐ川である。越後平野では、米どころをゆっくり流れ、川幅を広げながら農業と漁業の地域を通過して日本海に注いでいる。熊本水俣病の原因物質は有機水銀であった。その有機水銀はアセトアルデヒドの製造

---

(30) 小野田学、同上、23頁。

第2章 水俣病事件

過程で発生する。アセトアルデヒドは、塩化ビニールや繊維の原料となる工業製品である。アセトアルデヒドの製造工程で無機水銀が有機水銀に変わる。有機水銀が魚介類を汚染し、それを食べた人間に水俣病が発生する。熊本県水俣市で発生し、社会問題になった水俣病が、またもや新潟県阿賀野川下流地域で発生したのである。水俣病は、最初、熊本県水俣市に発生し、つぎに、新潟県阿賀野川下流域に発生したが、判決のほうは阿賀野川・新潟水俣病事件が早かった。

住民の間に、手足がしびれ、言葉がもつれ、視野が狭くなり、全身に痙攣(けいれん)を起こし、やがて死亡する奇病が発生した。熊本で大問題になっている折から、国は対策に乗り出し、患者の毛髪や尿、阿賀野川の魚、川の水、川底の泥の中から多量の水銀を検出した。熊本での水俣病の公式発見は、1956(昭和31)年であり、新潟水俣病の公式発表は1965(昭和40)年である。この間でも、9年の歳月を経ている。

有機水銀で阿賀野川を汚染した原因は何か。「工場廃水説」と「農薬流出汚染説」が対立した。工場廃水説は、水俣市の場合と同じように、アセトアルデヒド合成のために水銀を使用している阿賀野川上流60キロのところにある昭和電工鹿瀬(かのせ)工場を指摘した。

これに対して、昭和電工は、農薬流出汚染説を主張し、1960(昭和35)年6月の新潟地震のときに新潟港の埠頭倉庫に保管されていた水銀が日本海に流れ、満潮の際に、海水と一緒に阿賀野川を逆流して河口付近を汚染したと反論した[31]。

厚生省は、専門家で構成する厚生省特別研究班を設置し、調査したところ、新潟港の埠頭倉庫にあった有機水銀は紛失していないことが判明した。新潟水俣病の第1号患者は、阿賀野川河口左岸に住む農業者(31歳)の男性であった。この患者は、1964(昭和39)年10月に発症し、新潟大学病院に入院し、視野狭窄、知覚障害、聴力障害などの水銀中毒症状があり、1965年1月に水俣病と診断されたのである。1966(昭和41)年5月、新潟県衛生部長が部下

---

(31) 昭和電工は、1957年に昭和合成化学工業を吸収合併し、そこにアセトアルデヒド工場を引き継ぎ、アセトアルデヒドの生産量を1957年から1964年までに3倍に急増させている。

に採取させた工場廃水口のミズゴケから水銀が検出され、昭和電工の工場廃水説は確定的となった[32]。しかし、政府の正式見解はなかなか出なかった。

たまりかねた患者側の3家族13人は、1967（昭和42）年6月2日、昭和電工を被告とする損害賠償訴訟を新潟地方裁判所に起こした。新潟の訴訟提起は、熊本水俣病訴訟提起の2年前のことであった。

(2) 新潟地方裁判所判決

(a) 争　　点

新潟地方裁判所は1971（昭和46）年9月29日、被告（昭和電工）の加害者責任を指摘する判決を下した[33]。争点は、加害行為と被害者の損害発生との因果関係、加害者の故意又は過失、損害論の3点であった。原告の損害賠償請求の根拠は、民法709条の不法行為であるから、不法行為の成立要件を立証する責任は原告・被害者側にある。

第1は因果関係の存在である。原告（患者側）側は、昭和電工鹿瀬工場の廃水が河川の魚介類を汚染し、新潟水俣病が発生したと主張した。被告側は、新潟地震の際に流された農薬による汚染だと反論した。第2は、被告側の故意又は過失の存在である。原告は、熊本水俣病が先行事例として社会問題になっている折から、水銀中毒であることを知っていたので「未必の故意」が存在する。少なくとも、住民の生命・健康被害の発生を未然に防ぐ義務を怠っているので「過失」があると主張した。被告側は、政府見解（1968年9月）が出るまで、メチル水銀が原因であることはわからなかった。鹿瀬工場は最善の防止技術を設置していたので、故意も、過失も、存在しないと反論した。第3の損害論についてみると、原告側は、従来の「個別損害積み上げ方式」によれば、患者の収入の多い少ないにより損害額に大きな差が出てくるので、それによらず、慰謝料一本に絞り、定額の一律請求をした。被告側は、一律請求は個別事情を無視するので認められないと反論した。

---

(32)　坂東克彦『新潟水俣病の三十年―ある弁護士の回想』（NHK出版、2000年）22〜27頁。
(33)　判時642号、判タ267号99頁。

(b) 新潟水俣病判決の概要

　判決は、阿賀野川のメチル水銀に汚染された川魚を多量に食べたために発生したものであり、川魚の汚染は昭和電工鹿瀬工場の廃水であるとして、原告側の勝訴を言い渡した[34]。

　第1に、被害者の加害行為と被害の因果関係の立証責任について次のように述べている。本件のような化学公害事件においては、被害者に対し自然科学的な解明までを求めることは、不法行為制度の根幹を成している衡平の見地からして相当ではない。民事裁判による被害者救済の道をまったく閉ざす結果になりかねないからである。因果関係で問題になるのは、①被害疾患の特性とその原因物質、②原因物質が被害者に到達する経路（汚染経路）、③加害企業における原因物質の排出（生成・排出にいたるまでのメカニズム）であると考えられる。これらの3点のうち、①と②については、被害者側で、状況証拠の積み重ねにより、関係諸科学との関連において矛盾なく説明できれば、法的因果関係の証明があったと解すべきである。①と②の立証がなされて、汚染源の追求が企業の門前まで到達した場合、③については、むしろ企業側において、自己の工場が汚染源になりえないゆえんを証明しないかぎり、因果関係の存在を推認され、その結果、すべての法的因果関係が立証されたものと解される。本件では、①と②の立証はあったとものと認められる。

　第2に、「故意又は過失」についてである。故意は認められない。過失についてみると、化学企業は、有害物質を企業外に排出しないように、常に製造工場を安全に管理する義務がある。化学企業は、廃水を河川に放出して処理しようという場合には、最高の分析検知の技術を用い廃水中の有害物質の有無、その性質、程度などを調査し、生物、人体に危害を加えることのないように万全の処置をとるべきである。さらに、被害防止の方法について、最

---

(34)　新潟水俣病事件判決（1次訴訟）の解説には、井上治典「阿賀野川・新潟水俣病事件第1次訴訟」環境百選44頁以下、谷口知平「阿賀野川・新潟水俣病事件」（『公害・環境判例（第2版）』有斐閣、1980年）41頁以下、沢井裕・島林樹・清水誠・坂東克彦・馬奈木昭雄「座談会・新潟水俣病判決と公害裁判」ジュリ493号18頁以下、河合研一「新潟水俣病裁判における審理過程の問題点」同上51頁以下、牛山積「故意・過失をめぐる判断について」同上56頁以下、淡路剛久「一律請求―損害賠償の新しい方向性」同上66頁以下などがある。

高の技術の設備をもってしてもなお人の生命・身体に危害が及ぶおそれのあるような場合には、企業の操業短縮はもちろん操業停止までが要請されることもあると解すると述べている。

　第3に、損害額についてみると、患者の慰謝料算定に当たっては、症状に応じ、次のように(1)から(5)までの5段階に分類し、それぞれのランクに応じて、慰謝料を算定するのが相当であるとしている。(1)ランク患者は、他人の介助なしには日常生活を維持できず、死にも比肩すべき精神的苦痛を受けている者・1,000万円、(2)ランク患者は、日常生活を維持するのに著しい障害がある者・500万円、(3)ランク患者は、日常生活は維持できるが、軽易な労務以外の労務に服することができない者・400万円、(4)ランク患者は、服することができる労務が相当程度制限される者・250万円、(5)ランク患者は、軽度の水俣病症状のため継続して不快感を遺している者・100万円とした。死亡の場合には、その相続、家族各員の症状による慰謝料を認めた。

(c)　新潟水俣病判決の意義

　本判決は、因果関係について、①被害疾患の特性とその原因物質、②原因物質が被害者に到達する経路（汚染経路）を原告側が立証し、企業の門前まで行けば、因果関係が、事実上推定されるとしている。③加害企業の原因物質の生成・排出メカニズムの立証は、企業内の事項であり、原告には困難であるので、立証責任を分配したものである。①と②については、関係諸科学との間で矛盾なく説明できていると認められる。被告側は③については十分な立証をしていないとして、因果関係を認めた。被告側は、資料を焼却し、生産設備も撤去してしまっていたが、残しておけば、因果関係の推定を覆し、責任を免れることもできたはずである。本判決は、加害企業が意図的に用いてきた争い方に明確な判断を下したものである。原告は、企業の加害行為と結果の間の因果関係の立証をしなければならないが、この立証は素人である住民には困難なことである。学説・判例は、立証を容易にする方向で努力を続けてきた。新潟水俣病判決は、イタイイタイ病判決とともに、蓋然性説を発展させるきっかけになった。蓋然性説は、原告が因果関係についてかなりの程度の蓋然性（一応の確からしさ）を証明すれば、因果関係が推認される。

これに対して、被告が因果関係のないことを証明しない限り、因果関係の存在が認定されるという考え方である。もうひとつの考え方は間接反証説である。原告側が間接事実を積み重ね、経験則の助けを借りて因果関係の存在を推認させることに成功すれば、被告はその不存在を推認させる別の間接証拠を挙げなければならない（間接反証）としている[35]。

原告側の主張した「未必の故意」は、認められなかったが、判決で認定されている事実からみれば、未必の故意を認定してもよいと思われるところまで事実の認定があった。不法行為の成立には、故意でなくとも、過失が成立すればよいとされているので、故意と過失を区別しないことが多いが、区別が必要であろう。

判決は、昭和電工のような化学会社に最高の技術を使用して調査する義務を課している。最高技術の内容は時代とともに発展していく。会社の経営者は、その時代の最高の技術を用いて調査をする義務があり、普通の技術で調査した結果、有害物質を検出できなかったというのでは問題にならない。本判決は、化学会社は、有害物質を工場外に排出した場合、人間や環境に被害を与える危険性を持っているので、工場を操業するに当たっては、工場廃水の中に有害物質が含まれているかどうかを最高の分析技術を用いなさいと指摘し、「注意義務の高度化」を図ったのである。本判決の意義は、注意義務の高度化により、過失の成立の立証を容易にし、解釈上、「無過失責任」に近づけたといえよう[36]。さらに、この判決は、結果回避義務について、化学企業が最高の技術の設備をもってしてもなお人の生命、身体に危害が及ぶおそれのある場合には、企業の操業短縮はもちろん、操業停止までが要請されると述べ、人命尊重の立場を強調した。

損害額は、原告側の主張を基本的に認めながら、最高1,000万円から最低100万円までの5ランクに細分したこと（厚生省見解は3段階）、賠償額の上では課題を残す結果になった。

原告側の請求額に対して、判決は、慰謝料は5割4分、弁護士費用は3割

---

[35] 間接反証説の説明と展開については、森島昭夫『不法行為法講義』（有斐閣、1987年）295〜305頁。
[36] 牛山積、前掲注（23）48〜50頁。

6分に削減した。原告側の請求方式は、逸失利益などの財産上の損害も含めて一括して慰謝料として請求し、かつ、病状により一律に定められた額を請求する「一括・一律の慰謝料請求」であった。この請求額は、決して過大な額であったとは思われなかった。判決も、公害事件の特質について、①被害者と加害者の地位、立場の非交換性、②住民にとっての被害の非回避性、③被害の範囲が広範囲であること、④家族全体が被害を受ける場合が多い、⑤加害行為により当該企業は利潤を得るが、被害者にとって得られる利益はなんら存在しない、と指摘している。それにもかかわらず、判決が認定した額は大幅に削減されてしまった。その理由は、過失の認定の仕方が影響をしているのではないだろうか。判決は、過失論の中で、熊本水俣病に関する熊本大学の研究発表、水俣市での漁民紛争、通商産業省の1959（昭和34）年の秘密通達など原告の主張をそのまま事実認定しながらも、「故意に近い過失」を認めなかった。仮に、被告に「故意に近い著しい過失」が認められていれば、それに見合う損害賠償義務としては原告の請求額の全額が認められてもおかしくはなかったと思われる[37]。

　環境民事訴訟で積み上げてきた一括一律請求も、今日では、民事訴訟法248条に基づく認定として容易になるであろう。改正民事訴訟法（1998年施行）では、248条を新設し、損害額の立証が困難な場合、口頭弁論の趣旨・証拠調べの結果に基づき、裁判所は、相当な額を認定できるからである。

5　水俣病の認定訴訟

(1)　事件の概要

　最高裁判所（第3小法廷）は2013（平成25）年4月16日、水俣病未認定患者の水俣病認定の義務付けを求めた訴訟で、水俣病として認める幅を広げる判断を示した[38]。

---

(37)　清水誠「ある公害判決―新潟水俣病判決について」（『時代に挑む法律学―市民法学の試み』（日本評論社、1992年）289〜305頁。同書、「5　公害問題における損害論」305〜315頁。

第 2 章　水俣病事件

　本件最高裁判決は、水俣病の認定申請棄却処分の取消し、及び認定の義務付けを求める 2 事件の判決である。本判決で水俣病と認定された 2 人の女性は、上告審係属中（①事件）又は認定申請の後（②事件）に死亡したので、それぞれ子により承継された。

(a)　① 事　件
　①事件とは次のような事件である。被害住民・原告Ｘ 1 は、1978（昭和53）年 9 月、公害健康被害補償法 4 条 2 項に基づき、熊本県知事に対し、水俣病の認定の申請をしたところ、県知事が1980（昭和55）年 5 月、その認定申請を棄却した。その住民が熊本県を相手に水俣病の認定の義務付けを求めた事件である。原告Ｘ 1 が上告審係属中に死亡したので子が承継した。

(b)　② 事　件
　②事件とは次のような内容である。被害住民のM.Tは、水俣病に罹ったと主張して1974（昭和49）年 8 月、公害に係る健康被害の救済に関する特別措置法（救済法、旧法） 3 条 1 項に基づき熊本県知事に対し水俣病の申請をした。しかし、本件認定申請中の1977（昭和52）年 7 月 1 日にM.Tが死亡したために、M.Tの子が申請者としての地位を継承した。熊本県知事は1995（平成 7 ）年 8 月18日、認定申請以来、実に21年後に処分を行ったが、その認定申請を棄却した。地位を承継した子は、21年間じっと待っていたわけではなかった。県に「母の件はどうなっているのか」と問い合わせを続けていた。しかし、手続は放置されたままになっていた。そこで被害住民側は、熊本県知事に対し、棄却処分を不服として、その取消しを求めるとともに、水俣病の認定の義務付けを求めたものである。
　救済法は、1969（昭和44）年に制定され、公害の影響による疾病が多発している指定地域と疾病を定め、申請に基づき、知事が公害被害者認定審査会の意見を聴いて疾病の認定をして、救済措置を講じる仕組みとなっている。その後、1973（昭和48）年に公害健康被害補償法が制定されるに伴い、救済

──────────
(38)　判時2188号35頁、判タ1390号122頁。

法は廃止されたが、救済法上の認定者を公害健康被害補償法上の認定を受けた者とみなすとの措置により、救済法上の措置は公害健康被害補償法の措置に連続するものとして切り替えられた。「第2種地域」の指定区域と「水俣病」の指定は、救済法と公害健康被害補償法ともに同じ内容である。

(c) 1977年基準

　環境庁企画調整局環境保健部長は1977（昭和52）年、水俣病の認定についての運用指針とする「後天性水俣病の判断条件について」という通知を各都道府県知事等に宛てに出した。この通知によれば、四肢末端の感覚障害、運動失調、平衡機能障害、求心性視野狭窄、歩行障害、構音障害（会話の語音が正しく発されない状態）、筋力低下、振戦（律動的な不随意運動）、眼球運動異常、聴力障害などはそれぞれ単独では水俣病と判断できない。
　水俣病の認定には、一定の暴露歴を有する者であって、
(ア)　感覚障害があり、かつ、運動失調が認められること。
(イ)　感覚障害があり、運動失調が疑われ、かつ、平衡機能障害あるいは両側性の求心性視野狭窄が認められること。
(ウ)　感覚障害があり、両側性の求心性視野狭窄が認められ、かつ、中枢性障害を示す眼科又は耳鼻科の症候が認められること。
(エ)　感覚障害があり、運動失調が疑われ、かつ、その他の症候の組合せがあることから、有機水銀の影響によるものと判断される場合であること。
以上のいずれかに該当する症候の組合せが必要であるとした。各症候の組合せが必要だとする1977年基準の見解は狭すぎて水俣病と認定する幅を狭めているという批判がなされてきた。

(d) 原審判決

　①事件を担当した原審（大阪高裁判決）によれば、取消訴訟での裁判所の審理は、具体的審査基準である環境省の「1977年基準」に不合理の点があるか、あるいは認定申請が1977年基準に適合しないとした公害健康被害認定審査会の調査審議及び判断の過程に看過し難い過誤、欠落があり、熊本県知事の判断がそれに依拠して判断された場合には本件処分を違法と解される。そ

して、大阪高裁は、被害住民に四肢末梢（末端）優位の感覚障害以外の症状が認められないので、1977年基準に適合しないとの判断には合理性があり、同審査会の調査及び判断過程には特段の看過し難い過誤、欠落は認められず、これに依拠した熊本県知事の処分は適法であるとして、住民側の処分取消しを求める請求と水俣病の認定の義務付けの訴えを棄却した。そこで、住民側が上告した。

②事件を担当した原審（福岡高裁判決）によれば、水俣病の認定は、事実認定に属する問題であり、医学的知見と経験則に照らし全証拠を総合検討して行うべきであるとして、亡き母が水俣病に罹患していたと認め、その子の請求を認めた。福岡高裁は、1977年基準による症候の組合せは、あくまでも汚染の濃厚な場合の典型的症状であり、その基準を満たさない各症候であっても水俣病にかかっていると認める余地がある。そうであれば、1977年基準だけでは水俣病の認定の判断基準として十分とは言い難い。申請者（M.T）は、メチル水銀の暴露歴があり、他の疾病によるものとは認められない四肢末端優位の感覚障害が認められ、暴露歴や生活環境など慎重に検討することによって、水俣病にかかっていると認定することができるとされた。そこで、熊本県知事側が上告した。

(2) **最高裁判決**

判決は、①事件と②事件ともに類似した趣旨なので、ここでは①事件の判旨を引用することにする。まず、判決は、水俣病の認定申請を棄却する処分に対する取消訴訟での審理と判断の方法について次のように述べている。

「処分行政庁の判断の適否に関する裁判所の審理及び判断は、原判決のいうように、処分行政庁の判断基準とされた昭和52年判断条件に現在の最新の医学水準に照らして不合理な点があるか否か、公害健康被害認定審査会の調査審議及び判断過程に看過し難い過誤、欠落があってこれに依拠してされた処分行政庁の判断に不合理な点があるか否かといった観点から行われるべきではなく、裁判所において、経験則に照らして個々の事案における諸般の事情と関係証拠を総合的に検討し、個々の具体的な症候と原因物質との間の個別的な因果関係の有無等を審理の対象とし

て、申請者につき水俣病のり患の有無を個別具体的に判断すべきものと解するのが相当である。」

次に、判決は、環境省の1977年判断基準の評価については下記のように述べている。

「認定に係る所轄行政庁の運用指針としての昭和52年判断条件に定める症候の組合せが認められない四肢末端優位の感覚障害のみの水俣病が存在しないという科学的実証はないところ、昭和52年判断条件は、……上記症候の組合せが認められる場合には、通常水俣病と認められるとして個々の具体的な症候と原因物質との間の個別的な因果関係についてそれ以上の立証の必要がないとするものであり、いわば一般的な知見を前提としての推認という形を採ることによって多くの申請について迅速かつ適切な判断を行うための基準を定めたものとしてその限度での合理性を有するものであるといえようが、他方で、上記症候の組合せが認められない場合についても、経験則に照らして諸般の事情と関係証拠を総合的に検討したうえで、個々の具体的な症候と原因物質との間の個別的な因果関係の有無等に係る個別具体的な判断により水俣病と認定する余地を排除するものとは言えないというべきである。」

(3) 最高裁判決の意義

第1に、上告審での法的な争点は、水俣病の認定申請を棄却する処分の取消訴訟での審理と判断の方法にあった。

県側の主張や大阪高裁判決によれば、司法審査は、環境省の1977年基準が現在の医学水準に照らして不合理な点があるか否か、公害健康被害認定審査会の調査審議、及び判断の過程に看過し難い過誤、欠落があってこれに依拠してなされた熊本県に不合理な点があるか否かといった観点から行われるべきだとした。大阪高裁判決は、伊方原発訴訟最高裁判決[39]を引用し、水俣病認定申請の棄却処分の取消訴訟の審理方法についても裁量審査によるべきだとした。

---

(39) 最判平成4年10月29日、判時1441号37頁。本書63頁以下参照、特に68頁。

第2章　水俣病事件

　これに対して、被害住民側によれば、水俣病の認定での処分行政庁の審査の対象は、水俣病にかかっているかという確定した事実であり、伊方原発訴訟での審査とは異なる。司法審査は、個々の症候と原因物質（メチル水銀）との因果関係有無を対象とし、申請者の水俣病患者の有無を判断すべきだと主張した。つまり、裁判所は、行政の裁量を認めて消極的な審査をするのではなく、積極的に実態判断に踏み込み、判断代置的審査をすべきだとした。最高裁は、県側の主張を退け、大阪高裁の判決に法令違反があるとして、原判決を破棄し、本件申請者が水俣病にかかっていたか否かについてさらに審理することを求めて差し戻した。

　第2に、社会的に注目を集めた1977年基準に対する評価である。1977年基準について、最高裁判決によれば、症候の組合せが認められる場合には認定するとしているのは、多数の申請者に対し、「迅速」に救済するための判断基準としてのみ合理性を有するものであるとしている。しかし、症候の組合せが認められない場合にも、総合的に検討し、個々の症候と原因物質との間に因果関係があるか否かという個別具体的な判断により、水俣病と認定することもあるとしている。最高裁は、1977年基準を「迅速」な救済のための基準であると位置付けているので、今後、「幅広い救済」を図るために、①事件や②事件のように、症候の組合せに該当しない場合、因果関係の個別具体的な判断のための判断基準の追補が必要になろう。水俣病の有無という客観的事実の確認（認定）には、医学的判断とともに、暴露歴、生活歴、疫学的知見や調査結果を考慮し、総合的な見地からの検討が必要である。このようにして、判決は、水俣病の基礎的症候である四肢末端優位の感覚障害のみの水俣病を認めた。判決は、下級審で意見の分かれていた水俣病の認定棄却処分の取消訴訟において、司法審査のあり方をめぐり、初めて見解を統一したものとなった。

　判決は、1977年基準の客観的な意味を明らかにし、四肢の感覚障害のみの水俣病の存在を認めた以上、公害健康被害補償法等に基づく認定基準として症候の組合せを要件としてはならず、1977年基準を「違法・無効」とすべきであった[40]。行政の判断を尊重したために、違法・無効とまでは断言していないが、この不徹底さが本判決後の混乱を招くことになった。

第3に、最高裁判決によれば、1977年基準を水俣病の重症者の認定基準として位置付けることができるので、不備な部分を補い、軽症者のための認定基準の追補が必要になると思われる。水俣病には症状の軽重がある。認定制度は、今後、最高裁判決を受け止め、軽症も含めて全体を立て直す必要がある。

6　水俣病事件の教訓

　水俣病事件の教訓は、生物や生態系の異常は人間への影響の予兆であり、行政も、情報を無視することなく、警告ととらえ、人間の健康影響を食い止めるために、早期に予防措置をとる予防原則の必要性にある。環境汚染による人間の健康被害が生じる前には、動植物の被害が生じることが多い。予防原則によれば、行政は、深刻な被害のおそれのある場合、原因物質や活動と被害との間の結びつきが科学的に不確実なことをもって、環境悪化防止の措置を延期してはならない（予防原則については本書第2部第6章9参照）。

　第1に、水俣病の場合、魚、鳥、ネコの異変が先行していた。1950（昭和25）年から1952（昭和27）年にかけて水俣湾のアサリ、カキなどの貝の殻が目立ち、クロダイ、スズキなど魚が浮上し、悪臭だけでなく、漁獲も減少した。県水産課係長が漁業被害の原因を工場廃水にあるとする報告を1952年にまとめたが、行政はそれ以上何の対策も講じなかった。環境汚染による健康被害の早期発見の制度設計が必要であった[41]。また、1953（昭和28）年頃から毎年、ネコが狂死し、ネズミが急増したので、住民が市の衛生課にネズミの駆除を申し入れたが、行政は、原因の追及をしようとはしなかった。行政は、生物多様性に異常を感じたら、被害発生予防のために対策を考えるべきである。

　第2に、水俣病をはじめとする環境汚染事件の場合、汚染企業は、証拠を

---

(40)　溝口さん（水俣病認定）棄却取消・義務付け行政訴訟のホームページ　http://homepage3.nifty.com/mizogutisaiban/
(41)　橋本道夫編『水俣病の悲劇を繰り返さないために―水俣病の経験から学ぶもの』（中央法規、2000年）126～132頁。

隠し、科学者を動員し、原因物質と被害の因果関係が不明であるとする主張を行うことにより「科学的不確実な状態」にすることが多い。このような場合こそ、行政や政治の決断が必要になるが、水俣の事件では、行政や政治が企業側を擁護する立場に立ち、適正な対処がなされなかった。

　第3に、水俣の場合、健康調査の実施が不徹底だった。県や国には、住民の健康調査を実施する考えはなかった。特に、チッソ会社の工場廃水による中毒が疑われるようになってからの被害拡大と原因究明に関する疫学調査は、十分ではなかった[42]。被害をもたらした原因の究明と病像の解明のための健康調査は、被害拡大の防止と紛争の適正な処理のために有効なので、行政が決断し、早期に大規模で徹底的に行う必要がある。

　第4に、水俣病事件の経験をはじめに、日本の環境汚染対策で必要なことは、環境損害の賠償制度の法制化であろう。環境損害とは人格権や財産権などの個人的利益の範囲を超えた環境、生物多様性、自然資源に対する被害である。欧州や米国では、環境損害の防止と修復の費用を汚染事業者に負担させる法律がある。欧州では、環境損害の修復責任を「予防原則」と「汚染者負担の原則」に求めており、事業者に環境損害の防止、修復調査費の責任を負わせる制度となっている[43]。米国のスーパーファンド法と油濁法では、自然資源を「信託資源」とも呼び、公共信託理論に基づき、関係する多数の「潜在的責任当事者」に対して、被害資源を被害以前に状態に復元する費用、回復事業の実施中の「途中の損害」、損害調査費用などの責任を負わせている（43CFR Part11; 15CFR Part990）。

　日本では、個別の法律に環境損害の原状回復責任の規定が散在するものの、統一的な法律は存在しない。環境損害の回復責任の法制化は、予防原則、原因者負担原則、自然資源の公共信託の理論に基づくものであり、国民の環境・自然資源の保全になるとともに、人間の生命・健康の危険に対する早期の警告とその保護にもつながるであろう。

---

(42)　同上、144頁以下。
(43)　欧州連合の「環境責任指令」は2004年4月30日に施行され、英国の「環境損害（防止と修復）（イングランド）法」は2009年3月1日に制定されている。米国の連邦法は、1980年のスーパーファンド法と1990年の油濁法に自然資源損害の責任規定がある。

第1部　日本の3大環境汚染事件

第3章　原子力発電所事故の環境汚染をめぐる法と被害者救済の訴訟
―福島原発事件を中心に―

1　福島原発事故

(1)　事故の発生

　東日本大震災は、2011（平成23）年3月11日午後2時46分、太平洋プレートを震源とするマグニチュード9.0の巨大地震により、東北地方から関東までを強い揺れと大津波が襲い、大震災となった。福島第1原子力発電所では、まず、地震により送電線でプラントを運転する外部電源が壊れ、さらに、地震直後に襲われた津波により非常用ディーゼル発電機も使用できなくなったために全電源が失われた[44]。

　原子力発電所は、電気がないと運転できない。全電源喪失による冷却水喪失事故に備えて、炉心崩壊熱を使用して蒸気を発生させ、タービンを使い、ポンプを駆動する「緊急炉心冷却装置（ECCS）」が備え付けられているが、これも、8時間後にはバッテリーが切れて止まってしまった。緊急炉心冷却装置とは、冷却装置が失われた場合に、緊急に炉心の冷却を行うために用意されている冷却装置である。原子炉には、水冷ポンプと配管による冷却装置が利用されている。地震で配管などが破損すれば、水冷装置の水位が低下す

---

[44]　福島原発事故の実態と原因について数多くの書籍が出版されているが、さしあたり、参考にした本としては、石橋克彦編『原発を終わらせる』（岩波新書、2011年）、井野博満編『福島原発事故はなぜ起きたか』（藤原書店、2011年）、広瀬隆『福島原発メルトダウン』（朝日新書、2011年）、別冊宝島『原発の深い闇―東電・政治家・官僚・学者・マスコミ・文化人の大罪』（宝島社、2011年）、藤田祐幸『もう原発にはだまされない』（青志社、2011年）、塩谷喜雄『「原発事故報告書」の真実とウソ』（文春新書、2013年）、東京新聞原発事故取材班『レベル7 福島原発事故、隠された真実』（幻冬舎、2012年）。

るので、緊急炉心冷却装置が炉心に注水し冷却する仕組みになっている。原子炉の冷却機能が失われれば、燃料棒が発熱で溶け出し、炉心核燃料の溶融落下（メルトダウン）と呼ばれる深刻な原子力事故となる。

　すべての電源を失った福島第1原発は、冷却ができなくなり、1号機、2号機、3号機の原子炉がメルトダウンに向かい暴走を始め、圧力容器も、格納容器も破損し、炉心のウラン燃料棒が露出した。さらに、点検中で休止していた、4、5、6号機のうち、4号機では、使用済燃料棒を浸しておくプールの水が崩壊熱で沸騰し、プールの水位が下がった。メルトダウンは、震災から数時間後に始まった。

　国民が不安に思いながらテレビ画像を注視する前で、1号機と3号機がコンクリート建屋で水素爆発を起こし、2号機は格納容器で爆発を起こした。4号機も使用済燃料プールで爆発を起こした。大量の放射性物質が大気、海、森林、河川、田畑など環境に排出され、拡散していった。東京電力と国の原子力安全・保安院がメルトダウンを公に認めたのは事故の2ヶ月後のことであった。メルトダウンを2ヶ月間も、「炉心損傷」にすぎないとして国民には隠し続けていた。

(2) 福島原発事故被害の特徴

　福島原発事故被害の特徴は、広範囲で深刻な被害、被害の継続と長期化、生活の全面破壊、放射線被害把握の困難が挙げられる[45]。

(a) 広範囲で深刻な被害

　大量の放射性物質の飛散は、東北地方、関東地方、遠くは静岡県に及び、農作物の摂食規制、海洋汚染と河川汚染による魚介類と水の飲食も規制された。規準値を上回る食品の販売が規制された。

　政府や自治体は、被ばくを避けるために、避難指示により住民の避難を求めた。政府や自治体の避難指示による避難は「強制避難」と呼ばれる。避難指示のない区域の住民も、被ばくの危険と不安から「自主避難」をした。自

---

(45)　小島延夫「福島第一原子力発電所事故による被害とその法律問題」法時83巻9・10号55頁以下。

第1部　日本の3大環境汚染事件

主避難者の多くは、子供や妊婦、その家族であった。避難者は、強制避難者と自主避難者の合計は、16万人に及び、その内訳は強制避難者が11万1,000人（2011年1月現在、復興庁調べ）、自主避難者が5万人となった[(46)]。広範な地域の全体が被害を受けたので、そこでは人が住めず、家、学校、里地里山も汚染され、社会生活ができなくなってしまった。

　水俣病事件では、1973（昭和48）年の一斉検診で発覚したことであるが、この年から5年間に水俣市だけでも約1万人の人たちがふるさとを離れている。当時の水俣病の認定申請者の現在地を見れば、行く先は、ほぼ全国に広がっているが、人数の多いのは関西で、関東がこれに次いでいる。水俣病事件の発生により、漁業が打撃を受け、生活できない人々が避難せざるを得なかった[(47)]。水銀の摂取をやめた後にも症状が出現し、悪化する「遅発性水俣病」の存在が明らかになった。

　足尾鉱毒事件で国がとった対策は、谷中村を廃村にして、鉱毒を沈殿させるため遊水池を設けるものであった。1906（明治39）年、家屋が強制的に破壊され、2,500人の住民がふるさとを追われた。故郷の喪失といえば、谷中村だけではなく、足尾銅山の上流の松木村は、足尾銅山の煙害で生活ができなくなり全員が移転となった。現在、松木村の痕跡として当時に村があったという目印の墓石がいくつか残っているにすぎない。放射性物質と鉱毒による環境汚染や魚介類をはじめとする食品汚染による生命・健康と財物の被害は共通するが、避難者数で見るかぎり、足尾鉱毒事件での避難者は数千人であった。福島原発事故では、9つの町や村の役場と住民がほかの自治体に移住することを強いられた。

　福島県の避難者数は、事故から3年経っても、約13万5,000人であり、そのうち2万8,000人が仮設住宅で暮らしている（「東京新聞」2014年3月10日）。福島県内では、原発事故に伴う避難生活による死亡と認定された「原発事故関連死」が深刻になっている。県の集計によれば、事故から3年目を迎えようとする1月現在、避難に伴う死亡と認定されて災害弔慰金が支払われた関

---

(46)　除本理史『原発賠償を問う・曖昧な責任、愚弄される避難者』（岩波ブックレット、2013年）28頁。
(47)　原田正純『水俣病は終わっていない』（岩波新書、1985年）150～153頁。

連死は1,627人に上り、地震と津波による直接死の1,603人より24名多かった（「福島民報」2014年1月18日）。

(b) 被害の継続と長期化

避難者は、事故直後、緊急避難を求められたが、やがて近いうちに帰還できると考えていたものの、避難が長引き、「いつ戻れるのか」といった心配から「もう戻れない」状態になり、精神的苦痛と不安が時とともに深刻になっている。

放射線被ばくによる障害は、急性放射線症と晩発性障害に大別されているが、がんなど晩発性障害は被ばく後数年から10年以上経て発症するとされている。水俣病事件と類似している。水俣病認定訴訟では、1950年代に水俣市に住み、1970年代に認定申請を行った2人の女性は、水銀に汚染された魚だとは知らずに食べ、手足がしびれる感覚障害にかかった。国が1977年基準で感覚障害だけでなく運動失調や視野狭窄など複数症状の組合せを要件としたために、2人の認定申請は棄却された。最高裁が2人の水俣病認定を認めるまで40年もかかった。2人の女性は、途中に死亡したので、遺族が訴訟を引き継いだが、2人が魚を食べた時から半世紀も経っていた。

放射線の影響は、一般に被ばくからかなり遅れて発症する。国は、戻れる目安の放射線量を相当高い数値である年間20ミリシーベルトに設定し、住民に帰還を促している。住民にしてみれば、帰還したいがふるさとに戻れないのである。しかも、奥山、里地里山、ため池、小川などは、除染されていないので、恐怖と不安で帰還できない。予防原則により、帰還のための目安は、年間1ミリシーベルトにすべきであろう。

(c) 生活の全面破壊

放射性物質の飛散は、大気、土壌、海水、河川水、森林を汚染するので、住民の全生活面を破壊する。飲料水と食品の汚染、子供の健康への不安、商工業・農林漁業・サービス業など生業もできなくなる。働く場所の喪失、子供や妊婦のための別居生活、仮設住宅での不自由な生活、生きがいも奪われる。生活の全面破壊の被害は、強制避難と自主避難では異なるところはない。

(d) 放射線被害把握の困難

　放射線の出ている原発からできるだけ遠くに住み、放射線で汚染されていない食品を食べ、水を飲めればよいが、誰もがそのような生活ができるとは限らない。水俣病事件では、重症例だけではなく、様々な症状があり、重症例の目立たなくなった1960年代にもメチル水銀を含んだ工場廃水が海に流されていたが、住民の間では、水俣病への危機感が薄まり、魚介類の摂取が続いた。足尾鉱毒事件でも、鉱毒水が長年にわたり渡良瀬川に流され続けた。福島原発事故後、被ばくが持続している現状と類似している。魚介類摂取で起きるメチル水銀中毒は、大半が慢性的暴露であるので、血中であれ、毛髪であれ、暴露全体を正確に把握することは困難である。居住歴や魚介類摂食歴などの暴露指標が必要であった。水俣病の確認後でさえ、魚介類が原因と判明したにもかかわらず、原因物質（メチル水銀）が特定できないという理由で魚介類摂取は禁止されなかった。こうしたことが患者を増やし、裁判での紛争解決を長引かせることになった[48]。福島原発事故での行政施策は、予防原則でなされる必要がある。

　本章では、まず、福島原発訴訟を見る前提として、原子炉等規制法、原賠法（原子力損害の賠償に関する法律）、原子力損害賠償・廃炉等支援機構法、補完的補償条約、損害賠償請求の手続、放射性物質汚染対処措置法など原発事故に関する法制度全体を述べる。

　次に、伊方最高裁判決、高速もんじゅ事件判決、志賀原発2号炉差止請求訴訟など福島原発汚染事故以前の判決を検討する。

　最後に、今後の原発事故の賠償と差止めの訴訟、エネルギー政策の選択を検討する。福島原発事故は、国と東京電力が原子力発電事業を推進し、安全神話を宣伝し、安全対策を怠ったまま原発の稼働を続けたことにより発生した。福島原発事故以後、避難者らによる集団訴訟は、2012年12月以降、各地で起こされている。それぞれ避難した人々は、政府と東京電力の責任を明らかにし、東電への直接請求では認められない賠償を求め、全国各地で訴訟を提起している。

---

(48)　高岡滋「環境汚染による健康影響評価の検討―水俣病の拡大相似形としての原発事故」『科学』（2012年）82巻5号、539、542、546頁。

第3章　原子力発電所事故の環境汚染をめぐる法と被害者救済の訴訟

2　原子力基本法

　原子力基本法は、原子力利用（研究・開発・利用）を推進することを目的とするが（1条）、原子力利用を「平和」の目的に限り、「安全の確保を旨」として、「民主的な運営」の下に、「自主的」に行い、「公開」で行うこととしている（2条）。

　原子力利用の「安全の確保」を図るために、別に定める「原子力規制委員会設置法」（平成24年6月27日法律47号）により、環境省の外局として原子力規制委員会が置かれている（3条の2）。この前身の原子力安全委員会は、内閣府に置かれていたが、1998（平成10）年の「中央省庁等改革基本法」の制定に伴い、経済産業省の外局である資源エネルギー庁に設置され、原子力の推進と規制を同時に実施する組織となっていた。しかし、福島原発事故以後、世論の批判にこたえ、看板を変更して原子力規制委員会となった。

　原子力委員会は、原子力利用のための国の施策を計画的に遂行するために内閣府に置かれている（4条）。原子力委員会は、原子力利用の政策、核燃料物質や原子炉の規制などの事項の審議・決定を行っている（原子力委員会設置法2条）。

3　原子炉等規制法

　原子力規制委員会は、原子力施設の設置段階で、重大事故対策や原子炉施設の位置、構造、設備が「災害の防止上支障がないものであること」を審査するとともに、それ以降の建設と運転の段階での各種の認可や検査による規制を行っている。

　原子炉等規制法（核原料物質、核燃料物質及び原子炉の規制に関する法律）の第4章は、原子炉の設置と運転に関する規制を規定している。原子炉を設置しようとする者は、原子力規制委員会の許可を受けなければならない（43条の3の5第1項）。

　原子力規制委員会は、2012（平成24）年制定の原子力規制委員会設置法で

環境省の外局組織として新設されたいわゆる「3条委員会」である。3条委員会とは、国家行政組織法3条2項に規定される委員会であり、設置される府省の大臣から指揮監督を受けず、独立して権限行使ができる合議制の機関をいう。原子力規制委員会には、事務局として原子力規制庁が設置されている（同法27条）。原子力規制委員会設置法の制定趣旨は、以前の原子力の安全を担当する「原子力安全・保安院」が原子力利用の推進を担う経済産業省の下におかれていたので、経済産業省から安全規制の部門を分離することにあった。

原子力規制委員会は、許可申請があった場合において、申請が許可基準に適合していなければ許可をしてはならない（43条の3の6第1項）。

許可基準は次のようになっており、いずれにも適合しなければならない。
① 原子炉が平和目的以外に利用されるおそれがないこと（同条同項1号）。
② 原子炉設置のために必要な技術的能力と経理的基礎があること（同条同項2号）。
③ 重大事故の発生や拡大防止に必要な措置を実施するために必要な能力、その他運転を適確に遂行する技術能力があること（同条同項3号）。重大事故とは、原子炉の著しい損傷、その他原子力規制委員会規則で定める重大な事故をいうとされている。
④ 原子炉施設の位置、構造及び設備が核燃料物質、核燃料物質による汚染物、原子炉による災害の防止上支障がないものとして原子力規制委員会規則で定める基準に適合すること（同条同項4号）。

原子力規制委員会は、許可する場合において、あらかじめ原子力委員会の意見を聞かなければならない（43条の3の6第3項）。さらに、原子炉設置許可が出された後、申請者は、原子力規制委員会の「工事計画認可」を受ける（43条の3の9）。引き続き、建設段階で、燃料体検査、溶接安全管理検査（発電用タービン、格納容器など電気工作物などの溶接検査を行い、記録を保持する）、使用前検査、保安規定などの認可を受ける。

なお、再稼動の審査とは、2012年改正法に基づく新規制基準に適合しているか否かの審査であり、「バックフィット」とも呼ばれている（43条の3の14）。

4　電気事業法

　電気事業法は、電気使用者の利益保護と電気事業の健全な発達を図るとともに、電気工作物の工事・維持・運用を規制することにより、公共の安全と環境の保全を図ることを目的としている（1条）。

　事業用電気工作物の設置又は変更の工事をしようとする者は、その工事計画について経済産業大臣の認可を受けなければならない（47条）。また、使用前にも、原子炉設置者は、認可を受けた工事計画に従い、かつ、39条1項の経済産業省令で定める技術基準に適合しなければならない（49条1・2項）。さらに、原子炉の運転開始後であっても、原子炉設置者は、定期検査を受ける義務がある（54条）。

　原子炉設置者は、経済産業省令で定める技術基準に適合するように維持する義務がある（39条1項）。経済産業省により定められる技術基準の内容は、「人体に危害を及ぼし、又は物件に損傷を与えないようにすること」となっている（39条2項1号）。

　経済産業大臣は、原子炉等事業用電気工作物が経済産業省令で定める技術基準に適合していなければ、「事業用電気工作物を設置する者に対し、その技術基準に適合するように事業用電気工作物を修理し、改造し、若しくは移転し、若しくはその使用を一時停止すべきことを命じ、又はその使用を制限することができる」(40条)。つまり、経済産業大臣は、原子炉等事業用電気工作物が省令に定める技術基準に適合していないと認めれば、「技術基準適合命令」を出すことができる。

5　原賠法・支援機構法

(1)　原賠法と福島原発事故

　わが国の原子力損害賠償制度は、1961（昭和36）年制定の「原子力損害の賠償に関する法律」（原賠法）により枠組みが規定されている。同年制定の

第1部　日本の3大環境汚染事件

「原子力損害賠償補償契約に関する法律」（政府補償契約法）は、民間保険契約で填補できない損失を補償するため、政府と原子力事業者が締結する原子力損害補償契約の手続や補償金の支払を規定している。

2011（平成23）年制定の「原子力損害賠償・廃炉等支援機構法」（支援機構法）は、東京電力福島原子力発電所事故の被害者に損害賠償を支払う東京電力を支援するための仕組みを整備した。同年制定の放射性物質汚染対処特措法[49]は、事故由来放射性物質による環境汚染に対処し、環境汚染が人の健康と生活環境に及ぼす影響を減らす目的で、国、地方公共団体、原子力事業者がとるべき措置を定めた（本章12を参照）。

以下、原賠法の仕組みの検討を中心に、損害賠償責任の履行確保措置、支援機構法を見ることにする。

(a) 原賠法の目的

原賠法の目的は、原子力損害が生じた場合の損害賠償の基本制度を定めることにより、「被害者の保護」と「原子力事業の健全な発達」の2点とされている（1条）。

本来、原賠法は、原子力事故により健康被害を受ける被害者、故郷を離れ居住地に帰れない人々、仕事や事業を失った人々の救済を金銭で処理する法律である。原子力事故は、被害規模が大きく、被害が将来長期に及び、地域の生活と産業を破壊するとともに、電力会社自身の経営も立ち行かなくさせるであろう。環境法の個別分野の法律では、環境保全と経済発展を併存させる旧法時代の「調和条項」が1970（昭和45）年の公害国会で削除されたので、経済発展の枠の中で健康と生活環境を考えるのではなく、逆に、健康と生活環境の枠の中で経済発展を実現すると考えるように変化している。

原賠法の目的を考える場合にも、時代と環境法の流れにあわせて考える必要がある。「原子力事業の健全な発展」とは、事故の未然防止のためにも、原子力事業者の注意義務を高め、原子力事故を起こさないようにすることに

---

(49) 正式名は、「平成23年3月11日に発生した東北地方太平洋沖地震に伴う原子力発電所の事故により放出された放射性物質による環境の汚染への対処に関する特別措置法」（平成23年8月30日公布、同24年1月1日施行）。

よって実現されるのであって、被害者の保護、完全な救済、環境回復を優先して解釈する必要がある。

(b) 定　義

原賠法は、原子炉設置の許可を受けた者等の「原子力事業者」が「原子炉の運転等」により生じた「原子力損害」の賠償を規定している（3条1項本文）。

「原子力事業者」とは、「原子炉等規制法」に基づき、①原子炉の設置許可を受けた者、②核燃料物質の加工事業の許可を受けた者、③使用済燃料の貯蔵事業の許可を受けた者、④使用済燃料の再処理事業の指定を受けた者、⑤核燃料物質又は核燃料物質による汚染物の廃棄事業の許可を受けた者、⑥核燃料物質の使用許可を受けた者などをいう（2条3項）。大学の研究用原子炉の設置者も、上記①の原子炉の設置許可を受けた者として「原子力事業者」に該当し、原賠法の対象となる。

「原子炉の運転等」とは、原子炉の運転の他に加工、再処理、核燃料物質の使用、使用済燃料の貯蔵、核燃料物質又は核燃料物質による汚染物の運搬・貯蔵・廃棄を含む（2条1項）。

「原子力損害」とは、核燃料物質の原子核分裂過程の作用又は核燃料物質等の放射線の作用若しくは毒的作用により生じた損害をいう（2条2項）。損害賠償の範囲は、原賠法では特に定めていないので、一般法の民法により放射線の作用と相当因果関係が認められる損害が賠償されるべき損害となる。

(c) 無過失責任と免責要件

原子力事業者の責任は、原子炉の運転等により与えた原子力損害について、無過失責任を負う（3条1項本文）。これにより、被害者は、加害者である原子力事業者の故意又は過失を立証する必要はないことになる。

一般の不法行為であれば、企業の自由な活動と競争を促進するために、過失責任主義が不法行為の成立要件となっているので、加害者に故意又は過失のあることを立証する必要がある（民法709条）。しかし、現代では、原子力事業や鉱業のように危険な設備を持つ企業が発達し、航空機や鉄道のような

高速交通機関が展開するとともに、これらの企業は、新たな危険を作り出し、住民の平穏な生活を破壊した以上、それにより生じた損害の賠償責任も当然これらの企業が負うべきであると考えられるようになっている。これらの企業は、危険性を伴った企業活動によって収益をあげており、その収益の中から他人に与えた損害を賠償する必要がある。そのような理由で、危険性のある企業には、そこから生じた損害を賠償させることが公平だと考えられ、過失責任主義ではなく、無過失責任が課されている。原賠法は、原子力事業者の無過失責任を規定しているので、被害者は原子力事業者の故意又は過失の立証の必要はない。この意味は、原発事故を起こした事業者に過失の責任があるものの、被害者保護のために事業者の過失を立証する必要はないことを意味する。原賠法上の無過失責任と民法上の過失責任は、併存して存在するので、被害者側の選択により行使できると考える。

どこの国の原賠法でも、原子力事業者の無過失責任を規定している。わが国の原賠法では、後述のように、責任を集中し、原子炉の運転などと相当因果関係を有する原子力損害はすべて原子力事業者が賠償しなければならない（無限責任）。ただ、政府は、原子力損害が事業者の賠償措置額（1,200億円）を超え、かつ、本法の目的を達成するために必要が認められれば、援助を行うと規定している（16条1項）。

原賠法は、原子力事業者に無過失賠償責任を課しているが、例外として免責される場合があり、その損害が「異常に巨大な天災地変又は社会的動乱」によって生じたとき責任を負わないとしている（3条1項ただし書き）。

今回の福島原発事故は、この「ただし書き」には該当せず、無過失責任及び過失責任を負うことになる。原子力事業者が免責されるためには、①「日本の歴史上あまり例の見られない大地震、大噴火、大風水災等」をいい、「関東大震災は巨大であっても異常に巨大なものとは言えず、これを相当程度上まわるものであることを要する」。②戦争、海外からの武力攻撃、内乱等のように、異常に巨大な天災事変に相当する社会的動乱であることが必要であって、局地的な暴動や蜂起はこれに含まれない[50]。東日本大震災は、地震

---

(50) 科学技術庁原子力局監修『原子力損害賠償制度』（通商産業研究社、1980年）52頁。

規模で見ると、1900年以降の地震の中で世界第4番目であり、この点からも、異常に巨大で想像を絶するものとはいえない。津波の高さから見ると、1896年の東北を襲った「明治三陸地震」では三陸町で38.2メートル、1993年の北海道南西沖地震では奥尻で29.0メートルに達している。今回の東日本大震災では、大船渡で23.6メートルであったので「異常に巨大な」ものとはいえない[51]。

(d) 責任集中

　原賠法は、「責任集中」を規定し、原子力事故が生じた場合、原子力事業者だけが損害賠償責任を負い、その他の者の責任を免除するとしている（4条1項）。この条文は、原子力損害の発生につき、他の者が発生原因を与え、製造物責任法、民法などの法律で賠償責任を有する場合があっても、原子力事業者以外の者の責任を一切免除するとしている。福島第1原発の原子炉は、米国GE社の「マークⅠ型」であり、米国では格納容器が小さくて、放射性物質を封じ込めるためには、欠点があると指摘されてきた原子炉である。責任集中の規定は、原子炉の製造業者のGE、東芝、日立などの原子炉に欠陥があっても、賠償責任を一切問わないことになる。原子力損害は、重大事故になることを考えれば、製造業者の設計・製造上の欠陥の原子炉はあってはならず、原子力損害の原因者の免除は重要な問題といえよう。

(e) 無限責任

　原賠法は、原則として、「無限責任」であり、原子力事業者の賠償責任を制限していない。無限責任とは、原子力事故が発生した場合、原子力事業者が被害者の被った損害を全額賠償しなければならない責任をいう。わが国の原賠法が無限責任を採用した理由は、有限責任と無限責任どちらを導入するか議論がなされたうえ、「わが国は、地続きで国境を接する欧州諸国とは事情を異にしているので、諸外国の原子力損害賠償制度に合致させなければならない緊急性に乏しいし、責任制限の原則を導入することは、原子力に対す

---

(51) 大塚直「福島第一原子力発電所による損害賠償」法時83巻11号49頁。

る国民感情あるいは当時の社会情勢からみて必ずしも適当でないという慎重論」を採用したのであった[52]。実際上の重要な課題は、原子力事業者の無限責任をどのように実現するかである。

　原子力事業者は、賠償金の支払いに備え、後述の「賠償責任保険」（民間保険契約）と「賠償補償契約」（政府補償契約）を義務付けられている。しかし、民間保険契約は、一般的な事故が対象であり、福島原発事故には適用されない。政府補償契約は地震、津波、噴火を対象に適用されるので、福島第１原発事故では、政府が補償契約により、上限で1,200億円支払うことになる。保険金、補償金のいずれかが適用されても、上限は1,200億円となっている。福島第１原発事故の賠償額は20兆円ともいわれているので、政府の補償金では、すべての損害の一部賠償金を支払えるにすぎない。東京電力は、電気料金の値上げを行い、国民に負担させても、十分な支払いができない。

　賠償額が1,200億円を超え、原子力事業者が支払えなければ、国が援助をすることになっている（16条）。2012年12月現在、東京電力は、原子力損害賠償・廃炉等支援機構による支援額は３兆円を超えている。政府は、東電救済のために資金の調達が必要な時に換金できる「交付国債」の発行枠を５兆円に設けている。2013年10月現在、３兆円超はこの内数にあたる。会計検査院が調べたところ、国の援助額が上限の５兆円に達するのは確実で、回収には31年かかることがわかった。この場合、国が負担する利息だけでも約800億円に上る。検査院は、今後除染が進めば、回収が長期化し、国民負担が増大するおそれがあると警告した（「朝日新聞」2013年10月17日）。

　そのわずか２ヶ月後、政府は2013年12月20日、「事故対策にどれだけの費用がかかるかの見積もりを明らかにした。賠償と除染で９兆円、廃炉・汚染水対策を含めると、少なくとも11兆円になる」と強調した（「朝日新聞」12月19日・21日）。東京電力を救済する資金は、国民の負担する税金と電力料金でまかなわれるが、今後、どこまで膨らんでいくかわからない。

---

(52)　科学技術庁原子力局監修、前掲注（50）56頁。

(f) 損害賠償責任の履行確保措置

　原賠法は、損害賠償責任の履行を確保する措置として、原子力事業者に原子力損害賠償責任保険契約（8条）と原子力損害賠償補償契約（10条）の締結を義務付けている。原子力損害賠償責任保険契約とは、民間保険会社との「責任保険契約」であり、一般的な事故（「一定の事由による」原子力損害）を対象にした保険であるので、地震、津波、噴火及び正常運転等による原子力損害は填補されない損害とされている（8条）。

　賠償すべき損害が賠償措置額の1,200億円を超えた場合、政府は、国会の議決により、原子力事業者が損害を賠償するために必要な援助を行う（16条）。

(2) 原子力損害賠償・廃炉等支援機構法

(a) 支援機構法の概要

　原子力損害賠償・廃炉等支援機構法（支援機構法）は、実質的に東京電力の救済を図る法律として制定され、2011（平成23）年8月10日に施行された。

　支援機構法の目的は、原子力損害賠償・廃炉等機構（機構）を設立し、原子力事業者の損害賠償額が賠償措置額（1,200億円）を超えた場合、原子力事業者に援助を行い、賠償措置が適切かつ円滑に実施されるようにするとともに、原子炉の運転等事業の円滑な運営と廃炉事業の実施を確保することにより、国民生活の安定と国民経済の健全な発展を目指すことにある（1条）。このように、支援機構法は、原子炉運転等の事業の円滑な確保を図るとしており、最悪の福島第1原発事故を経験し、被害者救済の仕組みを作らなければならないにもかかわらず、依然として、原発の推進維持を明示している。なお、目的条項の「廃炉事業の実施」は2014年改正法で追加されたものである。改正法は、東京電力が負担すべき損害賠償だけでなく、廃炉費用までも電気料金に上乗せできることにし、国民負担を増やすことになった。

　機構は、国と原子力事業者の出資で設立され、運営委員会（14条～22条の7）と役員（23条～34条）を置く。機構は、運営委員会の議決を経て、原子力事業者への資金援助等の業務を行う（35条）。

　機構は、資金援助の資金源を得るために、原子力事業者から一般負担金（38条）と特別負担金を収納する（52条）。一般負担金とは、すべての原子力

事業者が納付する負担金のことをいう。特別負担金とは、国の支援・資金援助を受けた事業者が納付する負担金をいう。結局、いずれも消費者の支払う電気料金による負担となる。

原子力事業者は、原子力損害の賠償として支払うために必要な賠償額が賠償措置額を超える場合、資金調達が必要になるので、機構に対して資金援助（資金の交付、株式の引受など）を申し込むことができる（41条）。機構は資金援助の申し込みがあったときは、運営委員会の議決を経て、資金援助を行うかどうかを決定する（42条）。

(b) 支援機構法の問題点と課題

東京電力の福島第1原発事故の賠償責任は、賠償措置額を超えるので、原賠法16条の政府援助の規定が適用される。当初、国の援助のあり方をめぐっては、2つの考え方が対立していた。まず、1つの考え方は、国からの援助を受けるに当たっては、政府援助だけに頼るのではなく、東京電力の責任を明確にし、原賠法の無限責任に基づき、国の援助を受ける以上、東京電力の株主、経営者、銀行など債権者がそれぞれ応分の負担をすべきであるとする考え方であった。もう1つの考え方は、東京電力の破綻処理に伴う株主、経営者、債権者の負担を回避し、国の援助金をつぎ込む道であり、東京電力の責任をあいまいにし、国民に負担を追わせるものであった。支援機構法の制定は、後者の立場をとることになった[53]。

われわれは、今後のエネルギー政策の方向を考える必要がある。東京電力は、除染費用や廃炉の費用が大きくなるにつれて、破たん処理の問題が再浮上するであろう。支援機構法による交付資金は、被害補償のためにしか使えないことになっているので（41条1項1号）、被害の完全救済とともに、除染、廃炉の費用負担の問題が再浮上したとき、その費用負担は、国民に転嫁するのではなく、株主、銀行など債権者に求める必要がある。電力会社は、原発の利益だけは獲得し、膨大な損害だけを国民に支払わせてはならない[54]。

今後、東京電力は、国民に負担を転嫁するのではなく、送電線を売却すれ

(53) 大島堅一・除本理史『原発事故の被害と補償』（大月書店、2012年）123〜126頁。
(54) 同上、135〜138頁。

ば、交付金の返済を行うことができるとともに、原因者負担の原則に従い、原発事故の被害者の救済に役立つことになる。送電線の売却は同時に、発送電分離につながる。東京電力は解体され、「送電会社」、「発電会社」、「原子力管理会社」に3社に分割されることになる。その結果、わが国には、電力会社の地域独占がなくなり、風力、太陽光、小水力、地熱、バイオマスなど再生可能エネルギーが発展し、新しい産業と雇用が拡大することになる。

6　損害賠償請求の手続

福島原発事件の被害者の損害賠償請求手続は、(1)東京電力への直接請求、(2)原子力損害賠償紛争解決センターへの紛争解決申立て、(3)裁判所への訴訟提起の3通りの方法がある。これらの手続には、特に順序はなく、いきなり(3)の訴訟提起をしてもよい。(1)の直接請求による解決がうまくいかない場合、(2)や(3)の手続を進めてもかまわない。

(1)　東京電力への直接請求

東京電力では、原子力損害賠償紛争審査会が策定した原子力損害の範囲に関する「中間指針」を踏まえた賠償基準を定めている。被害者は、直接交渉し、東電賠償基準に示された賠償範囲で合意できれば、所定の請求書類に従って請求することになる。

(2)　原子力損害賠償紛争解決センターへの紛争解決申立て

(a)　和解の仲介

原子力損害賠償紛争解決センター（紛争解決センター）は、原子力事故により被害を受けた者の原子力事業者に対する損害賠償請求について、円滑、迅速、かつ公正に紛争を解決することを目的として設置された公的な紛争解決機関である。紛争解決センターは、原賠法により文部科学省内に設置された原子力損害賠償紛争審査会（原賠審）のもとに設置され（18条2項1号）、文部科学省の他に、法務省、裁判所、日本弁護士会の専門家らにより構成されており、裁判外紛争解決手続（ADR）とも呼ばれている。

紛争解決センターの目的は、弁護士の仲介委員らが原子力損害の賠償に関する紛争についての和解の仲介手続を行い、当事者の合意形成を後押しすることで紛争の解決を図ることにある。和解の仲介とは、第三者が当事者の間に入り、当事者の合意（和解）による紛争の解決に努めることをいう。紛争解決センターでは、中立・公正な立場の仲介委員（弁護士）が、申立人と相手方の双方から事情を聴きとり、双方の意見を調整しつつ、和解案を提示し、和解契約の成立により紛争の解決を図っている。

(b) **紛争解決センターでの紛争解決の特徴**
① 中間指針に基づいて類型化されたものだけではなく、個別事情についても、当事者から事情を聴きとって対応すること。
② 和解の手続は、申立ては無料である。ただし、書類の作成費用、郵送費用などは各自負担となる。
③ 和解案提示までの期間は、裁判手続に比べれば、迅速であり、通常4〜5ヶ月での解決を目指している。ただし、案件によっては、半年以上かかることもある。
④ 東京電力が直接請求の対象としてはいない場合でも申立てを受け付ける。
⑤ 東京電力への直接請求の交渉で示された金額では合意できない場合も受け付ける。
⑥ 東京電力への直接請求ですでに合意した場合でも、紛争解決センターへ申し立てることもできる。

（紛争解決センター「原子力損害賠償解決センターの手引き」より）

(c) **紛争解決センターへの申立て**
　和解仲介手続の申立数は、文部科学省の「原子力損害賠償事例集」によれば、2013（平成25）年3月現在でも、毎月300件を超えるペースで推移している。
　さらに、浪江町は2013年5月29日、町民1万5,313人（全町民の71.4パーセント）を代理して申立てを行った。濱野泰嘉によれば、町が町民の代理人となって集団申立てを行うことは、町民の避難生活の不安や原賠審の中間指針

が定めた賠償額への不満であり、浪江町全域の除染（原状回復）や慰謝料の増額などを求めることにある。紛争解決センターは、大量かつ簡易・迅速な解決を目的として設置されているので、この集団申立てが適切に解決できなければ、当センターの存在意義が問われる事案となっている[55]。

(3) 裁判所への訴訟提起

被害者は、東京電力との間で和解（合意）が成立しなければ、裁判所に訴訟を提起し、裁判所の判断を求めることになる。

福島県から各地域への避難者は、東京電力と国に対して、それぞれ避難先の裁判所で損害賠償を求める訴訟を起こしている。争点は、多様であるが、主要な点だけを取り上げる。

被害者・原告側は、東電は津波が予見できたにもかかわらず、有効な対策をとらなかった。国は、原子炉の安全確保に規制権限を持っており、それを適切に行使しなかったために、事故を防げなかったと主張している。

東電側は、原子力事業者の無過失責任を定めた原賠法の範囲での責任は認めるが、想定される対策はとってきたとして、事故は予見できなかったと主張している。

国側は、規制権限不行使は認められないと主張し、原告の請求を棄却するように求めている（争点は本章の11、12参照）。

7　伊方原発事件の最高裁判決（行政訴訟・取消訴訟）

(1) 事件の概要

四国電力は、愛媛県西宇和郡伊方町に原子力発電所の建設を予定し、核原料物質、核燃料物質及び原子炉の規制に関する法律（原子炉等規制法）23条1項（当時の規定）に基づき、原子炉設置許可申請を行った。これを受けて、内閣総理大臣は1972（昭和47）年11月28日に原子炉設置許可処分を行った。

---

[55]　濱野泰嘉「浪江町ADR集団申立てについて」法時86巻2号78頁以下。

これに対して、伊方町及び近隣の町に住む住民がその許可処分の取消しを求める訴訟を提起した。

第1審松山地裁は、1978（昭和53）年4月25日、原告住民の請求を棄却した（判タ362号124頁、判時891号38頁）。本件原子炉は、1977年に稼働し、後に2号機が設置されたので、伊方1号炉と呼ばれている。住民は控訴した。

本件許可処分は、1978年の原子力基本法等の一部改正にともない、通商産業大臣が訴訟を継承し、被控訴人となった。

控訴審高松高裁は、1984（昭和59）年12月14日、住民（控訴人）控訴を棄却したので、住民は上告した。

最高裁（第1小法廷）判決は1992（平成4）年10月29日、住民の上告を棄却した。上告審での争点は、①住民の参加手続や資料公開を定めていない原子炉等規制法の許可手続は憲法31条に違反しないか。②安全審査基準を法律で具体的かつ詳細に定めないことが憲法31条及び41条に違反しないか。③原子炉設置許可処分の裁量性と司法審査の範囲と方法。④設置許可手続段階の安全審査の範囲の4点であった[56]。

(2) 判決概要

① 判決は、住民の参加手続や資料公開を定めていない原子炉等規制法の許可手続は憲法31条（法定手続きの保障）に違反するか否かについては次のように述べている。

「常に必ず行政処分の相手方等に事前の告知、弁解、防御の機会を与えるなどの一定の手続を設けることを必要とするものではないと解するのが相当である。そして、原子炉設置許可の申請が原子炉等規制法24条1項各号所定の基準に適合するかどうかの審査は、原子力の開発及び利用の計画との適合性や原子炉施設の安全性に関する極めて高度な専門技術的判断を伴

---

(56) 最判平成4年10月29日判タ804号51頁、判時1441号37頁。なお、伊方原発1号炉と東電福島第2原発1号炉に対する設置許可処分の取消しを求めた2件の裁判で、最高裁第1小法廷で住民側の敗訴を言い渡した5人の判事のうちの一人である味村　治氏（故人）は、後に原発メーカーの東芝の社外監査役に天下っていた話は有名になった。三宅勝久「安全にお墨付きを与えた最高裁判事が東芝に天下っていた」『週刊金曜日』2011年10月7日（866号）。

第3章　原子力発電所事故の環境汚染をめぐる法と被害者救済の訴訟

うものであり、同条2項は、右許可をする場合に、各専門分野の学識経験者等を擁する原子力委員会の意見を聴き、これを尊重しなければならないと定めている。このことにかんがみると、所論のように、基本法及び規制法が、原子炉設置予定地の周辺住民を原子炉設置許可手続きに参加させる手続及び設置の申請書等の公開に関する定めを置いていないからといって、その一事をもって、右各法が憲法31条の法意に反するものといえ」ないとしている。

② 判決は、安全審査の目的・方針について次のように述べている。

「原子炉を設置しようとする者が原子炉の設置、運転につき所定の技術的能力を欠くとき、又は原子炉施設の従業員や周辺住民等の生命、身体に重大な危害を及ぼし、周辺の環境を放射能によって汚染するなど、深刻な災害を引き起こすおそれがあることにかんがみ、右災害が万が一にも起こらないようにするため、原子炉設置許可の段階で、原子炉を設置しようとする者の右技術的能力及び申請に係る原子炉施設の位置、構造及び設備の安全性につき、科学的、専門技術的見地から、十分な審査を行わせることにあるものと解される。」

③ 判決は、原子炉設置許可処分の裁量性と司法審査の範囲と方法について次のように述べる。

「原子炉設置許可処分の取消訴訟における裁判所の審理、判断は原子力委員会若しくは原子力安全専門審査会の専門技術的な調査審議及び判断を基にしてされた被告行政庁の判断に不合理な点があるか否かという観点から行われるべきであって、現在の科学技術水準に照らし、右調査審議において用いられた具体的審査基準に不合理な点があり、あるいは当該原子炉施設が右の具体的審査基準に適合するとした原子力委員会若しくは原子炉安全専門審査会の調査審議及び判断の過程に看過し難い過誤、欠落があり、被告行政庁の判断がこれに依拠してされたと認められる場合には、被告行政庁の右判断に不合理な点があるものとして、右判断に基づく原子炉設置許可処分は違法と解すべきである。」

「被告行政庁がした右判断に不合理な点があることの主張、立証責任は、本来、原告が負うものと解されるが、当該原子炉施設の安全審査に関する

資料すべて被告行政庁の側が保持していることなどの点を考慮すると、被告行政庁の側において、まず、その依拠した前記の具体的審査基準並びに調査審議及び判断の過程等、被告行政庁の判断に不合理な点のないことを相当の根拠、資料に基づき主張、立証する必要があり、被告行政庁が右主張、立証を尽くさない場合には、被告行政庁がした右判断に不合理な点があることが事実上推認されるものというべきである。」

④　判決は、設置許可手続段階の安全審査の範囲について次のように述べている。

「規制法の構造に照らすと、原子炉設置の許可の段階の安全審査においては、当該原子炉施設の安全審査にかかわる事項の全てをその対象にするのではなく、その基本設計の安全性にかかわる事項のみをその対象にするものと解するのが相当である。」

(3) 原子炉設置許可手続

前記の判決概要の①によれば、原子炉等規制法は、許可をする場合、学識経験者を要する原子力委員会の意見を聞き、それを尊重しなければならないと定めているので、原子炉等規制法が住民参加、設置申請書の公開、住民への告知・聴聞を定めていなくとも、憲法31条に反しないとしている。

このような考え方では、被害を受ける立場にある住民に対して、事前の手続もなく、資料公開も不十分なまま行政主導で進められるので、国民の権利救済としては十分とはいえないであろう。住民は、裁判所が国民の生命・健康の保護のために重要な使命を有していると期待したのに、告知・聴聞もなく、資料公開もなく、学識経験者を擁する原子力委員会だけの意見を聞けばよいといわれれば、やはり納得の行くものではない。

裁判所は、専門技術性を理由に告知・聴聞・資料公開をやっても意味がないと考えるのではなく、人の生命・健康の保護にかかわる行政の判断であればこそ、住民側の専門家の協力により、住民の疑問を提出し、それに行政が応え、安全性に関する審理を対象にする必要が求められると思われる[57]。

---

(57)　佐藤英善「伊方・福島第二原発訴訟最高裁判決の論点」ジュリ1017号37〜38頁。

第3章　原子力発電所事故の環境汚染をめぐる法と被害者救済の訴訟

　国は、第1審松山地裁判決の約1年後の1979（昭和54）年1月に通商産業省の省議決定で「原子力発電所の立地に係る公開ヒヤリングの実施について」と「原子力発電所の立地に係る公開ヒヤリングの実施要綱」を作成し、行政庁主催の「第1次公開ヒヤリング」を導入した。また、控訴審高松判決の2年後にあたる1982（昭和57）年11月25日には「原子力安全委員会の当面の施策について」、「公開ヒヤリング等の実施方法について」（原子力安全委員会了承）（同・原子力安全委員会委員長談話）を示し、「第2次公開ヒヤリング」を導入した。

　第1次公開ヒヤリングは現在、経済産業省主催で行われ、電力会社等が説明者となり、国の電源開発基本計画案について審査する前に、地元住民から意見を聞くことにしている。

　第2次公開ヒヤリングは、原子力安全委員会主催で行われ、行政庁（経済産業省）が説明者となり安全評価の結果を説明する。2012（平成24）年9月19日の規制組織の改革により、現在では、第2次公開ヒヤリングの主催者は原子力規制委員会となっている。個別の原子力発電所の建設に対して経済産業省から説明があり、続いて、住民や学識経験者などの意見陳述と質問があり、続いて、経済産業省の見解が述べられる。

　公開ヒヤリングの開催は、訴訟での住民側の主張に応えた形になっているが、形式的な運営がなされてきた。本来、省議決定や委員会了承や談話ではなく、法律に盛り込むべきであろう。

　なお、伊方最高裁判決の5年後になるが、1997（平成9）年に成立した環境影響評価法は、規模の大きい発電所設置に住民や自治体の意見を聞く手続を導入した。

(4)　安全審査の目的

　原子炉等規制法24条1項は、許可の基準として、原子炉を設置する電力会社に必要な「技術能力」と「経理的基礎」があり、かつ、原子炉運転の「技術的能力」のあること（同3号）とともに、原子炉の位置、構造、設備によって、「災害の防止上支障のない」ことを要求している。

　前記の判決概要②では、国が行う安全審査の目的として、「災害が万が一

にも起こらないようにするために」あることを述べている。「災害が万が一にも起こらないようにする」という審査目的は、これまでの原告住民敗訴の判決を下した裁判官に無視されてきた。この記述は重視されるべきであろう[58]。

(5) 設置許可処分の違法性判断の基準

前記の判決概要③では、第1に、裁判所が依拠すべき科学的知見は、処分当時の知見と現在の訴訟審理時点の知見の2時点のうち、後者の時点であることを示している。原発訴訟では、許可当時知りえなかった新たな知見を指摘しながら、国の判断の誤りを指摘する方法がとられるので、裁判所の依拠すべき知見は、訴訟の現在時点とする指摘は重要である[59]。

第2に、裁判所による違法性の判断基準を述べている。設置許可処分が違法と判断されるのは次の場合である。

(A) 現在の科学技術水準に照らし、調査審議において用いられた具体的審査基準に不合理な点がある場合
(B) 現在の科学技術水準に照らし、当該原子炉施設が具体的基準に適合するとした原子力委員会若しくは原子炉安全専門審査会の調査審議及び判断過程に看過し難い過誤、欠落がある場合

裁判所は、(A)審査基準が不合理なものである場合、あるいは(B)安全審査手続過程に看過し難い過誤、欠落がある場合、被告行政庁の判断に不合理な点があるものとして原子炉設置許可処分を違法と解すことになる。

(6) 立証責任

前記の判決概要③引用の後半部分では、被告行政庁の側に、許可判断が不合理なものでないことを主張・立証する責任があるとされている。立証責任は、本来原告が負うべきものとされるが、安全審査の資料すべてが被告行政

---

(58) 海度雄一『原発訴訟』(岩波新書、2011年) 11～12頁。
(59) 同上、14～15頁。

庁の側に保持されているので、被告行政庁が具体的審査基準と調査審議・判断過程に不合理のないことを主張・立証すべきであるとされた。

(7) 審査は対象基本設計のみ

前記判決概要④で判決は、原子炉の設置許可の段階では基本設計のみの審査をすればよいとしている。住民側は、原子炉の設置許可に際し、原発の建設・運転、使用済燃料の再処理、放射性廃棄物の処理、廃炉など原発の全段階にわたり審査すべきであると主張したが、判決は、原子炉等規制法が原子炉設置の許可、工事計画認可、使用前の検査、保安規定の認可、定期検査など段階的に安全規制がとられるので、原子炉の設置許可の段階では基本設計のみの審査をすればよいとしている。このような見地から、本判決は、後続設計、工事方法の認可のみならず、原審判断を支持し、放射性廃棄物の処理・処分、使用済燃料の再処理、温排水の影響、廃炉措置なども対象外と述べ、対象を基本設計だけとした。

原子力発電所を運転すれば、どうしても放射性廃棄物が出てくる。再処理とは、使用済燃料からプルトニウム239や含まれているウランを回収し、残りの放射性物質を分離する工程をいう。回収した残りの廃液は、ガラスと混ぜたガラス固化体とし、将来、地下300メートル以下の地層に埋設する予定になっているが、その実現の見通しは立っていない。

現在（2014年）に至っても、多くの使用済燃料は、行き場がないので原子力発電所の貯蔵プールに保管されている状況であり、各種の放射性廃棄物は厳重に管理し、処理しなければならない。全国の原発などに貯蔵量は、1万7千トンにも及んでいる。使用済燃料を再処理する技術は難しく、青森県六ヶ所村の施設で研究を進めているが、うまく動いていない。建設中の日本原燃の使用済燃料の再処理施設は、1997年操業開始の予定が15年も遅れており、施設完成の予定も立っていない。

わが国の原子力発電所の放射性廃棄物の貯蔵量は、2012（平成24）年現在、200リットル用のドラム缶換算で48万9,331本となっている。

日本の原子力は、以前から「トイレなきマンション」だといわれてきたが、使用済燃料の保管と再処理、最終処分、廃炉解体を考えると、いまだに解決

の見通しは立たず、影響は長く将来の世代に及ぶ。原発の設置許可を行い、運転をすれば、使用済燃料の深刻な問題の解決策がないことを知りながら、将来のどこかで解決技術が開発されるであろうということで、設置許可をすることは、現在の国民だけでなく、将来世代の国民に重大な危険を押し付けることになろう。したがって、後の段階での安全性の技術が確立されていない場合、設置許可段階の審査は、原発の全サイクルの安全性の審査についての一応の審査をするようにする必要がある[60]。

8 高速増殖炉もんじゅ事件訴訟（行政訴訟・無効確認訴訟）

(1) 高速増殖炉とナトリウム漏れ事故

高速増殖炉もんじゅは、1968（昭和43）年に設計が始まり、1983（昭和58）年5月27日に原子炉設置許可を受け、同年に建設を開始し、実際に運転が開始されたのは1994（平成6）年であった。運転開始以来、20年経ったのに、実際に発電した期間はわずかに4ヶ月にすぎない。20年間には2回も事故の大騒ぎを起こしている。1回目の事故は1995（平成7）年12月8日、2次冷却系統の配管に穴が開き、そこから650キログラムもの大量のナトリウムを漏らした事故である。高温のナトリウムが空気に触れると燃えるので火事となった。2回目の事故は、2010（平成22）年8月26日、原子炉内の中継装置（全長12メートル、重さ3.3トン）が落下する事故であり、2014年現在、運転再開の目処が立っていない。

日本の商業用原子炉はすべて軽水炉（沸騰水型軽水炉又は加圧水型軽水炉）である。軽水炉では、水（軽水）を使用し、中性子を減速させる減速材とするとともに、冷却剤としている。減速した中性子を用いて核分裂を行う。これに対し、高速増殖炉では、軽水炉と異なり、減速材を使用せず、また、冷却剤としてナトリウムを使用している。「高速」の中性子を用いた核分裂を

---

[60] 首藤重幸「『民主・自主・公開』に反する手続き」法セ417号36頁38頁、同「原発行政への司法審査の在り方—三つの原発訴訟最高裁判決から考える」法セ458号29〜30頁、佐藤英善「伊方・福島第二原発訴訟最高裁判決の論点」法時1017号38〜39頁。

行っているのである。

　軽水炉では、核燃料として分裂しやすいウラン235を使用するが、天然ウランにはウラン235は0.7パーセントしか含まれていないので、ウランの濃度を２～５パーセントまで濃縮したウランを使用している。

　これに対して、高速増殖炉では、プルトニウムと分裂しにくいウラン238からなるMOX燃料（ウランとプルトニウム混合酸化物）を燃料として使用する。プルトニウムは、軽水炉で使用した使用済核燃料から取り出すことができる。さらに、核分裂を起こしたプルトニウムから出た高速中性子は、分裂しにくいウラン238に吸収されて、ウラン238をプルトニウム239に変化させる。ウラン238は、プルトニウム239に変化するので、ウラン燃料を数十倍に「増殖」させて燃やすことができる。「高速増殖炉」という名前は、うまくいったと仮定した場合、「高速」の中性子をぶつけて核燃料を「増殖」させることができるところから名付けられている。そこで、期待を込めて「夢の原子炉」と呼ばれて、1960年代に設計を開始したが、1990年代には実用化されているはずであった。今日では、これといって内容のない「夢の原子炉」となってしまった。米国、仏国、英国は、研究だけでもお金がかかりすぎるだけでなく、事故ばかり多く、実用化の見込みもないとして、すべて高速増殖炉を中止してしまった。

　日本の高速増殖炉もんじゅは、建設費だけで約6,000億円、その後の研究費も合わせれば、１兆円が投じられている。1995年のナトリウム事故以後、発電のための運転は中止されたが、維持運転は続けられており、維持管理費は１日約5,000万円もかかっている。それに加えて、地震と津波で重大事故の危険にさらされている[61]。

(2) 高速増殖炉もんじゅの特徴

　高速増殖炉もんじゅは、ナトリウム漏れ火災事故から15年後の2010年にやっと復帰したと思ったら、わずか３ヶ月後にまた事故を起こした。燃料棒を取り換えるためのクレーンのような「炉内中継装置」という道具が落下し

---

(61)　磯村健太郎・山口栄二『原発と裁判官―なぜ司法は「メルトダウン」を許したのか』（朝日新聞出版、2013年）147頁。

た。修理には、検査だけで4億円、道具は特注のために9億円以上もかかった。高速増殖炉もんじゅは、特に地震と津波に弱く、また、施設の地下には活断層があるので重大事故の危険性が高い。

高速増殖炉は、中性子を高速のままで核分裂に使うので、軽水炉のような水ではなく、ナトリウムを使う。そのために、もんじゅは次のような特徴を持っている[62]。

第1に、ナトリウムは高温の状態で空気に触れると燃えるし、水分と反応すると激しい爆発を起こす。燃え出したら、酸素の供給を断つか、表面をまんべんなく覆わなければならない。水と反応して爆発し、火事になれば、水をかけて消火することはできない。普通の原子炉とは違い、もんじゅは、放射能の問題とともに、ナトリウム火災や爆発が重大事故につながる。

第2に、ナトリウムを使うために、普通の原発より配管は薄くしなければならない。配管は、普通の原発では直径70センチメートルで厚さが7センチメートルの場合であっても、もんじゅの配管では直径81センチメートルと大きいにかかわらず、厚さはわずかに1.1センチメートルにすぎない。ナトリウムを使う高速増殖炉では、配管の内側と外側に温度差ができ、熱衝撃による破断を防ぐために厚くすることができないのである。さらに、もんじゅは、普通の原子炉に比べると、地震の揺れには一層弱いことになる。

第3に、ナトリウムは、使用しているうちに放射性ナトリウムに変化する。ナトリウムは、①1次冷却系統、②2次冷却系統、③水・蒸気系統をぐるぐるとまわっているが、①の1次冷却系統の配管の中を通過するときは原子炉の中を通過する。ナトリウムは、1次冷却系統を通過するとき放射性物質に変化する。これによりナトリウム自体は、放射性物質に代わるので、普通の原発の冷却水よりも危険性が深刻なことになる。

第4に、プルトニウムは内部被ばくの危険性が大きくなる。プルトニウムはアルファ線を出す。アルファ線は紙1枚でさえぎることができるものの、傷をつける力は強い。プルトニウムの場合、外部被ばくでは、洋服を着ていれば、被害を防げるが、内部被ばくでは様々な臓器を傷つける。人間が呼吸、

---

[62] 小林圭二監修『さようなら、もんじゅ君―高速増殖炉がかたる原発のホントのおはなし』(河出書房新社、2012年) 73〜106頁。

飲料水、食品でプルトニウムを体内に入れたら、肺から血液に取り込まれ、骨や肝臓に移動する。簡単には排出されないので、体内で直接アルファ線を出し、白血病やがんの原因となる。

(3) 高速増殖炉もんじゅ事件の第1ラウンド（原告適格）

高速増殖炉もんじゅ事件は2段階に分かれている。本書で説明する訴訟は、原子炉設置の許可が適法か違法かを争う第2次訴訟〔第2ラウンド〕に属するものである。行政訴訟の取消訴訟や無効確認訴訟では、行政処分の取消しや無効を求めるにつき「法律上の利益」を有する者に限り提起することができる（行訴法9条、36条）。原告となりうる資格を原告適格という[63]。原告適格がなければ、裁判所で争うことはできず却下となる。国側が最初にとった手法は、住民の原告適格を認めず、住民側の請求を審理せず、住民に司法制度を利用させない戦法であった。そのために、第1次訴訟〔第1ラウンド〕での主要な争点は原告適格の存否となった。住民側が訴訟を提起して、全員の原告適格が認められるまでに、なんと7年もかかっている。高速増殖炉もんじゅ設置許可の無効確認訴訟は、住民側が訴訟を提起し、第1ラウンドと第2ラウンドを含めれば20年もの長い年月を費やしている。

〔第1ラウンド〕

① 1980（昭和55）年12月10日、動燃は内閣総理大臣にもんじゅの設置許可の申請を行う。

② 1983（昭和58）年5月27日、内閣総理大臣がもんじゅの設置許可をする。

③ 1985（昭和60）年9月26日、周辺住民が福井地方裁判所に行政訴訟である無効確認訴訟と民事訴訟の差止訴訟を提起する。

④ 1987（昭和62）年12月25日、福井地方裁判所は、原告全員の原告適格を否定して訴えを却下した。

⑤ 1989（昭和64）年7月19日、名古屋高裁金沢支部は、原子炉施設から半径20キロメートル以内に居住する原告17人についてのみ原告適格を認

---

(63) 原告適格の詳細は、坂口洋一『里地里山の保全案内—保全の法制度・訴訟・政策—』（上智大学出版、2013年）100頁以下。

め、第1審を破棄し、福井地方裁判所に差し戻すとともに、それ以外の住民23人の原告適格を否定し、控訴を棄却した。
⑥　1992（平成4）年9月22日、最高裁は、全員の原告適格を認め、第1審の福井地方裁判所に差し戻した。

　最高裁判決によれば、原子炉等規制法は、原子炉周辺に居住し、事故による災害により直接的かつ重大な被害を受けることが想定される範囲の住民の生命・身体の安全を個人の個別的利益としても保護すべきものとする趣旨を含むとした。これにより、原子炉から58キロメートルの範囲内の地域に居住している住民に無効確認訴訟の原告適格を認めた。行訴法36条の別論点では、他に民事訴訟を提起していたとしても、無効確認訴訟の要件を欠くことにはならないとした[64]。

〔第2ラウンド〕
①　2000（平成12）年3月22日、差戻し後、福井地方裁判所は、原子炉設置許可処分に違法はないとして住民側の請求を棄却した。
②　2003（平成15）年1月27日、名古屋高等裁判所金沢支部は、次の(4)で説明するように、原子炉設置許可処分が違法で無効であるとする判決を出した。
③　2005（平成17）年5月30日、最高裁は、国側の上告を受けて、本件原子炉設置処分に違法はないとして、控訴審判決を破棄し、住民側の請求を認めなかった。

(4)　高速増殖炉もんじゅ事件第2ラウンドの控訴審判決

内閣総理大臣は1983（昭和58）年5月27日、動力炉・核燃料開発事業団（動燃、現・日本原子力研究開発機構）に高速増殖炉もんじゅの原子炉設置の許可を与えた。これに対して、周辺住民は、許可が原子炉等規制法に違反するとして、許可の無効確認を求める行政訴訟を提起した。行政訴訟では取消訴訟となることが多いが、取消訴訟の場合、出訴期間である処分を知ってから6箇月（当時は3箇月）、知らなくとも1年となっている（行訴法14条1・3項）。

---

(64)　判時1437号29頁、判夕801号96頁。

本件では出訴期間が過ぎていたので無効確認の訴えとなった。無効確認訴訟では、出訴期間がない代わりに、無効が認められるためには、重大明白な違法性が必要とされる。

第１審の福井地裁2000（平成12）年３月22日の判決[65]は、原子炉等規制法24条１項４号の適法性について、①立地条件、②安全設計、③平常運転時の被ばく評価、④各種事故時等の検討、⑤立地評価の５項目を審査したが、審査基準・指針は妥当であり、調査審議及び判断の過程に重大明白な瑕疵といえるような看過し難い過誤、欠落があるとは認められないとした。

福井地裁判決は、さらに審理中に生じた1995（平成７）年12月８日のナトリウム漏れ事故で原因となった温度計の構造と設計については審査対象とはならず、その温度計の設計ミスは安全審査の合理性を左右するものではないとした。

そこで住民らは、福井地裁の判決の取消ともんじゅ設置許可の無効確認を求めて控訴をした。

名古屋高裁金沢支部は2003（平成15）年１月27日、１審福井地裁の判決を取り消し、住民らが主張した許可無効確認の請求を認めた。主な争点は、①ナトリウム（冷却材）漏れ事故対策、②蒸気発生器伝熱管破損事故のおそれ、③炉心崩壊事故の可能性の３点に絞られた。

第１の論点はナトリウム（冷却材）漏れ事故対策である。住民側の主張によれば、ナトリウムが漏れれば、床ライナ（床鉄板）の「腐食」や「高温」の影響で穴が開き、コンクリートと接触し、爆発が起こる。国側の安全審査には、過誤・欠落があり、その過誤・欠落が看過し難いほどに重大なものであるから許可は無効であると主張した。

これに対して、国側は、ナトリウムが漏れたとしても床ライナ（床鉄板）でコンクリートとの接触は防止できる。また、腐食に備えて床ライナ（床鉄板）の厚さをどの程度にするかは、設計・工事の方法の認可の段階の問題であり、許可の安全審査の対象とはならないと主張した。

控訴審判決は、原子炉施設の設計において、床ライナを含む２次冷却施設

---

[65] 判時1727号33頁。

に腐食を考慮した対策が盛り込まれておらず、熱の影響についても、実際には、申請者の動燃が想定した最高温度を大幅に上回っている。また、国側は、床ライナの腐食や温度の問題は安全審査の対象ではないと主張するが、原子炉設置許可段階での安全審査の対象であり、国側の主張は認められないとした。控訴審判決は次のように述べて、国側の安全審査を過誤・欠落が看過し難いほどに重大だとした。

「本件申請者が本件許可申請書で想定した『二次冷却材漏えい事故』の解析において、その前提となる床ライナの健全性及びその設計温度に誤りがあったのに、本件安全審査は、調査審議の過程でこれに気付かず、本件申請者の事故解析を妥当なものと判断したことである。この点において、本件安全審査には、その調査審議及び判断過程に過誤、欠落があったと認めるべき」である。

「しかるに、本件安全審査は、『評価の考え方』が事故解析に『ナトリウムによる腐食、ナトリウム―水反応、ナトリウム火災』への配慮が必要であることを指摘しているにもかかわらず、ナトリウムと鉄との腐食機構の知見を欠いていたため、床ライナの健全性の評価を誤り、また、ナトリウム―水反応、ナトリウム火災の解析が不十分であったため、床ライナの過熱による最高温度の評価を誤るという結果を招いてしまった。このような瑕疵ある安全審査では、『二次冷却材漏えい事故』の事故拡大防止対策が万全であることが確認されたといえないことは明らかである。……

上記認定事実によれば、設計基準事故としての『二次冷却材漏えい事故』に対する本件安全審査の過誤、欠落は、決して軽微なものではなく、看過し難い重大な瑕疵というべきである。」

控訴審判決は、原子炉設置許可の違法と無効について、「内閣総理大臣は、科学技術庁及び原子力安全委員会の本件安全審査に依拠して、本件許可処分を行ったと認められる……。そして、本件安全審査には、『二次冷却材漏えい事故』の評価に関し、その調査審議及び判断の過程に看過し難い過誤、欠落があったのであるから、本件許可処分は違法というべきである……以上のことからすると、『二次冷却材漏えい事故』の評価に関する本件安全審査の

調査審議及び判断の過程には看過し難い過誤、欠落があると認められ、その結果、本件安全審査（安全確認）に瑕疵（不備、誤認）が生じたことによって、本件原子炉施設においては、原子炉格納容器内の放射性物質の外部環境への放出の具体的危険性を否定することができず、本件許可処分は無効というべきである」と述べ、住民側の主張を認めた。

　第2の論点は、蒸気発生器伝熱管に破損事故のおそれがあるかどうかにある。蒸気発生器とは、2次冷却設備の構成部分であって、2次系ナトリウムから熱を受け取って、水を蒸気に変える機器である。その後、この蒸気がタービンを回し発電する。蒸気発生器は、蒸発器と過熱器の2つの機器から構成されており、蒸発器は高さ13メートルで胴部の外径が3メートル、過熱器は高さ10メートルで、胴部の外形が3メートルであり、いずれも円筒形をしている。蒸発器は水を蒸気に変える機器であり、過熱器は蒸気発生器で生成された蒸気をさらに過熱する機器である。蒸発器と過熱器はともに円形胴体の中に、多数のらせん形をした伝熱管を内蔵している。伝熱管の数は、蒸発器と過熱器ともに、それぞれ150本となっている。伝熱管の外側を流れるナトリウムは最高5気圧である。しかし、伝熱管の内側を流れる水や蒸気の気圧は高くなっている。蒸発器の場合は最高165気圧、過熱器の場合は最高154気圧になっているので、伝熱管に応力が加わり、そのために高温と腐食で損傷を起こす危険性がある。

　国側は、伝熱管の破裂を早期に検知し、水や蒸気を逃がす対策がとられているので破損事故は起こらないと主張した。さらに、「仮に本件原子炉施設の蒸気発生器伝熱管が破損するとしても、高温ラプチャは生じ得ず、本件安全審査における蒸気発生器伝熱管破損事故に係る安全審査において高温ラプチャを考慮する必要はない」と判断した。「高温ラプチャ」とは、伝熱管内部の圧力により急速にふくれて破裂する現象をいう。国側は高温ラプチャを想定せず調査審議もしていなかった。

　控訴審判決は、まず、「原子力安全委員会は、本件安全審査において、設計基準事故である上記『蒸気発生器伝熱管破損事故』の安全評価につき、本件申請者がした解析結果を妥当と判断したが、そこにおいては、高温ラプチャによる破損伝播の可能性を審査しなかったこと、しかし、本件原子炉施

設の蒸気発生器では、高温ラプチャ発生の可能性を排除できないことは、すでに認定したとおりである。

したがって、『蒸気発生器伝熱管破損事故』に関する本件安全審査には、過誤、欠落があることは明らかである」と述べている。

次に、内閣総理大臣が行った許可は、科学技術庁と原子力安全委員会の安全審査に基づいて行われたものであるが、その安全審査には蒸気発生器伝熱管破損事故の安全評価に関し、調査審議と判断過程に看過し難い過誤、欠落がある。その結果、許可は違法であるとされた。

「安全審査の過誤、欠落の内容は、『蒸気発生器伝熱管破損事故』の安全評価に関する事項である。具体的には、蒸気発生器の伝熱管が破損した場合の伝播破損の形態としてウェステージ型破損のみを考慮し、より重大な結果を招く高温ラプチャ型破損の可能性を調査審議の対象としなかったことである。……蒸気発生器伝熱管破損によって最も危惧されるのは、2次主冷却系ナトリウムの圧力が上昇することである。……この圧力が蒸気発生器、2次主冷却系配管及び中間熱交換器の圧力基準を超えれば、これらの機器、配管が毀損する恐れがある。……以上によれば、『蒸気発生器伝熱管破損事故』の評価に関する本件安全審査の調査審議及び判断の過程には看過し難い過誤、欠落があると認められ、その結果、本件安全審査（安全確認）に瑕疵（不備、誤認）が生じたことによって、本件原子炉施設においては、原子炉格納容器内の放射性物質の外部環境への放出の具体的危険性を否定することができず、本件許可処分は無効というべきである」。

このようにして、控訴審は住民側の主張を認めた。

第3の論点は炉心崩壊事故の可能性である。炉心は、燃料集合体、制御棒、中性子遮へい体等により構成されており、原子炉容器に収められている。原子炉容器は原子炉格納容器（高さ79メートル、内径49.5メートル）に格納されている。炉心崩壊は、冷却不足による溶融、核的爆発、地震などにより引き起こされる。

住民側は、申請者・動燃の解析結果を妥当とした安全審査には看過し難い過誤、欠落があるので、原子炉の事故で放射性物質が外部に放出されれば、

周辺住民に大きな損害を与えると主張した。住民側の指摘によれば、申請者の動燃は、自分に都合の悪いケースはことさらに排除して、設定したモデルの機械的エネルギーの最大を380メガジュールとしているのであって、きわめて恣意的と言わざるを得ず、そのような動燃の解析結果を妥当としている安全審査には看過し難い過誤、欠落がある。これに対して、国側は、炉心崩壊事故は考えられないと主張した。

　原子力安全委員会の安全審査において、炉心損傷後に係るエネルギーの上限値につき380メガジュールとする申請者・動燃の解析を妥当と判断し、許可の安全審査が行われたと認定したうえで、控訴審判決は次のように述べている。

> 「本件審査は、遷移過程における再臨界による機械的エネルギーの評価をしていない点において、その調査審議の過程に看過し難い欠落があったと認められ、また、約380MJを起因過程の最大有効仕事量として妥当と判断した点においても、それが適当な判断であったとは認められない。そうすると、かかる重大な瑕疵のある安全審査に依拠して行われた本件許可処分は、本件争点（炉心崩壊事故）において控訴人らが主張するその余の点を判断するまでもなく、違法というべきである。
> ……この反応度抑制機能喪失事象は、炉心崩壊事故に直接かかわる事象であり、即発臨界に達した際に発生する機械的エネルギーの評価を誤れば、即発臨界によって原子炉容器及び原子炉格納容器が破損または破壊され、原子炉容器内の放射性物質が外部環境に放散される具体的危険を否定できないことは明らかである。したがって、本節における違法事由は、本件許可処分を無効ならしめるものというべきである。」

このようにして、住民側の主張を認め、許可を無効だとした。

(5) 最高裁判決

　最高裁判所は2005（平成17）年5月30日、国側（経済産業大臣）からの上告受理申立てを受け、本件原子炉の設置許可処分に違法はないとして、第2ラウンド控訴審判決を破棄した。そして、住民側の請求を拒否した第1審判決が正当であるとして住民側の控訴を棄却した。

第1部　日本の3大環境汚染事件

　第1に、最高裁判決は、原子炉設置許可の段階での安全審査の対象について、原子炉等規制法24条2項の許可基準の判断が各専門分野の学識経験者等を擁する原子力安全委員会の科学的、専門技術的知見に基づく意見を十分に尊重して行う主務大臣の合理的な判断にゆだねるものであることにかんがみると、どの事項が許可段階での審査対象になる基本設計の安全性にかかわる事項になるかについても、原子力安全委員会の意見を十分に尊重して行う主務大臣の判断にゆだねられていると述べた。

　第2に、判決は、ナトリウム漏れ事故の安全審査は、漏えいナトリウムとコンクリートの直接接触の防止という「設計方針」のみが許可段階の安全審査の対象となるべき事項に該当し、腐食防止対策や熱膨張対策の具体的施工方法は、設計や工事方法の認可以降の段階における審査対象とした主務大臣の判断に不合理な点はないと述べている。したがって、「原審が2次冷却材ナトリウム漏えい事故に関する安全審査の瑕疵として指摘する事項は、原子炉設置の許可段階の安全審査の対象とならない事項に関するものである。……この安全審査に依拠してされた本件処分に違法があるということはできないから、上記違法があることを前提として本件処分に無効事由があるということはできない」。

　第3に、蒸気発生器伝熱管破損事故の安全審査についても、「破損事故を想定してされた解析の内容及び結果が『評価の考え方』等の具体的審査基準に適合するとした原子力安全委員会との審査、評価に不合理な点はない。したがって、この点についての安全審査の調査審議及び判断の過程に看過し難い過誤、欠落があるということはできず、安全審査に依拠してされた本件処分に違法があるということはできないから、上記違法があることを前提として本件処分に無効事由があるということはできない」。

　第4に、炉心崩壊をもたらす事故の安全審査である。動燃の解析では、得られた値が380メガジュールを超えないことを踏まえて、500メガジュールが考慮されたが、この圧力加重でも原子炉には破損は生じないと解析されている。原子力安全委員会はこの解析結果を審査基準に適合するものとして判断しており、安全審査の調査審議及び判断の過程に看過し難い過誤、欠落があるということはできず違法とはいえないとした。

第3章　原子力発電所事故の環境汚染をめぐる法と被害者救済の訴訟

控訴審判決の引用によれば、米国では1972年に建設計画されたクリンチリバー高速増殖炉の審査では、申請者側では原子炉格納容器が壊れないかどうかの計算に661メガジュールが容器に係ると想定をしていた。しかし米国原子力規制委員会は、1,200メガジュールを想定するように要求している。

9　志賀原発2号炉差止請求訴訟（民事訴訟）

(1)　事件の概要

北陸電力の志賀原子力発電所は、能登半島の日本海沿岸、石川県志賀町の北約9キロにあり、2基の原子炉が設置されている。1号機の運転開始は1993（平成5）年7月、増設された2号機の運転開始は2006（平成18）年3月。志賀原発訴訟は3度提起されている。ここで紹介するのは、福島第1原発事故以前において、原発の運転差止めを求めた民事差止訴訟である。

志賀原子力発電所2号炉が運転されれば、平常運転時や異常事態時に放出される放射線・放射性物質により被ばくし、生命・身体に回復し難い重大な被害を受けるとして、住民原告は1999（平成11）年8月、人格権又は環境権に基づき、その侵害予防のために、北陸電力を相手に原子炉運転の差止めを求めて金沢地裁に提起した。住民原告132名の内訳は、大部分が石川県と富山県の居住者であり、多くは原発周辺に住んでいるが、さらに離れた新潟県、東京都、大阪府、熊本県など16都府県に及んでいる。最も遠方の熊本県の原告（1名）は700キロメートル離れたところに居住している。

この判決は2006年3月、志賀原発2号炉の運転により周辺住民が許容限度を超える放射線の被ばくを受ける危険性があるとして、原告住民の原子炉運転差止請求を認めた。この金沢地裁の判決（井戸謙一裁判長）は、原発差止請求民事訴訟で初めて住民に勝訴を認めた判決であり、重要な意義を持つので、ここで検討をする[66]。

---

(66)　金沢地判平成18年3月24日、判時1930号25頁。

(2) 差止請求の根拠

原告の請求は、人間の健康維持と人たるにふさわしい生活環境の中で生きていくための人格権に基づくものであるとともに、健康で快適な生活を維持するために必要な良き環境を享受することのできる環境権に基づくと主張した。

これに対して、被告北陸電力の主張は、原告住民らの請求根拠とする人格権は差止めの根拠となりうることを認めた。しかし、環境権については、実定法上の根拠がなく、その概念、権利の内容、成立要件、法律効果などが不明であり、これに基づく差止請求は許されないと主張した。

金沢地裁の判決は、「本件原子炉の運転により原告らの生命、身体、及び健康が侵害される具体的な危険があり、その侵害が受忍限度を超えて違法である場合には、人格権に対する侵害を予防するためその運転の差止めを求めることができるという限度で採用できる」と指摘し、人格権に基づき、侵害行為の差止めを求めることができるとしている。環境権については、現段階では、実体法上独立の差止請求の根拠と解することは困難であるとした。

(3) 具体的危険の立証責任

原告住民側は、周辺公衆の生命、身体及び健康に甚大な被害をもたらすから放射性物質が外部に放出される具体的な危険があることが認められれば、当然に差止請求が認められるべきである。そして、被告において放射性物質の外部放出の具体的な危険がないことを立証する責任があると主張した。裁判所の判断は次のように述べている。

「人格権に対する侵害行為の差止めを求める訴訟においては、差止請求権の存在を主張する者において、人格権が現に侵害され、又は侵害される具体的危険があることを主張立証すべきであり、……これらの事実にかんがみると、原告らにおいて被告の安全設計や安全管理の方法に不備があり、本件原子炉の運転により原告らが許容限度を超える放射線を被ばくする具体的可能性があることを相当程度立証した場合には、公平の観点から、被告において、原告が指摘する『許容限度を超える放射線被

ばくの具体的危険』が存在しないことについて、具体的根拠を示し、かつ、必要な資料を提出して反証を尽くすべきであり、これをしない場合には、上記『許容限度を超える放射線被ばくの具体的危険』の存在を推認すべきである。」

この判決は、民事訴訟での一般的な考え方に基づき、原告らに立証責任を負わせており、伊方原発事件・原子炉設置許可処分取消訴訟判決（最判平成4年10月29日）の立証責任の考え方をとっていない。言い換えれば、原告・住民側の立証責任は、被ばくの具体的可能性を「相当程度」（蓋然性）で足りるとしている。他方、被告・北陸電力側には、被告に具体的危険性が存在しないことについて、具体的根拠と必要な資料を出して、反証すべきであり、これができなければ、受忍限度を超える具体的危険が推認されるとした。

一見すると、伊方原発事件の最高裁判決は、住民側に有利なように見えるが、実際には、住民側には不利、国や電力会社には有利に働いてきた。なぜなら、被告（電力会社・国）に安全性を立証しなさいとなっているが、多数の判例では国の指針（規制基準）に従って原発が作られていることを立証すれば、被告が立証責任を果たしたとされてきたからである。現に、別の原発事件を担当した裁判官は、福島原発事故後、ある対談で「行政訴訟の場合は設置許可処分がきちんと審査基準に沿ってなされたかを見る。つまり、基本的には手続きの問題です。それに対して、差し止め請求訴訟では『現実的危険』の有無を判断しなければなりません。抽象的な危険を訴えるだけでは認められないのです。原発施設の機器や検査体制に不備があるのかどうか、という問題に踏み込んでいく。私たちも実際、かなり踏み込むことになりました」[67]と語っている。

原発訴訟では、証拠のほとんどが国や電力会社に存在しているだけでなく、原発事故の被害が大きく、しかも不可逆であり、取り返しがつかないことを考えれば、立証責任は、最終的な安全性の立証の負担を被告側（国・電力会社）に課している志賀原発2号炉地裁判決の枠組みこそ、行政事件と民事訴訟を統一に理解できる適正な判断枠組みであろう[68]。

---

(67) 磯村健太郎・山口栄二、前掲注（61）20頁。
(68) 原子力市民委員会『原発ゼロ社会への道―新しい公論形成のための中間報告―』

(4) 地震・耐震設計の不備

(a) 原子炉施設の耐震設計

　志賀原発2号炉差止請求事件の判決では、原発事故の危険性について、チェルノブイリ原発事故の発生、通常の運転中の事故例（配管減肉、応力腐食割れ、インターナルポンプの停止など）が発生しているとはいえ、受忍限度を超える被ばくの可能性があるとまではいえないとされてきた。しかし、判決が重視した点は、電力会社の地震・耐震設計と国の耐震設計審査指針にあり、その内容に強い疑問を持ち、住民側の原子炉運転差止請求を認めた。

　志賀原発2号炉は、旧耐震設計審査指針（1978年制定）に基づいて設置許可処分を受けており、第1審の金沢地裁では旧耐震設計審査指針が取り上げられている。被告・北陸電力の耐震設計が妥当かどうかの判断には、第1に、敷地に及ぼし得る震源断層に対応する地表地震断層がもれなく把握されているか。第2に、直下地震の想定が妥当といえるか。第3に、松田式、金井式及び大崎スペクトルを主要な理論的手法とする基準地震動の想定手法（大崎の手法）の妥当性が問われた。

(b) 直下地震の想定について

① 前提事実

　耐震設計審査指針は、基準地震動 S_2（設計用限界地震＝設計上想定する最強地震）を策定する際にマグニチュード6.5の直下地震を想定するように求めており、被告・北陸電力側も耐震設計審査指針したがってマグニチュード6.5の敷地直下地震を想定した。この想定は、マグニチュード6.5を超えるような規模の直下地震が起きる場所では震源断層面が地表地震断層として現れるので、地表地震断層が現れていない地震の場合、マグニチュード6.5の直下地震を想定すれば足りるという考え方に基づいている。

　（2013年）105頁。

② 原告・住民側の主張

原告・住民は、断層が確認されていない所でマグニチュード7を超える巨大な地震が発生した例は枚挙にいとまがない。巨大な地震が発生した後でもそこに活断層が確認できない例もあるので、原子炉施設の設計用限界地震として直下地震のマグニチュード6.5とすることには合理的な理由はないと主張した。

③ 裁判所の判断

直下型地震のほとんどすべては、過去の震源断層が再び破壊されて発生するものだが、必ずしも地震によって生ずる地震断層面が地表に生ずるとは限らない。その例示として、判決は、地表地震断層が確認されていないにもかかわらず、マグニチュード6.5を超える地震が発生した実例として13例挙げて記述している。

また、地震断層は、地表に到達したとしても、一部だけであって、地表地震断層の長さが地中の地震断層の長さと対応しないこともある。地表地震断層が風化などにより確認できなくなる場合もある。

松田式（指針の考え方）は、確認できた活断層の長さだけにより、その原因となった地震の規模を推定しようとする考え方であるが、これには限界があり、地震の規模を過小評価してしまう危険がある。

耐震設計審査指針は、基準地震動S_2（設計上想定する最強地震）の策定に当たり、マグニチュード6.5の直下型地震を想定するように求めており、被告もこれに従っている。その理由は、マグニチュード6.5を超えるような規模の地震が起こる場所であれば、これに対応する地表地震断層で確認ができるという考え方に基づいている。

これが妥当か否かは、過去の地震の調査結果から判断するほかない。認定事実によれば、マグニチュード6.5を超える大規模な陸のプレート内地震であっても、地震発生前にはその震央付近に対応する活断層の存在が指摘されていなかった例が相当数存在する。判決は、「そうすると被告が設計用限界地震として想定した直下地震の規模であるマグニチュード6.5は、小規模すぎるのではないかとの強い疑問を払拭できない」と述べた。

(c) **大崎の方法は妥当か**
① 前提事実
わが国の原子力発電所の耐震設計審査指針における基準地震動の想定は、松田式と金井式を前提とする大崎の方法に基づいて行われている。大崎の方法は、原子炉の安全審査で妥当なものと評価を受けてきた。この事実には当事者に争いはない。

② 原告・住民側の主張
(ⅰ) 松田式の誤り
地震は、活断層がなくとも起こるし、活断層の長さと地震の規模は符合してもいない。したがって、活断層の長さをもとにして、今後起こる地震の規模を想定する松田式は誤っている。
(ⅱ) 金井式の誤り
地震動は、震源断層からの距離によって減衰していく。したがって、震源断層の中心を震源とし、その震源からの距離によって同心円的に減衰していくと考える金井式は誤っている。
(ⅲ) 大崎スペクトルの問題点
大崎の方法[69]が著わされた論文には、基礎となった地震のデータが引用されているが、そのデータを特定すべき情報が記載されておらず、その理論の正確性を検証できない。また、大崎は、地震データから都合の悪い部分を排除しており、理論としての正当性に限界がある。兵庫県南部地震や2005（平成17）年8月の宮城県沖地震では、大崎の方法によって得た応答スペクトルを大きく超える地震動が確認された[70]。この事実は、大崎の方法に妥当

---

[69] 大崎の方法とは、活断層の長さから最大マグニチュードを算出する松田式、地震のマグニチュードと震源距離から原発敷地での地震動の最大速度（又は加速度）を算出する金井式、地震動の周波数特性等を評価する大崎スペクトルで構成されている。判決は、現在の知見から松田式は採用されず、また、金井式も、地域特性を考慮していないので、これも採用できないと判断している。
[70] 応答スペクトルとは、地震動が様々な固有周期を持つ建物、機器、配管系に対して、どんな揺れ（応答）を生じさせるかをわかりやすいように描いたものとされている。縦軸には加速度の応答値、横軸には固有周期をとる。

性がないことを裏付けている。

③　裁判所の判断

「松田式、金井式及び大崎スペクトル並びにこれらを総合した大崎の方法は、……原子力発電所の耐震設計において大きな役割を果たしてきたということができるが、……当時から大きく進展していて、これらの手法のもつ限界も明らかになってきており、他方、これらの手法による予測を大幅に超える地震動を生じさせた地震が現に発生したのであるから、現時点においてはその妥当性を首肯し難い。そうすると、これらの手法に従って原子力発電所の耐震設計をしたからといって、その原子力発電所の耐震安全性が確保されているとはいい難いことになる。」

要するに、判決は、原子炉施設の設置が内容の間違った耐震設計審査基準に従って設計されたとすれば、安全性が確保されたとはいえないことを指摘している。

(d)　許容限度を超える放射線被ばくの具体的危険と差止請求の認容

①　許容限度を超える放射線被ばくの具体的危険

判決は、許容限度を超える放射線被ばくの具体的危険の認定について次のように述べている。

「耐震設計については、その手法である大崎の方法の妥当性自体に疑問がある上、その前提となる基準地震動S_2設計用模擬地震波を作成するについて考慮すべき地震の選定にも疑問が残るから、本件原子炉敷地に、被告が想定した基準地震動S_1、S_2を超える地震動を生じさせる地震が発生する具体的可能性があるというべきであり、……原告らは、本件原子炉が運転されることによって、本件原子炉周辺住民が許容限度を超える放射線を被ばくする具体的可能性があることを相当程度立証したというべきである。」

これに対して、被告（北陸電力）の「主張立証は、耐震設計審査指針に従って本件原子炉を設計、建設したことに重点が置かれ、原告がした耐震設計審査指針自体に合理性のない旨の主張立証に対しては、積極的

な反論は乏しく、……指針の改正が行われれば、新指針への適合性の確認を行うと述べるに止まった」。

本原子炉の原子力安全委員会による安全審査は、1999（平成11）年3月に合格しているとはいえ、その後発生した鳥取西部地震（2000年10月6日）、その後公表された地震調査委員会の邑知潟（おうちがた）断層帯の評価、2005年の宮城県沖地震での女川原発敷地で測定された情報が考慮されていない。このような動向を踏まえ、判決は、「本件原子炉の耐震設計が上記安全審査に合格しているからといって、本件原子炉の耐震設計に妥当性に欠けるところがないとは即断できない。」と述べている。

判決は、具体的危険の立証に進んで、「以上被告の主張、立証を総合すると、原告らの立証に対する被告の反証は成功していないといわざるを得ない。よって、本件原子炉が運転されることによって、周辺住民が許容限度を超える放射線を被ばくする具体的危険が存在することを推認すべきことになる」とまとめている。

② 運転差止請求の認容

人格権に基づく差止請求が認められるためには、その侵害の具体的危険が受忍限度を超えて違法であることが必要になる（最高裁平成7年7月7日第2小法廷判決・民衆49巻7号2599頁参照）。

判決によれば、原子炉運転の差止めが認められれば、日本のエネルギーの供給見通しに影響を与えかねないが、本発電所1号機の定期検査が2ヶ月間延長された際、北陸電力の電気供給にさしたる問題がなかったので、本原子炉の差止めが認められたとしても電力供給にとって特段の支障をきたすとは認めがたいとしている。

他方、電力会社の「想定を超える地震に起因する事故によって許容限度を超える放射性物質が放出された場合、周辺住民の生命、身体、健康に与える悪影響は極めて深刻であるから、周辺住民の人格権侵害の具体的危険は、受忍限度を超えているというべきである」と述べている。

では、どの範囲の原告に具体的危険が認められるのか。判決は、チェルノブイリ原発事故の事例を詳細に検討したのち、

第3章　原子力発電所事故の環境汚染をめぐる法と被害者救済の訴訟

「本件原子炉が地震による最悪の事故が生じたと想定した場合は、原告らのうち最も遠方の熊本県に居住する者についても、許容限度である年間1ミリシーベルトをはるかに超える50ミリシーベルトの被ばくの恐れがあることになるから、全ての原告らにおいて、上記具体的危険が認められる」

としている。

このように、石川県、富山県、福島県、新潟県、静岡県、滋賀県、奈良県、大阪府、兵庫県、岡山県、広島県、熊本県におよぶ合計135名のすべてに具体的危険が及ぶとして、原告ら全員に差止請求を認めた。

(5) 判決の意義

北陸電力（被告）側の主張は、国の許可を受けていることが安全の証拠であるとの主張だったので、国の耐震設計審査指針の適否が重要な争点となった。国の耐震設計審査指針は、1978（昭和53）年に制定されたが、その後の阪神淡路大震災（1995年）、鳥取県西部地震（2000年）の地震動が地表に現れた断層を上回るものであることから、改正が検討されており、本判決後の2006（平成18）年9月に改正され新耐震設計審査指針（2006年指針）となった。本判決は、旧指針の不適切さを指摘し、改正を促すことにつながったといえる。

本判決は、耐震設計審査指針（1978年指針）の不合理さを新しい地震学の見地から指摘し、伊方最高裁判決に基づき、違法性判断基準の1つである「現在の科学技術水準に照らし、調査審議において用いられた具体的審査基準に不合理な点がある場合」（伊方原発最高裁判決の(A)、本書68頁）に位置付けて、原告の差止請求を認めた点に意義がある。

本判決は、具体的危険の及ぶ範囲を700キロメートル離れた熊本県の原告をはじめ全員に差止請求を認めており、原発事故の危険性を冷静に指摘している。

控訴審の名古屋高裁金沢支部の判決は2009（平成21）年3月18日、改正された2006年指針に基づく再評価が行われたので、本原子炉の耐震設計の安全性に欠けるところがなく、マグニチュード6.8を想定した北陸電力の評価は

89

妥当であり、具体的危険性が認められないとして、1審の判決を取り消した（判時2045号3頁）。

上告審の最高裁は2009年10月28日、内容には踏み込まず、上告を棄却し、住民側の敗訴が確定した。

2011（平成23）年3月11日の東日本大震災（マグニチュード9.0）と福島第1原発事故を経験した現在、本件の第1審金沢地裁判決が指摘するように、原子炉施設の安全性が欠ければ、国民の生命、身体、健康が侵害される具体的危険があるとの判断で差止請求を認容した意義は大きい。

この判決は、国の耐震設計審査指針のマグニチュード6.5は甘すぎると指摘し、活断層が直下に確認できない場合でも、2000（平成12）年にはマグニチュード7.3の鳥取県西部地震が発生していることに注目し、新しい地震学の知見に従い、活断層が確認されていなくともマグニチュード7.3以上にすべきだと考えていた。規制基準に従いさえすれば、原発は安全だと考える「安全神話」支配の社会と司法界の大勢の中で、2011年3月11日、東日本大震災と東京電力・福島第1原発事故を経験した現在から見ると、金沢地裁判決（井戸謙一裁判長）は、2006年にはすでに地震と原発事故の危険性があると警告を出していた判決であった。

10　原子力発電所の新規制基準

2012年改正原子炉等規制法は、目的条項に人の生命・健康・財産の保護に加え、環境の保全を追加（1条）するとともに、重大事故を規制対象（43条の3の6第3項）とすること、新規制基準を既設の原発にさかのぼって適用することにした（43条の3の14）。

原子力発電所の設置許可等に関する許可基準については、原子力規制委員会規則により定めることとされた（43条の3の6）。従来の規制基準でも、「災害防止上支障がないものであること」(旧規定24条1項3号）と定められていたが、これを規定する政省令は定めておらず、原子力安全委員会の「内規」として定められていたにすぎず、この内規として定められていた安全審査指針類が規制基準の役割を果たしていた。

第3章　原子力発電所事故の環境汚染をめぐる法と被害者救済の訴訟

　新規制基準[71]は2013年6月28日、1章・総則（1～2条）、2章・設計基準対象施設（3～36条）、3章・重大事故等対処施設（37～62条）からなる原子力規制委員会規則として制定された。

(1)　地震・津波

　新規制基準の地震・津波対策には、活断層の認定基準、耐震設備の対象の限定などに問題点がある。新規制基準とはいえ、各原発の「基準地震動（S_s）」の策定法は、2006（平成18）年の旧耐震指針「基準地震動S_2」を踏まえたものにすぎない。

　第1に、活断層がある敷地には「原子炉施設」を建ててはならないことを明記すべきである。新規制基準によれば、「Sクラスの建物・建築物等は、活動性のある断層等の露頭の無い地盤に設置」とあるが、Sクラス（安全重要度の高い施設）だけでなく、他の構造物も重要なものもあるので、これらを含め、「活断層等がある敷地に原子炉施設を建ててはいけない」とすべきであろう。なぜなら、基準は、活断層の長さを本来のものより短くし、地震規模を小さく想定し、再稼働を認めやすくしている。原子炉等規制法1条の目的条項よりみれば、原子力発電所を安価につくるよりも、国民の生命・健康と環境を重視する必要がある。

　第2に、短い断層が複数ある場合には、これらをつなげて評価するようにすべきであろう。なぜなら、それらをつなげて評価しなければ、活断層が過小評価されることにより、地震を小規模に想定する結果になるおそれがある。

　第3に、新規制基準では、大地震の予測には疑問があり、地震発生場の理解の再検討が必要である。最近10年間、被害地震は、主要活断層から離れた確率の低い地域に発生しており、しかも、ほとんどが地表に地震断層を残していない[72]。新規制基準を適正な基準に作り直す必要がある。

---

(71)　正式名は、「実用発電用原子炉及びその付属施設の位置、構造及び設備の基準に関する規則」という。
(72)　遠田晋次「内陸地震の予測と活断層評価—その現状と課題」http://www.giroj.or.jp/disclosure/q_kenkyu/no22_2.pdf

(2) 新規制基準の重大事故対処

新規制基準の重大事故対処には、ベント（放射性物質を含む気体を排出する装置）による管理放出、可搬設備、格納容器の設計上の欠陥、被害を受けるおそれのある自治体の同意手続などに不十分な点がある。

第1に、重大事故対策としてのベントによる管理放出に問題がある。沸騰水型軽水炉の格納容器の設計上の欠陥について検討し、容量を大きくし、圧力を抑制するプールを大きく設計の変更をすべきである。格納容器は、事故時に放射性物質を閉じ込める容器として設計・開発され、緊急炉心冷却系が働けば放射性物質を外部に放出させず、「閉じ込める」容器として開発された。ベントは、本来穴があってはならない格納容器に穴をあけるものであり、フィルターを付けたとしても、放射能の放出は避けられず、住民に被ばくを求める装置になっている。ベントによる管理放出はやめるべきであろう。少なくともベントが不要な格納容器の容量を2〜3倍にする必要がある。新規制基準には、欠陥があり、再びの失敗は許されないので、格納容器の基本設計を見直す必要がある[73]。

第2に、重大事故対策では、可搬設備（電源車やバッテリーなど）を基本とし、恒設設備を組み合わせ、継続的に改善するとしている。これは逆転し、恒設設備を基本とすべきである。可搬式の冷却設備は、接続時間に10時間もかかり、長時間にとどまらず、地盤の変形により移動できなくなるおそれがある。また、地震で接続が困難になる可能性がある。福島原発事故では、数時間で炉心溶融に至ったことを見ても、可搬設備を基本にすることには無理がある。新規制基準は、設置に3〜4年かかる恒設設備を後回しにし、可搬設備だけ備えれば、適切な対策をしなくとも、再稼働を認めるように意図しているとしか思えない。

第3に、東海第2原発や浜岡原発などに見られるように、周囲に人口密集地のある原発については、人間の被害が大きくなるので、立地を認めず、再稼働も認めるべきではない。

---

(73) 後藤政志「新安全基準は原発を『安全』にするか」『世界』（2013年5月号）219〜223頁。

第4に、原発立地・再稼働については、原発事故により被害を受けるおそれのある自治体の同意を義務付ける必要がある。最低でも、原発から30キロメートル圏内の自治体の同意が必要となろう[74]。

11　福島原発事故の訴訟

(1)　損害賠償・原状回復を求める訴訟

　福島原発事故以後、3年が過ぎても事故のおさまりがつかず、被害者・避難者の苦しい生活が続いている。被害の賠償を求める訴訟は、被告として東京電力だけでなく、国も規制権限行使を怠った違法があるとして損害賠償や原状回復を求める動きが全国に広がってきた。国家賠償請求も2013（平成25）年3月以降、集団訴訟が相次いでいる。福島原発事故被害者の集団訴訟は、北海道から九州まで20カ所に及び、さらに数カ所では提訴準備中となっている（2014年3月9日現在）。ここでは、「生業（なりわい）を返せ、地域を返せ！」福島原発訴訟を取り上げて、訴状や準備書面などにより訴訟内容を概観する。

　「生業を返せ、地域を返せ！」福島原発訴訟（生業（なりわい）訴訟）は、直接事故を起こした東京電力とともに、原発事業を進めてきた国を相手にして、放射性物質による汚染の除去、地域と自然環境の再生、子供をはじめとする被害者の健康保護など故郷で安心して以前の生活を取り戻すことができるように「原状回復」を求めている。また、被害者や避難者など原告は、原状回復が達成されるまでの間、「ふるさと喪失の慰謝料」の支払いを求めている[75]。

　原告は、福島原発事故当時、福島県、茨城県、宮城県、群馬県、山形県、栃木県に住み、放射性物質汚染の影響を受けた住民と避難者である。原告は2013年9月の第2次提訴で2,000名となっている。被告は東京電力と国となっている。

---

(74)　原子力市民委員会、前掲注（68）99頁以下。
(75)　生業訴訟に関する資料は、『生業を返せ、地域を返せ！』福島原発訴訟原告団・弁護団のホームページ（http://www.nariwaisoshou.jp/）。安田純治「『生業を返せ、地域を返せ！』福島原発訴訟とは何か—私たちが求めるもの、私たちが目指すもの」法時86巻2号75頁以下。

ふるさと喪失の慰謝料とは、自分の人格や人間関係を育んできたふるさとの自然環境・文化環境を失い、放射性物質汚染の中で生活を強いられ、あるいは避難せざるを得なくなったためにこうむる精神的苦痛に対するものであって、原子力損害賠償審査会の中間指針が示している慰謝料とは異なるものとされている。

土地や建物など居住用不動産の賠償とは、被害地の不動産価額の賠償ではなく、被害者が避難先で生活できるだけの再取得価額であって、居住用不動産の全国平均額の請求がなされている。

原告側の請求は、第1に、被告側（国と東京電力）に対して、各自、平成23年3月11日の居住地において、空間線量率を1時間当たり0.04マイクロシーベルト以下にすることを求めている。

第2に、被告らに対して、各自、各原告に対して、金132万円、及び平成23年3月11日以降、支払済みに至るまでの5分の割合による金員の支払を求めている。

第3に、被告らは、各自、各原告に対して、平成25年3月11日から事故時の居住地において空間線量が1時間当たり0.04マイクロシーベルト以下となるまでの間、1ヶ月金5万5,000円の割合による金員の支払を求めている。

(2) 国の責任

原告側の主張によれば、経済産業大臣は、2002（平成14）年7月31日、遅くとも2006（平成18）年までの間に万が一にも地震に伴う津波をかぶって炉心損傷が起こらないように規制権限を行使して被告東京電力に津波対策をとるようにさせるべきであった。被告国がこれをしなかったことに違法がある。

規制権限の不行使についてみると、経済産業大臣は、電気事業法39条から委任された技術基準省令を適切に改正する権限と同法40条により委任された適切な技術基準に適合させる権限に基づき、被告東京電力に対し、原子力発電所の全交流電源機能の喪失と最終ヒートシンク（最終的な熱の逃がし場）の喪失を回避するために必要な措置をとらせるべきであった。しかし、被告国がこの規制権限の行使を怠ったことは、原子力基本法、原子炉等規制法、電気事業法の趣旨・目的と規制権限のあり方を踏まえれば、その不行使は許

容される限度を逸脱して著しく合理性を欠くと認められ、原告との関係で国家賠償法1条1項の適用上違法となる。

これに対して、被告の国側は、規制権限を行使するかどうかについて行政機関の裁量を尊重されなければならないと主張している。生業訴訟で国の規制権限不行使の責任を考えるに当たっては、鉱山保安法に基づく省令制定権限、鉱業権者に対する監督権限の不行使と国家賠償法上の違法が論点となった「筑豊じん肺訴訟」と「水俣病関西訴訟」が適例である。

筑豊じん肺訴訟最高裁判決[76]と水俣病関西訴訟最高裁判決[77]によれば、規制権限を付与した根拠法令の目的が生命・健康の保護を目的にしている場合には、規制権限を有する行政庁の裁量の幅はきわめて狭くなるとされている。

筑豊じん肺訴訟は、福岡県筑豊地区の炭鉱で作業に従事し、じん肺に罹患した元労働者や遺族が炭鉱会社6社と国を相手にして損害賠償を請求した事件である。じん肺とは、鉱山やトンネル工事の労働者がかかる職業病であり、大量の粉じんを吸うことにより肺線維症をおこし、呼吸障害をおこし、肺結核や肺がんを併発することもある。最高裁は次のように述べる。

① 「国又は公共団体の公務員による規制権限の不行使は、その権限を定めた法令の趣旨、目的や、その権限の性質等に照らし、具体的事情の下において、その不行使が許容される限度を逸脱して著しく合理性を欠くと認められるときは、その不行使により被害を受けた者との関係において、国家賠償法1条1項の適用上違法となると解するのが相当である……。」

② 「これを本件についてみると、鉱山保安法は、鉱山労働者に対する危害の防止等をその目的とするものであり（1条）、……鉱山保安法は、鉱業権者は、粉じん等の処理に伴う危害又は鉱害の防止のため必要な措置を講じなければならないものとし（4条2号）、同法30条は、鉱業権者が同法4条の規定によって講ずべき具体的な保安措置を省令

---

(76) 最判平成16年4月27日、民集58巻4号1032頁、判時1860号34頁、判タ1152号120頁。
(77) 最判平成16年10月15日、民集58巻7号1802頁、判時1876号3頁、判タ1167号89頁、本書29頁以下。

に委任しているところ、同法30条が省令に包括的に委任した趣旨は、規定すべき鉱業権者が講ずべき保安措置の内容が、多岐にわたる専門的、技術的事項であること、また、その内容を、できる限り速やかに、技術の進歩や最新の医学的知見等に適合したものに改正していくためには、これを主務大臣にゆだねるのが適当であるとされたことによるものである。

　同法の目的、上記各規定の趣旨にかんがみると、同法の主務大臣であった通商産業大臣の同法に基づく保安規制権限、特に同法30条の規定に基づく省令制定権限は、鉱山労働者の労働環境を整備し、その生命、身体に対する危害を防止し、その健康を確保することをその主要な目的として、できる限り速やかに、技術の進歩や最新の医学的知見等に適合したものに改正すべく、適時にかつ適切に行使されるべきものである。」

③　「以上の諸点に照らすと、通商産業大臣は、遅くとも、昭和35年3月31日のじん肺法成立の時までに、……じん肺に関する医学的知見及びこれに基づくじん肺法制定の趣旨に沿った石炭鉱山保安規則の内容の見直しをして、石炭鉱山においても、衝撃式さく岩機の湿式型化やせん孔前の散水の実施等の有効な粉じん発生防止策を一般的に義務付ける等の新たな保安規制措置を執った上で、鉱山保安法に基づく監督権限を適切に行使して、上記粉じん発生防止策の速やかな普及、実施を図るべき状況にあったというべきである。そして、上記の時点までに、上記保安規制の権限（省令改正権限等）が適切に行使されていれば、それ以降の炭鉱労働者のじん肺の被害拡大を相当程度防ぐことができたものということができる。

　本件における以上の事情を総合すると、昭和35年4月以降、鉱山保安法に基づく上記の保安規制の権限を直ちに行使しなかったことは、その趣旨、目的に照らし、著しく合理性を欠くものであって、国家賠償法1条1項の適用上違法というべきである。」

　筑豊じん肺訴訟の最高裁判決を3つの部分に分けて引用した。①の部分に

第3章　原子力発電所事故の環境汚染をめぐる法と被害者救済の訴訟

よれば、行政庁の権限不行使は、それにより被害を受けた第三者との関係で国家賠償法上違法となるとしており、今日では、異論なく確定している。最高裁判決は、1989（平成元）年の「宅建業者訴訟判決」[78]、1995（平成7）年の「クロロキン薬害訴訟判決」[79]、上記に引用した2004（平成16）年の「筑豊じん肺訴訟判決」、2004年の「水俣病関西訴訟判決」のすべての判断で、行政庁の権限不行使の違法性の判断枠組みを示している。

次に、②の部分は、行政庁に規制権限行使について裁量があるかの問題となる。本判決は、裁量に言及せず、「適時に適切に」規制権限不行使の違法を認めている。水俣病関西訴訟の最高裁判決も、本判決と同様に裁量を問題にせず、規制権限の不行使の違法を認めている。

これらとは反対に、クロロキン薬害訴訟判決では、「当時のクロロキン網膜症に関する医学的、薬学的知見の下では、クロロキン製剤の有用性が否定されるまでには至っていなかったということができる。したがって、クロロキン製剤について、厚生大臣が日本薬局方からの削除や製造の承認の取消しの措置をとらなかったことが著しく合理性を欠くものとはいえない。」と述べている。この場合、厚生大臣の規制権限の不行使は、「著しく合理性を欠くとまではいえない」とされた。クロロキン薬害訴訟では、被害法益が生命・健康であるが、一方で、「医薬品の有用性」と「その副作用」の比較衡量が必要とされたので、処分の判断について行政庁の「専門的かつ裁量的な判断によらざるを得ない」とされた。

筑豊じん肺訴訟判決と水俣病関西判決で最高裁は、規制権限を付与した根拠法規の目的が生命・健康の保護であり、できる限り速やかに、最新の医学的知見に適合したものに改正するように権限を行使すべきであるとした。根拠法規が生命・健康の保護を目的にしている場合には、行政庁の規制権限行使の裁量の幅は狭くなることを示しているのである。

そこで、規制権限不行使の違法性を判断するための考慮要素を検討する。一般的に認められる考慮要素として、宇賀克也は、①「被侵害法益」（被侵害法益が生命、身体のように重要なものであるほど、作為義務が認められやすい）、

---

(78)　最判平成元年11月24日、民集43巻10号1169頁、判時1337号48頁、判タ717号87頁。
(79)　最判平成7年6月23日、民集49巻6号1600頁、判時1539号32頁、判タ887号61頁。

②「予見可能性」（作為義務を肯定するための不可欠の要件）、③「結果回避可能性」（権限行使により結果を回避しえたことが作為義務発生の必要条件）、④「期待可能性」（私人が自ら危険を回避することが困難で行政の介入が期待される場合には、作為義務が認められやすくなる）としている。以上の4要件は、相互に独立したものである半面、相互に密接に関連しており、結局、総合的判断となることを指摘している[80]。「被侵害法益」が生命や健康であれば、国民から行政の介入への「期待可能性」は当然高まることになる。

原告らが救済を求めている被害法益は、住民の生命・健康・財産・環境に対する侵害となっている。これに対して、規制されることにより被る不利益は、東京電力等電気事業者の経済活動の自由となっている。

原子力基本法、原子炉等規制法、電気事業法など規制の根拠法令は、国民の生命・健康・財産・環境の保護を目的に含めている。国は、炉心損傷を回避するための措置をとる義務がある。

国の予見可能性の時期につき、原告らの主張によれば、「2002（平成14）年7月31日に文部科学省地震調査研究推進本部が長期評価を発表した時点で、あるいは遅くとも2006（平成18）年までに集積された福島第1原子力発電所において全交流電源喪失をもたらし得る程度の『地震及びこれに随伴する津波』が発生する可能性があるとの情報により」、原子炉施設の水没に伴う全交流電源の喪失、あるいは海水利用による冷却機能が喪失し、炉心損傷に至り、放射性物質の大量放出の事故に至ることを認識していたか、調査により認識すべきであった。

国が予見可能であれば、国は規制権限を行使し、電力会社に対して、炉心損傷事故を回避するために、津波の防護措置、建物に水が浸入しない措置、重要機器を高い場所へ設置替えすることなど義務付けることができた。国が2006年中にそのような法規制をしていれば、事故は防ぐことができたことになる。原告らは、この権限不行使は、著しく合理性を欠くと認められるので、原告らとの関係で国家賠償法1条1項の適用上違法となると主張している[81]。

---

(80) 宇賀克也『行政法概論Ⅱ　行政救済法』（有斐閣、2006年）372～373頁。
(81) 中野直樹「意見陳述書」（2014〔平成26〕年1月14日）。

(3) 東京電力の責任

　原告側の主張は、東京電力に対して、主位的請求として民法709条と710条に基づき、原状回復（汚染のない状態に回復）と損害賠償（慰謝料）を請求し、予備的請求として原賠法3条1項に基づく慰謝料を請求している。

　これに対して、東京電力側の主張によれば、本件事故による損害賠償（慰謝料）の請求は、原賠法2条2項の「原子力損害」の賠償を請求するものであり、特則である原賠法が無過失責任を規定しているのであるから、民法の不法行為の規定は適用されないとしている[82]。

　原賠法3条1項は、原子力事業者の無過失責任を規定しているが、原子力事業者に対する民法709条の適用を排除するものではなく、併存すると考えるべきであろう。無過失責任立法の意義について、牛山積は、「無過失責任立法は、過失なしに責任を負わせるものではなく、被害者側が過失を立証することを不要とするものにすぎないということができる」と述べている[83]。同様に、「裁判の段階で、企業に故意・過失があったという被害者側の主張に対して、企業側では必ず故意・過失はなかったという反論をしてきますから、その事件が複雑であればあるほど、激しい争いとなり、その審理のために時間がかかり裁判が長引くことになります。……そこで裁判を長期化させないためには、故意・過失の有無をめぐる論争をなくしていくようにしよう、そうすることによって裁判の迅速化を図ろうという要請が生まれてきますし、そのためには、無過失責任を導入することが非常に大きな意味がある」[84]ということになる。無過失責任の採用は、被害者のために裁判の迅速化から導き出されるので、原賠法の無過失責任の規定も、民法709条を排除するものではなく、併存することになる。原賠法1条は、「原子炉の運転等により原子力損害が生じた場合における損害賠償に関する基本的制度を定め、もって被害者の保護を図り、及び原子力事業の健全な発展に資すること

---

(82)　東京電力は、民法に基づく損害賠償を求めることができない理由として、水戸地判平成20年2月27日判時2003号67頁、東京高判平成21年5月14日判時2066号54頁を挙げている。
(83)　牛山積『公害裁判の展開と法理論』（日本評論社、1976年）87頁。
(84)　牛山積『現代の公害法（第2版）』（勁草書房、1991年）81頁。

を目的とする」と規定している。原賠法の「被害者の保護」目的・趣旨に照らして考えれば、併存していると解釈し、原賠法3条1項に基づく請求をするか、民法709条に基づくかは、被害者の選択に委ねられると考えるべきである。

また、原子力事業者は、原子力発電所の事故を起こせば、放射性物質が放出され、大気、土壌、河川や海を汚染し、多くの人々の生命・健康を侵害するおそれがあるので、被害の発生を予見するために最高の調査技術を用いて調査するなど「高度な注意義務」が課されている。原子力事業者の責任は、決して軽いものにしているわけではなく、むしろ通常の事業者よりも高度の注意義務が課されており、過失（注意義務違反）の結果、事故を引き起こすことになる。慰謝料の算定には、原子力事業者の過失の種類・程度が審理の対象とされるので、原賠法3条1項と民法709条は併存すると考えられる。

東京電力の責任は、「2002年あるいは遅くとも2006年までには、福島第1原発敷地に浸水し、原子炉施設を水没させ全交流電源喪失に至らしめるだけの津波を予見しえたことは明白です。しかし、被告東京電力は、2006年はおろかその後においても、必要な津波対策・シビアアクシデント対策に取り組もうとしなかったのです。その故意にも等しい過失責任を厳しく指摘」[85]されている。2002（平成14）年には、阪神淡路大震災を契機に設置された文部科学省の地震調査委員会により三陸沖から房総沖にかけて地震活動の「長期評価」を行い、2万人以上の犠牲者を出した明治三陸沖地震と同様の津波地震が起こる可能性が指摘されていた。この「長期評価」を受け、東京電力が安全確保に努めていれば、全電源喪失を回避できた。

2006（平成18）年には、国と東京電力が共同で行った「溢水勉強会」での東京電力側の報告では、福島第1原発5号機を対象に取り上げ、10メートルの津波で非常用海水ポンプが使用不能になり、14メートルであれば、タービン建屋に海水が流入し、電源喪失が報告された。これに対して、国は適正な対策を求めず、東京電力も、適正な対策をとらなかった[86]。

---

(85)　久保木亮介「意見陳述書」（2013年9月10日）5頁。
(86)　同上、3～4頁。

第3章　原子力発電所事故の環境汚染をめぐる法と被害者救済の訴訟

(4) 財物賠償

　東京電力は、財物（土地・建物等）賠償について、原子力損害賠償審査会（原賠審）の中間指針を踏まえて賠償基準を策定している。原賠審は中間指針第4次追補を2013（平成25）年12月26日に決定した。帰宅困難区域では、将来にわたり居住が制限され、立ち入りも制限され、除染やインフラも復旧の実施も進められていないので、避難指示が長期化することが想定されている。住民は、仮設住宅などで帰還を待っていたが、将来の生活に見通しがつかず、他所に移住をする者も出てきている。そこで、中間指針第4次追補では、対象者を3グループに分類し次のように決定した。

① 第1に、帰宅困難区域であり、帰還不能となったために、そこでの生活を断念した区域の対象者である（大熊町・双葉町は町全域）。まず、住宅（建物）については、元の住宅の新築価格と事故以前価値の差額の上限75パーセントまでを賠償する。次に、宅地については、福島県の宅地面積と福島県内の主要避難先の平均宅地面積の単価を基準にし、新たに取得した土地の価格と従前の土地の価格との差額を賠償する。

② 第2に、居住制限区域と避難指示解除準備区域であり、移住することが認められる者が対象者となる。まず、住宅は、元の住宅の新築価格と事故前価値の差額の上限75パーセントまでを賠償する。次に、宅地は、①の75パーセントを賠償する。

③ 第3に、帰還する者が対象者となる。元の住宅の新築価格と事故前価値の差額の75パーセントまでを上限とし、実際に負担した修繕・建て替え費用を賠償する。

　これに対し、「福島原発避難者損害賠償請求訴訟」[87]の原告側では、「生活再建、再出発を行うために必要な賠償、原状回復が図られるべき」であり、被侵害利益（憲法29条1項の財産権、憲法13条の平穏生活権・幸福追求権、憲法22条の居住・移転の自由）を内容とする「基本的生活権」が奪われたとして、

---

(87)　この訴訟は、福島原発事故により避難を余儀なくされた住民が2012年12月3日に東京電力を相手に財物賠償や慰謝料の支払いを求めて福島地裁いわき支部に提訴された裁判である。集団訴訟としては全国最初の訴訟となった。

次のように財物賠償を請求している。

まず、建物は、少なくとも全国平均値での建物購入価格とし、「フラット35」[88]の統計を引用し、2,238万円を最低賠償価格としている。この最低価格を超える場合は、広大な建物、はなれや納屋のある建物、古民家など特殊性のある自宅については、事故前と同等な生活を回復するに必要な適正価格の賠償のための個別立証をするとしている。

次に、土地（不動産）については、居住用敷地につき192㎡の部分の損害賠償として「フラット35」の統計を利用した計算を行うとしている。これによると、192㎡までは、1,368万円を賠償額となる。この基準土地面積を超える部分については、適正な超過賠償額が加算される。

原告住民側の主張の考え方は、避難者の財物集合が人格的生存の基盤をなしており、生存に不可欠なものであって、別の地域で新たに築き上げられるものではない。このような場合、生活再建と原状回復は、「損失補償制度」を援用する必要があると考えている。本件事故は、①強制的に居住地を喪失させられたものである。②集団的な移動であり、地域社会も喪失した。事故の性質上、地域全体がダム湖の底に沈むダム建設事業の土地収用に類似している。ダム事業では、生活基盤を失う者に損失補償制度に基づき、生活再建補償がなされる。福島原発事故のように違法行為により生活基盤を奪われた原告住民らにとっては、なおさら生活再建のための補償の考え方に従い損害の回復がなされなければならない[89]。

(5) ふるさと喪失の慰謝料

福島原発訴訟では「ふるさと喪失慰謝料」の請求がなされている。生業訴訟原告団は、被害者がそれぞれ避難先で生活基盤を回復できるだけの財物（土地と建物）賠償として再取得価額を求めるとともに、「ふるさと喪失慰謝料」を請求している。原告らは、原発事故以前の人間関係を失い、人々の人

---

(88) フラット35とは、全国的に広く利用されている住宅ローンという長期ローンを組む場合における利用者調査報告であり、実際の購入価格の統計である。

(89) 原告側の『準備書面（6）財物損害論』(2014年1月30日) 9〜29頁。米倉勉「『福島原発避難者訴訟』における損害論―平穏生活権侵害における損害と因果関係―」(『環境と公害』43巻2号、2013年) 34頁。

格を育んできた自然環境・文化環境を失ったことを理由に、ふるさと喪失の慰謝料として1人当たり2,000万円を請求している。

福島原発事故では、避難者の数が事故直後には16万人にものぼり、3年を過ぎても14万人にのぼる。住民がいなくなり、市町村の役場も他の自治体に移転した。ふるさと喪失の慰謝料請求は、福島原発事故の被害の広範性と長期性、放射性物質影響の深刻性を反映し、わが国の公害環境訴訟史上で新たな種類の請求となっている[90]。

12 除染と原状回復

(1) 放射性物質汚染対処特措法

わが国は、2011（平成23）年3月11日に発生した大地震と津波により福島第1原子力発電所で事故が発生し、電源喪失、格納容器の破損、水素爆発により大量の放射性物質が放出され、環境が汚染された。大気中に放出された放射性物質は、風雨により拡散し、東北地方と関東地方を中心に広く汚染した。放射性物質汚染対処特措法[91]は2011年8月30日に制定され、放射性物質の環境汚染による人の健康又は生活環境への影響を低減する目的のために、放射性物質による環境汚染の対処として、国、地方公共団体、原子力事業者の講ずべき措置について定めている（1条）。

(a) 基本方針

基本方針は、環境大臣が案を作成し、閣議決定を経て公表される（7条1項）。基本方針の内容には、①環境汚染対処の基本的方向、②環境汚染状況の監視と測定に関する事項、③汚染廃棄物の処理に関する事項、④土壌汚染

---

(90) ふるさと喪失の被害については、除本理史「『ふるさと喪失の』被害とその救済」法時86巻2号68頁以下。
(91) 放射性物質汚染対処特措法の正式名は、「平成23年3月11日に発生した東北地方太平洋沖地震に伴う原子力発電所の事故により放出された放射性物質による環境の汚染への対処に関する特別措置法」（平成23年法律第110号）であり、平成23年8月30日公布、全面施行が平成24年1月1日となっている。「除染特措法」とも呼ばれている。

等の除染措置（汚染された土壌、落葉・落枝、水路などに堆積した汚泥の除去、汚染拡大の防止措置）に関する事項、⑤除去土壌の収集・運搬・保管・処分に関する事項、⑥その他環境汚染への対処に関する事項について定めることとしている（7条2項）。

本法の基本方針は2011年11月11日に定められた。この基本方針によれば、除染の目標は、①追加被ばく線量が年間20ミリシーベルト以上である地域については、当該地域を段階的かつ迅速に縮小することを目指す。また、②追加被ばく線量が年間20ミリシーベルト未満である地域については、長期的な目標として追加被ばく線量が年間1ミリシーベルト以下となることとされている。

(b) 放射性物質による汚染廃棄物の処理

国が責任を持って処理する放射性物質の汚染廃棄物は、「対策地域内廃棄物」と「指定廃棄物」の2種類となる。上記2種以外の「通常の廃棄物」は、廃棄物処理法に基づき、自治体や廃棄物処理事業者が処理することになる。

(i) 対策地域内廃棄物

対策地域内廃棄物とは、国による処理が必要な地域として指定された「汚染廃棄物対策地域」内で発生した廃棄物をいう。環境大臣は、知事や市町村長の意見を聞き、汚染廃棄物対策地域を指定し、かつ「対策地域内廃棄物処理計画」を策定し、処理基準に基づき、対策地域内廃棄物の収集、運搬、保管、処分を行う（11条、13条、15条、20条）。

汚染廃棄物対策地域には、福島県内の楢葉町、富岡町、大熊町、双葉町、浪江町、葛尾村、飯舘村の各全域、さらに、田村市、南相馬市、川俣町、川内村の区域のうち警戒区域又は計画的避難区域の区域が指定されている（環境省告示平成23年12月28日）。

(ii) 指定廃棄物

指定廃棄物とは、放射性セシウム濃度が8,000ベクレル／kgを超える廃棄物であって、環境大臣に指定された廃棄物をいう（16条、17条、18条、19条、20条）。廃棄物は、焼却灰、汚泥、草木類などであるが、それが中間処理（焼却、破砕など）を経由して生じる。廃棄物は、放射能の濃度に応じて指定され、

指定廃棄物とされる。指定廃棄物は国によって処理される。指定廃棄物は、主に、一般廃棄物の焼却灰、下水汚泥（焼却灰・溶融スラグ）、浄水発生土（上水・工業用水）、下水汚泥（脱水汚泥）、農林業系副産物（稲わら・牛糞・堆肥・腐葉土）の状態で存在する。指定廃棄物の最終処分の方法は濃度により異なる。

8,000ベクレル／kg以上〜10万ベクレル／kg以下の指定廃棄物は、管理型処分場に埋め立てられる。ただし、国が新たに最終処分場を設置する場合には、遮断型処分場が建設される。10万ベクレル／kgを超える指定廃棄物は、遮断型構造の処分場で処分される。

指定廃棄物の指定状況は（平成25年3月31日現在）、環境省資料によれば、福島県9万9,164トン、栃木県9,508トン、茨城県3,448トン、宮城県3,252トン、千葉県2,690トン、新潟県1,018トン、東京都982トンであり、その他の3県を含め合計12万1,000トンになっている。

指定廃棄物は、処理されるまでの間、飛散、流出、悪臭、害虫の発生防止のために、液状の廃棄物の保管・運搬にはドラム缶を容器に使用し、粉粒状などの廃棄物にはフレキシブルコンテナ容器が使用される。

(c) **除染措置**

環境大臣は、環境汚染が著しく、国が除染措置を実施する必要がある地域として「除染特別地域」を指定するとともに（25条）、周辺の空間線量から見て汚染状態が一定基準以上である可能性が高い地域を「汚染状況重点調査地域」として指定する（32条1項）。

① まず、「除染特別地域」とは、国が「特別地域内除染実施計画」を策定し（28条）、除染除去措置によって発生した除去土壌について国が処理するものとされている（30条）。除染特別地域は、事故後1年間の積算線量が20ミリシーベルトを超えるおそれがあるとされた「計画的避難区域」と福島第1原発から半径20キロメートル圏内の「警戒区域」から指定されている（平成23年12月28日告示）。対象区域は、楢葉町、富岡町、大熊町、双葉町、浪江町、葛尾村、飯舘村の各全域、さらに、田村市、南相馬市、川俣町、川内村のうちで警戒区域又は計画的避難区域となっている区域と

なっている。

　「除染特別地域」の除染の進め方は、実施計画に従い、避難指示区域の見直しと除染技術の進展状況を踏まえて進められる。

　新たな避難指示区域と除染は、環境省資料によれば、「帰宅困難区域」、「居住制限区域」、「避難指示解除準備区域」であり、市町村ごとの除染対象区域、除染の優先順位を実施計画に示して除染を進めるとされている。

　「帰還困難区域」とは、現在、年間積算線量が50ミリシーベルトを超える区域であり、5年間を経過しても、20ミリシーベルトを下回らないおそれがあるので、5年以内に帰還が難しい区域だとされている。

　「居住制限区域」とは、現在、年間積算線量が20ミリシーベルト以上50ミリシーベルト未満の区域であり、年間積算線量が20ミリシーベルトを超えるおそれがあるので、引き続き避難を継続する地域であって、できるだけ早く帰宅できるように除染を進める区域とされている。

　「避難指示解除準備区域」とは、現在、年間積算線量が20ミリシーベルト区域であり、年間積算線量が20ミリシーベルト以下になることが確実であるので、できるだけ早く帰宅できるように除染を進めるとされている。

　放射性物質汚染対処特措法に基づく基本方針によれば、追加被ばく線量が年間20ミリシーベルト未満である地域については、長期的な目標として追加被ばく線量が年間1ミリシーベルト以下になることを目標に掲げている。したがって、追加被ばく線量が年間1ミリシーベルト以上の地域では健康調査を実施するとともに、1ミリシーベルトを下回るまでは帰還を強制すべきではないであろう。

② 次に、「汚染状況重点調査地域」とは、放射性物質汚染対処特措法に基づき、年間追加被ばく線量が1ミリシーベルト（1時間当たり0.23マイクロシーベルト相当）以上の地域を対象に指定される地域をいう。この地域に指定されると、市町村が除染実施計画を定め、除染を進めることになる。汚染状況重点調査地域には、岩手県、宮城県、福島県、茨城県、栃木県、群馬県、埼玉県、千葉県の63市町村が指定されている。

(d) 除染の費用負担

　汚染された廃棄物の処理や除染の措置は、原賠法（3条1項）に基づき、原子力事業者に賠償の責任があるので、原子力事業者の負担の下に実施される（44条1項）。この規定は、「原因者負担の原則」（環基法37条）に基づき、汚染原因者である原子力事業者（東京電力）が除染と廃棄物処理に責任があることを明記している。

　その原子力事業者は、放射性物質汚染対処特措法に基づく措置に必要な費用の請求又は求償があれば、速やかに支払うように努めなければならない（44条2項）。この規定は、東京電力に除染費用等に責任があるが、国としても原子力政策を進めてきた社会的責任があり、国がまずこの費用を負担してそして東京電力に求償していく規定となっている（平成23年8月25日参議院環境委員会での環境大臣答弁）。したがって、除染等の費用は、国民の税金による引き受けではなく、あくまでも事業者に求償し、原因者負担の責任を果たす必要がある。

　国は、地方公共団体が実施する民有地除染事業についても、除染費用は、計画策定費用や調査費用も含めて費用の全額を国が一旦負担した上で、東京電力に求償することになる（衆議院環境委員会の決議）。

(2) 原状回復

(a) 原状回復請求

　被害の回復は、金銭賠償だけでなく、放射性物質の除染・除去、環境復元、地域社会の再生が必要になる。生業訴訟の原告らは、原状回復請求として、福島原発事故当時の居住地において、空間線量率を事故当時の状況（1時間当たり0.04マイクロシーベルト以下）にすることを求めている。

　原告・被害者側が主張する原状回復請求の法的根拠は、第1に、被告側の国と東京電力の行為によって、原告らの人格権（身体権に接続する平穏生活権）が侵害されたことに基づく妨害排除の請求である。また、第2に、原告らは、これに併せて、被告側の国と電力会社のそれぞれの不法行為（国賠法1条と民法709条）に基づく効果として、被告側に原状回復を請求している[92]。

　原告側は、人格権侵害及び不法行為の効果としての原状回復請求権を基礎

付ける要件事実として次のように6点を述べている。

「①　各原告が本件原発事故当時においてそれぞれの居住地に居住していた事実

②　本件事故以前において原告らの各居住地における空間線量率が1時間当たり0.04マイクロシーベルト以下であったこと

③　被告東京電力（作為）及び被告国（規制権限不行使という不作為）の各行為によって本件原発事故が発生し放射性物質が飛散したこと

④　原告らの各居住地が本件原発事故に由来する放射性物質によって空間線量率が1時間当たり0.04マイクロシーベルトを超えて汚染されたこと

⑤　④の汚染状況が違法な権利侵害に当たること

⑥　（不法行為に基づく原状回復請求との関係において）被告国については規制権限不行使による責任があること（国賠法1条）、被告東京電力については故意とも同視しうる重大な過失により責任があること（民法709条）」[93]

(b)　慰謝料請求権

原告側は、上記の原状回復請求（請求趣旨1項）とともに、併せて損害賠償請求（慰謝料請求）として、「既発生分の慰謝料」（請求趣旨2項）と「将来分の慰謝料」（請求趣旨3項）の請求を行っている。これら既発生分と将来分の慰謝料請求権も、被告側の国（規制権限不行使・国賠1条）と東京電力（民法709条）の不法行為を理由としている。人格権（身体権に接続する平穏生活権）侵害による慰謝料請求の要件事実も、上記原状回復請求と同一の6点が述べられている。

将来分の慰謝料請求は、原状回復が実現するまでの将来にわたる損害賠償（慰謝料）請求であり、原状回復請求が前提にされているので、それに連動して場所的特定としては各原告の事故当時の居住地が基礎とされている。

---

(92)　原告側『訴状』79〜80頁、同「準備書面(8)原状回復請求の要件事実の整理」(2013年11月1日) 3頁以下。

(93)　同上「準備書面(8)」4頁。

第3章　原子力発電所事故の環境汚染をめぐる法と被害者救済の訴訟

　既発生分の慰謝料の請求は、すでに発生した過去の人格権侵害に基づく損害賠償（慰謝料請求）との関係で、事故当時居住していた市町村の範囲を基礎に判断される[94]。原告側の原状回復の請求とともに、将来分と既発生分の慰謝料請求は妥当な請求と考えられる。

(c)　東京電力の主張

　被告東京電力側の主張は、第1に、空間線量率を1時間当たり0.04マイクロシーベルト以下にする作為の対象を取り上げて、土地の範囲、同土地上の建物等の範囲、周辺土地建物の範囲、これらの権利者とその同意の内容、除染措置の具体的な内容、空間線量の測定のために使用する測定器、測定地点と測定方法などを請求の趣旨において特定していないので不適法であると述べている。要するに、東京電力は、原状回復のための作為の対象が特定されていないために、仮にその作為請求を容認する判決がなされたとしても、その判決に基づく強制執行ができないので、執行不能の行為を東京電力に求めるものとなり、不適法だと主張している。

　第2に、東京電力側は、原告・被害者側の求める放射線量（毎時0.04マイクロシーベルト）は、実現が困難であるとともに、汚染土壌等の貯蔵・処分施設の確保も困難であるので、強制執行による実現が不可能だと主張している。さらに、原告・被害者側の主張する原状回復を実現するためには、「莫大な費用を要し被告東京電力において金銭的に実現することは不可能であることに鑑みると、原告らの請求は、被告らに対し強制執行によって実現することが事実上不可能な作為を求めるものに他ならないから、本件の訴えは不適法である。」[95]と述べている。

　第3に、東京電力側は、不法行為に基づく原状回復請求権は認められず、また、原状回復請求権に基づく将来分の慰謝料請求も認められないと主張する。

　以上の理由から、東京電力は、原告・被害者側の主張する原状回復とそれに基づく将来分請求を不適法であり、却下すべきであると主張している。

---

(94)　同上「準備書面(8)」7頁。
(95)　「被告東京電力準備書面(3)」4頁。

(d) 東京電力の原状回復義務

　原告・被害者側が主張する原状回復請求の法的根拠は、原告らの人格権（身体権に接続する平穏生活権）が侵害されたことに基づく妨害排除の請求である。また、原告らは、これに併せて、被告側の国と電力会社のそれぞれの不法行為（国賠法1条と民法709条）に基づく効果として、被告側に原状回復を請求している。

　人格権（身体権に接続する平穏生活権）の侵害に基づく妨害排除・原状回復の請求は、可能であることについて被告側も異存はないであろう。原状回復は、不法行為の場合にも金銭賠償のみでは不合理であれば、不法行為上の地位・機能も認めてよいと考えられる[96]。

　原告側は、被告側に対して、原告ら各自の事故直前の居住地において、空間線量を1時間当たり、0.04マイクロシーベルト以下にするように求めている。この場合、被告側の原状回復のための作為義務は、間接強制によることも、代替執行によることも可能である[97]（民事執行法173条1項）。ウラン残土撤去債務の強制執行事件によれば、広島高裁松江支部は、2005（平成17）年2月24日、債権者（原告側）の判断で代替執行と間接強制のどちらでも選択ができると判示している[98]。

　東京電力は、汚染を振りまいた汚染原因者であり、「原因者負担の原則」の下に、原状回復の義務とともに、除染実施に必要な権利者の同意を受け、空間線量の測定に使用する測定器・測定方法の確定、汚染土壌の貯蔵・処分施設の確保なども責任を持たなければならない。それにもかかわらず、東京電力は、除染のために莫大な費用が必要になることを取り上げ、あたかも原告側の請求が不可能な作為を求めるものであって、訴えは不適法だというが、通常人には受け入れることのできない主張である。

　被告側の原状回復義務が確定すれば、当然、すでに発生している過去の人格権侵害に基づく既発生分の慰謝料請求とともに、原状回復が実現するまで

---

(96)　我妻栄・有泉亨・川井健『民法2（債権法）』（勁草書房、2003年）450〜452頁。吉村良一『不法行為法（第3版）』（有斐閣、2005年）105頁。
(97)　中野貞一郎『民事執行・保全入門』（有斐閣、2010年）229〜231頁。
(98)　広島高裁松江支決平成17年2月24日、平成16年（ラ）53号・54号事件、［大濱しのぶ］判タ1217号73頁以下。

の将来にわたる慰謝料も請求できることになる。

(3) 原子力損害賠償条約の環境損害の定義

原子力の損害賠償に関する条約には、「改正パリ条約」、「改正ウィーン条約」、「補完的補償条約」がある[99]。「改正パリ条約」はEU加盟国が中心となっており、2004年に改正議定書が採択された。「改正ウィーン条約」と「補完的補償条約」は国際原子力機関（IAEA）で改正作業が進められ、両条約共に1997年に採択された。日本は、補完的補償条約を締結する準備を進めているようである。

改正では、3条約とも共通の方向にあり、損害賠償の範囲を拡大しており、環境損害の原状回復費用、環境損害に基づく収入の喪失、防止措置費用、防止措置から生じた損失・損害も含めている。

(a) 条約上の損害賠償の範囲

ここでは、補完的補償条約を取り上げ、原子力損害の賠償範囲を検討する。なお、「原子力損害」の規定は、補完的補償条約と改正ウィーン条約は同文章になっている。

「環境損害」の規定を検討する前に、原子力損害の全体像を見ておこう。

まず、「原子力損害」とは、補完的補償条約の定義条項（1条f項i～vii号）によれば、次のようになっている。

(i) 死亡又は身体の傷害

(ii) 財産の損失（滅失）又は損害（毀損）

さらに、管轄裁判所の法が決する限り次の損害が含まれる。

(iii) 上記(i)と(ii)の損失又は損害から生じる経済的損失であって、(i)(ii)以外の損害。

---

[99] 改正パリ条約はConvention on Third Party Liability in the Field of Nuclear Energy of 29th July 1960, as amended by the additional Protocol of 28th January 1964, by the Protocol of 16th November 1982 and by the Protocol of 12 February 2004. 改正ウィーン条約は1997に改正されたProtocol to amend the Vienna Convention on Civil Liability for Nuclear Damage. 補完的補償条約はConvention on Supplementary Compensation for Nuclear Damageをいう。

(iv) 損なわれた環境の回復措置の費用。ただし、その侵害が小さい場合を除き、その回復措置が実際に執られているか、又は執られる予定がされているものであって、上記(ii)以外の損害。

(v) 環境の利用と享受による経済的利益から得られる利益の損失であり、環境の重大な損傷の結果として引き起こされたものであって、上記(ii)以外の損害。

(vi) 防止措置の費用、及びその措置によって更につけ加えられた損失又は損害。

(vii) 環境損傷によって生じたのではない経済的損失であって、管轄裁判所の民事責任に関する一般法で認められている損失。

次に、「回復措置」と「防止措置」の定義を見ておこう。

「回復措置」とは、その措置が実施された国の権限を持つ機関によって承認され、かつ、損害を被り若しくは破壊された環境の構成要素を回復し若しくは復元を目的とし、又は適切な場合には、これらの構成要素と同等の価値物を環境に導入することを目的とするいずれかの合理的な措置をいう。損害を被った国の法律が、その措置を実施する資格者を決める。（1条g項）

「防止措置」とは、原子力損害の定義条項（1条f項）の前記(i)号から(v)項まで、又は(vii)号に規定された損害を防止し、又は最小限にするために、その措置が実施される国の法律に基づき、権限のある機関の承認を条件に、原子力事故が発生した後に実施する合理的な措置をいう。（1条h項）

環境損害は、以上の原子力損害の中では、「管轄裁判所の法が決する限り」、「(iv)損なわれた環境の回復措置の費用。ただし、その侵害が小さい場合を除き、その回復措置が実際に執られているか、又は執られる予定がされているものであって、上記(ii)以外の損害」ということになる。環境損傷の回復措置費用は、住宅や周辺など生活領域、雑木林、田んぼ、畑、小川、ため池など里地里山、森林や自然公園が汚染された場合の汚染除去費用となろう。ただし、住宅周辺の生活領域や農家の田んぼや畑などの汚染除去は、(ii)（財産上の損失・損害）と(iii)間接損害としての財産上の損害となることが多いであろう。したがって、環境損害は、生物多様性の損傷であり、その生物多様性（生態系の多様性、種の多様性、遺伝子の多様性）の回復費用と考えるべきである。

第3章　原子力発電所事故の環境汚染をめぐる法と被害者救済の訴訟

(b)　条約と原賠法

　すでに見たように、日本の原賠法上、「原子力損害」とは、核燃料物質の原子核分裂過程の作用又は核燃料物質等の放射線の作用若しくは毒性的作用により生じた損害をいう（2条2項）。損害賠償の範囲は、原賠法では特に定めていないので、一般法の民法により放射線の作用と相当因果関係が認められる損害が賠償されるべき損害となる。

(4)　環境損害

　環境損害とは、被害者・住民それぞれの土地・建物などの財産損害と精神的損害とは別に、里地里山、田んぼ、雑木林、ため池などの生物多様性の損害である。環境損害の修復には、除染措置を含め、生物多様性の回復措置のための費用が必要になる。

　東京電力の原状回復責任は、空間線量を原発事故以前のレベルにまで低下させる義務のあることは当然であるが、それにとどまらず、除染により表土を除去したことにより失われた生物多様性の再生までの責任がある。原状回復責任は、本来、被害地の原発事故以前の自然生態系の再生を実現し、喪失したふるさとの自然環境を回復するまでの責任をいう。

　表土は、岩石の風化作用と動植物の影響を受けながらつくり出されたものであるが、落葉樹や針葉樹の落葉や小枝などが腐敗することによる有機物が含まれており、ミミズなどの生物や微生物が棲んでおり、表土の植物が生育することを助けている。

　生態系ピラミッドとは、自然生態系の構成要素のうち「表土」と「多様な生き物」がつくる食物連鎖の量的関係を図式化したものである。まず、生態系ピラミッドの底辺となる表土には、木や草など光合成を行う多様な植物が生育する。すると、チョウやバッタなど草食の昆虫が植物を食べにやってくる。さらに、草食昆虫を食べる肉食の昆虫やカエルが存在する。さらにまた、肉食昆虫やカエルを食べにやってくる小鳥やヘビが存在する。ツキノワグマやイノシシは、地上に落ちた木の実を食べる。ヤマネ、ムササビ、リスは、木の上で木の実を食べる。最後に、生態系ピラミッドの頂点には、小鳥やヘビを食べるタカやフクロウなどの猛禽類、日本では絶滅してしまったが、イ

ノシシやシカを食べるオオカミがやってくる。

　タカ、フクロウ、オオカミは、生態系の一番上にいるので強そうに見えるが、自然生態系から見れば一番弱い生物である。なぜなら、生態系ピラミッドの上に位置する生物が生息するためには、餌となる多くの動植物が生息できる広い面積の土地（表土）を必要とするからである(100)。

　サシバというタカは、日本の里地里山にやってくる夏鳥だが、ヘビ、昆虫、小鳥などを食べている。ひとつがいのサシバが生きるためには、餌となる生物が支える土地（表土）の面積が60ヘクタール以上必要になる。オオタカの場合には100〜200ヘクタールが必要になる。ニホンイヌワシの場合であれば、ノウサギ、ヘビ、タヌキ、キツネ、シカの幼獣、リス、キジなどを食べているので、6,000ヘクタールもの草原や森林を必要とする(101)。要するに、生物多様性の保全には、放射性物質に汚染されていない落葉や小枝などの有機物、虫、微生物を含む表土が必要になる。表土の厚さは、自然状態で30センチメートルから50センチメートル、農地で18センチメートルだといわれている。表土には、落葉や小枝がミミズなどの生物や微生物により分解して植物の生育に適した栄養分を豊富に蓄えられている。この30センチほどの表土がすべての生き物を支えている(102)。加害者側は、放射性物質で汚染されていない表土の形成とともに、地域固有の植物と動物の再生までの責任がある。

　国と福島県は、国の財政支援により、県内のため池と農業用ダムの約1,000か所の除染作業を2014年秋より実施することにした（「毎日新聞」2014年3月23日東京朝刊）。ため池や農業用ダムの除染は、農業再開のために必要であるとともに、ホトケドジョウやトウキョウサンショウウオなど数多くの絶滅危惧種の生息地でもある。本来ならば、汚染原因者である東京電力は、除染と原状回復はもとより、生物多様性減少の実態調査と環境損害の修復方法の検討・決定に関する費用も、原因者負担の原則に基づき、原因者として負担しなければならない。

---

(100)　日本生態系保護協会編『日本を救う「最後の選択」』（情報センター出版局、1922年）48〜66頁。
(101)　坂口洋一『生物多様性の保全と復元—都市と自然再生の法政策』（上智大学出版、2006年）6〜8頁。
(102)　日本生態系保護協会編、前掲注（100）58頁。

第3章　原子力発電所事故の環境汚染をめぐる法と被害者救済の訴訟

　さて、原状回復の話とは別になるが、沖縄大学の大瀧丈二準教授らの調査では、汚染の影響が少ない沖縄に生息するチョウ「ヤマトシジミ」の幼虫に対して、福島第1原発周辺のセシウムで汚染された植物を与えたところ、蓄積量が1.9ベクレルに達すると死亡率が50パーセントになった（地震予測・地震予知ハザードラボ、2014年5月16日）。

　また、新聞報道によれば、福島原発の港湾内で採れた数10匹のアイナメの放射性セシウム濃度は、事故後2年経った2013年2～3月時点でも1万～100万ベクレルを計測するものが多かったという。また、出荷停止が続いている福島県沿岸のクロダイからも、事故初期と変わらない濃度のセシウムが検出されている（「毎日新聞」2014年3月19日地方版、「朝日新聞」2014年1月10日）。福島放送によれば、福島県金山町の沼沢湖のヒメマス漁は、4月1日に解禁の予定だったが、3年連続で禁漁となった（2014年3月23日）。

　自然への影響は、水俣病事件（第2章の6）でも見たように、人間社会への警告であり、予防原則に基づき、早期の対策継続・予防措置の強化が求められている。

13　函館市の大間原発差止請求訴訟
（無効確認訴訟、義務付け訴訟、民事訴訟）

　北海道函館市は2014（平成26）年4月3日、津軽海峡を挟んで対岸にある青森県大間町で建設中の大間原発に関し、事業者の電源開発株式会社と国を相手取り、建設の差止め（無効確認、義務付け、建設差止め）を求める訴訟を東京地方裁判所に起こした。

　函館市は、人口約27万5,000人であり、大間原発からほぼ真北に位置し、津軽海峡を隔てて大間町と対面している。大間原発は、函館市の一番近い地域が23キロメートルで、函館市街地まで30キロメートルとなっている。ここでは、『訴状』と「訴状の概要」を参考にして、函館市大間原発訴訟の「請求の趣旨」と「法的根拠」の概要を見ておく。

(1) 請求の趣旨

　請求の趣旨は、第1に、設置許可無効確認であり、「経済産業大臣が、被

告電源開発株式会社に対して、平成24年改正前の核原料物質、核燃料物質及び原子炉の規制に関する法律第23条第1項の規定に基づき、平成20年4月23日付けでなした、大間原子力発電所原子炉設置の許可処分は無効であることを確認する」。

第2に、義務付け訴訟であり、まず、函館市の主位的請求によれば、「被告国は、被告電源株式会社に対し、大間原子力発電所について、その建設の停止を命ぜよ」。次に、予備的請求として、「被告国は、被告電源開発株式会社に対し、大間原子力発電所の設置について、原告が同意するまでの間、その建設の停止を命ぜよ」。

第3に、建設差止めの請求であり、「被告電源開発株式会社は、青森県下北郡大間町において、平成20年4月23日付け原子炉設置許可に係る大間原子力発電所を建設し、運転してはならない」。

(2) 請求の法的根拠

(a) 設置許可無効確認

第1に、自然人が原告として原子炉の設置許可無効確認訴訟を提起する場合の原告適格・「法律上の利益」を論じている。付近住民が原子炉設置許可処分の無効確認を求めた「高速増殖炉もんじゅ事件訴訟」での最高裁判所判決は、住民らが約29キロメートルないし約58キロメートルの範囲内の地域に居住しているので、原子炉等規制法による設置許可基準（安全審査、技術的能力）に関して、その審査に過誤、欠落がある場合に起こりうる事故・災害により被害を受けるものと想定される地域内に居住する者というべきであるから、行政事件訴訟法36条の「法律上の利益を有する者」であるとして、原告の原告適格を肯定したことを指摘している。

第2に、函館市は、大間原発から23キロメートルから50数キロメートルの範囲内に位置し、事故時には被害を受けると想定されており、上記最高裁判決に従い、本件設置許可処分の無効確認訴訟請求において、行政事件訴訟法36条所定の「法律上の利益を有する者」に該当する。これは自然人だけでなく法人や函館市のような地方公共団体にも等しくあてはまる。

第3に、「伊方原発事件」の最高裁判決によれば、原子炉設置許可処分の

第3章　原子力発電所事故の環境汚染をめぐる法と被害者救済の訴訟

取消訴訟における裁判所の審理、判断は、原子力委員会・原子炉安全専門審査会の調査・審議・判断をもとにしてなされた被告行政庁の判断に不合理な点があるか否か問う観点から行われるべきであって、「現在の科学技術水準に照らし」、「具体的審査基準に不合理な点があ」る場合、あるいは、その「具体的審査基準に適合するとした原子力委員会若しくは原子炉安全専門審査会の調査審議及び判断の過程に看過し難い過誤、欠落があり、被告行政庁の判断がこれに依拠してされたと認められる場合には、……右判断に基づく原子炉設置許可処分は違法と解すべきである」と判示している。

第4に、2008（平成20）年4月の大間原発設置許可処分に用いられた安全審査指針類は、福島第1原発事故の発生を防ぐことができなかった審査基準であり、不合理である。よって、「現在の科学技術水準に照らし」、「具体的審査基準に不合理な点があり、……経産大臣の判断がこれに依拠されたことが明らかであるから、経産大臣の判断に不合理な点があるものとして、大間原発の原子炉設置許可処分は違法と解すべきである」。

以上の点から、安全設計審査指針類の不備により、大量の放射性物質を放散する事態を招きかねないものであり、函館市は、その違法性は重要であるので当該処分は無効であると主張している。

(b)　義務付け訴訟

第1に、本件原子炉は、旧安全設計審査指針類に基づいて設置許可がなされたものであり、新規制基準による安全性の審査がなされていない。函館市は、「したがって、原子力規制委員会は、改訂原子炉等規制法43条の3の23第1項の規定に従い、本件原子炉の建設・運転の停止を命ずべきである」と主張している。

2012（平成24）年改訂の原子炉等規制法（43条の3の23第1項）は、「災害防止上支障のないものとして原子力規制委員会規則で定める基準に適合するものであること」（43条の3の6第1項4号）と規定している。原子炉等の規制の目的は、国民の生命、健康、財産などを保護することにあるので、新規制基準の評価を受ける必要がある。しかし、本件原子炉は、上記の新規制基準での評価を受けておらず、基準を満たしているといえない。よって、原子

力規制委員会は、「改訂原子炉等規制法43条の3の23第1項の規定に従い、本件原子炉の建設・運転の停止を命ずべきである」。

義務付け訴訟の要件は、行政事件訴訟法に定められており、①一定の処分がなされないことにより重大な損害が生ずるおそれがあること（重大な損害）、②その損害を避けるため他に方法がないこと（補充性）と規定されている（行訴法37条の2第1項）。

まず、「重大な損害」の要件についてみると、「改訂原子炉等規制法の定める規制項目とこれに係る規制基準を満たさない原子炉は重大な事故を起こす可能性が高く、事故を起こした場合には、原告らを含む極めて多数の人々に多大で回復不可能な損害」を生じるので、①の「重大な損害」をもたらす。次に、②「補充性」の要件についてみれば、取消訴訟の出訴期間は過ぎているので、損害を防ぐためには義務付け訴訟以外には考えられない。①②双方の要件を満たすので、函館市は、主位的に、被告国が被告電源開発に対して大間原発の建設の停止を命じることの義務付けを求めている。

第2に、「原発建設の際の同意手続きの対象となる自治体は立地自治体に限られず、少なくとも30キロ圏の自治体を含むと解すべきである。よって、原告は、被告国に対し、予備的に、原告が大間原発の設置に同意するまでの間は、被告電源開発に対して大間原発の建設停止を命じることの義務付けを求めるものである」。

(c) 建設禁止

建設禁止の請求は、民事訴訟であり、差止請求が認められるための原告函館市の保護されるべき権利の存在と、その権利が侵害される具体的危険性の立証が必要になる。

第1に、差止請求の根拠となる権利は、①地方自治権（地方自治体の存立を維持する権利）と②所有権に基づく妨害予防請求権である。

まず、「地方公共団体も、その存立自体が危険にさらされ、地方自治が根本的に破壊される事態に対しては、……その侵害の排除又は予防のために、当該侵害行為の差止めを求めることができる」。次に、所有権に基づく妨害予防請求権を根拠に差止めを請求している。

第 3 章　原子力発電所事故の環境汚染をめぐる法と被害者救済の訴訟

　第 2 に、大間原発建設により原告の権利が侵害される具体的危険性である。まず、被告電源開発が原発を建設し運転すれば、重大事故を発生させる蓋然性が高く、原告は壊滅的な被害を受ける具体的危険にさらされている。したがって、地方自治権に基づき、建設差止めを求める。次に、函館市は、市有地・市庁舎・学校・公民館・保健所・体育館・運動場など多数の財産を所有している。本件原子炉が重大事故を起こせば、原告は市有地や市庁舎をはじめとする不動産の使用が禁止されるおそれがあるので、所有権に基づき本件原発の建設の差止めを求めることを主張している。

(d)　新規制基準の不備・欠陥と具体的危険性

　まず、原告適格である。函館市は、大間原発から23キロメートルから50数キロメートルの範囲内に位置し、事故時には被害を受けると想定されており、「高速増殖炉もんじゅ事件訴訟」での最高裁判所判決に従い、行政事件訴訟法36条所定の「法律上の利益を有する者」に該当する。これは自然人だけでなく法人や函館市のような地方公共団体にも等しくあてはまるので、函館市は原告適格を有するであろう。

　次に、原子力規制委員会は新規制基準を制定したが、新規制基準も、旧規制基準の不備・欠陥を引き続き維持しており、安全性を確保することは困難である。新規制基準の安全性が大きな争点となるであろう。原発事業者は、国の規制基準に沿って原発が作られていることを立証さえすれば、立証責任を果たしたことになる。福島原発事故の以前であれば、志賀原発 2 号炉差止請求事件の井戸謙一裁判長の金沢地裁判決を除き、裁判官は、国の審査基準を専門家が集まって作成したものだから、安全だと考えており、「具体的審査基準」に適合していれば、不合理はないと判断してきた。規制基準は、各専門分野の専門家が作り、その指針に基づいて原子炉施設が作られるので、不合理な点があるか、又は、その審査基準に適合すると判断した判断過程に見過ごすことのできない誤りがない限り、行政庁の判断には誤りはないとしてきた。しかし、福島原発事故は、規制基準を単なる「安全神話」にすぎないことを示した。

　新規制基準については、またしても、「世界で一番厳しい基準」であるか

のような「新・安全神話」の宣伝が流布されている。本件では、新規制基準の合理性が疑問視され、建設の差止めをめぐり、大間原発の具体的危険性として、想定地震、テロ対策、シビアアクシデント対策などが争点となると思われる。

14 福島原発事故後、初の判決
　　―大飯原発3、4号機運転差止判決―（民事訴訟）

(1) 福島原発事故後、初の判決

　福井地裁は2014（平成26）年5月21日、福島原発事故後、初の判決で、過去の住民側を負けさせる判決の濁流を転換し、関西電力の大飯原発3、4号機の運転差止めを命じる判決を言い渡した。本判決は、規制基準とは別に、「具体的危険性」があるかどうかで判断をしている。その意味では、2006（平成18）年の志賀原発2号炉差止請求事件での金沢地裁判決（井戸謙一裁判長）の流れを受け継ぐものとなった。金沢地裁判決は、上級審で敗訴が確定した。本件でも関西電力は控訴した。政府も、新規制基準を満たせば再稼働をするといっている。しかし、福井地裁判決（樋口英明裁判長、石田明彦・三宅良子裁判官）は、過去の判決の流れを変え、司法の転換点となる可能性があり、わが国と国民の安全を図るうえで意義が大きいと思われるので、ここで本判決の内容を検討する。

(2) 事件の概要

　原告らは、札幌市から沖縄市までの全国に居住しており、2012（平成24）年11月30日、人格権ないし環境権に基づいて選択的に、被告・関西電力に対して、福井県おおい町に設置した大飯原発の3号機と4号機の運転の差止めを求めた。

　被告・関西電力は、おおい町に加圧水型原子炉を利用する大飯原発を設置している。大飯原発には1号機から4号機までが設置されている[103]。大飯原

---

(103)　関西電力の大飯原発は、「原発危険度総合ランキング」によれば、大飯原発1号機と同2号機は共に第1位であり、本訴訟で対象になっている大飯原発3号機と同4号

発は、若狭湾国定公園内にあり、関西電力の保有する原子力発電所としては最大であり、日本でも柏崎刈羽原発に次ぎ第2位の発電量がある。

福井地裁は、関西電力に対して、大飯原発から250キロメートル圏内に居住している166名の原告に対する関係で、大飯発電所3号機及び4号機の原子炉の運転を禁止する判決をした。大飯原発から250キロメートル圏外に居住するの原告33名の請求は棄却した。

(3) 判決の要点

第1に、人格権は、公法、私法を問わず、全法分野において、最高の価値を持つと述べ、本訴訟の解釈上の指針になるとしている。

「個人の生命、身体、精神及び生活に関する利益は、各人の人格に本質的なものであって、その総体が人格権であるということができる。人格権は憲法上の権利であり（13条、25条）、また人の生命を基礎とするものであるがゆえに、我が国の法制下においてはこれを超える価値を他に見出すことはできない。したがって、この人格権とりわけ生命を守り生活を維持するという人格権の根幹部分に対する具体的侵害のおそれがあるときは、その侵害の理由、根拠、侵害者の過失の有無や差止めによって受ける不利益の大きさを問うことなく、人格権そのものに基づいて侵害行為の差止めを請求できることになる。」

第2に、緊急時の避難区域は、福島原発事故の教訓から250キロメートルに及ぶとしている。

「福島原発事故においては、15万人もの住民が避難生活を余儀なくされ、この避難の過程で少なくとも入院患者等60名がその命を失っている……。家族の離散という状況や劣悪な避難生活の中でこの人数を遥かに超える人が命を縮めたことは想像に難くない。さらに、原子力委員会委員長が福島第1原発から250キロメートル圏内に居住する住民に避難を

機は、共に第9位となっている。この調査は、地震、原子炉、危機管理のデータをもとに、全国全50基の原子炉を対象にした調査であり、うち28基は即時廃炉とすべきだとされ、残る22基が危険な順序に廃炉にされるべきだとされている。大飯原発3、4号機のランキング9位は、残りの22基を対象にしたものである。原発ゼロの会編『日本全国原発危険度ランキング』（合同出版、2012年）6～8頁。

勧告する可能性を検討したのであって、チェルノブイリ事故現場の住民の避難区域も同様の規模に及んでいる。……上記250キロメートルという数字は、緊急時に想定された数字にすぎないが、だからといってこの数字が直ちに過大であると判断することはできないというべきである。」
　第3に、大飯原発に求められるべき安全性、信頼性は、きわめて高度なものであり、「万一の場合にも放射性物質の危険から国民を守るべく万全の措置がとられなければならない」と述べている。
　まず、「生命を守り生活を維持する人格権」と「原子力発電所の運転の利益」との調整の問題については、人格権が優位に置かれるべきであると指摘する。
　「原子力発電所は、電気の生産という社会的には重要な機能を営むものではあるが、原子力の利用は平和目的に限られているから（原子力基本法2条）、原子力発電所の稼働は法的には電気を生み出すための一手段たる経済活動の自由（憲法22条1項）に属するものであって、憲法上は人格権の中核部分よりも劣位に置かれるべきである。……少なくともかような事態を招く具体的危険性が万が一でもあれば、その差止めが認められるのは当然である。」
　次に、原子力発電所の安全性、信頼性は、原子炉等規制法に基づく審査との関係は、次のように述べている。
　「改正原子炉規制法に基づく新規制基準が原子力発電所の安全性に関わる問題のうちいくつかを電力会社の自主的判断に委ねていたとしても、その事項についても裁判所の判断が及ぼされるべきであるし、新規制基準の対象となっている事項に関しても新規制基準への適合性や原子力規制委員会による新規制基準への適合性の審査の適否という観点からではなく、(1) [安全性―著者] の理に基づく裁判所の判断が及ぼされるべきこととなる。」
　さらに、立証責任については、民事の差止訴訟であるので、原告が立証責任を負うものとして次のように述べる。
　「原子力発電所の差止訴訟において、事故等によって原告らが被ばくする又は被ばくを避けるために避難を余儀なくされる具体的危険性がある

第3章　原子力発電所事故の環境汚染をめぐる法と被害者救済の訴訟

ことの立証責任は原告らが負うのであって、この点では人格権に基づく差止訴訟一般と基本的な違いはなく、具体的危険でありさえすれば万が一の危険性の立証で足りるところに通常の差止訴訟との違いがある。……また、被告に原子力発電所の設備が基準に適合していることないしは適合していると判断することに相当性があることの立証をさせこれが成功した後に原告らに具体的危険性の立証責任を負わせるという手法は原子炉の設置許可ないし設置変更許可の取消訴訟ではない本件訴訟においては迂遠な手法といわざるを得ず、当裁判所はこれを採用しない。……具体的な危険性の存否を直接審理の対象とするのが相当であり、かつこれをもって足りる。」

第4に、1,260ガルを超える地震が大飯原発でも起こりうると判断している。ガルとは、揺れの勢いを示す加速度の単位をいう。大飯原発が1,260ガルを超える地震に襲われれば、冷却機能が失われ、炉心損傷に至り、メルトダウンに至る。大量の放射性物質が排出し、周辺住民が被ばくし又は避難せざるを得なくなる。判決は次のように述べる。

「原子力発電所は、地震による緊急停止後の冷却機能について外部からの交流電流によって水を循環させるという基本的なシステムをとっている。1,260ガルを超える地震によってこのシステムは崩壊し、非常用設備ないし予備的手段による補完もほぼ不可能となり、メルトダウンに結びつく。この規模の地震が起きた場合には打つべき手段がほとんどないことは被告において自認しているところである。

……大飯原発には1,260ガルを超える地震は来ないとの確実な科学的根拠に基づく想定は本来的に不可能である。むしろ、①我が国において記録された既往最大の震度は岩手宮城内陸地震における4,022ガルであり1,260ガルという数値はこれをはるかに下回るものである……1,260ガルを超える地震は大飯原発に到来する危険がある。」

第5に、被告側は、700ガルを超えるが1,260ガルに至らない地震について、700ガルを超える地震が到来した場合を想定した対策をとっている。700ガルを超える地震が到来することはまず考えられない。1,260ガルを超える地震が来ない限り、炉心損傷には至らず、大事故にならないと主張した。これに

対して判決は次のように述べる。
「この数値計算の正当性、正確性について論じるより、現に、下記のとおり（本件5例）、全国で20箇所にも満たない原発のうち4つの原発に5回にわたり想定した地震動を超える地震が平成17年以降10年足らずの間に到来しているという事実（前提事実（10））を重視すべきである。」
として、5実例を列記している。

さらに、被告側は、それら5例の地震で原発の安全対策施設に損傷は生じなかったし、安全余裕があるので、基準地震動を超える地震が到来しても施設の危険性は生じることはないと主張した。これに対して、判決は次のように述べる。
「たとえ、過去において、原発施設が基準地震動を超える地震に耐えられたという事実が認められたとしても、同事実は、今後、基準地震動を超える地震が大飯原発に到来しても施設が損傷しないということをなんら根拠づけるものではない。」

第6に、判決は、700ガルを超えない基準地震動以下の地震動であっても、外部電源の喪失や給水の遮断も生じ得ることに争いはなく、これらの事態から重大事故に至る危険性があると指摘している。

第7に、以上に指摘してきた地震関係の判示の「小括」として次のように述べる。
「この地震大国において、基準地震動を超える地震が大飯原発に到来しないというのは根拠のない楽観的見通しにしかすぎない上、基準地震動に満たない地震によっても冷却機能喪失による重大な事故が生じ得るというのであれば、そこでの危険は、万が一の危険という領域をはるかに超える現実的で切迫した危険と評価できる。このような施設のあり方は原子力発電所が有する前記の本質的な危険性についてあまりにも楽観的といわざるを得ない。」

第8に、使用済核燃料の危険性である。使用済核燃料は、原発の稼働によって日々生み出されるものであり、建屋内の使用済核燃料プールの水槽内に置かれている。原子炉から取り出された核燃料であって、崩壊熱を出し続けているので、水と電気で冷やし続ける必要があり、危険性の高いものであ

る。本原発の使用済核燃料は、1,000本を超えているが、原子炉格納容器のような堅固な設備に保管されていない。この点については次のように述べる。

「福島原発事故においては、4号機の使用済み核燃料プールに納められた使用済み核燃料が危機的状況に陥り、この危険性ゆえに前記の避難計画が検討された。原子力委員会委員長が想定した被害想定のうち、最も重大な被害を及ぼすと想定されたのは使用済み核燃料プールからの放射能汚染であり、他の号機の使用済み核燃料プールからの汚染も考えると、強制移転を求めるべき地域が170キロメートル以遠にも生じる可能性や、住民が移転を希望する場合にこれを認めるべき地域が東京都のほぼ全域や横浜市の一部を含む250キロメートル以遠にも発生する可能性があり、これらの範囲は自然に任せておくならば、数十年は続くとされた。」

第9に、結論として、原告らのうち、大飯原発から250キロメートル圏内に居住する者は、本件原発の運転により直接的に人格権が侵害される具体的な危険があるので、差止請求が認められるとした。

(4) 判決の意義

本判決の特長は、第1に、これまでと異なり、国民の生命、身体、精神、生活を守ることを最も重視していることにある。上記「判決の要点」（第1、第2、第3）は、個人の生命、身体、精神、生活に関する利益（人格権）を最高の価値に位置付けている。被告側の主張した電力供給を理由とする再稼働の要請に対して、判決は、「万一の場合にも放射性物質の危険から国民を守るべく万全の措置がとられなければなら」ず、人格権の優位を指摘している。

特長の第2に、本判決は、安全性の観点から審理を行っている（要点の第3）。従来の裁判所の審理は、規制基準に適合するかどうか、あるいは規制基準の適用手続に手落ちがあるかどうかを検討するにすぎず、行政庁や事業者の科学的技術裁量を広く認めてきた。

特長の第3に、立証責任は、民事訴訟の一般原則に従い、原告が責任を負うとしている（要点の第3）。これは一見して原告に酷のように見える。だが、

実際上、むしろ原告に有利に働いてきた。

　これまでの取消訴訟では、伊方原発事件最高裁判決により、被告行政庁の側に、主張・立証する責任があるとされた。安全審査の資料すべてが被告行政庁の側にあるので、被告行政庁が審査基準に適合し、あるいは適用審査過程に不合理のないことを主張・立証すべきであるとされた。これにより、裁判所は、行政庁や事業者の主張を追認する結果となり、適切な判断ができなかった。本判決は、原告の主張・立証に基づき、具体的な危険性の存否を審理の対象にしている。

　特長の第4に、地震国日本では、どんな大地震に襲われるかわからないので、「想定外」を恐れ、住民の生命や生活を守るために、「想定外」の言い訳を許さない姿勢である（要点の第4、第5、第6、第7）。判決は、1,260ガルを超える地震が大飯原発にも起こりうると判断している（要点第4）。

　被告側では、700ガルを超える地震が来るとはまず考えられないと主張し、基準地震動として700ガルを超える地震が来ることを想定した対策をとっているから安全だと述べた。これに対して、判決は、4つの原発で5回にわたり想定した基準地震動を超える地震が2006（平成18）年以降10年足らずの間に到来したという事実を重視している（要点第5）。それどころか、判決は、700ガルを超えない基準地震以下の地震動でも、外部電源喪失や主給水の遮断が生じ得ることに争いはなく、700ガルを超えない地震でも重大事故に至る危険性があるとしている（要点第6）。

　判決は「小括」で、この地震大国日本では、基準地震動を超える地震が来ないと考えることは楽観的すぎると指摘した。

　さらに、基準地震動に満たない地震でも冷却機能の喪失による重大事故が生じ得る。この危険は、万が一の危険をはるかに超える現実的で切迫した危険であると評価された（要点第7）。

　特長の第5は、使用済核燃料がプールの水槽内に保存されていることに言及し、堅固な施設に保管されておらず、その危険性を指摘したことにある。被告側は、通常40度以下に保たれた水により冠水状態で貯蔵されているので、冠水状態を保てばよいだけであるから、堅固な施設で囲い込む必要はないと主張した。これに対して、判決は、福島原発事故の経験によれば、最も

被害を及ぼすと懸念されたのが使用済核燃料であり、避難が250キロメートル以遠に及ぶ可能性があったことを強調した。判決文に述べられている使用済核燃料の危険性の指摘は、今後、電力会社と国がどのような科学者・専門家を動員しても、覆すことは困難であろう。

本判決は、国民の常識を反映したものであり、大飯原発3、4号機のみならず、全国のすべての原発に適用される判示が多く含まれており、これまでの原発を維持する判決の濁流を変えることになろう。

15 エネルギー政策の選択

(1) エネルギー政策

政府は2014年4月14日、改定「エネルギー基本計画」(2014年改定基本計画)を閣議決定した[104]。2014年改定基本計画は、原発を引き続き活用するとともに、原発と石炭火力を「重要なベースロード電源」に位置付け、原発の使用済核燃料を再利用する核燃料サイクルを維持する方針を打ち出した。今回の「エネルギー基本計画」の改定に際しては、福島原発汚染事故による深刻な被害を反省し、原発から脱却することが国民大多数の要望であり、かつ、地球温暖化の進行を直視し、化石燃料への依存を減らす社会への転換にあった。

しかし、政府の2014年改定基本計画では原発の維持と再稼働の道を選んだ。政府が国民に意見を募った「パブリックコメント」では、脱原発を求める意見が9割を超えた(「朝日新聞」2014年5月25日)。多くの国民の望む道は、原発再稼働の道ではなく、原発ゼロを宣言し、安全で持続可能な再生可能エネルギーへの転換である。

ここでは、まず、2014年改訂のエネルギー基本計画を検討し、次に、日本

---

(104) 政府は、エネルギー政策基本法(12条)に基づき、総合資源エネルギー調査会の意見を聞いて、エネルギーの需給に関する施策を長期的・計画的に進めるためにエネルギー基本計画を策定する。少なくとも3年に1度の程度で改定することが求められている。2014年改定基本計画は第4次にあたる。第3次計画の下で福島原発汚染事故を経験した後はじめてなので、第4次計画では、原発を脱却し、再生可能エネルギーへの変化が求められていた。しかし、原発維持と原発稼働宣言に終わった。

再生に向けたエネルギー転換の方向を考える。

(2) 2014年改定「エネルギー基本計画」の検討

2014年改定基本計画は、78頁にわたりエネルギーの需給構造、エネルギー資源の状況、資源調達技術の状況、施策の状況などを述べているが、結局、その要点とするところを見れば次のようになる。第1に、原発はエネルギー需給の安定性に寄与する重要なベースロード電源として位置付ける（19頁、21頁）。第2に、原子力規制委員会が規制基準に適合すると認めた場合、原発の再稼働を進める。国も前面に立ち、立地自治体の理解を得るように取り組む（22頁、43頁）。第3に、核燃料サイクル政策は、再処理やプルサーマルなどを推進する。もんじゅは、国際的な研究拠点として位置付け、研究成果を取りまとめる（46頁）。第4に、高レベル放射性廃棄物の最終処分場の立地選定では、国が適地を提示し、立地理解を求める（45〜46頁）などとなっている。

他方、日本再生にとって重要な再生可能エネルギーは、「重要な低炭素の国産エネルギー源」であるにもかかわらず、本文での電源構成比を明記せず、脚注に追いやり、「2030年に2割」と述べ、実行する必要のない、単なる参考数値にされている（20頁）。

国民の幸福と経済成長のために、原発促進政策は撤回し、脱原発を宣言するとともに、再生可能エネルギーと分散型エネルギー中心の持続可能な社会への転換を図るべきである。

2014年改定基本計画は、「エネルギー政策推進の基本原則」（基本的視点）として、①「安全性」を前提とした上で、②「安定供給（エネルギー安全保障）」、③経済効率性向上による低コストでのエネルギー供給を実現し、④「環境への適合」を考えて取り組むとしている（15頁）。

さらに、⑤「国際的視点」、⑥「経済成長の視点」を加味して取り組んでいくことが重要だとしている（15〜16頁）。

2014年改定基本計画が掲げる「エネルギー政策の基本的視点」より検討すれば、日本のエネルギー改革は、原発推進の道ではなく、原子力から脱却し、再生可能エネルギーと分散型エネルギー中心の持続可能な社会への転換以外

には考えられない。

　第1に、「安全性」とは、国民の生命・健康、環境、財産に危険をもたらさないことをいうのであって、すべての基本的視点（上記②③④⑤⑥）の前提になる視点と位置付けられる。原子力発電は、最も危険なエネルギー源であり、わが国に存在しないことこそが「安全」だと考えられる。

　福島原発事故は、わが国でいまだかつて経験したことがない深刻な環境被害をもたらしている。事故の被害は、多様で広範囲に及んでいる。大量の放射性物質が大気中に飛び散り、環境が汚染され、多くの人々が被ばくした。被害は、甚大であり、大気と海洋への放射性物質の放出、土壌と森林への汚染の広がり、原発労働者の健康被害、広範な地域にわたる住民の避難、子供の健康影響への不安、水と食品の汚染、住民の生活破壊に及んでいる。福島県の原発付近の住民は、避難生活を余儀なくされた。復興庁によれば、避難者数は約16万人（強制避難者11万人、「自主避難者」5万人）に及び、事故から3年以上経った2014年5月段階でも、14万人が帰還できない状況が続いている。また、住民とともに、多くの市町村役場も、「帰還」できず、地方自治権を奪われたままの状況にある。

　原因者らは、「原因者負担の原則」に基づく責任をとっておらず、補償財源についても、電気料の値上げと税金投入により被害者である国民の負担に転嫁している[105]。原発は、「安全性」の基本的視点から中止されるべきであろう。

　第2に、「安定供給（エネルギー安全保障）」とは、世界各地の地域的・政治的紛争により影響を受ける輸入エネルギー資源に頼ることなく、国内で調達できるエネルギーを増やすことである。この視点から見れば、エネルギー安全保障には、脱原発を宣言し、再生可能エネルギー政策を推し進めることが重要であろう。

　原子力燃料のウランは、100パーセン輸入である。2014年改定基本計画は、原子力燃料を「準国産エネルギー源として、優れた安定供給性と効率性を有して」（18頁、21頁）いると虚偽を述べ、「核燃料サイクル政策の推進」（46頁）

---

(105)　大島堅一・除本理史『原発事故の被害と補償—フクシマと「人間の復権」』（大月書店、2012年）23頁、24頁以下、41頁以下、73頁以下、111頁以下。

の見出しを掲げ、引き続き原子力を活用するとして国民を欺いている。「準」国産エネルギーと呼ぶのは、使用済核燃料を再処理してプルトニウムを使うことができるからであるとしている。しかし、再処理政策は、大金をつぎ込み続けてきたが、破綻していることは誰の目にも明らかとなっている。

青森県六ヶ所村の再処理工場や高速増殖炉「もんじゅ」は、相次ぐ事故や活断層の存在など核燃料サイクルの破綻は明らかになっている。六ヶ所村の再処理工場は、何兆円もの予算をつぎ込み、何十回も延期が繰り返されたにもかかわらず、いまだに稼働していない。高速増殖炉「もんじゅ」は、トラブル続きで、年間の予算が200億円以上もつぎ込まれているにもかかわらず、いまだに実用化のめどは立っていない。河野太郎（衆議院議員）ら「核燃料サイクルに疑義を唱える有識者」によれば、止まらない核燃料サイクルは、19兆円（果ては50兆円？）ものお金が国民の負担に転嫁されようとしている。」

現在かかえている厄介な物は、17,000トンの使用済燃料とガラス固化体で約25,000本相当の高レベル放射性廃棄物である。原発政策を中止し、これ以上増やすことは止め、ここで冷静になって管理処分の方法を考える必要がある。原発の事故処理費用とともに、放射性廃棄物処理費用の巨額な負担は、将来の世代に差し向けてはならない。

わが国は、自国内で豊富に存在し、容易に調達できる再生可能エネルギーの拡大政策を推し進めることにより、エネルギーの自給率を高め、「安全性」の確保と「エネルギー安全保障」を図る必要がある。再生可能エネルギーは、国内に豊富な太陽光、風力、地熱、バイオマスなど「純」国産エネルギーであることから、資源小国であるといわれるわが国にとってエネルギー安全保障強化に貢献できる。

第3に、「コスト低減（経済的効率性向上）」とは発電費用を減らすことをいう。発電のための現実的費用は、①「燃料費など」(燃料費、人件費、減価償却費、保守費用)、②「最終過程までに必要な費用」(使用済燃料の再処理費用、放射性廃棄物の処分費用、廃炉の費用など)、③「立地費用」(原発を誘致した自治体に対する補助金や交付金など)、④「補償費用」(事故を起こした場合の損害賠償、除染費用、原状回復費用) をいう。

原発のコストは、①の「燃料費など」のコストだけではなく、現実的なコ

スト②〜④を含めなければならない。原発は最も効率の悪いエネルギーであることがわかる[106]。再生可能エネルギーは、急速な普及とともに、やがてコストも低下する。原発への道は国民に犠牲を強いて、わが国を斜陽社会へと導く道となる。再生可能エネルギーの促進は、持続可能な社会への道を選ぶことになる。

第4に、「環境負荷低減」の視点である。「環境負荷」とは、人間の活動による環境への影響であるが、例えば、汚染物質の排出による人の生命・健康、財産、動植物、生物多様性など環境に及ぼす影響であって、自然の力では回復できないために、その原因の除去と予防のために対策が必要な影響をいう。

「環境負荷低減」の視点から見れば、原発は、環境負荷を限りなく高めるエネルギーであり、最悪の発電施設といえる。再生可能エネルギーの推進政策は、安全性を確認し、エネルギー安全保障などに加え、温室効果ガス削減の効果が挙げられる。世界の多数の国では、「環境負荷低減」の視点から再生可能エネルギーを増大させている。わが国での温暖化防止は、「環境負荷低減の視点」に基づき、原発推進ではなく、国内排出量取引の制度化、省エネ、再生可能エネルギーの促進策を行うべきである。

第5に、「国際視点の重要性」である。太陽光発電や風力発電を中心とした再生可能エネルギーは、水力とバイオマスを除いてみた場合、2011年時点で、デンマーク27.8パーセント、スペイン17.7パーセント、ドイツ11.8パーセント、イギリス4.3パーセント、アメリカ3.0パーセントであった。日本は、0.9パーセントであったが、この年の福島原発事故以降、世界の諸国とともに拡大を続けている。中国は、将来、欧米諸国をしのぎ世界トップの導入量に達すると予測されている[107]。国際的動向は、再生可能エネルギーの導入を積極的に進めており、エネルギー自給率の向上と地球温暖化防止のための主要な施策と位置付けられている。

2014年改定基本計画は、「エネルギー産業の国際展開の強化」「インフラ輸出強化」（56頁）などとして原発の輸出推進を書き込んでいるが、持続可能な

---

(106) 自然エネルギー財団「『エネルギー基本計画』への提言—『原発ゼロ』の成長戦略を—」（2013年）2〜3頁、31頁以下。
(107) NEDO『再生可能エネルギー技術白書　第2版（2014年）』31頁。

社会を求める国際社会の方向に反している。福島原発事故の被害に悩む人々がたくさんいるのに、海外に原発を輸出することは適当とはいえない。安全性には疑問がもたれ、汚染水対策も、放射性廃棄物の処理も確立されていないにもかかわらず、原発輸出は、汚染の危険を世界に広げることになるので止めるべきである。

第6に、「経済成長の視点の重要性」である。この視点より見れば、経済成長に貢献するエネルギー政策を選択することを意味する。日本に最もふさわしい成長戦略は、持続可能な社会への転換を進めることにより、新しいビジネスを生み出していくことである。

福島原発事故の処理費には、20兆円以上も使うことが予定されており、多額の税金と電気料の値上げが行われ、多くの国民、農業、漁業、工業、商業が苦悩し生業も奪われている。原発推進は日本経済衰退の道になろう。

ドイツでは、太陽光発電の導入費が6年間で3分の1になるなど再生可能エネルギーのコストは急速に低下している。2014年現在、発電量全体に占める再生可能エネルギーの割合は、水力とバイオマスを含め、ドイツが31パーセント、スペインが50パーセントを超えている。発展の中心を担っているのは風力である。

日本でも固定価格買取制度の開始後、発電量に占める再生可能エネルギーの割合が高まっており、導入費も低下してきている。わが国の再生可能エネルギーは、2020年度段階に20パーセント達成を目指すとすれば、そのために必要な投資総額は19兆円と推計されており、しかも、その投資先が日本国内向けとなる。この投資は、国内企業と地域経済の活性化につながる[108]。

最後に、日本のエネルギー政策は、脱原発を宣言し、持続可能な社会を目指し、省エネ施策の一層の推進、再生可能エネルギー導入の数値目標の明示と達成のための施策強化、分散型電力システムへの転換、原発と化石燃料に依存しない二酸化炭素削減施策の強化を進めるとともに、国民各層との対話・協議のための一層の努力が求められている。

---

(108) 自然エネルギー財団、前掲注（106）4～5頁。

(3) 再生可能エネルギー促進の道

　原子力発電は地震国日本では危険である。日本は、原発を全廃し、エネルギー効率の向上と再生可能エネルギーを大幅に増やためのエネルギー政策に転換すべきである[109]。

　事故による放射性物質は、食品、水、土壌、森林を汚染し、現在の人々にとどまらず、将来の日本人の健康と環境を脅かし続ける。原発事故の危険に加え、放射性廃棄物の悪影響を10万年以上にわたり残すことにもなる。日本は、原発を全廃し、発電効率の良い発電設備の利用を拡大しつつ、再生可能エネルギーを促進する政策をとれば、地域再生を実現するとともに、グリーン産業が盛んになり、雇用も拡大し、日本社会の発展をもたらすであろう。

　まず、化石燃料の火力発電は、発電効率が悪く、地球温暖化の原因にもなるので、ガスコンバインシステムの発電に転換していくことが望ましい。

　次に、さらにエネルギー効率の高いコージェネレーションシステムへの移行を進める。これは、熱と電力を併用するものであり、発電の際に放出される廃熱を熱として有効に利用する。熱は遠方にまで輸送できないので、熱電併用は、電力の地産地消にならざるを得ない[110]。

　さらに、再生可能エネルギーを増やすためには、電力の発送電事業の独占体制に手を付け、発送電の分離を進める必要がある。現在、日本の電力制度は、発電、送電、配電、小売りまですべての機能を一社の電力会社が行うという中央集権的な地域支配の構造となっている。既存の送配電網は、独立・中立の送電事業と配電事業として運用され、あたかも道路を使用するように誰でも簡単に送配電ができるようにする必要がある[111]。誰でも再生可能エネルギーの電力供給業者になれる。そして、国民は電力供給業者を選択できるようになる。

　エネルギー政策は、発送電の分離を進め、再生可能エネルギーを大幅に増

---

[109] 詳細は、坂口洋一『里地里山の保全案内―保全の法制度・訴訟・政策―』(上智大学出版、2013年) 159頁以下。
[110] 藤田祐幸『もう原発にはだまされない―放射能汚染国家・日本絶望から希望へ―』(青志社、2011年) 200頁以下。
[111] 山田光『発送電分離は切り札か』(日本評論社、2012年) 183頁以下。

やせば、グリーン産業と雇用の増大とともに、エネルギー自給の分散型地域をつくることができる。再生可能エネルギーは、電力の総発電量に占める割合を4割以上にすることができる。わが国は、原発再稼働のための2014年改定基本計画の道ではなく、原発をゼロにし、再生可能エネルギー促進の道を選択することが求められている。

第2部

環境汚染をめぐる法と紛争

第2部　環境汚染をめぐる法と紛争

第4章　環境法の対象と特色

1　環境法の対象

　わが国の環境法は、1960年代後半から1970年代前半にわたる時代の立法と裁判の積み重ねにより確立した新しい法領域である[112]。今日の環境法は、行政法、民法、行政事件訴訟法、民事訴訟法、刑法など個別法の科目を踏まえた横断的・総合的な領域の科目である。とはいえ、環境法は、独自の理念、原則[113]、目標、方法論を有する法律学の独自の領域となっている。もちろん、環境法は、行政法と民法（不法行為法）の知識を必要とするが、低炭素社会、循環型社会、安全が確保される社会、自然共存（生）型社会の4社会像を総合する「持続型社会」（持続可能な社会）の実現を目指す新しい領域なので、今後も独自に発展していく科目といえよう。

　環境法の役割は、環境紛争の解決手段であるので、より好ましい解決のあり方を検討する必要がある。環境紛争は、多様であり、同じ紛争は1つもない。環境法の勉強についても、社会の変化に対応でき、多様な紛争を解決できる能力・基礎を学ぶ必要がある。

[112]　この時期は、公害反対の国民運動が高まり4大公害訴訟で原告・被害者の勝訴判決がなされ、汚染防止と自然保護の両分野にわたる法律が制定されている。①イタイイタイ病訴訟、②阿賀野川・新潟水俣病訴訟、③熊本水俣病訴訟、④四日市大気汚染訴訟の4大公害訴訟判決は、公害発生企業の民事責任追及という方法を用いることにより、公害紛争解決の道を探り、わが国の環境法整備の基礎を築いた。一方、1967年の公害対策基本法は、「公害」概念を定義し、「環境基準」を導入した。これらは今日の環境基本法に引き継がれている。1968年には大気汚染防止法、1970年には水質汚濁防止法、1972年の自然環境保全法、1973年の公害健康被害補償法は新たな仕組みを組み込んだ。

[113]　環境法の理念とは持続型社会（低炭素、循環、安全、自然との共存）の実現であり、原則とは原因者負担（汚染者負担）、防止と予防の原則、市民参加と協働などが挙げられる（本書第6章参照）。

第 4 章　環境法の対象と特色

(1)　環　　境

　環境基本法は「環境」の定義をしていない。立法者によると、環境施策についての国民の意識は時代とともに変遷し、それに伴い環境の概念も変わるとの見方から、定義規定を置かなかった(114)。しかし、「環境保全施策の策定指針」(環基法14条) の規定は、施策により確保すべき環境として 3 つの事項を規定しているので、「環境」概念の手掛かりとなる。これによると、第 1 に、人の健康保護、生活環境の保全、自然環境の保全のためには、「大気、水、土壌その他の環境の自然的構成要素が良好な状態に保持されること」が必要だと規定されている (14条 1 号)。これにより、環境保全施策は、環境の構成要素を対象にし、「大気」、「水」、「土壌」、「その他の環境」を良好に保つようにすべきだとしている。「そのほかの環境」には、太陽エネルギー、地形、岩石など自然的なものが含まれる。

　第 2 に、生態系の多様性、種の多様性、遺伝子の多様性などの「生物多様性の確保」が図られるようにするとともに、森林、農地、水辺地等々の「多様な自然環境が地域の自然的社会的条件に応じて保全されること」を規定している (14条 2 号)。この規定は、「生物多様性の確保」(植物・動物種の多様性、遺伝子の多様性、生態系の多様性) を規定し、原生の自然環境、野生生物の生息地、雑木林・農地・河川・池・水辺など里地里山地域、都市地域の自然、レクリエーション地域など多様な自然環境が「地域の自然的社会的条件」に応じて保全されることを意味する。

　第 3 に、人が環境の恵沢を享受する視点から、環境保全施策は、「人と自然との豊かな触れ合いが保たれること」を指針にすべきだとしている (14条 3 号)。この規定には、「生物多様性が地域の自然的社会的条件に応じて」保全されることとともに、それによりもたらされる各地域の「景観や歴史的・文化的環境」なども含まれよう。

　14条を総合すれば、「環境」には、大気、水、土壌、太陽光、多様な生態系 (森林、農地、水辺地、砂漠、熱帯林、地球生態系など)、多様な植物と動物

---

(114)　環境省総合環境政策局総務課編著『環境基本法の解説 (改訂版)』(ぎょうせい、2002年) 121頁。

の種、多様な遺伝子、景観などが含まれる。

　環境の概念には、環境省所管の法令にとどまらず、歴史的・文化的環境、里地里山や里海の農漁村景観、都市景観も含まれる。歴史的環境とは、人間が自然との長い間のかかわりの中でつくり出してきた文化的所産である。歴史的・文化的環境は、各地域の地形、動植物、気候など自然的社会的条件の下で人間の生活や生業が行われ、その地域固有の伝統文化、祭礼、習慣で形づくられている。その意味からすれば、歴史的・文化的環境は、環境基本法14条2号・3号に含まれていると考えられる[115]。

　文化財では、名勝・動植物、遺跡などの「天然記念物」、城下町、宿場町、山村集落などの「伝統的建造物群」、棚田や里山の「文化的景観」などが指定されている。文化財保護法は、重要文化財の保全のために必要があれば、地域を定めて環境保全のために一定の行為規制ができると規定している（文化財法45条1項）。文化財周辺の自然的・歴史的環境の保全を行い、広く歴史的文化地域としての面的整備が求められるようになってきている。近隣住民の環境利益を認めた判例には、町並み保存地区に指定されている白壁地区内の高層マンションの建設を差し止める仮処分申請を認めた決定がある（名古屋地決平成15年3月31日、判タ1119号278頁）。

　重要なことは、希少価値の高いものだけを保存するのではなく、各地域の歴史的・文化的環境を地域住民の「生活環境」の要素として位置付ける必要がある。環境紛争は、希少価値の高いもののみならず、歴史の中で触れ合ってきた身近な歴史的・文化的環境をめぐって生じることが多いからである。環境影響評価法の対象項目では、文化財一般は対象にならないものの、天然記念物、名勝だけでなく、周囲の樹林と一体となった郷土景観としての寺社などの文化財は環境と一体として対象とされている（「環境影響評価項目等選定指針に関する基本事項」）。

　里地里山環境には、わが国の絶滅危惧種の半分以上が生息しており、かつては身近な生物であったが急速に減少している。里地里山の環境や景観の保全には、自然公園法、希少種保存法、自然再生法など「自然保護法」の対象

---

(115)　環境は、一般的に、「自然環境」（環基法14条）、「人工環境」（歴史的・文化的環境、都市や農村の景観）、「生活環境」、「地球環境」として捉えられている。

となっている。大阪地裁は、眺望できるのは周辺の農地や雑木林にすぎなくとも、住宅購入時に、その眺望に注目していたのであれば、眺望利益は法的に保護されるとしている（大阪地判平成10年4月16日、判時1718号76頁）。広島地裁は、里海あるいは歴史的・文化的景観の保護について、「鞆の浦埋立免許の差止訴訟」で、鞆港からの瀬戸内海の穏やかな海と島々の眺望と港の風景、歴史的な出来事に由来する建造物など美しい景観は歴史的・文化的価値を有しており、鞆町の全住民の景観利益は法律上保護に値するとしている（広島地判平成21年10月1日、判時2060号3頁）。この判例は、歴史的・文化的景観をめぐる裁判だが、「里海の保全」と考えることができる。

　都市環境は、都市施設（道路、都市高速鉄道、ごみ施設など公共施設・公益施設）を都市計画として決定するとき、「良好な都市環境を保持するように定めること」（都計法13条1項11号）になっている。最高裁判決は、「国立高層マンション景観侵害事件」で都市の景観が良好な風景であり、人々が歴史的・文化的環境をつくり、豊かな生活環境が存在すれば、法的に保護されるとしている（最判平成18年3月30日、判時1931号3頁、判タ1209号87頁）。要するに、良好な景観地域に住み、その恵沢を享受している者は、「環境利益」を有し、不法行為法上の保護を受ける[116]。

　「生態系」保全の視点から環境法を見れば、環境法の目的は、健全な生態系の保全、再生、創造、維持による持続型社会（持続可能な社会）の実現と生態系サービスの確保であろう。「生態系」とは、ある地域に生息するすべての生物群集（植物、動物、微生物）とともに、それを取り巻く太陽光、土壌、大気、水、気象、温度、地形など環境の要素（非生物的環境・物理的環境）からなる複雑なシステムである。しかも、生物群集と物理的環境の間には、生物群集が物理的環境の影響を受ける位置に置かれていると同時に、その生物群集の生活を通じて物理的環境に影響を与えあうという相互に作用するシステムがある。雑木林を取り上げれば、その温度、光、湿度、土壌の水分や有機物の含有量は、市街地や野原とは大きく異なる。木を伐採して住宅地やゴルフ場を開発すれば、物理的環境も変化する。

---

[116]　景観利益保護に関する判例の推移と到達点については、坂口洋一、前掲注（109）115～157頁。

生き物の間では、食うもの食われるものとして食物連鎖の関係になっている。生態系は、目に見える景観でいえば、森林、河川、湖沼、草原、里地里山、都市、海岸、海洋、砂漠、小さな水溜りや地球全体などの生態系として捉えることもできる。あるいは、熱帯多雨林、熱帯季節林、サバンナ、落葉樹林、照葉樹林、針葉樹林など気温と雨量など気候帯に対応させた生物群集として捉えることもできる。生物界と物理的環境は、お互いに関連を持ちながら安定が保たれているので、大気や水の汚染、炭素や窒素などの物質循環[117]、水循環が変化すれば、生物界のバランスは崩れ、ひとつ乱れると、その影響は全体に及ぶことになる。場合によっては回復不可能な打撃を与えることもある。環境法は、大気、水質、土壌の汚染防止、生物多様性の確保、生態系の保全・再生・創造・維持による持続型社会の実現と生態系サービスの確保を重要な役割としている。

(2) 公　　害

環境基本法上、「公害」とは、事業活動など人の活動に伴って生ずる相当範囲にわたる大気汚染、水質汚濁、土壌汚染、騒音、振動、地盤沈下、悪臭によって、人の健康又は生活環境に被害が生じることである。生活環境への被害とは、人の生活に密接に関係のある財産だけでなく、人の生活に密接に関係のある動植物とその生息地への被害も含まれる（環基法2条3項）。

放射性物質による環境汚染の防止措置は、2012（平成24）年の環境基本法の改正により環境法の対象となった。改正の方法は、放射性物質による環境

---

(117) 炭素や窒素は循環している。炭素循環で見れば、炭素は、広く自然界に存在するが、体を作り、エネルギーとなり、生命の存在のためには欠かせない元素である。生物体から水を取り去ると、残りの半分は炭素となる。植物は光合成により二酸化炭素を取り込んでいる。この取り込みは、生物が炭素を取り込む場合の最大の通り道となっている。動物は、自分自身に必要な物質を炭素から作り出すことはできないので、植物が二酸化炭素を吸収して作った炭水化物を食べることを通じて取り入れている。植物は、光合成を行い、水と二酸化炭素を取り込んで、太陽のエネルギーを利用して炭水化物を作り出す。同時に、植物は酸素を作り出している。動物は、その酸素と植物を食べてエネルギーを手に入れている。肉食の動物は他の動物を食べる。食物連鎖を通じて物質とエネルギーが流れていく。動物が吐き出す二酸化炭素を再び植物が使い、循環が繰り返されている。動物の死体は、土壌動物や微生物の働きにより分解され、水、二酸化炭素、窒素に分解され、再び循環の原材料になる。

汚染の防止措置を原子力基本法等に委ねていた規定（環基法13条）について、原子力規制委員会設置法（平成24年法律47号）の附則により、環境基本法13条を削除し、放射性物質による環境汚染の防止措置を環境基本法の対象にした。これを踏まえて、2013年には、個別法の整備がなされ、大気汚染防止法、水質汚濁防止法、環境影響評価法でも、放射性物質による環境汚染の防止措置を除外する規定が削除された。放射性物質による汚染は、福島原子力発電所事故以来、従来の原子炉の設置許可の取消訴訟というよりも、被害者救済、集団疎開、除染、原状回復、廃炉（差止請求）を求める訴訟へと重点を移すことになろう。

広い意味での公害には、建築物による日照阻害、放送電波の受信障害、食品公害、薬品公害などが含まれる。

環境基本法は、環境保全上の支障のうち、大気汚染や水質汚濁などにより「人の健康」又は「生活環境」に被害が生じることを公害としている。健康被害の例としては、都市の道路上を走る自動車の排出ガスによるぜんそく、水中の有機水銀によって引き起こされた水俣病などが挙げられる。生活環境被害には、人の財産や植物・動物への被害が含まれる。例えば、排出ガスで洗濯物が汚染したとか、土壌の中の有害物質によって農作物が汚染したとか、生育が妨げられた場合が挙げられる。放射性物質による環境汚染では、人の健康被害の他に、山林、家屋、庭などの汚染、避難や風評被害、動植物やその生息地の汚染が問題になる。

(3) 環境負荷

「環境負荷」とは、「人の活動により環境に加えられる影響であって、環境保全上の支障の原因となるおそれのあるもの」をいう（環基法2条1項）。人間の排出する汚染物質や廃棄物は自然の営みの中で自然に戻されていく。そのために、人間の生活を将来にわたって維持するためには、汚染物質の排出が自然の営みの中で浄化される範囲に抑え、環境を良好な状態に維持することが必要である。

「人の活動により、環境に加えられる影響」には、汚染物質が新たに環境に排出されたものの他に、動植物の損傷、自然景観の悪化も含まれる。「環

境保全上の支障」とは、規制などにより国民の権利義務に直接関わるような施策を実施する目安になる程度の環境劣化を指し、①公害被害（人の健康被害、生活環境被害）、②開発行為による自然劣化のために公衆に必要な自然の恵沢が確保されないことをいう[118]。これにより、「環境保全上の支障の原因」となる前に自然の営みの中で自然に帰されるものは環境負荷とはみなされないことになる。

(4) 地球環境保全

「地球環境保全」とは、人の活動の結果として地球規模で生じる地球温暖化、オゾン層の破壊、海洋汚染、野生生物の種の減少、有害廃棄物の越境移動に伴う環境汚染、酸性雨、砂漠化、森林の減少などの環境保全である（環基法2条2項）。地球環境保全には、地球温暖化のように地球的規模の環境問題だけでなく、有害廃棄物の越境移動や酸性雨のように地球全体にわたる規模ではないが国境を越えて広範囲な地域の環境に影響を及ぼす事態も対象になっている。地球環境問題は、公害や環境汚染が地球的規模に広がっている状況にあるので、国際的協調による地球生態系の保全が求められている。

国際協調による地球環境の保全が必要なのは、人類存立の基盤にかかわる世界各国の国民に共通課題であるからである。特に、日本は、資源輸入、製品輸出、工場進出など他国と密接な経済活動を営んでおり、他国の環境に影響を及ぼす関係にあるので、地球環境の保全に取り組む必要がある（環基法5条）。

2　環境法の特色

(1)　環境法の学際性

環境法は、公法と私法の領域にまたがる学際的な性格を持っている。環境法の領域は、環境基本法、環境影響評価法、公害規制法（大気汚染防止法、

---

(118)　環境省総合環境政策局総務課編著、前掲注（114）123〜126頁。

水質汚濁防止法、土壌汚染対策法、騒音・振動の両規制法、廃棄物処理法など）、自然保護法（希少種保護法、鳥獣保護法、自然公園法など）、地球環境の保全法（地球温暖化対策推進法、省エネ法など）に見られるように対象の多くが公法の分野に属する。私法では、不法行為法や無過失賠償責任制度（大防法25条、水濁法19条）がある。わが国の環境法の発展では、不法行為法に基づく公害訴訟が重要な役割を演じてきた。しかし、現在の環境法は、法律学の中でも行政法、民法、行政事件訴訟法、民事訴訟法、刑法、国際法に関連する科目である。

さらに、環境に隣接する分野にも環境経済学、環境社会学、環境政治学があり、自然科学の分野では生態学、環境工学、環境科学などにもかかわっている学際的な分野でもある。環境法の学習には、周辺の多様な学問領域にも関心を持つことになろう。

(2) 環境法の地域特性重視

環境問題は各地域の自然的社会的条件に応じて異なった様相になることから、環境法もその地域の特性を反映できる仕組みを持っている。地域特性とは、その地域の地形、気象条件、動植物相、人口構成、産業、居住など地域の特性をいう。地域特性は、地域により異なるので多様となる。環境基本法は、地方公共団体が「国の施策に準じた施策及びその他の地方公共団体の区域の自然的社会的条件に応じた施策」を実施することを規定している（環基法7条、36条）。

大気汚染防止法の排出基準でみると、都道府県は、自然的、社会的条件から判断して、国の定める「一般排出基準」（大防法3条1・2項）や施設集合地域の「特別排出基準」（同3条3項）では人の健康や生活環境を保全することが不十分であると認めるとき、条例を制定し、国の基準より厳しい排出基準を定めることができる（同4条）。これは上乗せ排出基準と呼ばれている。さらに、国の法令の規制対象になっていない有害物質や事項に関しても、地方公共団体は、条例で規制を定めることができる（同32条）。これは「横出し条例」、「横出し基準」と呼ばれている。

水質汚濁防止法でも同様に、都道府県は、国の排水基準によっては人の健

143

康や生活環境を保全できないとき、条例を制定し、全国画一的な排水基準に「かえて適用」する上乗せ排水基準の設定ができる（水濁法3条3項）。地方公共団体は、横出し条例の制定もできる（同29条）。

　以上のように、環境問題の状況は、地域の自然的社会的条件によって現れ方が異なるので、大気汚染防止法、水質汚濁防止法、騒音規制法（4条2項）、振動規制法（4条2項）などの法律は、地域の実情に応じ、上乗せ条例、横出し条例の制定ができると規定している。

　大気汚染防止法や水質汚濁防止法のように法律に規定がある場合には問題はないが、法律に規定がない場合には条例の制定ができないであろうか。一般論でいえば、法律に規定がなくとも、地方公共団体は、地域の必要性に適合するように法律の内容を修正することができる。条例制定の根拠は、憲法92条「地方自治の本旨に基づいて、法律でこれを定める」規定と憲法94条「法律の範囲内で条例を制定することができる」の規定である。さらに、地方分権一括法（2000年施行）を受けて、地方自治法は、「地方自治の本旨に基づいて、かつ、国と地方公共団体との適切な役割分担を踏まえて、これを解釈し、及び運用するようにしなければならない」（2条12項）と規定している。法律の解釈と運用は、地方特性に適合するようになされなければならないことを意味している。

　最高裁判所の「徳島市公安条例事件判決」（最大判昭和50年9月10日、判時787号22頁）は、法律と条例の関係について、両者の文言を対比するのみでなく、それぞれの趣旨・目的・内容・効果を比較し、抵触があるかどうかによって決めるべきであるとしている。さらに、判決は、具体的な判断方法として、法律に明文規定がないことの意味が規制をしてはならない趣旨であれば、条例を制定して規制できないが、次の2つの場合には条例の制定ができるとしている。第1に、法律と条例が併存していても、条例の目的が異なるため条例により法律の目的・効果が阻害されなければ、その条例は法律に抵触しない。第2に、法律と条例が同一の目的であっても、法律が全国一律の規制を意図せず、地域の特性に適合するように規制を認める趣旨であれば、その条例は法律に抵触しない。

　自然保護法の分野では、地域特性の重視が一層明確であり、野生生物の種

の保存とともに、地域の自然的社会的条件に応じて多様な生態系を保全することが基本原則になっている（生物基法3条）。

(3) 生態系手法の重要性

(a) 環境恵沢の享受と継承

環境基本法3条によれば、まず、①人間が健康で文化的な生活を営むためには、環境を健全で恵み豊かなものとして維持することが必要であるが、②人間の活動による環境負荷によって環境が侵害されるおそれが生じていると指摘している。次に、③従って、現在及び将来の世代の人間が健全で恵み豊かな環境の恵沢を享受するには、人類存続の基盤である環境が将来にわたって維持されなければならないと規定している。要するに、「生態系が微妙な均衡を保つことにより成り立って」いる環境は、「人類存続の基盤」であるにもかかわらず、人間の活動により侵害されるおそれが生じているので、将来にわたり維持する必要があるとしている。

「環境を健全で恵み豊かなものとして維持」することは、公害がなく、きれいな大気、水、土壌、多様な動植物など環境の恵沢を確保することである。「生態系が微妙な均衡を保つことによって成り立って」いるとは、前述1(1)や後述2(3)(c)のように、大気、水、土壌、多様な生物、太陽エネルギーなど環境の諸要素が有機的に構成されたバランスのとれた生態系の全体システムであることの指摘である。「人類の存続の基盤である限りのある環境」とは、環境は有限であるので、人類の存続にとって環境保全が必要であることを述べている。

(b) 生態系手法

生態系手法（ecosystems approach）とは、政策決定の判断過程において、生態系全体を考慮に入れ、生態系のもたらす生態系サービスを重視し、現在と将来の世代のために健全な生態系（自然環境）を確保するための考え方である。この生態系手法は、次章の「環境政策の手法」で検討する規制的手法、経済的手法、情報的手法などにより環境配慮を組み込むための考え方でもある。

(c) 生態系保全の意義

　生態系とは、ある地域の植物・動物・微生物などの生物群集と、その生き物を取り巻き、お互いに影響を与え合う大気、水、土壌、太陽エネルギー、地形、温度など物理的環境との総合をいう。景観として目にうつる生態系は、地球生態系、熱帯雨林、サバンナ、砂漠、地域の生態系、陸上生態系、海岸生態系、里地里山、湿地、都市、河川、小川、湖、沼など多様である。

　人間を含む生き物は、食物連鎖に組み込まれ、互いに影響し合うとともに、大気、水、土壌、太陽エネルギーなどの環境と関連を持ちながらバランスを維持している。それ故、生態系内のひとつの部分が被害を受け、あるいは失われると、ほかの部分に影響を与え、場合によっては回復不可能なほどに打撃を受ける。大気、水、土壌、太陽エネルギー、多様な生物種がうまく相互に結びついた生態系の作用を理解することが重要である。

　水は、変化し、絶えず循環しており、気温を調節するとともに、人間をはじめとするすべての生物の飲み物となっている。海からの水蒸気が風により運ばれ、地上に雨や雪として降り注ぎ、土壌にしみこみ、山地から川となって平野など低地に移動し、やがて海に流れ込む。川は、水生の植物や昆虫、魚類を育てるだけでなく、人間に飲み水などの生活用水、農業用水、工業用水、水力発電用水など水資源を提供し、人類文明の発祥地でもあった。海と川は、大気と土壌との共働により地球上の多様な生物の最適な環境をつくっている。

　植物は、太陽エネルギーを用いて、二酸化炭素と水を吸収し、酸素を作り出し、炭水化物を合成しながら成長する。動物は、その酸素を吸って二酸化炭素を吐き出している。

　太陽エネルギーは、地球を暖めることにより水の循環を促し、植物の炭水化物合成を助け、土壌中の微生物の活動を活発にする。太陽エネルギーは、地球上のあらゆる生物と自然の環境に恩恵を与えている。

　土壌（表土）は、岩石の風化作用とミミズや微生物が動植物の遺体を無機物に変えることにより作り出される。その意味で、植物の成長を助ける土壌は、生態系を支える重要な土台となっている。

　「生態系ピラミッド」は、生態系の構成要素のうち、土壌と多様な生物が

つくる食物連鎖の量的関係を図式化したものである。里地里山の生態系を想像してみよう。まず、生態系ピラミッドの底辺となる土壌には、木や草など光合成を行う多様な植物が生育する。すると、チョウやバッタなどの草食昆虫が草を食べにくる。さらに、そこには草食昆虫を食べるモズ、サンコウチョウ、シジュウカラなどの小鳥、カマキリなど肉食の昆虫、両生類のカエルが存在する。さらにまた、肉食昆虫を食べにやってくる小鳥やカエルを食べにやってくるヘビが存在する。最後に、生態系ピラミッドの頂点には、小鳥やヘビを食べるタカやフクロウなどの猛禽類、シカやイノシシを食べるオオカミ、ネズミや小鳥を食べるキツネ、雑食性のクマなどの哺乳類も存在している。タカ、フクロウ、オオカミ、クマなどは生態系ピラミッドの頂点にいるので強そうに見えるが、生態系から見れば一番弱い動物である。なぜなら、生態系ピラミッドの上に位置する生物が生息するためには、餌となる多くの生物が生息する広い面積の土地（土壌）を必要とし、多様な生物種と多数の生物が生息・生育する生態系を必要とするからである[119]。

「サシバ」というタカは、日本の里地里山の生態系にやってくる夏鳥だが、カエル、ヘビ、小鳥などを食べている。ひとつがいのサシバが生きるためには、餌となる生物の生息を支える土地（土壌）の面積が60ヘクタール以上が必要になる。森に住む「オオタカ」の場合には、100〜200ヘクタール必要になる。草原と森林を生息地にする「ニホンイヌワシ」の場合は、ノウサギ、ヤマドリ、ヘビ、タヌキ、キツネ、シカの幼獣、リス、テン、キジなどを食べているが、6,000ヘクタール以上の土地が必要になる。このように、生物多様性（種、生態系、遺伝子の多様性）の確保には、多様な生態系の保全・再生への取り組みが必要になる。

生態系は人間の生存に必要なものすべてを提供している（生態系サービス）。人間は、地球生態系あるいは地域生態系の頂上に位置している。きれいな大気、水、土壌、生物多様性は、人間を含めすべての生き物の生存に必要な条件となっている。また、自然生態系は、人間に必要な工業と農業の原料や作物を与えてくれるとともに、観光とレクリエーションとしても健全な

---

(119) 日本生態系保護協会編『日本を救う「最後の選択」』(情報センター出版局、1992年) 48〜66頁。

経済的資源にもなっている。自然とのふれあいは、刺激、幸福感、文化的・教育的な利益をもたらしてくれる。したがって、健全な生態系の維持と回復は、人類存続にとって必要であり、環境法の重要な課題である。

(4) 生態系サービス（環境公益）の保護

(a) 生態系サービス

　生態系サービスとは、健全な生態系の働きにより人間にもたらされる利益のことであり、環境公益と言い換えることができる。この利益は、きれいな空気と水、豊かな土壌、食料（穀物、果物、魚など）、燃料のような人々の生活に必要なものの確保とともに、レクリエーション、美しい景観のように人々の生活の質と幸福にまで及ぶ。さらに、健全な生態系の回復は、人間が進めてしまった温暖化や洪水の被害防止にも役立つ。

　生態系サービスによってもたらされる利益は、多様であるが、国連のイニシアチブの下で実施された「ミレニアム生態系評価」(2005年公表) によれば、「供給サービス（provisioning services）」、「調節サービス（regulating services）」、「文化サービス（cultural services）」、「基盤サービス（supporting services）」に大別される[120]。生態系サービスを具体例で見ることにしよう。

　第1に、供給サービスとは、水、食料、木材、綿、木質燃料、遺伝資源、化学繊維、漢方薬、調合薬、装飾品（花、貝など）など生態系から得られるものである。人間は生態系の一員であるが、生態系（自然）は、人間が生きていくために必要なものすべてを持っている。大気中には酸素があり、人間はそれを吸って活動をしている。人間の体の60〜70パーセント以上は水分でできている。水は、生態系の中で常に様々な形で自然の中を循環しているが、人間の体内でも循環のために必要である。人間の食料は、太陽エネルギーを受けて土壌と水が作り上げたものである。米、麦、トウモロコシなど穀物、大豆、イモ類、肉類、魚類、野菜など人間の生活に必要な食べ物はすべて自然生態系から得られる。住宅の木材も森林から切り出される。衣料も、木綿、

---

[120]　http://www.maweb.org、Millennium Ecosystem Assessment編、横浜国立大学21世紀COE翻訳委員会翻訳、『生態系サービスと人類の将来』（オーム社、2007年）65頁以下。

絹、麻は、動植物から取れる繊維を使っている。化学繊維は、石油から作り出されるが、基をたどれば石油も太古の動植物の遺産である。

　第2に、調整サービスとは、生態系の調整機能による利益であり、人間が安心して生活できる条件を維持する役割である。大気質の維持、生物による水の浄化、気候緩和、洪水防止、土地浸食防止、病気予防、ハチなど昆虫による草木の受粉、汚染防止などである。

　第3に、文化サービスとは、生態系から得られる精神的充足、レクリエーション、自然の中での楽しみなどの利益である。生態系の景観は、里地里山、里海、四季の山々、河川、湖、沼地、常緑樹の山など、どれをとっても地域により異なり、昔からそこに住む人々の心を豊かにしてきた。また、山の神・動物神など信仰の対象にもなり、紋章やエンブレムの図案のシンボルとして活用され、伝統工芸の技術の考えを生み出した。

　第4に、基盤サービスとは、光合成、水の循環、土壌の形成などであり、供給サービス、調整サービス、文化サービスなど生態系サービス全体に必要な役割である。土壌は自然の機能全体を支える重要な役割を果たす。土壌の中に存在する無数の微生物は、動物や植物の遺体を無機物に変える働きをしている。土壌は、植物が生育するための水と養分を蓄えており、生態系を支える重要な要素といえる。微生物のすむ土壌は、多くの動物や植物の生息・生育を支え、食料を作り、医薬品を作り出し、生態系サービスの全体にわたる土台であり、将来世代への財産でもある。

　以上は生態系サービスを一括して、「供給、調整、文化、基盤」の4分類を見てきたが、個別具体的な生態系の働きを見ておこう。例えば、「森林生態系」の利益を取り上げて考えると、森林のもたらす役割は、①木材や林産物の生産、②気温緩和、湿度調整などの気象緩和、③炭素の蓄積、酸素供給、塵やほこりなど光合成や汚染吸着などの大気浄化、④雨水を吸収し水源となり、枯渇を防ぎ、水質を浄化する水源涵養、⑤土砂崩れや水害の防止のための国土保全、⑥多様な植物の生育地、多様な動物の生息地、遺伝子資源としての生物多様性、⑦芸術、学術、レクリエーションなど文化と保健などが挙げられる。

　「里山里地の生態系」は、集落、明るい林（雑木林）、背丈の高い草原（茅

場)、背丈の低い草原（ウシやヒツジの牧場）、水田、ため池、用水路などからなっているが、日本古代からの人間と自然のかかわり合いによりつくり出されてきた伝統的な景観である。そこには里地里山に独自の植物や動物が生育・生息している。農薬や化学肥料の撒かれない水田と用水路には、ドジョウ、フナ、メダカ、ゲンゴロウ、タイコウチ、ホタル、カエルが生息する。雑木林には、コナラ、クヌギ、クリ、ヤマザクラなど多様な木が茂る。早春の明るい林床にはカタクリ、チゴユリ、カンアオイ、シュンランが咲く。夏の草原にはカワラナデシコ、ノカンゾウ、ワレモコウが咲き、秋にはキノコ、ヤマグリ、クルミが採れる。山道にはノギクが咲く。オオタカやサシバなどの猛禽類からサンコウチョウやエナガなどの小鳥まで多くの渡り鳥や留鳥が生息する。多様な植物と動物の活動が豊かな土壌を作る。このように、里地里山生態系は生物多様性の確保を支えている。

　「里地里山の生態系」は、供給サービスとして米や野菜などの農産物、牛や鶏などの畜産物、水源涵養、魚介類、繊維、薬、材木など生活に必要な物資を提供してくれる。調整サービスとしては、水害防止、気候緩和、森林による土砂崩れ防止、動物による花粉の媒介がなされる。文化的サービスとしては、日本の伝統的な里地里山の景観、信仰の対象、伝統工芸、バードウォッチング、植物観察、レクリエーションなどを与えてくれる。里地里山の新たな再生には日本の将来を左右する手がかりがある。

　以上見てきたように、生態系サービスは健全な生態系が人間にもたらす公益である。生態系サービス保護は環境法の重要な課題となっている。

(b)　生態系サービス配慮の組み入れ

　自然環境保全による生態系サービスは、我々人間の健康、幸福、繁栄を支える。生態系の悪化が進めば、生態系サービスも低下する。生態系の悪化は、急激に現れることは少なく、むしろ気づかないうちに徐々に進行する。そのために、健全な生態系と生態系サービスを確保するためには、法律や政策判断に生態系手法を組み込む必要がある。

　健全な生態系と生態系サービスの確保には、①大気汚染防止法、水質汚濁防止法、土壌汚染対策法などの「公害規制法」や②自然公園法、鳥獣保護法、

希少種保存法などの「自然保護法」の分野のみならず、③公有水面埋立法、森林法、河川法、土地改良法、道路整備特別整備法、都市計画法、土地収用法、瀬戸内海環境保全特別措置法など「開発関係法」に基づく事業の許認可判断に際しても、「健全な生態系の維持」を要件に加えるべきであろう。同様に、環境影響評価法においても、調査・予測・評価の項目として「生態系と生態系サービスへの影響」を加えるべきことになる。さらに、環境政策だけでなく、国の経済、国土開発や土地利用政策・計画・施策の決定判断に際しても、健全な生態系と生態系サービスの確保を配慮要件として組み込む必要がある。

(5) 持続型社会構築のための法学

世界と日本の進むべき道は、持続可能な社会の実現にある。持続可能な社会づくりには、都市であれ、農村であれ、あらゆる地域で、安全の確保を前提に、低炭素社会、循環型社会、自然共存型社会の各分野を統合して達成させることにある。

低炭素社会とは、温室効果ガスの排出を自然環境が吸収できる量以内にとどめる社会をいう。温暖化を防止するためには、大気中の二酸化炭素濃度を増やさず、むしろ、早急に産業革命以前の濃度に下げる必要がある。温暖化の原因は化石燃料の燃焼から生じる二酸化炭素である。陸上の森林樹木や海のプランクトンは、光合成により二酸化炭素を吸収し、貯蔵している。排出と吸収のやり取りの微妙なバランスが成り立っており、大気中の二酸化炭素の濃度が保たれている。しかし、人間の化石燃料の燃焼活動は、大気中の二酸化炭素の排出を急増させ、吸収量を上回るので炭素循環が対応できず、大気中の二酸化炭素が増えてしまう。その結果として温暖化が進む。気候を安定化させるためには、世界の二酸化炭素排出量は、自然の吸収量以下に抑え込んで大気中の濃度を増やさないようにする必要があり、その排出量は、現在の4分の1以下に削減が必要になる。

「気候変動に関する政府間パネル（IPPC）」の『第5次報告書』(2013年)によれば、2100年には地球全体で平均気温が最大で4.8℃上昇すると予測され、様々な地球環境への影響が心配されている。海面水位の上昇は、2100年

第2部　環境汚染をめぐる法と紛争

までに地球の平均海面水位が最大で81センチメートル高くなると予測されている。その結果、インド洋（例えばモルディブ共和国）や南太平洋の島国が水没し消滅することになる。日本でも砂浜が100メートル後退し、全国の砂浜の90パーセントが侵食されると推測されている。南極と北極の氷が解け、シベリアの永久凍土の溶解が急激に進む。IPPCの『第4次報告書』(2007年) によれば、1906年から2005年の100年間で、平均気温は0.74℃上がった。特に、近年になるほど温暖化が加速していることがわかった。すでに世界各地では、降雨傾向が変化し、集中豪雨、洪水が頻発するとともに、熱波、干ばつなどの異常気象が頻繁に発生している。エチオピアでは干ばつによる深刻な食糧不足が続いている。世界の森林減少と砂漠化が急激に進んでいる。温暖化防止のための環境法政策は緊急の課題となっている。日本では、気象庁によれば、平均気温が過去100年で1℃も上昇している。さらに、東京では、この100年に約3℃も上昇している。

　エネルギー源を化石燃料から再生可能エネルギーへと転換させ、低炭素社会づくりの実現は急務になっている。

　循環型社会とは、資源採取、生産、流通、消費、廃棄などの経済活動のすべての段階を通じて、廃棄物の発生抑制、再使用、再生利用などに取り組み、新たに採取する資源を少なくし、環境負荷を少なくする社会である。そのためには、「拡大生産者責任」[121]や「排出者責任」[122]を各種リサイクル法や廃棄物処理法の中に組み込む必要がある。

　自然共存型社会とは、健全な生態系を維持、回復し、社会経済活動と自然環境が調和するものとしながら、将来世代にわたり生態系サービスの利益を受けられる社会である。

---

(121)　拡大生産者責任とは、生産者の製造した製品が消費者に利用されて廃棄された後の使用済製品の回収、循環的利用、処分にも生産者が責任を負うという考え方である。生産者が使用済製品の回収、循環的利用、処分の「費用負担」を法律に組み込むことが重要になる（本書13章参照）。

(122)　事業者は、本来、その事業活動によって生じた廃棄物を自らの責任で適正に処理しなければならない（廃棄物処理法3条1項、11条1項）となっている。問題は、排出事業者が処理を第三者に委託し、処分業者が不法投棄をした場合、排出事業者（委託者）の原状回復責任の存否である（同19条の6第1項）。

環境法は、低炭素社会、循環型社会、安全が確保される社会、自然共存型社会の諸課題に取り組み、「持続型社会」の実現を目指す領域の法学であり、重要性を増している科目である。

　安全が確保される社会とは、環境への化学物質の汚染による人間の健康と生態系への環境リスクを回避する社会であり、低炭素、循環、自然共存の3分野の共通の前提になっている。

第2部　環境汚染をめぐる法と紛争

第5章　環境政策の手法

　環境政策の手法とは、社会や法制度の中に環境配慮を組み入れるための手法である。したがって、環境政策の手法は、個別法や個別政策の分野において環境を配慮するための共通・横断的な手法になる。ここでは、計画的手法、規制的手法、経済的手法、情報的手法、手続的手法、合意的手法、自主的取組手法を取り扱う[123]。また、通常、複数の政策手法を最適に組合せて（ベストミックス）、ひとまとめにすることにより、効果をより大きくする手法がとられる。社会の中に環境配慮を組み込むための仕組みは、環境政策の手法に加え、環境投資、環境教育・環境学習（第6章10）などもあるが、ここでは、社会や法制度の中に環境配慮を組み込む「環境政策の手法」だけを検討する。

1　計画的手法

　環境政策の計画的手法では、環境政策の目標を設定し、その目標を実現するための手順や手段を定めている。計画のねらいは、長期的・戦略的な目標を設定し、その目的を達成するための手順や手段を明示し、種々の施策の間に優先順位をつけ、多様な主体の協働を明らかにすることにある。このために、計画的手法が採用されている[124]。環境政策分野の行政計画には、環境基

---

[123]　環境政策の手法の分類については、第3次環境基本計画（2006年）では、「直接規制的手法」、「枠組規制的手法」、「経済的手法」、「自主的取組手法」、「情報的手法」、「手続的手法」を挙げている。松下和夫『環境政策学のすすめ』（丸善、2007年）84頁以下は、これらに加えて「計画的手法」を扱っている。倉阪秀史『環境政策論（第2版）』（信山社、2008年）168頁も類似した整理をしている。大塚直『環境法（第3版）』（有斐閣、2010年）「第4章環境政策の手法」（77～131頁）では、「総合的手法（計画・環境影響評価）」、「規制的手法」、「誘導的手法（経済的手法・情報的手法）及び合意的手法」、「事後的手法」に大別している。

[124]　行政計画とは、芝池義一によれば、「行政機関が行政活動について定める計画または計画を定めるものである。一般に、計画とは、目標とそれを実現するための手順や

本計画（環基法15条）、公害防止計画（環基法17条）、指定ばい煙総量規制計画（大防法5条の3）、国立公園の公園計画（自然公園法7条）、瀬戸内海環境保全基本計画（瀬戸内法3条）、循環型社会形成推進基本計画（循基法15条）、生物多様性国家戦略（生物基法11条）、京都議定書目標達成計画（地球温暖化対策推進法8条）などがある。各種計画の関係は、環境保全に関する限り、環境基本計画の基本方向に添ったものとならなければならない。循環基本法によれば、循環型社会形成基本計画は環境基本法を基本として策定することが定められており（循基法16条）、生物多様性基本法においても、生物多様性国家戦略は環境基本法を基本として策定することが定められている（生物基法12条）。環境法の分野だけに限定すれば、諸計画間の調整はトップダウン形式であるので明確である。問題なのは開発関係法の計画と環境関係法の計画との調整規定が存在しないことである。開発関係計画に対する環境配慮計画の優先規定を明記すべきであろう。あるいは、開発関係計画自身の中で環境配慮優先を規定すべきである。

　計画に必要な条件は、「達成すべき目標の設定」と「目標達成のための手順や手段」の明記である。さらに、目標達成に向けての期間の設定も必要になる。計画期間により、長期的な目標・視野に立つ長期計画、それを達成するための中期計画、年次計画に分類される[125]。

　計画的手法に期待される役割は、第1に、長期的戦略的な対応を進める役割にある。行政担当官の担当期間や議員任期は数年で代わるが、環境政策は、次世代までも見据えた長期の戦略的な対応が必要になるので、そこで、長期的視野に立つ目標とそれを実現する手順や手段を明確にしておくことが必要になる。

　　手段を定めるものであるから、行政計画とは、行政機関が、行政活動について一定の目標と、それを実現するための手順と手段を定めるものと言うこともできる。」芝池義一『行政法読本』（有斐閣、2009年）167頁。
(125)　行政計画の分類には、期間による分類の他に、「全国計画」、「地域計画」に分ける地域による分類、「法定計画」と「事実上の計画」のように法律の根拠の有無による分類、外部的効果の有無による「拘束的計画」と「非拘束的計画」などに分類されている。法定計画は300を超え、事実上の計画は600種類定められている。宇賀克也『行政法概説Ⅰ　行政法総論（第2版）』（有斐閣、2006年）260〜263頁。

第2に、施策の優先順位を設定する役割にある。環境問題には、地球温暖化、生物多様性確保、大気汚染、水質汚濁、騒音、土壌汚染、廃棄物、放射性物質による汚染など数多くの課題がある。各問題の相互関係を調整しながら、計画で優先順位を定める必要がある[126]。

　計画は、実際上、実施の段階は重視されるものの、評価は軽視され、計画を見直し、評価結果を次の計画策定に反映させるには十分ではなかった。行政活動は、計画―実施―評価のマネジメント・サイクルのもとに行われるべきである。このような計画―実施―評価のマネジメント・サイクルを確立するために政策評価法が制定されている。政策評価法に基づく「政策評価に関する基本方針」(平成17年改定) 12は、国民や社会の要請に照らし「必要性」を有しているか、政策効果との関係で「有効性」があるか、費用に見合う「効率性」が得られたかなどの視点を示している。

　計画は、目標を設定し、その実現のための手順や手段を用いて行動を誘導する役割を果たすが、一般に、直接の法的拘束力を持たない。しかし、場合によっては、法的拘束力を有することもある。例えば、一般廃棄物処理業の許可に当たっては、市町村長は、「一般廃棄物処理計画」に適合していなければ許可してはならない（廃棄物処理法7条5項2号）。埋立免許に当たっても、国又は地方公共団体の法律に基づく計画に適合しなければならない（埋立法4条1項3号）。都市計画の決定についても、法律に基づく国土形成計画・首都圏整備計画・公害防止計画など諸計画や道路・河川など施設計画に適合することが必要とされている（都計法13条1項）。

(1) 環境基本計画

　環境基本計画は、「環境保全に関する総合的かつ長期的な政策の大綱」と「環境保全に関する施策を総合的かつ計画的に推進するために必要な事項」を定めている（環基法15条1～2項）。第1次環境基本計画は1994（平成6）年、第2次環境基本計画は2000（平成12）年、第3次環境基本計画は2006（平成18）年に策定されている。第4次環境基本計画は2012（平成24）年4月に

---

[126]　倉阪秀史、前掲注（123）168～170頁。

決定された。

(a) **目指すべき持続可能な社会の姿**

　第4次環境基本計画は、目指すべき持続可能な社会の姿について、第3次環境基本計画の説明を変更し、「人の健康や生態系に対するリスクが十分に低減され、『安全』が確保されることを前提として『低炭素』・『循環』・『自然共生』の各分野が、各主体の参加の下で、統合的に達成され、健全で恵み豊かな環境が地球規模から身近な地域にわたって保全される社会といえる」と述べている。持続可能な社会の実現は、環境サービス（環境公益）とともに環境法の目的でもある。

　持続可能な社会に向けての環境政策の課題は、日本がエネルギー資源と食糧を諸外国に依存しており、しかも、世界の資源と食糧も制約されつつあることを踏まえ、新たな課題として、環境、経済、社会を統合的に向上させることにある。環境、経済、社会を統合的に向上させるためには、再生可能エネルギーの導入拡大や省エネルギーを推進するとともに、使用済製品など循環資源や日本の領土と排他的経済水域から生まれる生態系サービスの利益を持続可能な形で活用することが重要となっている。そのために、都市や農山村のあり方を見直し、環境負荷の少ないまちづくりを進め、低炭素、循環、自然共存を図り、エネルギーと食糧の地産地消の分散型地域社会づくりが必要になる。そうした分散型社会づくりには、多様な主体の行動と協働が必要となる。

(b) **優先的に取り組む政策分野**

　第4次環境基本計画の環境政策には、優先的に取り組む9重点分野（第2部1章）と震災復興、放射性物質による環境汚染対策（第2部2・3章）が述べられている。

　先ず、「9つの優先的に取り組む重点分野」では次のようになっている。

　第1に、「経済・社会のグリーン化とグリーン・イノベーション」の分野では、個人と事業者に環境配慮行動を求め、環境配慮型の商品とサービスを普及させて経済社会のグリーン化を進める。技術革新だけでなく、社会シス

テム変革も進め、グリーン・イノベーションを推進することにより、2020年には環境関連新規市場50兆円超、新規雇用140万人創出を目指す。

第2に、「国際情勢に的確に対応した戦略的取組の推進」の分野では、日本の経験と技術の提供により、途上国での環境負荷低減の支援を行う。

第3に、「持続可能な社会を実現するための地域づくり・人づくり、基盤整備の推進」の分野では、具体的な施策として、①森林や農地の適切な保全、②高い環境性能を備えた交通ネットワークと住宅の形成、③環境教育の推進などが挙げられている。

第4に、「地球温暖化に関する取組」の分野では、長期目標として2050年までに80パーセントの温室効果ガスの排出削減を目指し、具体的な施策として、①エネルギー起源の二酸化炭素などの温室効果ガスの排出削減、②森林などの吸収源対策・バイオマス資源の活用を図るとしている。

第5に、「生物多様性の保全及び持続可能な利用に関する取組」の分野では、農林水産業の復興により、失われた生物多様性の回復・維持を図り、国土の自然の質を向上させる。

第6に、「物質循環の確保と循環型社会の構築のための取組」の分野では、有用な資源の回収により資源確保を強化する。また、環境産業の確立、地域特性や人と人のつながりに着目した「地域循環圏」を形成するとしている。

第7に、「水環境保全に関する取組」の分野では、流域全体を視野に入れ、地域特性や生物多様性の保全を念頭に置きながら、良好な水環境の保全に取り組む。

第8に、「大気環境保全に関する取組」の分野では、大都市地域での大気汚染、光化学オキシダント、浮遊粒子状物質（PM2.5）、アスベストに対する取組を強化するとともに、騒音やヒートアイランド現象の対策、持続可能な都市・交通システムに取り組む。

第9に、「包括的な化学物質対策の確立と推進のための取組」の分野では、具体的な施策として、①ライフサイクル全体のリスク削減、②予防的取組方法の考え方で対応するとしている。

次に、「震災復興、放射性物質による環境汚染対策」では、「東日本大震災からの復旧・復興に際して環境の面から配慮すべき事項」（第2部2章）と

「放射性物質による環境汚染からの回復」（第2部3章）について述べられている。

第1に、「東日本大震災からの復旧・復興に際して環境の面から配慮すべき事項」では、①地域づくり・コミュニティの再生、②復旧・復興に当たっては、再生可能エネルギーや省エネの低炭素型社会、災害廃棄物処理などの循環型社会、生物多様性の回復など自然共存型社会の構築を目指すとともに、有害物質による健康被害防止とアスベスト飛散・暴露防止対策などの安全確保に向けて取り組むとしている。

第2に、「放射性物質による環境汚染からの回復」では、「平成23年3月11に発生した東北地方太平洋沖地震に伴う原子力発電所事故により放出された放射性物質による環境への汚染対処特別措置法」（2011年制定）、同特措法に基づく「基本方針」、「原子力発電所事故による環境汚染対処に必要な中間貯蔵施設等の基本的な考え方」、「除染ロードマップ」に基づき、汚染廃棄物の処理と除染措置を進めるとしている。さらに、今後の放射性物質による汚染対策は環境基本法の改正を踏まえて記述するとしている。

(c) 指標を活用した点検

第1次と第2次の環境基本計画には、目標達成に向けての進捗状況や目標と施策との関係を点検する「指標」が明記されていなかったので、指標の基礎データの整備が課題となっていた。第3次と第4次の環境基本計画では、進捗状況や取組の状況を把握する指標を記述することになった。第4次環境基本計画では、点検に際し、環境基本計画の進捗状況の全体の傾向を明らかにし、計画の実効性を確保するために、「総合的環境指標」を用いるとしている（第3部4節）。総合的環境指標では、各重点分野に掲げる「個別指標」を全体としての指標群として用いるとともに、各分野を横断する指標群も活用する。さらに、環境と社会経済の関係を表現する指標として、①環境効率性を示す指標（環境負荷と経済成長の分離の度合を測るためのデカップリング指標）、②資源生産性を示す指標（投入資源をいかにして効率的に使用して付加価値を生み出しているかを見る指標であり、投入資源トン当たりの生産量や床面積当たりのエネルギー消費量などで比較できる）、③エコロジカル・フットプリン

ト（「環境上の足跡」の意味。ある製品が原料採掘、栽培、製造、包装、輸送、購買、消費された後に廃棄されるまでの間にわたり、それぞれの段階で排出された二酸化炭素の総計量とか、エネルギーの合計を表現）の考え方を補助的に用いる。
④環境についての満足度を示す指標については、今後、具体化の検討を行うとしている。

2 規制的手法

　規制的手法とは、社会全体として達成すべき一定の目標と最低限の遵守事項を示し、法令に基づき、一定の行為や不作為を義務付け、制裁手段を用いて達成しようとする手法である。公害の規制では、社会的に望ましい環境上の目標を定め（環境基準・環基法16条）、公害の発生施設を特定し、その規制対象施設から排出される汚染物質の許容限度（排出基準・排水基準）を設定し、その排出・排水基準遵守を強制する方法がとられる。規制の態様は、許可制（瀬戸内法5条・8条）、届出制（大防法6条、水濁法5条）がとられている。遵守の方法には、行政命令としての一時停止命令や改善命令（大防法14条、水濁法13条）がある。行政命令違反は刑事罰の対象となる。不遵守に対する制裁には、刑事罰としての罰金刑と懲役刑がある。排出・排水基準違反には、直罰の制裁と行政命令違反の場合の制裁（命令前置制）の2種類がある。
　規制的手法は、生命や健康の維持のように社会全体として一定の水準を確保する必要がある場合に期待通り結果を得ることができるので、大気汚染、水質汚濁、土壌汚染、騒音など産業公害の発生源に適用されている。また、自然保護や都市景観の確保を図るために、土地利用規制や施設設置規制も行われている。短期間で求める状態を確実に実現できるので、環境法政策の中心的な部分をなしてきた。
　環境基本法21条は、環境保全上の支障を防止するために規制措置を講じなければならないとして、規制の方法に従い、規制的手法を分類している。

(1) 公害防止のために必要な規制（環基法21条1項1号）

　事業者には、公害防止のための規制基準の遵守が義務付けられている。大

気汚染の固定発生源に関する規制基準には、ばい煙排出規制（大防法2章）、粉じん規制（大防法2章の2）、有害大気汚染物質対策（大防法2章の3）となっている。大気汚染の移動汚染源の規制方法は、①自動車の構造規制、②自動車の交通規制となっている。

排水基準は、汚染物質を排出する施設からの排出水についての基準であり、濃度規制であって、「人の健康に関する基準」（健康項目）と「生活環境の保全に関する基準」（生活環境項目）に分けられる。特定施設を設置するパルプ製造業など工場・事業場の事業者は、排水基準の遵守が義務付けられる。さらに、都道府県は、条例を制定し、上乗せ排水基準を定め、全国一律の排水基準比べ、さらに厳しい排水基準の設定もできる（水濁法3条3項）。

規制手続は設置の前後に分けられる。まず、設置前でみると、特定施設を設置しようとする者は届出義務がある（大防法6条、水濁法5条、騒音規制法6条）。都道府県知事は、排出基準や排水基準に適合しないとき、計画変更命令又は計画廃止命令ができる（大防法9条、水濁法8条、騒音規制法6条）。規制基準遵守の仕組みは、届出制であるが、計画変更などが命ぜられることもあるので許可制に近い。

次に、特定施設の設置後には、排出・排水基準に違反すれば、改善命令、一時停止命令が出される（大防法14条、水濁法13条・13条の2）。その違反には刑罰が科される（大防法33条の2・36条、水濁法30条・34条）。総量規制基準の違反の場合は、大気汚染防止法は「直罰制」をとっているが（大防法13条の2・33条の2第1項2号）、水質汚濁防止法は「命令前置制」となっている（水濁法12条の2・13条3項・30条）。

(2) 公害防止のための土地利用・施設設置規制（環基法21条1項2号）

公害を防止するためには、発生源での排出・排水の規制だけでなく、用途区分、集中抑制など計画的な土地利用、公害の激しい地域での排出源施設の設置抑制が必要になる。例えば、都市計画法は、都市計画区域内では開発行為の許可制をとっている。都市計画法と建築基準法の用途地域制によれば、「工業専用地域」は、工業の利便を増進するための地域なので、住宅、学校（全種類）、病院、ホテルなどの建築はできない。逆に、「第1種・第2種低

層住居専用地域」は、低層住宅にかかる良好な住居環境を保護するための地域なので、工場、大学、病院、パチンコ店、飲食店などは建築できない。特定空港周辺航空機騒音対策特別措置法によれば、「航空機騒音障害防止特別地区」では、学校、病院、住宅などの建設を禁止し、違反建設物には移転命令も出される（5条・6条）。

(3) 生態系保全のために一定地域の面的保護に着目した規制
　　（環基法21条1項3号）

　生態系保全（自然保護）のためには、一定地域の面的保護に着目し、保護の必要性に応じ地域指定を行い、地域ごとに規制の強弱変化をつける仕組みがとられる。これがゾーニング制度である。

① 　自然環境保全法は、自然環境の保全が特に必要な区域の自然保護を目的に「原生自然環境保全地域」、「自然環境保全地域」、条例により「都道府県自然環境保全地域」を指定している。

② 　自然公園法は、優れた自然の風景地保護とともに、国民の保健・休養・教化、生物多様性保全を目的として「国立公園」、「国定公園」、条例により「都道府県立自然公園」を指定している。公園の開発規制（許可制など）がある。

③ 　鳥獣保護法は、鳥類の保護繁殖に必要があると認められる地域を「国指定鳥獣保護区」、「都道府県指定鳥獣保護区」とし、鳥獣の捕獲を禁止している。捕獲禁止にとどまらず、水面埋立てや樹木の伐採など開発行為を制限（許可制）する必要があれば、鳥獣保護区内に「特別保護地区」の指定ができる。

④ 　希少種保存法の「国内希少野生動植物種」は、日本に生息・生育する絶滅のおそれのある動植物の保全のために指定されるが、捕獲、譲渡しの禁止だけではなく、その生息地・生育地も保護区として指定できる[127]。管理地区は、産卵地、繁殖地、えさ場などとして重要なので指定されるが、環境大臣の許可がない限り、建物の新築・増築・改築、土地

---

(127) 坂口洋一『循環共存型社会の環境法』（青木書店、2002年）19頁以下。

の形質変更、水面埋め立てなど開発行為が禁止される（37条4項）。環境大臣は、違反者に対して原状回復を命じ、その他生息・生育地の保護のために必要な措置を命ずることができる（40条2・3項）。

その他、ゾーニング規制の法律は多い。

(4) 生物種の個体保護に着目した規制（環基法21条1項4号）

希少種保存法は、「国内希少野生動物種」（イリオモテヤマネコ、アマミノクロウサギ、コウノトリ、イヌワシ、オオタカなど）の他に、国際的協力により保存を図る必要がある「国際希少野生動物種」、新種発見の場合に「緊急指定種」の指定をする。それら指定された生物の個体の捕獲、採取、殺傷、損傷が禁止となり、個体そのものだけでなく、器官（毛・皮・角など）、加工品（印鑑・装飾品・漢方薬などの製品）の譲渡も禁止となる[128]。

希少野生動植物種の個体等（個体、器官、加工品）は、販売・頒布目的の陳列や譲渡し等が禁止されている（12条）。譲渡し等には、売る、買うだけでなく、あげる、もらう、借りる行為も含まれる。輸出入も禁止される（15条）。

さらに、国内希少野生動植物種の捕獲などの許可を受けたものが許可条件に従わなければ、改善命令など必要な措置が命ぜられる（11条1項）。

経済産業大臣は、希少野生動植物種の違法輸入者に対して、輸出国又は原産国に返送を命ずることができる。命令を受けたものが返送しないときは、国が返送をするとともに、その費用を命令違反者に負担させることができる（16条1～3項）。

以上の禁止条項や命令に違反した者は、懲役5年以下又は500万円以下の罰金に処される（57条の2）。

なお、法人の代表者や従業員が業務に関して譲渡し等の違反行為をした場合には、本人の他に法人も合わせて処罰される（両罰規定）。法人は1億円以下の罰金となる（65条1項1号）。

---

(128) 坂口洋一、前掲注（109）37頁以下。

3 経済的手法

(1) 経済的手法の意義

　経済的手法とは、市場の価格調整機能に着目し、経済的負担措置（環境税・課徴金・排出量取引、預託金払戻制度など）や経済的助成措置（税制上の優遇措置、補助金交付など）を組み込むことにより、経済的インセンティブを与え、政策目標達成の方向に企業と個人の行動を誘導する手法である。規制的手法では、①規制基準以上に低減する行動を期待できない。②規制対象も大規模の排出・排水源に限定せざるを得ない。また、③科学的知見が十分でなく、影響の予測も十分でない場合、あるいは、④行政の遵守監視が十分でない場合であれば、規制的手法では対応ができない。このような場合、経済的手法や情報的手法などの活用が有効になる。

　地球温暖化、廃棄物問題、都市公害のように多数人の日常活動が原因の環境問題の場合には、規制的手法では有効な対策をとることが困難なので、経済的手法が規制的手法を補う政策手法として重視されてきた。

　環境基本法は、経済的負担措置については慎重な言い回しをしている。①「有効性を期待され、国際的にも推奨されている」こと、②その措置の効果と影響を「適切に調査及び研究する」こと、③その措置を実施する場合、「国民の理解と協力を得るように努めること」、④その措置が地球環境保全のためのものであれば、「国際的な連携に配慮する」ことの4点を要求している（環基法22条2項）。

　経済的助成措置の具体例は、補助金、エコポイント、税制上の優遇措置、賦課金の減免、低利融資などであるが、公的資金による助成であるから原因者（汚染者）負担の原則に反するかどうかの検討が必要になる。環境基本法は、①助成対象者の「経済的状況などを勘案し」、②「必要かつ適正な経済的な助成」に必要な措置になることを求めている（環基法22条1項）。経済的助成措置は、原因者（汚染者）負担の原則の例外措置として限定して考えることになるので、環境保全の市民活動への助成、地球温暖化対策のために環

境配慮製品の購入により取得できるエコポイントなどへの助成に限定すべきであろう。まず、経済的手法の経済的負担措置について検討する。

(2) 経済的負担措置

(a) 環境税・課徴金

環境税・課徴金は、汚染物質の排出者に対し一定額の経済的負担を課することにより、価格に影響を与え、排出などの汚染行動を抑制しようとするものである。特長は、①原因者（汚染者）負担の原則に適合している。②規制的手法とは異なり、規制基準を超えて汚染削減に向けての誘導機能があり、③大小多数の排出源に対しても少ない費用での対策となる。

（i） 地球温暖化対策税

温暖化防止のための地球温暖化対策税（炭素税）は、温暖化の原因となる二酸化炭素を排出する化石燃料（石油、石炭など）を対象にし、その炭素の含有量に応じて課する税である。石油や石炭など化石燃料には、炭素含有量に応じた税金を課せば、化石燃料が高くなるので、人の行動は、経済的に有利な行動を選択し、省エネを図り、あるいは再生可能エネルギーを導入し、化石燃料を減らすことにつながる。地球温暖化対策税は、「規制的手法」や「自主的取組手法」では二酸化炭素の削減が難しい民生部門、運輸部門、産業部門の削減にも有効な政策措置となる。地球温暖化対策税の長所は、①合理的であり、②実効性があり、③公平な政策措置といえる。

第1に、合理的な措置とは、対策をとる者は省エネ対策などの二酸化炭素の排出削減をとればとるほど税金の額が安くなるので、削減対策意欲がわいてくる。

第2に、実効性があるとは、規制的手法では規制対象が大規模な排出源に限定されるので、日本の全人口1億2,000万人を対象に規制できないが、地球温暖化対策税であれば、省エネが経済的に有利になるので、すべての人に省エネ行動を促すことになるからである。民生部門では、企業の業務部門と家庭の双方で、企業ビルや個人住宅の省エネ促進、効率の良い機器の選択を促すことになる。運輸部門では、二酸化炭素排出の少ない公共交通機関の選択・採用につながり、電気自動車、ハイブリット車のような燃費の良い自動

車を選択することになる。

　第3に、公平な政策措置とは、地球温暖化対策税であれば、すべての人に対し、それぞれ自分の排出した二酸化炭素の排出量に応じた額の税を負担する制度なので不平等ではない。規制的手法であれば、例えば、省エネ法は、大規模事業者にのみ適用されるが、中小の事業者はもとより、個人に適用されない。自主的取組手法では、事業者自身が目標を決めるので充分な目標が設定されるとは限らず、仮に設定されたとしても、一生懸命二酸化炭素の排出削減の努力をした者ほど損をすることになる。地球温暖化対策税はすべての者に適用されるので公平である[129]。わが国の地球温暖化対策税は2012（平成24）年10月1日に導入された。

　地球温暖化対策税の短所は、①排出量取引に比べれば、どの程度の税をかければ、どの程度の削減ができるかを事前に知ることが難しい。②資金が海外に流出するおそれがある。国際競争力を危うくするおそれがあるともいわれている。

(ⅱ)　排出課徴金

　排出課徴金は、環境に負荷を与える物質の排出者に対して、排出物の量や質に応じて金銭を徴収するものである。汚染物質を排出する際に、排出者から金銭を徴収することにより、その排出の抑制をねらいとする。大気汚染課徴金と水質汚濁課徴金の例は、公害健康被害補償法の「汚染負荷量賦課金」であり、公害の原因となりうる事業活動を営む全国の事業者から徴収した賦課金を財源として、公的機関が簡易な手続で公害病の認定を行い、迅速に被害者の救済を行おうとする制度である[130]。

　外国の導入事例としては、スウェーデン、ノルウェーには、窒素酸化物排出税があり、ドイツ、フランス、イタリアなどEUの多数の国には、水中への汚染物質の排出量に応じた課徴金がある。

(ⅲ)　製品課税

　製品課税は、廃棄物排出量や有害物質含有量に着目した税であり、使い捨て飲料容器の利用や廃棄物対策の税である。ベルギーでは、電池、使い捨て

---

(129)　坂口洋一『環境法ガイド』（上智大学出版、2007年）232頁以下。
(130)　同上、77頁以下。

カメラ、業務用接着剤には環境税、飲料容器には容器税、プラスチック袋、使い捨てキッチン用品などには環境税が課されている。プラスチック袋課税の例は、ベルギーだけでなく、デンマーク、アイルランド、イタリアでも導入されている[131]。容器税の目的は、再生利用（リサイクル）よりも、再使用（リユース）を促進することにある。使い捨て容器を利用すれば、その都度一定額の税を払わなければならず、ひとつの容器を繰り返し利用すれば、新容器を購入するときの容器税を支払う必要がないので、課税額が減少する。その結果、容器税は、事業者に再使用の可能な容器を利用する動機を与えることになる。容器税は、日本でも導入の検討余地があろう。

　日本では、現在のところ一部の自治体で進められている「レジ袋税」がある。「レジ袋有料化」は東京都杉並区で実施されている。全国レベルで導入しないと効果が上がらない。レジ袋税は、小売店での商品購入時に、商品を持ち帰るためのプラスチック袋に対して課される。大量廃棄型社会では、無料でレジ袋を受け取ることが普通であったが、製造と廃棄により環境に悪影響を与えるので、循環型社会に向けて、マイバッグ持参やレジ袋の持参が呼びかけられている。しかし、杉並区では、2002（平成14）年3月にレジ袋有料化の実験を始めたが、レジ袋の抑制に有効な手段になることが確認されたので、2008（平成20）年4月1日に「杉並区レジ袋有料化推進条例」を制定した。条例の内容は、レジ袋多量使用者であって、①前年度使用枚数20万枚以上、②マイバッグ持参率60パーセント未達成、③食品販売業の許可を受けている等の要件を満たす事業者に対して、レジ袋有料化の取組を義務付けている（条例7条）。実施店舗は、店舗により異なるが、1枚3～5円程度が多数である。条例は、レジ袋使用の抑制をきっかけに、使い捨てを見直し、環境にやさしい生活への転換を図ろうとしている。

　(iv)　埋立税（最終処分課徴金）

　埋立税は、廃棄物の埋立（最終処分）を行う際に、その廃棄物の量と性質に応じ金銭を徴収する環境税である。ヨーロッパ諸国で広く採用されている[132]。わが国では、条例（岩手、青森、秋田、岡山、広島、鳥取などの県）に

---

(131)　倉阪秀史、前掲注（123）208頁。
(132)　イギリスの埋立税については、片山直子『英国における環境税の研究』（清文社、

より実施されている。2000（平成12）年の分権改革以降、自治体の財政危機や廃棄物の埋立処分などの環境問題を背景に、法定外税の新設が目立ってきた。廃棄物条例も法定外目的税である。法定外目的税とは、特定の使用目的や事業の経費とするために、地方税法に定められていない税目を条例で設ける税である[133]。

「岩手県産業廃棄物税条例」によれば、税額は、搬入量に応じて課税されるが、1トン当たり1,000円となっている。徴収方法は、「埋立段階課税方式」であり、最終処分業者が税を一旦預かり、県に納付する「特別徴収方式」で行われている。ただし、自社処理の場合は、申告納税制となっている。税収の使い道は、産業廃棄物の減量化とリサイクル産業の育成、産業廃棄物の指導監視、優良な産業廃棄物業者の育成、減量化とリサイクルの普及・啓発などの環境政策に使われている[134]。

(b) 国内排出量取引

国内排出量取引は、政府が温室効果ガスの総排出量を設定したうえで、個々の事業者に各自の排出量（枠）を配分し、事業者が排出削減を約束し、削減目標に達しなければ、不足枠を購入し、目標を超過すれば、超過した枠の売買が可能となる制度である。経済的手法による地球温暖化対策のひとつとして活用されている。事業者は、交付された排出枠内に削減するために、排出削減技術の導入など削減対策を行う。個々の企業の排出量削減は、削減努力によっては、排出量の目標を超過達成し、排出枠があまる場合もあれば、

2007年）13～53頁。
(133) 地方自治体が課する地方税は、普通税と目的税に分けられる。普通税は、例えば県の場合、県民税、事業税、不動産取得税などであるが、税金の使い道を特定しないで賦課・徴収され、地方自治体の一般経費に充てられる。目的税は、県の場合、自動車取得税、軽油引取税、狩猟税などであるが、税金の使い道を特定して賦課・徴収される（地方税法4条、なお、市町村の税目については5条）。法定外目的税は、2000年4月1日施行の地方分権一括法による地方税法の改正に伴い創設されたもので、地方税法に定められていない税目を条例により設ける税である（地方税法4条6項、同法5条7項）。
(134) 徴収方法には、埋立段階課税方式のほかにも、三重県条例のように「排出段階課税方式」もある。津軽石昭彦・千葉実『青森・岩手県境産業廃棄物不法投棄事件』（第一法規、2003年）56～60頁。

第5章 環境政策の手法

排出枠の範囲内に収まらず、排出枠が不足する場合もある。高額な対策費用のために排出枠が不足になった事業者には、罰則が科されるか、又は課徴金が課される。この制裁を避けるために他の事業者から排出枠を購入しなければならない。排出量取引は、優れた削減技術を持つ企業が優位に立つ。他方、自社で削減するよりも排出枠を購入することで目標を達成できるので、社会全体の削減費用を最も少なくすることができる。

キャップ・アンド・トレード（cap and trade）型とは、通常の排出量取引の手法であり、二酸化炭素排出量の上限枠（キャップ）を決め、さらに、上限枠内で事業者各自にそれぞれの排出枠を交付し、実際の排出量に応じ、排出枠を売買（トレード）できるようにする制度設計をいう。

排出量取引の長所は、①優れた削減技術を持つ企業が優位に立つことになる。他方で、自社で削減するよりも排出枠を他社から購入することで目標を達成できるので、社会全体として削減費用を最小にすることができる。②確実に総量目標を達成できる。③温暖化対策を進めることで利潤を上げる可能性もある。④努力した者が報いられる。

短所は、①国際競争力を危うくするおそれがある。②割り当ては、行政処分と見られる。排出枠の割り当てが難しい。③資金が海外に流出するおそれがあるともいわれている。

以上は、キャップ・アンド・トレード型を見てきたが、排出量取引の方法には、他にもベースライン・アンド・クレジット（baseline and credit）型の方法がある。ベースライン・アンド・クレジット型の方法は、二酸化炭素の排出量削減活動をとらなかった場合の排出量を「基準排出量」（ベースライン）として設定する。削減措置をとることにより、そこからどれだけ削減したかを算定し、実際の削減量をクレジットとして認定するものである。ただ、ベースライン・アンド・クレジット型では取引が困難になる。そこで、ベースライン・アンド・クレジット型は、京都議定書のクリーン開発メカニズム（CDM）として途上国だけに用いられている。途上国で二酸化炭素を削減したときは、そのクレジットを先進国が買取ることになっている。

(c) デポジット制

　デポジット制とは、商品を販売する際に、商品本体の価格に預かり金（デポジット）を上乗せし、消費者から徴収しておき、消費者がその商品を消費した後、使用済商品を販売店に返還したとき預かり金を返却（リファンド）する制度をいう。廃棄物の再使用（リユース）促進のためにインセンティブを与えることを目的にした考え方である。日本ではペットボトル、びん、缶などワンウェイ容器（使い捨て容器）の再生利用（リサイクル）は増大するものの、再使用は進んでいない。循環型社会のため循環的利用の優先順位は、本来、再使用を優先し、次に再生利用である（循基法7条）。ヨーロッパ連合諸国では再使用が優先している。ドイツでは、再使用（リユース）が優先しており、1991年「包装材政令」によれば、制定当時のリユース率が72パーセントであったが、72パーセントを下回った場合、強制デポジットを適用すると規定している。包装材政令の制定直後はリユース率が上昇したが、2002年には50.2パーセントまで下回ったので、2003年から強制デポジットが適用された。例えば、使い捨て容器のビール缶には25ユーロセントのデポジットが加算されて販売され、リユースのビールびんのデポジットは8ユーロセントであり、リユース容器は使い捨て容器より安い。ドイツでは、すべての飲料について、リユース容器入り商品が豊富に出回っている[135]。

(3) 経済的助成措置

　経済的手法には、上述の経済的負担措置の他にも、補助金、税制優遇措置、エコポイントなど「経済的助成措置」がある。経済的助成措置は、社会に受け入れられやすいところから日本や諸外国で広く用いられているが、原因者（汚染者）負担原則に反しないかどうかの吟味が必要になる。汚染の原因者に公的資金を助成するとか、特定産業の保護になれば、むしろ環境負荷が増大することになる。また、経済の自由競争をゆがめることになるからである。

　補助金は、地方公共団体に対して行われる廃棄物処理施設、下水道処理施設、自然公園施設への補助などがある。また、事業者に対する再生可能エネ

---

[135] 今泉みね子『ドイツ発、環境最新事情』（中央法規、2004年）2～7頁。

ルギー設備への補助、個人に対する「住宅用太陽光発電導入支援対策補助金」、環境対応車への買い換え・購入に対する補助金などがある。さらに、地球温暖化防止と経済の活性化のために省エネ性能の高い電気機器の購入への補助制度（エコポイント）もある。

　税制の優遇措置は、税の減免・非課税の優遇措置を通じて環境対策のインセンティブを利用する方法である。公害対策設備、リサイクル・廃棄物処理設備には、所得税・法人税を減らす環境対策設備の特別償却、固定資産税を減らす固定資産税課税標準の特例が利用されている。また、「自動車重量税及び自動車取得税の特例措置」では、電気自動車、天然ガス車、プラグインハイブリッド車、クリーンディーゼル車（電気自動車とハイブリッド車と両方可能）などは自動車重量税、自動車取得税は時限的免除又は税率軽減（電気自動車、天然ガス車、バス・トラックのハイブリッド車）となっている[136]。

4　情報的手法

　第4次環境基本計画によれば、情報的手法とは、「環境保全活動に積極的な事業者や環境負荷の少ない製品などを、投資や購入等に際して選択できるように、事業活動や製品・サービスに関して、環境負荷などに関する情報の開示と提供を進める手法」とされている。情報的手法の意義は、第1に、投資家は環境配慮の良い投資先を選び、金融機関は良い融資先を選択し、企業は良い取引先を選択するなど環境保全のための行動を促進することにある。第2に、行政が政策手法の基礎となる情報を取得できることにある[137]。情報は、事業活動、製品、サービスについて、資源の採取、生産、流通、消費、廃棄の各段階で生じる環境負荷の情報が内容となる。

---

(136)　自動車重量税は、自動車重量税法に基づき、自動車の重量に応じて課税される国税。自動車取得税は、地方税法に基づき、都道府県が課する税であり、市町村の道路費用財源として使われている。
(137)　倉阪秀史、前掲注（123）217〜218頁。

(1) 事業活動に関する環境情報

事業活動による情報的手法には「義務的取組」と「任意の取組」がある。

先ず、義務的取組に関して、公開の規定を備えているものには、「化学物質の排出量管理法」（PRTR法）、「環境配慮促進法」、廃棄物処理施設の維持管理に関する記録と閲覧（廃棄物処理法8条の4、15条の2の3）などがある。

「化学物質の排出量管理法」は、正式名を「特定化学物質の環境への排出量の把握等及び管理の改善に関する法律」（平成11年法律86号）といい、一般にはPRTR法[138]とも呼ばれている。本法は、事業者に対象化学物質の環境への排出量と移動量を把握し、都道府県知事を通じて国への届出を義務付け、国は届けられた情報を集計して公表することにしている[139]。

環境配慮促進法[140]は、事業者が事業活動に伴う環境配慮の状況を取りまとめて社会に公表することにより、環境保全の配慮が適切に行われるようにすることを目的としている（1条）。法律の内容は、①国は、機関ごとに毎年度の環境配慮の状況を公表する（6条）。独立行政法人や特殊法人など国に準じた事業者は、「特定事業者」として指定され（2条4項）、環境報告書の作成と公表が義務付けられる（9条1項）。②大企業は、義務ではないが自主的に環境報告書を公表するように努める（11条1項）。

次に、任意の取組には、事業者の「環境報告書」、環境分野の会計情報を提供する「環境会計」などが行われている。

環境報告書は、事業者自らの事業活動による環境負荷の状況や環境配慮のための取組をまとめて、一般に公開する報告書である。取引先を選ぶとき、相手方企業と製品の環境配慮度を検討するために役立つ。

---

(138) PRTRとは、Pollutant Release and Transfer Register（環境汚染物質排出・移動登録）のことであり、事業者が工場の化学物質の排出量と工場外への移動量を把握し、それを行政に報告し、また、公開もすることをいう。
(139) 詳細は、大塚直、前掲注（123）353～365頁。
(140) 環境配慮促進法の正式名は「環境情報の提供の促進等による特定事業者等の環境に配慮した事業活動の促進に関する法律」（平成16年法律第77号）であり、環境報告書を社会全体に普及させることにより、事業者の環境配慮を促進するための条件整備を目指した法律である。環境報告書とは、事業者が事業活動に伴う環境負荷の状況や環境配慮の取組状況を取りまとめて公表する年次報告書である。

環境会計は、①環境保全のための費用（汚染防止設備、エネルギーの効率化、グリーン購入などの金額）、②環境保全費用をかけた結果の経済効果（リスク回避、省エネ・省資源による費用削減など）、③環境保全費用をかけた結果得られた環境改善効果（汚染物質削減、温室効果ガス削減、廃棄物削減など）を把握し、できるだけ定量的に測定し伝達する仕組みだとされている。

(2) 製品に関する環境情報

まず、製品に関する情報を義務付ける例は化学物質や農薬にある。一定の化学物質を使用する製品の容器・包装・送り状には、環境汚染を防止するための措置を表示しなければならない（化審法28条）。農薬の場合、農薬の製造者と輸入業者は、農薬の種類、成分、内容量の表示をしなければならない（農薬取締法7条）。また、販売業者は、表示されていない農薬を販売することはできない（同法9条）。

任意の取組みとしては様々な「環境ラベル」がある。環境負荷の少ない製品やサービスを消費者に選んでもらうために、その製品や包装、広告などにラベルがつけられている。日本工業規格では、ISO規格の下に、環境ラベルを3つのタイプに分けている。タイプⅠ環境ラベルは、有識者などの第三者機関が判定基準を定め、認証するものであり、「エコマーク」がある。タイプⅡ環境ラベルは、企業や業界団体が独自の基準を作り、その基準を満たした製品に付与し、広告宣伝に使用されるものである。「グリーンマーク」、「再生紙使用マーク」などがある。タイプⅢ環境ラベルは、基準はなく、ライフサイクルアセスメント[141]による定量的データを表示し、購入者に判断を委ねるものである。

5　手続的手法

手続的手法とは、行政や企業などの各主体の意思決定の過程において、環

---

(141) 製品のライフサイクルアセスメントとは、製品のための原料採取、製造、使用後のリサイクル、廃棄に至る過程の環境負荷を定量的に把握し、環境に対する影響を評価し、製品の環境改善を図るための手法をいう。

境配慮の判断ができるようにする機会を設けるとともに、環境配慮の措置を組み込む手法である。各主体の意思決定と行動は、手続を通じ、環境配慮の視点が組み込まれることが期待される。具体例は、環境影響評価制度、戦略的環境アセスメント、ISO14001環境マネジメントシステムなどがある[142]。

環境影響評価法（平成9年6月13日法律81号、平成11年6月12日施行）は、環境影響評価手続を通じて環境への影響の結果を明らかにし、その事業に環境配慮措置を確保することにより、環境の悪化を防止することを目的にしている。その環境配慮の措置は、第1に、環境影響評価の手続により、市民、専門家、環境NGOの意見提出、環境大臣意見の反映である。第2に、環境影響評価の結果を許認可などの審査に反映させることにある[143]。

戦略的環境アセスメントは、事業段階の手続ではなく、個別事業の計画・実施の枠組みとなる上位の政策、計画、施策を対象とした環境影響評価である。戦略的環境アセスメントの意義は、事業の実施段階での環境影響評価を行っても、すでに政策や上位計画で事業の枠組みが決定され、遅すぎて環境保全に必要な措置がとれず、限界があるので、その欠点を補うために、政策や上位計画の段階で環境配慮を組み込むことにある。その意味で、戦略的環境影響評価は「持続型社会」づくりのために必要な制度である。

環境マネジメントシステムは事業者が自主的に環境改善を行うための仕組みである。ISO14001とは環境マネジメントシステムの代表的な国際規格をいう。企業や自治体などの組織は、ISO14001の定める仕組み（手順）に従い、環境方針、改善目標、環境教育、様々な環境負荷削減の手順を作成し、計画（Plan）、実施（Do）、点検（Check）、改善（Act）の手続を実行し、環境負荷の改善を図っていくことが求められる。

---

(142) ISOとは、国際標準化機構（International Organization for Standardization）の略語。ISOは電気・電子技術を除く全産業分野の国際規格を作成している団体である。ISOの14001の国際規格が環境マネジメントシステムとなっている。
(143) 環境影響評価手続の実例については、小田急高架事業（本書210頁以下）の他に、ゴルフ場開発（前掲注（109）88〜105頁）と道路建設計画（同上、105〜113頁）で詳細に検討されている。

6　合意的手法

合意的手法とは、当事者間で事前に、どのような行動をとるかについて合意し、その実行を求める手法である。

(1) 公害防止協定

わが国では、①行政と公害発生源となる企業との間、又は②企業と住民との間で公害防止協定が数多く利用されてきた。公害防止協定は、公害の防止又は公害発生後の紛争処理を目的として結ばれる。協定の内容は、法令上の基準より厳しい規制、公害予防施設の設置、工場・施設への立入り検査、協定上の義務違反に対する差止請求、損害賠償・違約金の支払いなどが定められている。具体的な表現方法による取決条項もあれば、抽象的な一般的表現方法で「誠意を持ち話し合う」「環境保全に努める」といった条項（紳士協定）に至るまで多様である。協定の法的性格は拘束力を持つ契約である。もっとも、拘束力のある契約とはいえ、条項の文言により、当事者の意思いかんにかかわらず適用される強行規定や公序良俗に違反するとか、抽象的で一般的な条項の場合には、裁判所による実現は困難であろう。

判例によれば、①行政と企業との間の協定の場合には、住民による協定に基づく地方公共団体の企業に対する「権利の代位行使」(民法423条)、さらに、住民を受益者とする「第三者のための契約」(民法537条)であるとする主張に対して、公害防止協定に基づく権利は地方公共団体に専属する権利であり、他の主体が代わって行使できないとして双方とも否定している[144]。

これに対し、②住民と企業との間の協定の場合には、民法の代位行使や第三者のための契約が適用ないし類推適用とあるとされている[145]。協定の目的は、環境保全という公益の確保にあり、両者①②を区別する正当な理由があるとは考えられない。そのために、住民が行政と共に当事者となって、相手方の企業と公害防止協定を締結することが増えている。

---

(144)　伊達火力発電所訴訟（札幌地判昭和55年10月14日、判時988号37頁）。
(145)　判時1056号233頁、判タ908号149頁。

(2) 環境保全協定

最近、地方自治体は、公害防止のための公害防止協定にとどまらず、協定内容について、温暖化防止、グリーン購入、敷地内の緑地の確保、風力発電の導入、太陽光パネルの設置、再生品の使用など幅広い環境保全活動を対象にするようになっている。

(3) 風景地保護協定、管理協定、市民緑地、緑地協定、景観協定、建築協定、土地の買上げ

ここでは法律に基づいて締結される協定を取り上げる。

風景地保護協定は、自然公園法に基づき、国立公園・国定公園内の自然の風景地について、土地所有者による管理が困難で景観の保護が不十分である場合に、NPO法人や地方自治体などが土地所有者と協定を締結し、土地所有者の代わりにその土地の管理を行う制度である（自然公園法43～48条）。NPO法人が協定の主体になるには、公園管理団体の指定を受ける必要がある（自然公園法49～54条）。管理業務の内容は地域により異なるが、阿蘇くじゅう国立公園の「下荻の草風景地保護協定」によれば、「財団法人阿蘇グリーンストック」(管理団体)は、土地所有者との協定に基づき、「輪地切り」、「輪地焼き」、「野焼き」などの草原の景観を維持するために必要な業務[146]を行うとともに、一般の公開利用を行っている。

管理協定制度は、都市緑地法の特別緑地保全地区、緑地保全地区（都市緑地法24条）、首都圏近郊緑地保全法の近郊緑地保全区域（首都圏緑地法8条）内の土地所有者と地方自治体又は緑地管理機構（知事の指定するNPO法人）と管理協定を締結し、緑地保全のための管理を行うものである。

さらに、市民緑地制度は、都市緑地法に基づくものであり、土地所有者と地方自治体又は緑地管理機構が契約を締結し、その緑地を市民に公開し利用

---

(146) 草原は、何も手を加えずに、そのままにしておけば、やがては森林に変遷するので、野焼きを行い、牛馬の好むススキ、ネザサ、トダシバなどの植物を促す必要がある。そのために、阿蘇地方の草原風景の維持には、輪地切りや野焼きなど人間の作業を必要とする。輪地切りは、草原の周囲にある植林地や建物に延焼を防止する防火帯を作る作業である。

される(都市緑地法55条)。管理協定や市民緑地の制度は、管理放棄された里地里山の再生にも活用されよう。

　緑地協定は、都市緑地法に基づき、緑地の保全について、土地所有者全員の合意により協定を結んで地方自治体の認可を受ける制度になっている(都市緑地法45〜54条)。緑地協定は、計画的に町ぐるみで緑化を行うことを目的にしている。例えば、垣根を植物にするなど。

　緑地協定と同趣の制度には景観協定や建築協定がある。景観協定は、景観法に基づき、景観計画区域内の土地について、土地所有者の全員の合意により、良好な景観の形成について締結し地方自治体の認可を受ける制度である(景観法81条以下)。建築協定は建築基準法に基づき、同様に、地域の特性を生かし、土地所有者全員が協定を締結する(建基法69条以下)。

　自然環境を守るためには、民有地を買い上げて国有・公有地にすれば、永久に保護されることになる。特別緑地保全地区(都市緑地法)、近郊特別保存地区(首都圏近郊緑地保全法・近畿圏の保全区域の整備に関する法律)、保安林(保安林整備臨時措置法)など多くの自然保護の法律には、土地の買上制度が置かれているが、過大な経費を必要とするので、実際のところ、あまり進んではいない。そこで、本節で述べたような諸協定に期待されている状態である。

7　自主的取組手法

　第4次環境基本計画によれば、自主的取組手法とは、「事業者などが自らの行動に一定の努力目標を設けて対策を実施するという取組によって政策目的を達成しようとする手法である。……事業者の専門知識や創意工夫を生かしながら複雑な環境問題に迅速かつ柔軟に対処するような場合などに効果が期待されます」(26頁)とされている。わが国では、産業界による地球温暖化対策として「経団連環境自主行動計画」、有害化学物質・廃棄物などの分野でも産業団体又は個々の企業による「環境改善計画」がある。

　これらは、事業者自身が目標やその実現方法も決定するものであり、その実効性、信頼性に疑問がもたれている。自主的取組手法は、事業者自らが設

定した努力目標を設定するものであり、あえて環境法政策の手法として取り上げる必要もない。

　本来の自主的取組手法の意義は、事業者が法規制の目標や基準を超えて環境改善を約束する手法である。ところが、現実には、実効性のある規制措置や経済的手法（環境税や排出量取引など）の導入を遅らせるための手法として利用されてきた。法規制に比べると拘束力が弱く、目標達成のための措置も不明確で、達成ができなくとも制裁もなく、実効性がない。また、産業界で自主的参加の協定を結んだ場合、協定に参加しない企業のフリーライダー（ただ乗り）の問題が生じる。協定に参加しない企業は、環境改善の費用を負担しなくて済むので競争上の不公平も生じる。このような事態を避けるためには、自主的取組の目標、達成時期、基準の設定、評価方法などをルール化する必要がある[147]。

　自主的取組手法に実効性を持たせるためには、法律上の目標をどのように達成するかについて政府と業界団体との間で自主協定（環境協定）を締結し、その協定に基づき、より高い目標と達成スケジュールを設定し、参加事業者にその遵守を求めるようにする必要がある。自主協定に実効性と信頼性を確保するためには、政府の交渉のための内容を法律で裏付けをし、経済的手法の整備（地球温暖化対策税、国内排出量取引など）、不履行の場合に備えて裁判所を通じた履行強制・損害賠償請求、第三者による排出量の検証、企業のデータの公開などを明確にする必要がある。

8　手法の組合せ

　環境政策の手法は、それぞれの特徴があるので、問題の特質に対応させて利用することになるが、実効性を高めるために単独の手法だけではなく、いくつかの政策手法を組み合わせて利用される。政策手法の組合せは、ポリシーミックスと呼ばれている。温暖化問題、廃棄物問題、生物多様性保全など諸問題の対策は、実効性を持たせるために、規制的手法、経済的手法、情

---

(147)　松下和夫、前掲注（123）104～109頁。

第5章　環境政策の手法

報的手法、手続的手法、合意的手法などを問題の特質に対応させ、各政策手法を組み合わせて利用されている。例えば、温暖化防止のためには、多様な手法が用いられる。省エネ法（エネルギー使用の合理化に関する法律）は、エネルギーの大量使用工場に合理化計画の提出を義務付け、その実施が不十分であれば、是正勧告、工場名公表、罰金を科すことになっている。その他、温暖化防止協定、環境報告書、地球温暖化対策税、国内排出量取引、再生可能エネルギーの普及促進、エコポイントなどが用いられる。

第6章　環境法の理念・原則・基本指針・環境基本法

1　環境基本法の基本理念

　環境基本法は、地球サミットの動きを踏まえ、新たな環境保全政策の基本とするために1993（平成5）年11月に制定された[148]。環境基本法は、全3章46か条の構成であり、環境保全の基本理念（第1章）、国と地方公共団体の環境保全の基本施策（第2章）、中央環境審議会、地方公共団体の環境審議会の設置（第3章）について規定している。

　基本理念の第1は、「環境の恵沢の享受と承継」（3条）である。健全で恵み豊かな環境は、人間の健康で文化的な生活にとって欠くことのできないものであって、人類生存の基盤である。しかし、人間活動によって、この環境が損なわれつつあるので、我々は、健全で恵み豊かな環境を現在世代の人間だけでなく、将来世代の人間にも享受できるようにすることが必要だとしている。

　基本理念の第2は、「環境への負荷の少ない持続的発展が可能な社会の構築」（4条）である。経済活動は、環境負荷の少ない活動に変更し、環境を維持・復元することにより、持続可能な社会をつくることが求められている。この規定によれば、環境保全政策には、「持続的発展が可能な社会の構築」と「未然防止」の措置が必要だとしている。

　基本理念の第3は、「国際的協調による地球環境保全の積極的推進」（5条）である。「地球環境保全」は、日本と国際社会の緊密な相互依存関係から要請されるものであることから、日本国民の健康で文化的な生活の確保のためにも必要になる。5条は、このような立場から国際協力による地球環境保全

---

(148)　環境基本法の逐条解説には、環境省総合環境政策局総務課編著『環境基本法の解説（改訂版）』（ぎょうせい、2002年）がある。

の推進を求めている。日本は、世界各国から食糧、工業原料、燃料などの資源を大量に輸入することにより大量廃棄型の社会をつくり上げてきた。また、日本企業は、多国籍企業として海外諸国に進出し、環境と資源を利用してきたが、時には自然を破壊し、住民の健康を侵害するなどの活動をしてきた[149]。このように、日本経済は、世界の環境と資源に依存しているところから、地球環境保全の分野で貢献することを宣言した規定である。

2 各主体の責務

環境基本法は、以上の基本理念を実現するために、国、地方公共団体、事業者、国民の責務を規定している。

(1) 国と地方公共団体の責務

①国は、基本理念にのっとり、環境保全に関する施策の策定・実施の責務を有する（6条）。②地方公共団体は、国の施策に準じた施策とともに、その他にも当該区域の自然的社会的条件に応じた施策の策定と実施の責務を負う（7条）。さらに、地方公共団体は、その区域の自然的社会的条件に応じた環境の保全のために必要な施策を実施できる（36条）。これらの規定により、地方公共団体は、国の施策に準じた施策だけでなく、それとは別の当該区域の実情に応じた独自の施策策定・実施の責務のあることを定めたものである。

(2) 事業者の責務

事業者の活動は、環境への負荷が大きいので、環境保全のための責務は重要である。①事業者には、ばい煙、汚水、廃棄物の処理など公害防止と自然環境保全の措置をとる責務がある（8条1項）。また、②製品の製造・販売の活動に当たり、使用済製品の処理を考えて、処理しやすい製品の開発と情報提供の責務がある（同2項）。③廃棄物の減量を図るために、低公害車を

---

[149] 坂口洋一『増補・地球環境保護の法戦略』（青木書店、1997年）95頁以下。

開発し、長期間使用できる製品の開発、再生資源の利用などの責務がある（同3項）。2000（平成12）年に制定された循環型社会形成推進基本法では、この趣旨を一歩進め、事業者に使用済製品（循環資源）の引き取り義務と循環的利用を行うように求め、拡大生産者責任を規定している（循基法11条3項、18条3・4項）。

(3) 国民の責務

国民は、日常生活に伴う環境への負荷の低減に努めるとともに、国・地方公共団体の環境施策に協力する責務がある（9条）。国民には、一人一人の取組は当然のこととして、行政に対する意見・提案、市民参加、協働など環境施策への協力責務も重要であろう。

3 環境保全施策の指針

環境基本法14条は環境保全施策の基本的な指針を定めている。環境保全施策は、広範な施策分野と国の各省庁、都道府県、市町村など多様な主体にまたがるので、基本理念にのっとり、環境保全施策相互間の連携を図りつつ、総合的・計画的に行われなければならないと規定している。14条の内容については、「環境」概念の説明で検討した（本書第4章の1(1)、137頁）。

4 環境基本計画

環境基本計画は、環境基本法15条に基づき、国の環境保全に関する施策の基本方向を定めるものであり、5年程度をめどに見直しを行うものとされている。環境基本計画については、すでに「環境政策の手法」で述べたので、ここではこれまでの環境基本計画の特徴を概観することにする。

第1次環境基本計画（1994年）は、環境政策の理念として、「循環」、「共生」、「参加」、「国際的取組」の4項目を掲げた。「循環」とは、ごみの発生抑制を図り、循環を基調とする経済社会システムを実現することにある。「共生」は、健全な生態系を維持・回復し、自然と人間の共存を確保することとされ

ている。「参加」の趣旨は、循環と共生という目標を実現するために、あらゆる主体が互いに協力し、環境保全の行動に参加する社会の実現にある。「国際的取組」とは、地球環境を良好な状態に維持するために、あらゆる主体が積極的に行動し、国際的取組を進めることである。

第4次環境基本計画は、2012（平成24）年4月に決定され、目指すべき持続可能な社会の姿、優先的に取り組む政策分野を述べている（詳細は第5章の1(1)、156～160頁）。

5　環境基準

(1)　環境基準と規制基準

環境基本法は、大気汚染、水質汚濁、土壌汚染、騒音に関する環境上の条件について、それぞれ、人の健康保護と生活環境保全上で維持されることが望ましい基準を定めるものとすると規定している。環境基準は、「人の健康を保護し、及び生活環境を保全する上で維持されることが望ましい基準」（16条）として、物質の濃度や音の大きさを数字で定めたものということになる。現在、環境基準が定められているのは、大気汚染、水質汚濁、土壌汚染、騒音の4分野である。

大気汚染の環境基準は、二酸化硫黄、二酸化窒素、一酸化炭素、浮遊粒子状物質、光化学オキシダントについて、大気中の濃度の基準が定められている。

水質汚濁の環境基準は、「人の健康保護」の観点からカドミウム、シアン、鉛、六価クロム、砒素、水銀など27項目について水中の濃度について定められている。「生活環境の保全」の観点からは、河川、湖沼、海域という水域別に、それぞれ利用目的（水道、水産、工業用水）に従い、それぞれ水素イオン（PH）、生物化学的酸素要求量（BOD）、浮遊物質量（SS）などの基準値が定められている。

土壌汚染の環境基準は、人の健康保護の観点から、水質基準の項目と同じ項目について基準値が定められている。

騒音の環境基準は、地域の類型別（住居専用地域、商・工業地域、道路に面する地域）と時間別（昼間、夜間）に基準値が定められている。

環境基準の法的性格は、判例によれば、行政上の努力目標値であり、その設定・改定の告示は「行政処分」（行訴法3条2項）ではなく、法的効力を有せず、直接に国民の権利義務に影響を及ぼすものでもないので、取消訴訟で争うことはできないとされたことがある[150]。この判例は、二酸化窒素の環境基準を0.02ppmから0.04〜0.06ppmのゾーン以下へと3倍緩和した環境庁告示（1978年）の取消しを求めて、東京の住民が訴えた事件の判決である。この判決は、公害対策基本法の時代の事件であった。現在では、次の(2)で検討するように、異なった結論になろう。

環境基準と区別されるものには「規制基準」がある。規制基準は、法的効果を有し、汚染物質の排出者に排出基準（水質汚濁の場合は排水基準という）の遵守を法律上義務付けるものである。言い換えると、公害発生源である特定施設（工場など）から排出される汚染物質の許容限度である。大気汚染防止法の規制基準には、「ばい煙」の排出基準（2章）、一定地域の汚染物質の排出総量を計画的に一定限度に抑えるための「総量規制基準」（5条の2・5条の3）、「粉じん（浮遊粒子状物質）」の規制基準（2章の3）、自動車排ガス規制（3章）、などがある。

規制基準の遵守確保は次のような仕組みでなされる。対象施設を設置しようとする事業者に届出義務を課し、規制基準に達しない場合、都道府県知事は、計画変更・廃止命令（大防法9条、水濁法8条）、又は計画変更の勧告（騒音規制法9条、振動規制法9条）ができる。事業者は、汚染状態を測定・記録する義務がある（大防法16条、水濁法14条）。都道府県知事は、汚染状況を常時監視し、報告を徴収し、立ち入ることができる（大防法22条・26条、水濁法15条・22条など）。規制基準の違反者には、改善命令・一時使用停止命令が出される（大防法14条、水濁法13条など）。

また、排出基準や排水基準の違反には、違反者に対し、是正勧告や是正命令といった行政措置をとることなく、直ちに刑罰が科される仕組みも導入さ

---

(150) 東京高判1987年12月24日、行集38巻12号1807頁、判タ668号140頁。平岡久「二酸化窒素環境基準告示取消請求事件」環境百選2版10事件。

第6章 環境法の理念・原則・基本指針・環境基本法

れている（大防法33条、水濁法31条1項1号）。この制度を直罰主義という。ただし、総量規制については違いがある。

(2) 二酸化窒素の環境基準緩和と訴訟の例

「Bの居住する地域には、ばいじんや窒素酸化物を排出するC鉄鋼会社があり、窒素酸化物や粒子状物質を排出する道路会社の高速道路がある。この地域では、二酸化窒素と浮遊粒子状物質の環境基準を超えている。さらに、大気汚染防止法に基づく窒素酸化物の総量規制の「指定地域」内でもある。Bをはじめとする住民は、呼吸器疾患の病気に苦しんでいる。

Bは、二酸化窒素の環境基準の緩和に不満であり、取消訴訟を提起した。原告Bの主張と被告の反論について論じなさい。」(2010年司法試験第2問設問2より）

この設例は、1987（昭和62）年の東京高裁判決（判タ668号140頁）を想定して作成されているが、現在の状況を踏まえて両者の主張を考える必要がある。

(a) Bの主張

Bが環境基準緩和の取消訴訟を提起する場合、問題となるのは、環境基準の緩和という行為の性格である。Bの主張としては、第1に、環境基準を単なる行政の努力目標ではなく、公害環境行政の法的基礎であることから、環境基準の緩和が各種規制に影響を及ぼし、国民の健康に重大な影響を及ぼすので取消訴訟の対象になると考える。なぜなら、廃棄物処理法の焼却施設設置の許可制度では、大気環境基準の達成状況が申請を不許可にできる基準になっており（8条の2第2項、15条の2第2項）、行為規制の基準となっている。この点からすれば、大気環境基準の設定や改定は、処分性を持つと考えられる。したがって、取消訴訟の対象になる。

第2に、Bは、環境基準を超える汚染により健康被害を受けているので、環境基準が受忍限度を超えると判断されることから、Bにとって環境基準の目標値を超えることは意味があると考える。

第3に、Bの居宅とC社の所在地は総量規制の「指定地域」となっている。総量規制は、環境基準の確保が困難な場合に導入される制度である（大防法

5条の2第1項)。それ故に、Bは、環境基準の緩和が総量規制基準の緩和につながり、各社の工場の総量規制基準の緩和につながると主張することになる。

第4に、Bは、環境基本法の19条は国の施策に関する環境配慮義務を規定しており、環境基準の策定は国の施策に当たるので、環境基準の設定は環境基本法の目的を実現するものでなければならず、単なる望ましい基準ではないと主張する。環基法19条は公害対策法には存在しなかった。

Bは、環境基本法の目的と基本理念からすれば、環境基準の改定は緩和の方向ではなく、厳しくする方向でなされるべきであると主張する(16条3項)。

(b) 被告の反論

これに対して、被告は、環境基準は行政の目標であり、国民の権利や法的利益に直接効果を及ぼすものではないので、環境基準の緩和が取消訴訟の対象となる処分行為には当たらないと主張する。大気汚染の環境基準は、水質汚濁の場合と違い、環境基準の緩和が総量規制基準の緩和につながるものではないと述べる。

判例は、環境基準が行政処分として取消訴訟の対象になるか争われた事案で、処分性を否定している(東京高判昭和62年12月24日、行集38巻12号1807頁、判タ668号140頁、環境百選2版10事件)。

被告は、環境基本法の規定との関連について、環境基準が厳しいという科学的知見に基づいて緩和したものであり、16条3項には「常に適切な科学的判断が加えられ、必要な改定がなされなければならない」との規定に従ったものであると述べる。

6 国の環境配慮義務

環境基本法は、基本理念として未然防止義務(4条)を規定し、さらに、国の施策策定・実施に当たり環境保全配慮を求めている(19条)。この規定には、国のあらゆる施策が含まれており、例えば、各種5ヵ年計画策定時や地域開発のように環境影響の強力な施策にも環境に影響のないように配慮を

求めるものである。環境に影響を及ぼす個別法の制定にも環境配慮がなされなければならない。この規定を受けて、戦略的アセスメントの制度化、上位計画における環境配慮のガイドライン作成の検討がなされた[151]。

7　経済的手法の導入

　環境基本法は、経済活動やライフスタイルを見直し、社会構造の変革のための手法として経済的手法を導入した（22条2項）。経済的手法は、市場メカニズムを通じて、経済的インセンティブを与えて経済合理性に沿った行動を誘導することにより政策目的を達成しようとする手法である。製品・サービスの取引価格に環境コストを組み込む環境税をはじめとし、課徴金、預託金払戻制度、排出量取引などの経済的手法は、環境負荷の低減を図る上で期待されており、持続可能な社会を形成する上で重要視されている（詳細は、第5章の3、164～171頁）。

8　原因者負担の原則

(1)　汚染者負担の原則の意義

　汚染者負担の原則（polluter pays principle：PPP）とは、汚染物質を排出している者が汚染防止措置の設置費用を負担すべきであり、公費で負担すべきではないとする考え方である。汚染者負担の原則は、1972年、1974年、1989年の3回にわたり経済協力開発機構（OECD）理事会より勧告されていたものである。地球サミット（1992年）のリオ宣言（16原則）でも、「国の機関は、汚染者が原則として汚染による費用を負担するとの方策を考慮しつつ、また公益に適切に配慮し、国際的な貿易と投資を歪めることなく、環境費用の内部化と経済的手段の使用の促進に努めるべきである」と述べている。したがって、この原則は、①汚染者が汚染防止措置の費用を負担することとし、

---

(151)　環境省総合環境政策局総務課、前掲注（148）211頁。

②政府が汚染者に防止の補助金を交付することを禁止している。政府が汚染企業に汚染防止費用について補助金を出せば、国際貿易や国際投資に歪みが出るからである。

　企業は、汚染防止費用を負担するものの、その環境費用を商品価格の中に組み入れることができる。環境汚染防除費用を商品価格の中に反映させることができれば、市場を通すことにより、企業活動を汚染防止の方向に導くことができる。この原則は、合理的な考え方として、国際的に合意された原則になっている。

(2)　原因者負担の原則

　わが国では、1976年の「公害費用に関する費用負担のあり方について」（中公審答申）を受けて、汚染防止費用（汚染防除費用）だけでなく、環境復元費用や被害者救済費用も汚染者負担の考え方が取り入れられている[152]。

　環境基本法は、原因者負担の原則について、国、地方公共団体、又はこれに準ずる事業主体が環境汚染防止事業を行った場合、汚染防止措置費用、環境復元費用、被害者救済費用、自然環境保全上の支障の防止措置も含め、汚染原因者による費用負担を規定している。汚染の原因者に負担を求めるに際しては、費用負担額の算出方法・手続が「適正」であり、複数の汚染原因者の分担を「公平」に行い、事業費用の全部又は一部を負担させることにしている（37条）。汚染原因者の負担は、特定の事業が必要になった場合に、その事業を必要させた原因者に、必要となった限度で、その工事費の全部又は一部を負担させるという、「公用負担」の１種である[153]。

---

(152)　環境省総合環境政策局総務課、前掲注（148）316〜324頁。
(153)　公用負担とは、河川法67条（他の行為により生じた河川の工事・維持に要する費用は原因者に負担させる規定）、道路法58条などのように、特定の公益事業（公共の利益となる事業）の達成のために国民に課される経済的負担をいう。負担金には、原因者負担と受益者負担がある。田中二郎『要説行政法（補訂版）』（弘文堂、1978年）246〜266頁。

第6章　環境法の理念・原則・基本指針・環境基本法

(3) 原因者負担の法制度

　上記の原因者負担の原則は、個別の法律では、「公害防止事業費事業者負担法」(1970年)、「公害健康被害補償法」(1973年)、「海洋汚染防止法」(1970年)、「自然公園法」(1957年)、「自然環境保全法」(1972年)、「外来生物法」(2004年)、「希少種保存法」(1992年)、「産業廃棄物の排出者責任」(廃棄物処理法2000年改正、19条の6)、「原子力損害賠償法」、「放射性物質汚染対処特措法」などに規定がなされている。

(a) 公害防止事業費事業者負担法

　公害防止事業費事業者負担法（事業者負担法）は、事業活動による公害を防ぐために、国又は地方公共団体が公害防止事業を実施する場合、必要な費用は公害の原因となる事業を行う事業者に負担させることにしている。この事業者の費用負担は、単純な寄付ではなく、原因者負担の原則に基づき、環境基本法37条の規定を根拠として事業者に課せられる公法上の負担である。
　事業者が費用負担する公害防止事業の範囲は事業者負担法2条2項及びその施行令に列挙されている。
　第1は、工場地域周辺の緑地の設置と管理であり、工場地域と住宅地の間に樹木を植え、ばい煙や粉じんの飛来、騒音、振動、悪臭を防止し、空気の清浄化をはかる緩衝緑地の確保にある（2条2項1号）。
　第2は、河川、湖沼、港湾などの公共用水域に堆積した有害物質の除去のためのしゅんせつ事業、覆土（ふくど）事業、公共用水域浄化のための導水事業などである（同2号）。
　第3は、有害物質に汚染された農地の客土事業など（同3号）、
　第4は、特定の事業活動に主として利用される下水道施設の設置（同4号）、
　第5は、工場周辺の住宅の移転などがある（同5号）。
　ただし、事業者の負担する費用は、全部又は一部負担である（2条の2）。
　事業者の負担金額又は負担割合は、公害の原因となる施設の種類・規模、排出物質の質・量を基準にして決められる（5条）。施行者（国・地方公共団体）は、費用負担計画を定めたときは、その計画に基づき、事業者負担金の

額を定め、各事業者に対して、負担金額と納付期限を通知しなければならない（9条1項）。事業者負担金納付の延滞の場合に、施行者は、督促し、延滞金も含めて国税滞納金処分の例にならい強制徴収ができる（12条）。なぜなら、事業者負担金は公法上の負担金であるからである。事業者負担金と延滞金（追徴金）の先取特権の順位については、国税・地方税に次ぐものとされている。さらに、延滞金は事業者負担金に先立つものとされている[154]。

事業者負担法は、汚染の原因者に公害防止事業費用を負担させる点で、原因者（汚染者）負担の原則を踏まえた制度であるが、公費負担が入り込む点に疑問が残る。公害防止事業の程度・汚染物質の蓄積期間などの事情により事業者の費用負担の減額の仕組みが規定（4条2項）されているからである。

(b) **公害健康被害補償法**

公害健康被害補償法[155]に基づく公害健康補償制度は、公害の原因となりうる事業活動を営む全国の事業者から徴収した賦課金を財源として、公的機関が簡易な手続で公害病を認定して、迅速に被害者の救済を行う制度である。

この法律の特長は、第1に、補償の性格が公害発生原因者の民事責任を踏まえた損害賠償として位置付けられ、医療費だけでなく、被害者の逸失利益や慰謝料も考慮した補償給付がなされることである。

第2に、事業者の汚染負荷量賦課金は、汚染物質の排出量に応じて算出され、強制徴収される。

第3に、救済のための費用は、全額事業者に対する賦課金から支払われ、公的資金使用は、この制度の事務費にだけ用いられる。

公害健康被害補償法の制度は公害多発地域を2種類に分けている。第1種地域は、大気汚染のように、疾患が原因物質だけでは発生しない「非特異性

(154) 浅野直人・斉藤輝夫他『環境・防災法』（ぎょうせい、1986年）336頁。
(155) 公害健康被害補償法（正式名・公害健康被害の補償等に関する法律）は、1973（昭和48年）に制定され、1987（昭和62）年に指定地域の全面解除の改定がなされた際に、「健康被害の予防事業」の追加に伴い、法律名には「等」が追加されたので「公害健康被害の補償等に関する法律」に変更されているが、本書では、改定の前後を含めて「公害健康被害補償法」と呼んでいる。改定については、坂口洋一「公害健康被害補償法の改正と問題点」ジュリ898号70頁以下。

疾患」の場合であり、事業活動によって、気管支喘息など多発している地域で政令が指定した地域である。第2種地域は、水俣病やイタイイタイ病などのように原因物質が特定している地域である。

本法の1987（昭和62）年改正では、第1種地域の41ヶ所の「指定」が解除されているので、現在、新たに患者が発生しても、認定されず、補償給付は受けられない。新規の患者は存在しない。ただし、改定以前に認定されていた患者には、補償は継続されている。その原因者負担の方法は、硫黄酸化物の排出量について、過去（5年間）の汚染分6割、現在（前年度）汚染分4割の割合で負担することになっている（53条）。

大気汚染被害者の多数発生は現在、発生源が変化した結果、工場の硫黄酸化物というよりはむしろ、都市の自動車排気ガスの二酸化窒素と浮遊粒子状物質が主な原因となっている。法律の仕組み（第1種地域と第2種地域）はそのまま残っているので、社会経済活動の変化に即して、都市の幹線道路沿道に第1種地域の「再指定」をすれば、大気汚染被害者への補償と救済がなされるようになろう。

(c) **自然公園法**

(i) 行為規制

自然公園法は、「国立公園」、「国定公園」、「都道府県立自然公園」の3種類を規定している[156]。国立公園と国定公園は、それぞれの内部を「特別地域」、「特別保護地区（特別地域内）」、「海域公園地域」、「利用調整地区（特別地域内と海域公園地域内）」及び「普通地域」に大別し、「許可」を受け、又は届け出なければ、してはならない行為の種類を定めている。特別地域と海域公園地区は許可制であり、普通地域は届出制になっている。普通地域とは、国立公園と国定公園のうち特別地域と海域公園地区に含まれない区域をいい、届出に必要な行為が定められている。

第1に、「特別地域」の場合、国立公園では環境大臣、国定公園では都道府県知事の許可を受けなければ、次の行為は禁止になっている。

---

(156) 都道府県立自然公園は、条例に基づき、都道府県により指定され（72条）、必要な規制が定められる（73条）。

禁止行為の種類は、①住宅や道路など工作物の新築・改築・増築、②木竹の伐採、③高山植物などの採取・損傷、④鉱物や土石の採取、⑤略、⑥指定湖沼への汚水・廃水の排出、⑦略、⑧物の集積・貯蔵、⑨水面の埋め立て・干拓、⑩土地の開墾など土地形状の変更、⑪高山植物や指定植物の採取・損傷、⑫本来の生育地でない指定植物の植栽・播種、⑬山岳動物など指定動物の捕獲・殺傷・卵の採取・損傷、⑭本来の生息地でない指定動物の放出、⑮略、⑯湿地地域などであって指定地区への立ち入り、⑰略（20条3項1～17号）。

第2に、特別地域内の「特別保護地区」の場合、国立公園では環境大臣、国定公園では都道府県知事の許可を受けなければ、次の行為は禁止となっている。

禁止行為の種類は、①住宅や道路など工作物の新築・改築・増築、木竹の伐採、鉱物や土石の採取、河川・湖沼の水位・水量の増減、指定湖沼への汚水・廃水の排出、広告物の設置、水面の埋め立て・干拓、土地形状の変更、屋根や壁面などの色彩変更、指定地区への立ち入りなどの行為、②木竹の損傷、③木竹の植栽、④動物の放出（家畜を含む）、⑤物の集積・貯蔵、⑥火入れ・たき火、⑦植物の採取・損傷、落葉・落枝の採取、⑧木竹以外の植物の植栽・播種、⑨動物の捕獲・殺傷、卵の採取・損傷、⑩車馬・動力船・航空機の乗り入れなどとなっている（21条3項1～10号）。

第3に、「海域公園地区」では、国立公園では環境大臣、国定公園では都道府県知事の許可を受けなければ、次の行為は禁止となっている。

禁止行為の種類は、①住宅や道路など工作物の新築・改築・増築、鉱物や土石の採取、広告物の設置、②指定区域で熱帯魚・さんご、海藻などで指定動植物の捕獲・殺傷・採取・損傷、③海面の埋め立て・干拓、④海底の形状変更、⑤物の係留、⑥汚水・廃水の排出、⑦指定の区域と期間内での動力船の使用などとなっている（22条3項1～7号）。

第4に、「普通地域」の場合、次のような行為をしようとする者は、国立公園では環境大臣に対し、国定公園にあっては都道府県知事に対し、行為の種類、場所、施行方法などを届け出なければならない。行為の種類は、①大規模な工作物の新築・改築・増築、②特別地域内の河川・湖沼の水位・水量

の増減の及ぼさせる行為、③広告物の設置、④水面の埋め立て・干拓、⑤鉱物や土石の採取、⑥土地の形状変更、⑦海底の形状変更などとなっている（33条1項1～7号）。

(ⅱ) 違法行為の中止命令・原状回復命令・代替措置

違法行為とは「無許可行為」、「許可条件違反行為」、「命令違反行為」をいい、違法行為への対応とは「中止命令」、「原状回復命令」、「原状回復の代替措置」である。

自然公園法34条は、環境大臣は国立公園について、都道府県知事は国定公園について、無許可行為（20条3項、21条3項、22条3項、23条3項）、許可条件違反行為（32条）、命令違反行為（33条2項）の規定による処分に違反した者に対して、その行為の中止を命令し、又は原状回復を命じ、若しくは原状回復が困難な場合に、これに代わるべき代替措置を命ずることができるとしている（34条）。具体例は、別の著書『里地里山の保全案内―保全の法制度・訴訟・政策―』（23～28頁）で検討した。

(d) 希少種保存法

（ⅰ）生息地保護区内での行為規制

「国内希少野生動物種」の生息・生育環境の保全を図る必要があると認める場合は、生息地等保護区が指定される（36条1項）。生息地等保護区は、国内希少野生動植物種の産卵地、繁殖地、えさ場など保存のために特に必要があると認める区域を「管理地区」として指定され、管理地区に属さない部分が「監視地区」とされる（37条1項・39条1項）。管理地区と監視地区は、それぞれ地区内では無許可の開発行為が禁止となる。

第1に、管理地区での禁止行為の種類は、①建築物などの新築・増築・改築、②宅地造成などの土地の形質の変更、③鉱物の採掘・土砂の採取、④水面の埋め立て・干拓、⑤河川・湖沼などの水位・水量の変更、⑥木材の伐採、⑦国内希少野生動植物種の生息・生育に必要な動植物の捕獲、⑧車馬の乗り入れ、⑨国内希少野生動植物種の生息・生育に支障を及ぼす種の放出・植栽・播種、⑩有害物質の散布などである。以上の行為を行うためには環境大臣の「許可」が必要になる。さらに、その許可には条件が付けられることも

ある（37条4～7項）。また、管理地区内では、許可なく立ち入りが禁止される「立入制限地区」が指定されることもある（38条1項）。

第2に、監視地区では、①建築物などの新築・増築・改築、②宅地造成などの土地形質の変更、③鉱物の採掘・土石の採取、④水面の埋め立て・干拓、⑤河川・湖沼などの水位・水量の変更などの行為を行うためには環境大臣への「届出」が必要になる（39条1項）。

(ⅱ) 原状回復命令

違反行為に対する措置命令についてみると、管理地区内では無許可で禁止行為をした者、許可条件に違反した者、さらに、監視地区内では「届出」をしないで禁止行為をした者、又は届出をしたとはいえ、命じられた禁止・制限・必要な措置に違反した者に対して、環境大臣は、国内希少野生動植物種の保存のために必要がある認めるときは、「原状回復」を命じ、生息・生育地の保護のために必要な措置を命じることができる（40条2項）。

環境大臣は、原状回復の命令を受けた者がその命令措置をとらないときは、自ら必要な措置をとるとともに、その費用を負担させることができる（同条3項）。

(ⅲ) 違法輸入者に対する返送命令

希少野生動植物種の個体等が違法に輸入された場合、担当大臣は、輸入者や違法輸入を知りながら譲り受けた者に対して、輸入国や原産国に返送を命じることができる（16条1・2項）。返送命令を受けた者がその返送をしない場合は、担当大臣らは、自ら返送するとともに、その費用の全部又は一部をその者に負担させることができる（同条3項）。

大阪梅田のペットショップが希少種保存法違反で起訴され、密輸されたオランウータン4頭、フクロテナガザル1頭、ワウワウテナガザル1頭が押収された事件では、インドネシア政府が返送を要求していたが、返送の措置命令ではなく、違法当事者のペットショップ（被告）の申し出に基づいて2000（平成12）年2月2日に返送された。日本の自然保護団体は、希少種保存法16条による返送措置命令の適用を要望したが、環境庁（当時）は、「強制を伴う返送命令規定を適用する必要性に欠ける」との回答を出し、野生化までを見届ける責任を回避した。一度人間に飼われたオランウータンが野生に帰

ることは難しいといわれている。運送費だけでなく、野生復帰（原状回復）措置のための費用を負担させることも必要であろう。サイテス（ワシントン条約）と希少種保存法の趣旨からいえば、両国政府のかかわりが必要である。

(e) **産業廃棄物の排出事業者の責任**

　排出事業者責任の原則に基づき、事業者は、その事業活動によって生じた廃棄物を自らの責任において適正に処理しなければならないというものの、排出事業者自らの手で処理する他に、許可業者に処理を委託することができることになっている（廃棄物処理法12条5・6項）。実際には、自ら処理するよりも、処理を専門にする人に委託して処理するほうが多い。

　廃棄物処理法は、処理業者による適正な処理を確保するために、産業廃棄物の処理を業として行う収集運搬業や処分業などを行う場合、それぞれ都道府県知事の許可を受ける必要があると規定している（14条1・6項）。中間処理施設（焼却施設・破砕施設など）や最終処分場（埋立て）などの産業廃棄物処理施設を設置する場合も許可が必要となる（15条1項）。

　一方、廃棄物処理法16条では、生活環境を保全する観点から、「何人も、みだりに廃棄物を捨ててはならない」と定め、不法投棄を禁止する規定を置き、罰則によりそれを抑止している（25条1項）。しかし、刑事責任は、共謀などがないかぎり排出者には及ばない。「みだりに」とは、「社会通念上許されないこと」を意味し、本法の目的と趣旨に照らし、公衆衛生及び生活環境の保全に支障が生じる行為をさす。その行為は、反復、継続して行う場合だけでなく、1回捨てた場合も含まれる。排出事業者、運搬業者・処分業者などが処理基準に反する処理をする場合を「不適正処理」といい、廃棄物を捨てることを「不法投棄」という。産業廃棄物は、自社の工場敷地内に野積み状態に放置していた場合、不法投棄となる（最判平成18年2月20日、刑集60巻2号182頁、判時1926号155頁、判タ1207号157頁）。

　また、不法投棄廃棄物の原状回復義務についても、かつてのように、行為者責任を貫くとすれば、不法投棄を行ったものが直接の責任を負うことになる（19条の5の処分者）。

　しかし、産業廃棄物の処理を他人に委託するときは、委託基準に従うこと

になっているが、委託基準では、①許可を受けた産業廃棄物処理業者であって、②契約は書面で行うことになっている。産業廃棄物の委託基準さえ守れば、処理料金をいくらに決めるかは自由となっているので、排出事業者は安い処理業者に委託することになる。多数の処理業者が見積書を持ってくれば、排出事業者は最も安い処理業者と契約を結ぶであろう。

処理業者は、請け負った安い料金で適正な処理ができないとなれば、不法投棄をすることになる。このような場合、不法投棄の責任は、かつては、排出事業者ではなく、受託者の処理業者の責任となっていた。

2000年改正法は、排出事業者にも原状回復責任が及ぶようにした。その仕組みは次のようになっている。

第1に、19条の6の規定は、排出事業者が委託基準を守って、適正な委託契約をしたとしても、不法投棄を行った者に資力がない場合に、①「適正な対価を負担していない」とき（同条1項2号）、又は②不法投棄を知ることができたとき（同条1項1号）、排出事業者に原状回復の措置命令が出せることにした。本条が2000年改正法の最も重要な規定である。

第2に、19条の8の規定は、行政代執行法の特例的手続を定める規定であり、簡易迅速な手続により、処分基準に違反する不法投棄の原状回復を可能にするものである。排出事業者が措置命令の対象者になったところから、処分者（同条2項）のみならず、排出事業者（同条3・4項）に対しても措置命令の対象にした。

排出事業者は、多数の収集運搬業者に対して優越的地位にあるところから、排出事業者が適法に委託した場合でも、処理業者の不法投棄が多いので、排出事業者処理責任を問う法制を望む声が多かった。不法投棄の原因となっていたからである。処理業者による不法投棄や管理票の虚偽記載などが横行し、排出事業者の責任強化が社会的に求められていた。2000年改正法は、その声に対応するものであった。

(4) 拡大生産者責任

拡大生産者責任（extended producer responsibility）とは、生産者の生産した製品が売却され、買主に利用された後の使用済製品についても、生産者が

その使用済製品の回収、循環的利用（再使用と再生利用）、処分についても責任を負うことである[157]。生産者は、拡大生産者責任の下で、自己の製造・販売した使用済製品の回収、循環的利用、処分に責任を負うことになった。拡大生産者責任は、大量廃棄型社会を転換させ、循環型社会を形成するために重要な原則である。

使用済製品の回収、循環的利用、処分の費用を生産者に負担させることになれば、その費用は、製品の価格の中に組み込まれるので、最終的には消費者（買主）の負担になる。しかし同時に、生産者は、消費者が製品を使用した後、それがごみになった時に、循環的利用しやすく、処分しやすい製品の開発に努力することになる。環境に配慮した製品は、価格が安くなるので、市場で優位を占めることになる。拡大生産者責任は、原因者負担の責任が発展した原則であり、循環型社会をつくるために重要な考え方である。

循環基本法（循環型社会形成推進基本法）は、拡大生産者責任の原則に即し、一定の製品につき、生産者が引き取り、引き渡し又は循環的な利用を行う責務を有すると規定している（同法11条3項）。さらに、国としても、生産者に、一定の製品について、引き取り、引き渡し又は循環的な利用を行わせるために必要な措置を講ずること（18条3項）、生産者がその製品の材質又は成分などの情報を提供するように、必要な措置を講ずること（20条2項）を規定している。拡大生産者責任を具体化する個別法には、容器包装リサイクル法、家電リサイクル法、建設リサイクル法、自動車リサイクル法、食品リサイクル法などがある[158]。

9　防止原則と予防原則

(1) 防止原則

防止（prevention）とは、環境への悪影響が発生してから対応するのではなく、それを未然に防ぐべきであるという考え方である。「未然防止」とも

---

(157)　坂口洋一、前掲注（127）121、151、158頁。
(158)　循環型社会づくりのための法律については、坂口洋一、同上、113頁以降。

いう。環境汚染は、ひとたび発生すれば、公害病で失われた生命は元に戻せず、病気になった人の健康回復も困難であり、補償額も大きな負担となる。また、損なわれた環境を復元することも困難である。企業の活動は、環境汚染を起こした後に多額の補償金を支払うよりも、日常の活動の中で環境を配慮し、未然に環境汚染を防止したほうが得になる。防止原則は、原因物質と結果発生の因果関係が科学的に証明されており、そのような結果が発生しないように未然に対策をとる場合に用いられる。防止原則と後述の予防原則の違いを見れば、予防原則は因果関係が科学的に完全に証明されなくとも対策をとらなければならない概念なので、因果関係証明の程度の差にある。

　熊本水俣病被害の場合、健康被害、ヘドロ蓄積の被害、漁業被害など被害額の総額は、年間126億3,100万円に上ったが、被害の未然防止の対策をとったとすれば、その対策費は年間1億2,300万円と推計されている[159]。過去の事例で検証してみると、対策は、防止原則（さらにはもっと早期の予防原則）に従っていれば、被害もそのように深刻なものにならなかった。防止原則に従えば、損害額は100分の1以下だったことになる。

　環境影響評価法は、被害発生を未然に防ぐことを目的にした防止原則に従った制度である。環境影響評価とは、環境への影響が大きいと想定される事業について、事業の実施に当たり、あらかじめ調査・予測・評価を行い、その結果に基づいて、環境配慮の措置を適正に行うことを目的にした制度だからである。

(2) 予防原則

　予防原則（precautionary principle）とは、取り返しのつかない重大な影響が生ずるおそれのある場合、科学的に証明されていない段階であっても、根拠不十分であることや予防費用が高いことを理由にしてはならず、予防のための対策・措置をとるべきであるという原則である。予防原則の効果としては、挙証責任の転換が挙げられることが多い。科学的説明責任は、環境を守る側にではなく、環境負荷を与えようとする側に対して、被害の発生しない

---

(159) 地球環境経済研究会編著『日本の公害経験―環境に配慮しない経済の不経済』（合同出版、1991年）41頁。

第6章　環境法の理念・原則・基本指針・環境基本法

ことの証明責任を負わせることになる。

(a) 予防原則の動向

1992（平成4）年にリオデジャネイロで開催された「環境と開発に関する国連会議」で採択された「リオ宣言第15原則」は、予防原則を規定し、国際機関、国、自治体の行政官が政策を決定する場合、科学的情報・証拠の欠如、結論に至らない段階であるにもかかわらず、緊急性のあるとき、選択しうる政策決定のあり方を次のように述べている。

> 「環境を保護するため、予防的方策（precautionary approach）は、各国により、その能力に応じて広く適用されなければならない。深刻な、あるいは不可逆的な被害のおそれがある場合には、完全な科学的確実性の欠如が、環境悪化を防止するための費用対効果の大きな対策を延期する理由として使われてはならない。」

リオ宣言第15原則の意味するところを箇条書きにすれば、①人の健康や環境に対する深刻で回復不可能な被害があると予想される場合には、②因果関係について完全な科学的証拠がそろうのを待たずに、③事前に予防措置をとる必要があることになる。

予防原則を適用した初期の事例には、オゾン層保護のウィーン条約に基づく1987年採択の「モントリオール議定書」がある。モントリオール議定書は、オゾン層を破壊するおそれのある物質の生産、消費、貿易を規制することになった。しかし、この議定書の採択の段階では、オゾン層破壊のリスクについて科学的な解明が不完全であったにもかかわらず、議定書の前文で、予防措置をとると記述し、締約国はオゾン層破壊可能性のある物質の規制に合意した。その後、科学的知見が充実した結果、因果関係が明らかになり、規制物質が追加されたほか、規制スケジュールの前倒しなどの規制強化がなされたのである。

わが国での予防原則の考え方は、「第2次環境基本計画」（2000年）と「第3次環境基本計画」（2006年）で明記されたほかに、食品や化学物質の分野での法律の中に導入・追加されつつある。「第2次環境基本計画」では次のように述べている。

「環境問題のなかには科学的知見が十分蓄積されていないことなどから、発生の仕組みの解明や影響の予想が必ずしも十分に行われないが、長期にわたる極めて深刻な影響あるいは不可逆な影響をもたらすおそれが指摘されている問題があります。このような問題については、完全な科学的証拠が欠如していることを対策の延期をする理由とはせず、科学的知見の充実に努めながら、必要に応じて、予防的方策を講じます。」[160]

個別法の中には、環境リスクが科学的に不確実の場合に、承認・許可・登録などを必要とする法律がある。事前審査制度は、立証責任の所在が製造・輸入業者にあることを明らかにした制度である。提出された試験結果について、有害性の科学的知見のデータがない、不完全なデータなどの場合には、予防原則により承認・許可・登録は認められないことになろう[161]。

(b) 予防原則に基づく水俣病事件で検討

さて、水俣病の経過を振り返って、なぜ人への被害を止められなかったのか、なぜ被害をもっと小さくできなかったのか、新潟の第2水俣病の発生を止められなかったのか、予防原則に照らして、適用を考えてみる必要がある。水俣病の特徴的な現象を時代に沿って並べれば次のようになる。

① 予防原則の検討では、1952（昭和27）年～1957（昭和32）年の時期をどのように見るかである。まず、1952～54年にかけて、水俣湾ではクロダイ、スズキ、カサゴなどの魚が死亡して浮上している。魚を食べたカラスが突然落下するようになる。

1953（昭和28）年～1957（昭和32）年には、浮く魚が底生魚、底生動物にも拡大したほか、猫が集団で狂ったように踊りながら死亡した。猫の死亡は、1953年1匹、1954年18匹、1955年25匹、1956年30匹となる。住民は、猫激減のためにネズミの駆除を市に依頼した。

② 人の患者の発生は、1953年をはじめに、1956年4月までに29名となっ

---

(160) 環境省編『環境基本計画』（ぎょうせい、2001年）28頁。
(161) 大竹千代子・東賢一『予防原則』（合同出版、2005年）180～182頁。大塚直「未然防止原則、予防原則・予防的アプローチ(4)──わが国の環境法の状況(3)」法教287号64～71頁。

た。

③　1957年8月16日に至り、発症者54名、死亡者が17名に上ったので、食品衛生法に従い、熊本県は、水俣湾の魚介類の捕獲禁止をしたいがどうかと厚生省にたずねた(162)。

　しかし、厚生省は、熊本県知事に対して、食品衛生法の適用はできないと回答している。

「水俣地方に発生した原因不明の中枢神経系疾患に伴う行政措置について
・・・・・・
2．然し、水俣湾特定地域の魚介類のすべてが有毒化しているという明らかな根拠が認められないので、該当特定地域にて漁獲された魚介類全てにたいし、食品衛生法第4条2項を適用することはできないものと考える。

　　　　　　　　　　　　回答：厚生省衛生局長、1957年9月11日」

④　熊本大学医学部研究班は、1959（昭和34）年に水俣病の原因が魚介類の中の有機水銀と確認した。しかし、正式発表は1968（昭和43）年になった。

⑤　政府の公害認定の見解は、1968年になった。

以上の経過を検討しながら、予防原則の適用を考える。1952～54年には、魚、貝、海草、海鳥の死亡、そして猫の死亡が増大している。このような動植物の死亡は、科学的な証明はなされていないが、人への被害の発生を知らせる早期の警告であった。あくまでも今日からの検討であるが、この初期段階で予防的な取組が検討されるべきであった。遅くとも、1953年の猫の異常な死亡の段階で予防措置は、きちんととられるべきであった。人間も同じ水俣湾の魚を食べていたからである。原因物質が不明であっても、この段階で

---

(162)　食品衛生法4条は、次のように規定している。「(1)　……に掲げる食品又は添加物は、これを販売し（不特定又は多数のものに授与する販売以外の場合を含む。以下同じ）又は販売の用に供するために採取し製造し輸入し、加工し、使用し、調理し、貯蔵し、若しくは陳列してはならない。(2)　有毒な、若しくは有害な物質が含まれ、若しくは付着し、又はこれらの疑いがあるもの。」（1972年アンダーライン部分が追加された。現行法6条）

健康調査がなされ、魚介類の捕獲禁止がなされていれば、胎児性水俣の患者の発生は防げた可能性がある。1957年の段階では、17名が死亡し、熊本県知事が魚介類の販売中止方針を決め、厚生省にたずねている。厚生省は水俣湾の魚介類の販売禁止はできないとしているが、予防原則からみれば、因果関係が証明されていなかったが、食品衛生法を適用して、禁止する必要があったと思われる[163]。

因果関係が証明されるのは④の段階で1959年であった。原因物質の正体が明確なときは防止原則でよい。しかし、水俣の例でみると、原因物質が十分に証明されていない段階であるが、①②③の段階では予防原則の適用が考えられる。このような段階での予防措置適用の制度が必要になろう。なお、現行の食品衛生法は、1972年の改正により、有毒・有害な物質が含まれ、若しくは付着しているもの以外にも、「又はこれらの疑いのあるもの」（6条2号）が追加されているので、明確に予防の考え方が導入されている。

10　環境教育

持続可能な社会をつくり上げるためには、経済活動のあり方や生活スタイルの見直しが必要になるので、社会の全主体が自主的に行動を起こす必要がある。

そのために、事業者と国民は、まず、環境と人間のかかわりについての知識を理解し、さらに、環境保全活動を行うことが必要になる。環境基本法によれば、国の施策は、①環境保全の教育と学習の振興により環境保全の理解を深め、②環境保全活動を行う意欲を増進するために必要な措置を講ずると位置づけられている（環基法25条）。2008年（平成20）制定の生物多様性基本法にも、学校教育と社会教育での生物多様性教育の推進が盛り込まれている（24条）。国は、生物多様性の保全の面でも、環境教育と社会教育を推進し、専門知識の理解と専門家の養成の措置をとらなければならない。

「環境教育促進法」2011年改正法は、訓示規定を中心とした旧法から実践

---

(163)　大竹千代子・東賢一、前掲注（161）169〜172頁。

的な法体系になった[164]。改正法の目的条項（1条）には、持続可能な社会づくりのために、協働活動が重要になっていることを踏まえて、環境教育と協働取組の推進が加えられた。本法の「協働取組」とは、国民、民間団体、国、地方公共団体がそれぞれ適切に役割を果たしつつ、対等の立場で相互に協力して行う環境保全活動、環境保全意欲の増進、環境教育への取組をいう（2条4項）。環境教育は持続可能な社会をめざす人間を育成するために重要である。環境教育は、小学生から社会人に至るまで知識の習得が必要であるが、成長するにつれて、特に、大学生・大学院生・社会人になれば、知識を活用し、自ら考え、判断し、行動し、成果を導き出すことのできる人間像が求められる。環境保全活動を行い、生活と社会を変え、新しい社会をつくる人材の育成が必要になっている。

11　協　　働

(1)　協働の概念

　協働（パートナーシップ）とは、行政と市民団体など立場の異なる組織の間で、社会や地域の共通目的を達成するために、対等な立場で、それぞれの得意分野を生かしながら協力し、取り組むことである。
　環境基本法によれば、国は、民間団体、国民、事業者の自発的な環境保全活動を促進するために必要な措置を講ずるものとしている（26条）。国民や民間団体が自発的な活動を起こすためには、環境教育の促進により、環境の理解を深め、環境保全活動を行う意欲を育てる必要がある（25条）。さらに、国民や民間団体が、主体的な活動の重要性を学習し、活動計画や方法を決め、環境保全活動を実施していくためには、正確な情報を知る必要があるので、国は必要な情報を提供することとしている（27条）。
　生物多様性基本法は、生物多様性の施策の策定・実施に当たり、国、地方自治体、事業者、国民、民間団体との連携・協働と自発的取組の支援を規定

---

[164]　2011年の改正にあわせ、法律名を「環境教育等による環境保全の取組の促進に関する法律」（環境教育促進法）に変更した。

した（21条）。さらに、2010（平成22）年制定の「生物多様性地域連携促進法」[165]は、地域の多様な主体が連携し、地域特性に応じた生物多様性の保全活動を促進するための制度を創設した。環境教育促進法2011年改正法は、法目的に協働取組の推進を追加し、①国による基本方針の作成（7条）、②地方自治体による環境教育・協働取組推進の行動計画の作成と地域協議会の設置（8条～8条の3）、③環境教育の充実（9条・10条の2・11条～18条）、④環境行政への民間団体の参加（21条の2）、⑤協働取組の推進（21条の3）を定めた。

近時、環境保全、福祉、国際協力、教育、人権擁護、まちづくりなど多様な分野では、公共的な課題の解決や目標達成のために、自主的に取り組む市民活動が活発に行われるようになってきた。しかも、従来の行政では、多様化した市民の要望や社会的課題に応えることが難しくなってきた。新しい社会への転換のために、市民団体と行政が共通する目的に向かって協働活動をすることが注目されている。

(2) 市民参加

「低炭素」、「循環」、「共存」の社会をつくる目標を実現するためには、市民参加と協働が重要な手段になってきた。市民参加の必要なことは、国際的にも確認・制度化されており、日本でも、環境基本法の目標の1つとして盛り込まれているほかに、各個別法にも組み込まれている。

1992年に開催された「国連環境開発会議」リオ宣言第10原則では次のように述べられている。

　　第10原則〔市民参加と救済手続き〕
　　　「環境問題は、それぞれのレベルで、関心のあるすべての市民が参加することによって、最も適切に扱われる。国内レベルでは、各個人が、有害物質や地域社会における活動の情報を集め、公共機関が有する環境

---

(165) 正式名は、「地域における多様な主体の連携による生物の多様性の保全のための活動の促進等に関する法律」であり、様々な主体による生物多様性の保全活動の広がりを受け、平成22年12月10日に制定され、平成23年10月1日に施行された。

関連の情報を適切に入手し、かつ意思決定過程に参加する機会をもたなければならない。……賠償、救済を含む司法的および行政的な手続きに効果的に参加する機会が与えられなければならない。」

(a) 市民の意見提出

環境影響評価法は、事業者が配慮書を作成するときに市民の意見を求める努力義務（3条の7）、環境影響評価方法書を作成するときに市民の意見提出（8条1項）、準備書を作成するときに意見提出（18条1項）を定めている。

都市計画法は都市計画案に対する意見書の提出（17条2項）、森林法は保安林の指定と解除について意見書の提出（32条）、希少種保存法は生息地等保護区指定に対して意見書提出（36条）ができると規定されている。鳥獣保護法に基づく鳥獣保護区の指定に対する意見書の提出（28条5項）も定められている。

(b) 公聴会・説明会への参加

環境影響評価法は、事業者が環境影響評価準備書を作成したときの「説明会」への参加（17条1項）を定めている。「公聴会」は、行政庁が意思決定に当たり市民の意見を聞くときに開催される会合である。公聴会を義務付ける規定は、森林法32条に基づく意見提出があった場合の公聴会の開催がある。

行政庁に公聴会の開催の要否に裁量を与える例は、鳥獣保護法に基づく鳥獣保護区指定に意見があれば、「広く意見を聞く必要があると認めるとき」に開催されるとの規定がある（28条6項）。行政手続法は、行政処分の際に、申請者以外の者の利害を考慮すべきことが許認可などの要件とされている場合、公聴会の開催などの方法により、「申請者以外の者の意見を聞く機会を設けるよう努めなければならない」（10条）としている。

(c) パブリック・コメント

パブリック・コメントは、中央省庁等改革基本法に基づき、行政機関が政省令・告示・審査基準・処分基準などを策定しようとする場合に、原案を事前に公表し、国民から意見を募集し、行政の判断に反映させるための制度で

ある[166]。地方行政においても、条例や要綱でパブリック・コメントの規定をする自治体が増えている。

(d) 審議会への参加

　審議会は、国又は地方公共団体の行政機関に付属し、諮問事項について調査・審議する合議制の機関である。法律又は条例に基づいて設置される。審議は行政主導で進められることが多いので、行政に墨付けを与える機関だともいわれている。このような批判をかわすように、最近では、条例に基づき、公募の市民が審議会委員に委嘱されることが多くなってきた。

(3) 協働と市民参加

　市民参加は、行政が主体となって、行政活動に市民の意見を反映するために、市民が様々な形で参加することである[167]。これに対して、協働は、行政と非営利組織（NPO）など立場の異なる組織が共通の目的のもとに、対等な立場で、それぞれ得意な分野を生かしながら協働することである。

　わが国の行政とNPO関係は、補助、共同運営（共催・実行委員会・協議会など）、委託（委任）の3形態（方法）がとられている。しかし、委託の場合、あくまでも行政が主体になっており、NPOの主体性は発揮できない。あらかじめ、行政が委託事業の枠組みと内容までを決めてしまっているからである。

　市民参加の制度には、市民の意見書提出、公聴会・説明会への参加、パブリック・コメント制度、審議会への市民参加などがある。市民参加は、行政が主体となって、市民の意見を行政活動に反映するために、様々な形で市民が参加・参画することである。これに対して、協働は、行政とNPOなど立場の異なる組織が共通の目的を達成するために、対等な立場で、それぞれ得意な分野を生かし、企画段階から実施に至るまで協働することである。また、

(166) 国のパブリック・コメント手続は、2005（平成17）年の「行政手続法の一部を改正する法律」で法制化された。
(167) 山岡義典「協働の土台としての市民参加の重要性」（『都市問題研究』第55巻10号、2003年）6頁。

市民参加は個人の参加中心になるが、協働は組織（団体）が中心になるという違いもある。市民参加と協働は、それぞれ環境法の重要な仕組みである。

第2部　環境汚染をめぐる法と紛争

第7章　環境影響評価法

　本章の1では、(1)環境影響評価法制定の背景を概観した後、具体例として、(2)小田急高架事業事件を取り扱い、訴訟での争点と解決のあり方を考える。2では、(1)で環境影響評価法の仕組み、(2)では地方公共団体の条例、(3)戦略的環境影響評価を取り上げる。

1　環境影響評価法の背景と事例の検討

(1)　環境影響評価法制定の背景

　環境影響評価法は、道路、ダム、空港、発電所など開発を行う場合、環境への影響について、事前に、調査、予測、評価を行い、代替案の比較検討を行い、悪影響を減らす措置を検討し、その結果を公表し、市民や地方自治体などの意見を聞き、環境配慮を事業計画に組み込む制度である。
　環境影響評価制度は、1969年にアメリカで「国家環境政策法」(NEPA)[168]が制定されて以来、世界各国で法制化がなされた。日本での法制化は、なかなか進まず、アメリカの国家環境政策法制定から30年、1990年のドイツ「環境影響評価法」制定より7年遅れてしまった[169]。
　日本の環境影響評価法は、1997（平成9）年に制定（1999年施行）され、法制化は世界の動きに遅れたが、法律のない時代においても、判例、閣議アセス、地方自治体の条例・要綱などで環境影響評価の実施事例が積み重ねられていた。1970年代の私法判例の展開は、開発事業者に環境影響評価を義務付けていた[170]。

---

(168)　アメリカの国家環境政策法については、坂口洋一、前掲注（149）121頁以下。
(169)　ドイツの「環境影響評価法」については、山田洋『ドイツ環境行政法と欧州』（信山社、1998年）159～189頁。

第1に、「四日市大気汚染判決」(1972年)では、環境に影響を及ぼすおそれのある行為をする者に、事前に、環境への影響を調査検討するように義務付けている。四日市判決は、損害賠償事件であるが、立地上の過失を論じ、「コンビナート工場群として相前後して集団的に立地しようとするときは、右汚染の結果が付近住民の生命・身体に対する侵害という重大な結果をもたらすおそれがあるから、そのようなことがないように、事前に、……調査・研究し、付近住民の生命・身体に危害を及ぼすことのないように、立地すべき義務がある」と述べている[171]。

第2に、差止請求事件では、1975(昭和50)年の「牛深市し尿処理場事件」の中で、裁判所は、「本件のように、清澄な海に生息する魚介類を対象とする漁業が現に行われ、かつ住民の健康に悪影響が予想される場所にし尿処理場を設置しようとする場合においは、……本件予定地付近海域の潮流の方向、速度を専門的に調査・研究して、放流水の拡散、停滞の状況を的確に予測し、また同所に生息する魚介類、藻類に対する放流水について生態学的に調査を行い、これらによって本件施設が設置されたときに生じるであろう被害の有無、程度を明らかに」すべきとしている[172]。

第3に、1973(昭和48)年の「広島衛生センター事件」は、「代替案の検討」を事業者に義務付けたものであり、町当局のごみ処理設置計画発表以来、地元民が抗議を繰り返し、2箇所の代替地を示し再考を求めたにもかかわらず、当局がこれを無視して決定したものである。裁判所は、代替地を求め得ない実情があったかどうかを検討しているが、住民の提案した代替地について、運搬費用がかさむとはいえ、入手が容易であり、水量も十分な土地であるとして、町当局の用地選定の誤りを指摘している[173]。同様に、1972(昭和47)年の「和泉市火葬場事件」でも、裁判所は、市内の山間部に場所があることに注目しつつ、あえて住民の健康に悪影響を及ぼすような場所に建設す

---

(170) 坂口洋一「環境影響評価制度化の動向と課題」(『都市問題』73巻3号、1982年)28頁以下。同「環境影響評価制度と住民参加」(『公害研究』10巻4号、1981年)30頁以下。
(171) 津地四日市支判昭和47年7月24日、判時672号30頁。
(172) 熊本地判昭和50年2月27日、判時772号22頁。
(173) 広島高判昭和48年2月14日、判時693号27頁。

べきではないとしている[174]。さらに、同様な趣旨の裁判例は、「国分市し尿処理場事件」[175]、「牛深市し尿処理場事件」(前出注172)、「土居町し尿処理場事件」[176]、「宇和島市ごみ焼却場事件」[177]などにも現れている。

やがて、法律の制定が必要になった。環境庁は1981 (昭和56) 年に「環境影響評価法案」を国会に提出したが、経済界の反対のために1983 (昭和58) 年に廃案となってしまった。そこで、国は、1984 (昭和59) 年の閣議決定による「環境影響評価の実施について」という行政指導による制度を15年ほど続けることになった。一方、地方自治体は、北海道、東京都、神奈川県、川崎市などが条例を制定し、埼玉県、千葉県などが要綱という形で環境影響評価制度を実施していた。但し、埼玉県は1994 (平成6) 年、千葉県は1998 (平成10) 年に条例化した。

その後、1993 (平成5) 年に「環境基本法」が制定され、環境影響評価法制定を促進する規定 (20条) がなされたので、これを受けて環境影響評価法が再度国会に提案された。かくして、環境影響評価法は、1997 (平成9) 年に制定され、2年後の1999 (平成11) 年6月に施行になった。

(2) 小田急高架事業事件

(a) 事件の概要

小田急小田原線は、東京の新宿駅を基点として神奈川県箱根湯本駅まで走っている電車である。沿線住民が訴訟を起こした小田急高架事業とは、東京世田谷区内の喜多見駅付近から梅ヶ丘駅付近の6.4キロメートルの区間の計画である。

建設大臣は、小田急線の喜多見駅付近から梅ヶ丘駅付近 (本件事業区間) を高架式により連続立体交差化することを内容とする都市計画鉄道事業認可及び付属街路事業認可をした。この高架事業に対して、沿線住民は1994 (平成6) 年6月3日、国 (国土交通省関東地方整備局長) と東京都を相手にし、

---

(174) 大阪地岸和田支決昭和47年4月1日、判時663号80頁。
(175) 鹿児島地判昭和47年5月19日、判時675号26頁。
(176) 松山地西条支判昭和51年9月29日、判時832号24頁。
(177) 松山地宇和島支判昭和54年3月22日、判時919号3頁。

第7章　環境影響評価法

資料7-1　小田急線高架化事業を巡る訴訟の対象となった区間

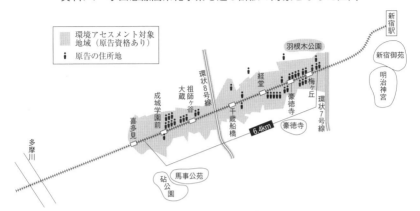

出典：山村恒年「小田急線連続立体交差事業認可取消大法廷判決」判自274号80頁を一部変更。

環境保全面でも優れており、建設費も安い地下化の代替案を不採用にしたと主張し、都市計画鉄道事業認可と都市計画付属街路（道路）事業認可の取消しを求めた[178]。

　高架事業に反対する住民運動の特長は、高架化の計画に反対し、地下化の代替案を提案し、跡地利用の提案もしていることにある。地下化の代替案は、環境保全に優れているだけでなく、経済的にも安くできることを証明した。被告は、地下にすれば3,000億円〜3,600億円もかかるが、高架であれば1,900億円ですむので、事業費の点でも地下化は無理だと説明してきた。しかし、原告・住民は、情報公開を求め、資料を検討した結果、高架化にすれば、6メートル以上の1層4線の高架式のために、側道が必要になるので、用地を取得しなければならない。地下化であれば、線路の真下にシールド工法で2層のトンネルを掘ることにより用地取得の必要がなく、それだけでも1,500億円も安くなることを明らかにした。原告・住民側は、高架の場合、地下化に比べれば、騒音、日照阻害、景観などの環境悪化がもたらされるが、地下

---

(178)　被告の地位は、建設大臣から国土交通省関東地方整備局長に継承されている。また、都市計画事業認可の前提となる都市計画は、東京都知事の行った決定であるために、この訴訟に東京都知事が参加している（行訴法23条）。

式2層2線であれば、環境悪化は生じない、と主張した。

しかも、住民側は、「緑のコリドー（回廊）計画」を提案し、鉄道を地下にすれば、地表の跡地利用として、緑の回廊を造り、新宿御苑と砧(きぬた)公園を結ぶことができると主張した。小田急高架橋事件は、鉄道を高架にするか、地下にするかをめぐり争われることにより、公共事業の見直しと都市再生のあり方を問うものとなった[179]。

裁判での論点は、第1に、住民の原告適格（裁判所に訴えを起こす資格）である。原告は、事業地内に不動産所有権など権利を持つ者はもちろん、都市計画事業により影響を受ける住民の健康・文化・平穏な環境を享受する利益も保護されるので、事業地周辺の123名の住民にも原告適格が認められると主張した。これに対して、被告は、事業地内に不動産に権利を持つ者のみが原告適格を持つにすぎず、周辺地域住民には原告適格は認められないと主張した。

第2に、都市計画事業である鉄道事業認可の適法性である。原告は、鉄道事業認可が違法の理由として、その前提になる都市計画決定の違法性を主張するとともに、事業認可の要件についても、認可申請の添付書類の範囲と1993（平成5）年の都市計画決定の範囲が一致しないこと（都計法60条3項1号）、施行期間の適切性（同61条1号）、細切れ認可の違法性などを主張した。これに対して、被告は、認可の申請手続は適正であり、都市計画との適合性と事業施行期間の適切性などの要件を満たしていると主張した。

第3に、鉄道事業の前提になっている都市計画決定（1993年）の適法性をめぐる論点である。最大の論点である。原告は、事業方式として高架式を採用した場合、沿線住民に騒音被害が出ることは明らかである。地下式は、事業費が安く、環境保全でも優れているにもかかわらず、地下式を採用せず、高架式を採用したことが違法であると主張した。これに対して、被告は、高架式は踏み切りの除去（計画条件）や事業費において優れている高架式の採用には違法性はないと主張した。

---

[179] 斉藤驍「『公共事業の見直し』を迫る小田急高架事業問題」（『エコノミスト』2003.10.28）38～40頁。

(b) 東京地裁判決

東京地方裁判所は2001（平成13）年10月3日、次のように述べて、原告・沿線住民の請求を認め、高架式事業認可を取り消した[180]。

第1に、原告適格については、都市計画事業の事業地内の不動産につき、権利を有するものが認可の取消しを求める原告適格を有することを前提におきながら、鉄道事業と付属街路事業が一体の事業地と考えたうえで、付属街路事業地に権利を持つ9名につき、認可全体の取消しを求める原告適格を認めた。本件は、鉄道事業認可の取消請求だが、この鉄道事業地内の不動産につき不動産の権利を持つ住民はいなかった。そこで、判決は、「付属街路事業」は「主たる事業の鉄道高架事業」に付随する従たるものであるので、実質的に見れば、両事業は一体と見るのが相当であるとしたわけである。しかし、その他の付近住民には原告適格が認められなかった。

第2に、鉄道認可事業は、都市計画事業の区域と一致せず、また認可申請期間も不適切である点で違法である。鉄道事業認可の事業区域は、1993（平成5）年決定の都市計画の範囲と一致していない。線増事業自体の施行期間は、5年9ヶ月を適切な期間として申請され、1970（昭和45）年に認可を受けているが、その認可以来、すでに20年以上経過しており、事業施行期間の判断も不適切であるとした。

第3に、都市計画決定の違法性の検討（司法審査）である。本件で違法性判断の対象となるのは、1993年変更の都市計画である。都市計画基準（都計法13条）適用の判断については、行政庁の広範な裁量に委ねられている。裁判所の審査は、行政庁の考慮事実と判断過程を確定し、社会通念に照らし、著しい過誤欠落がある場合に、裁量権の逸脱又は濫用があったと考えられる。

判決は、以上の審査基準に基づき、本件都市計画決定には過誤欠落があるので、事業認可を違法とした。その理由は、①当時の小田急線の騒音は、国の基準を上回っており、住民が公害調停委員会に責任裁定の申請をしており、すでに違法状態になっているとの疑念があるにもかかわらず、都市計画により騒音問題の解決策を検討していない点に著しい欠落があるとした。

---

(180) 東京地判平成13年10月3日、判時1764号3頁、判タ1074号91頁。

②環境影響評価結果の考慮に当たり、高架式を採用すれば、違法な騒音被害が発生するおそれがあるにもかかわらず、これを見落としており、著しい過誤がある。地下式の場合、鉄道騒音は高架式と比較するまでもないほど低いであろう。日照阻害についても、高架式の場合、大きな影響を及ぼすことは明らかである。地下式の場合では日照阻害を生じるおそれはない。電波障害についても同様に、地下式では電波障害は生じない。景観についても、地下式が優位である。以上のように、環境影響評価を考慮すれば、地下式の優位性は明らかであり、これと逆の結論を導くことは社会通念に照らしても都市計画決定の判断には著しい過誤がある。さらに、事業費についても、高架式が圧倒的に有利であるとの前提で検討し、高架式採用の最後の決め手としているが、確かな証拠に基づかず、より優位にある地下式を採用しなかった可能性があり、そこにも重大な欠陥がある。以上の事情を考慮すれば、各認可は違法と評価される[181]。

(c) 東京地裁判決の意義

原告は沿線住民123名であったが、判決は9名だけに原告適格を認めた。判決は、原告適格の有無を判断する基準である行政事件訴訟法9条の「取消しを求めるにつき法律上の利益を有する者」に関して、「当該処分により自己の権利もしくは法律上保護された利益を侵害され、又は侵害されるおそれのある者」とする従来の最高裁判例[182]に従った。本件で取消しが求められているのは、鉄道事業と付属街路事業の認可処分であり、事業地内の不動産について権利を有する者が認可の取消しを求める原告適格を有するとしたものの、事業地周辺住民を区分して、周辺住民の原告適格を認めなかった。騒音・振動などによる健康被害を受けるおそれのある住民の原告適格は、その後の課題とした。

---

(181) 東京地裁判決の解説については、阿部泰隆「小田急高架事業認可取消訴訟」環境百選86頁、大浜啓吉「小田急線高架訴訟と行政裁量」法教257号52頁、磯野弥生「小田急連続立体交差事業認可取消判決」(『環境と公害』31巻4号) 65頁、斉藤驍「小田急高架事業と藤山判決」法時915号111頁などがある。
(182) 最判平成4年9月22日民集46巻6号571頁、最判平成9年1月28日民集51巻1号250頁、最判平成11年11月25日判時1698号66頁以下。

最大の争点は行政庁の裁量権行使の審査判断である。本判決は、行政庁が計画決定を行う際、「考慮した事実」と「それを前提とした判断過程を確定し」、「社会通念に照らし、それらに著しい過誤欠落あると認められる場合」という基準に基づき、裁量権の逸脱があったと判

写真7-1　小田急線沿線の現在と民家

断している。過誤逸脱とは、都市計画決定（東京都市計画高速鉄道第9号線の平成5年変更）に際し、①違法な騒音状態への疑念を解消する配慮を怠ったこと、②環境影響評価結果の反映にも著しい誤りがある。③以上2点の過誤欠落の中でも、前者では、交通渋滞や電車内の混雑解消という単なる利便性の向上という観点を違法状態の解消という観点よりも上位におくという結果を招きかねない点において法的には到底看過し得ない。後者では、事業費について慎重な検討を欠き、そのことにより地下式ではなく高架式を採用する決め手としており、そこに重大な瑕疵がある。これらいずれの一方のみをもってしても本件認可を違法と評価できる。以上の東京地裁判決の論理は、環境への影響を含めて代替案の比較検討を行い、最良の案を選び、判断するものであり、適正な行政決定を行う上できわめて高く評価される。写真7-1は、現在の小田急線沿線と民家の状況である（2006年5月著者写す）。

(d)　原告適格に関する最高裁判決

　小田急高架事業訴訟は、以上見てきたように1審の東京地方裁判所が原告・住民の請求を認める判決を下した。しかし、2審の東京高等裁判所は2003（平成15）年12月18日、逆転判決をし、原判決を取り消し、訴えを却下した。

　東京地裁判決は、9名の原告に原告適格を認め、本案の審理に進み、都市計画決定の違法を認め、原告の請求を認めた。ところが、東京高等裁判所判決は、すべての原告に対して原告適格を認めず、訴えを却下したのである。

行政事件訴訟法は、取消訴訟の原告適格を有する者について、その処分の取消しを求めるにつき、「法律上の利益を有する者」に限定しているが（9条）、高裁の判断は「法律上の利益を有する者」とはその処分により自己の権利もしくは法律上保護された利益を侵害された者をいうとし、従来の最高裁判例の立場に立っている。この点は、東京地裁判決も同じであるが、地裁は9名に原告適格を認め、高裁は全員に否定した。

　その違いは、各付属街路事業認可と鉄道事業認可を一体のものと見るか、個々独立（細切れ）のものと見るかという技術的処理方法により異なる。高裁は、各付属街路事業と鉄道事業の目的・機能が異なるので、一体と見ることはできないとして、事業を細切れにすることにより、各付属街路地の地権者にはその付属街路事業にだけ争う資格を認めたが、鉄道事業と別の付属街路事業の原告適格を認めなかった。これに対して、東京地裁は、鉄道事業と各付属街路事業があいまって、初めて1つの事業を形成すると見ることにより、各付属街路の地権者9名につき、本件各認可の取消しを求める原告適格を認めたのである。東京地裁判決は、事業地を細切れにし、許認可を得る手法で実施されてきた従来の公共事業の仕方を批判したことを意味する。

　これに対して、住民側40名は、最高裁に上告及び上告受理申立てを行った。最高裁大法廷は2005（平成17）年12月7日、小田急高架化事業認可の違法性判断とは切り離し、住民に原告適格があるかどうかに論点を絞って判決を下した。

　最高裁大法廷判決は、本件の場合、都市計画法のほかに、公害対策基本法や東京都環境影響評価条例の目的や趣旨をも含めて考慮すべきだとして、環境影響評価条例の「関係地域」内に住む37名に原告適格を認めた（資料7−1、本書211頁の黒色部分）。原告適格は、処分（認可）根拠となった法律（本件では都市計画法）により保護された人だけでなく、関連法規で保護されている利益が害された人にも認められることを明確にしたのである。この判決は、事業地内の所有権者などに限定してきた従来の最高裁判決（平成11年11月25日、環状6号線事業認可取消訴訟判決）を変更し、40名全員に原告適格を否定した東京高等裁判所の判決を見直すことになった。

　新しい見解によれば、都市計画法の趣旨には、騒音、振動などにより健康

や生活環境に著しい被害を直接に受けるおそれのある個々の住民に対して、そのような被害を受けることがないように、個別的利益として保護が含まれているものと解される。都市計画事業の事業地の周辺に住む住民のうち、その事業により健康や生活環境に著しい被害を直接的に受けるおそれのある者は、その事業の認可の取消しを求める法律上の利益を有し、取消訴訟の原告適格を持つとした。被害を受けるおそれのある人の範囲については、東京都環境影響評価条例の「関係地域」の内か外かで線を引き、関係地域内に住む37名に原告適格を認め、外に住む3名に認めなかったのである。最高裁大法廷の判断の背景には、2005年4月に施行された行政事件訴訟法の改正法で「法律上の利益」についての解釈規定の追加がある。追加規定では、処分や裁決の根拠となる法令に加え、関連する法令の趣旨や目的、利益の内容や性質を考慮し、実際に受ける害の内容や性質、態様、程度も勘案することになった（9条2項）。この追加規定は、従来の最高裁判決が「法律上の利益を」広く認めることにより原告適格を認める判例（もんじゅ原子炉設置許可事件：最判平成4年9月22日など）と認めない判例（主婦連ジュース事件：最判昭和53年3月14日など）とに分かれていたので、前者の例に統一したものである。本判決は、「関係地域」内に住む住民に原告適格を認め、訴えることのできる人の範囲を広げた。しかし、行政は、憲法上、国民の生命・健康などの享受の利益に保護すべき義務を負っていると考えられる。都市計画施設が認可されれば、将来、重大な被害をこうむるおそれのある住民には、「関係地域」内の住民だけでなく、すべて原告適格を認めてもよいと考えるべきである。

　そもそも、「法律上の利益」に意義について、「私益」と「公益」に分けて、私益は法律上の利益に該当するが、公益は除外するとの考えには無理があろう。原告の主張する利益は、公益の実現の一環として保護するにとどまる場合であれば、司法救済を与えないことになってしまうからである。住民は、「公益」の保護者であるはずの行政に保護されなかったので、司法に救済を求める。司法は、行政に保護してもらえばよいとして原告適格を認めないのである[183]。

　小田急高架訴訟は、最高裁大法廷判決で原告適格が認められたので、さら

に、事業認可の違法性をめぐって最高裁で実態審理に入ることになった。本判決は、原告適格を従来よりも広げたので、行政庁を相手に訴える人の範囲が広まったことになり、国民による行政のチェックと環境保全の機会が増えたことになる。

(e) 住民が提案する代替案

　小田急市民専門家会議（座長　力石定一）は、新宿から多摩川までの12キロの区間につき、20メートル幅の常緑広葉樹帯とし、神宮の森、砧や成城の緑地、豪徳寺、羽根木公園（梅ヶ丘付近）の緑と結び、緑のネットワークとする代替案を提案していた。東京の都市再生を考える場合、緑と水の保全・復元・創造を行い、生態系のネットワークをつくり、生物多様性を確保することが必要である[184]。この代替案の実現は、東京の再生のために良い機会であった。

　1審の東京地裁判決時には、高架は1線しか完成していない状態であったものが、2005年10月現在、高架の4線すべてが開通し、一部の駅の工事と側線道路を残すのみとなった。しかし、代替案の内容は、小田急線鉄道事業を2線2層の地下化に変更し、地上の高架橋と跡地に細長い2層の立体的な森をつくれば、28ヘクタールの緑地が創造される。側道として買収済みの土地、経堂の車庫跡地などを加えれば、40ヘクタールになるという。これは馬事公苑の2倍に当たる面積になる。緑のネットワークがつくり上げられれば、歩道として都民に潤いを与えるとともに、様々な生物の通路ともなり、生物多様性確保につながることになる。小田急市民専門家会議によると、地下化工事費は、推定1,564.5億円であるが、以上のような環境創出としては決して高いとはいえないとしている[185]。韓国の首都ソウルでは2005年、ソウル中心地

---

(183)　大川隆司「小田急訴訟大法廷口頭弁論の争点―原告適格について判例変更を期待」法セ611号58～61頁。
(184)　自然再生の法政策と生物多様性の確保については、坂口洋一『生物多様性の保全と復元―都市と自然再生の法政策』（上智大学出版、2005年）で欧米との比較しながら述べている。
(185)　小田急市民専門家会議『意見書―われわれのオルタナティブ―』（2005年、HPより）、同「小田急を全線地下化し、跡地を『神宮の森と多摩川を結ぶ緑道』に」（2000年、HPより）。

で「清渓川高速道路」と「清渓川道路」(道幅50～80メートル、全長6キロメートル) の2層の道路を撤去し、清渓川の清流を復元するとともに、古都ソウル600年の歴史と文化も復元・保存した。大都市での緑の復元と創造は時代の流れである(186)。

　代替案の存在を考えれば、事情判決は必要ない。事情判決とは、行政事件訴訟法31条1項に規定されており、行政行為が違法であることを認めるが、それを取り消すことにより「公の利益に著しい障害が生じる場合」において、原告の損害の程度などを考慮して、裁判所は、請求を拒否できることである。事情判決は、原告に勝訴の名目だけを与え、既成事実に手をつけず、実質を与えないという方法である。東京地裁判決は、2001（平成13）年3月当時、工事はすでに7割が終了していたが、事情判決を適用しなかった。代替案による生態系のネットワークづくりは、4車線高架を壊すことなく緑の通路にすればよく、違法な事業を取り消すことにより、むしろ新たな公益を実現することになるので、事情判決の適用は必要なかったことになる。

(f) **最高裁判決**

　最高裁第1法廷は2006（平成18）年11月2日、沿線住民37名が騒音など環境悪化を理由に国の事業認可の取消しを求めた本訴訟で、住民側の上告を棄却する判決を言い渡した（事件番号平成16〈行ヒ114〉）。判決は、2001（平成13）年の東京地方裁判所の判決とは逆に、高架化を採用した都市計画決定は、環境保全について適切な配慮をしたとしている。1993（平成5）年の都市計画決定は、高架式を採用した点において、行政の裁量権の範囲を逸脱し、又はこれを濫用したものとして違法になるとはいえないとしている。理由としては、第1に、東京都環境影響評価条例の評価書を踏まえて、騒音は現況と同程度か下回ると評価している。第2に、シールド工法を1993年当時施工できなかったので、住民側提案の地下式の事業費について検討しなかったことが不当とはいえないとした。最高裁判決は、環境に配慮しない事業は違法になるとする前提は評価できるが、都市住民の生活環境、都市再生など実態の

---

(186) 坂口洋一、前掲注（184）21頁以下。

2　環境影響評価法の概要

(1)　環境影響評価法の仕組み

(a)　目　　的

　環境影響評価法の目的は、環境影響評価手続により環境影響評価の結果を明らかにし、その事業に環境配慮を行わせ、環境悪化を防止することにある。
　そのために、第1に、環境影響評価の手続を定め、市民、専門家、環境NGOの意見提出、環境大臣の意見を反映することにしている。第2に、環境影響評価の結果を許認可判断の審査に反映させるようにしている。

(b)　対象事業

　環境影響評価手続を実施する対象事業は、道路、河川、鉄道、飛行場、発電所、廃棄物最終処分場、埋立て・干拓、土地区画整備事業、新住宅市街地開発事業、工業団地造成事業、新都市基盤整備事業、流通業務団地造成事業、宅地の造成事業の13種である。これら13種の事業といっても、すべての事業に適用されるわけではない。13種の事業のうち、規模が大きく、環境への影響の程度が著しい事業を「第1種事業」と定め、必ず環境影響評価の手続を実施するとしている（環影法2条2項）。環境影響評価一覧表（施行令）によれば、第1種事業は、「道路」の一般国道では「4車線以上であって、10キロ以上」の事業となっている。「廃棄物最終処分場」では、面積30ヘクタール以上であり、「埋立て・干拓」では、面積が50ヘクタールを超える事業となっている。
　「第2種事業」とは、「第1種事業」に準じる規模であって、環境影響評価の実施が必要であるかどうかを個別に検討し（スクリーニング）、環境影響評価手続をとるべきだと判断された場合に環境影響評価が実施される事業である（環影法2条3項）。スクリーニングとは、その開発計画事業が環境影響評価の対象になるかどうかをふるいにかける作業の手続である。施行令によ

れば、第2種事業は、道路の一般国道の場合、「4車線以上であって、7.5キロメートルから10キロメートル」の事業となっている。廃棄物最終処分場では「面積25ヘクタールから30ヘクタール」であり、埋立て・干拓では「40ヘクタールから50ヘクタール」までの事業となっている。

　国の制度の対象事業は、種類と規模が政令で決められており、第2種事業といえども、第1種事業に準じる規模とされているが、かなり巨大な開発である。環境影響評価法は、政令の対象事業の一覧表に掲載されていない種類と規模の事業には適用されない。第1種事業と第2種事業に該当しない場合、たとえ環境影響が大きい事業であっても、本法は適用されない。地方公共団体の条例に期待することになる。

(c)　環境影響評価手続の実施者

　環境影響評価の実施者は、対象事業を実施しようとする「事業者」である。実施者を行政とする米国法と異なる。事業者は、環境に影響を及ぼすおそれのある事業を実行するので、自分の責任で影響を調査・予測・評価を行い、環境への影響を防止・配慮することが必要だとの考え方である。事業者は、まず、計画段階環境配慮書（配慮書）の作成、環境影響評価準備書（準備書）の作成前手続（第2種事業の判定、方法書の作成、環境影響評価項目の選定、環境影響評価の実施）を行い、引き続き、準備書を作成し（環影法14条以下）、さらに、市民や知事の意見を聞き、最後に、環境影響評価書（評価書）を作成する（環影法21条以下）。

(d)　計画段階環境配慮書の作成手続

　2011（平成23）年4月27日の改正法は、環境影響評価方法書の作成手続の前に「計画段階環境配慮書」（配慮書）作成手続を導入した。

（i）　配慮書の作成

　第1種事業を実施しようとする者は、計画立案の段階において、「一又は二以上の」事業実施想定区域で環境保全のために配慮すべき事項（計画段階配慮事項）の検討を行わなければならない（3条の2第1項）。さらに、第1種事業を実施しようとする者は、計画段階配慮事項について検討を行った結

果について「計画段階環境配慮書」を作成しなければならない。配慮書には、計画段階配慮事項ごとに調査、予測・評価の結果が書き込まれる（3条の3第1項）。

(ii) 配慮書の送付と大臣意見

第1種事業を実施しようとする者は、配慮書を作成したときは、速やかに主務大臣に送付するとともに、その配慮書と要約を公表しなければならない。配慮書の送付を受けた主務大臣は、環境大臣にその配慮書の写しを送付し、意見を求めなければならない（3条の4第2項）。環境大臣は、環境保全の見地から意見を書面で述べることができる（3条の5）。

(iii) 配慮書について市民の意見

第1種事業を実施しようとする者は、配慮書の案又は配慮書について関係行政機関と一般から環境保全の意見を求めるように努めなければならない（3条の7第1項）。方法書や準備書の段階と異なり努力義務にすぎない。

(iv) 第2種事業の配慮書

第2種事業を実施しようとする者は、計画の立案段階において、「一又は二以上の事業」の実施が想定される区域で環境保全の配慮事項の検討手続を行うことができる（3条の10第1項）。

(v) 環境影響評価方法書と準備書の作成時の勘案

事業者は、配慮書が作成されているときには、その配慮書の内容（計画段階配慮事項ごとの調査、予測・評価の結果など）を踏まえ、主務大臣の意見を勘案し、環境影響評価方法書と環境影響評価準備書を作成しなければならない（5条1項・14条1項）。

(e) 環境影響評価の方法書の決定（スコーピング）

環境影響評価方法書（方法書）の作成手続は、スコーピング（絞り込み）とも呼ばれており、検討される評価項目や手法を決定するために、市民、専門家、市町村長、知事などの意見を聞きながら問題点を絞っていくことである。方法書の作成手続は、開発事業予定地の地域の特性をよく知っている地元市民や地方公共団体の意見を聞くことにより、その地域の特性を活かした評価書の作成を目的にしている。

まず、事業者は、対象事業の環境影響評価をするために必要な評価項目（大気汚染、水質汚濁、植物、動物、景観など）と調査・予測・評価の方法を書き込んだ方法書を作成し、知事、市町村長に送付する（5条・6条）。この方法書は、地方公共団体の庁舎や事業者の事務所などに1ヶ月間、公告・縦覧される（7条）。

次に、意見のある者は、事業者に対して意見書の提出ができる（8条）。事業者は、受け取った意見の概要を知事と市町村長に送付する（9条）。知事は、送付を受けた市民の意見と市町村長の意見を考えあわせて、方法書についての意見を書面で述べる（10条）。事業者は、この知事の意見を踏まえて、環境影響評価の評価項目と手法を決定することになる（11条）。

環境影響評価方法書の手続（スコーピング）の導入（5〜10条）の意義は、関係者の理解促進につながるとともに、論点を絞り込むことができるようになったので、評価書での無用な記述を防止できるようになったことにある[187]。文書作業の軽減につながることになる。

(f) 準備書と評価書の作成手続の流れ

まず、事業者は、決定した方法書に従い、調査・予測・評価を行い、準備書を作成し（14条）、環境影響を受けると認められる地域（関係地域）を管轄する知事と市町村長に送付する（15条）。準備書の記載事項には、①「代替案」と②事後監視計画を書き込むことになっているが、代替案の記載は義務付けられたものではない（14条1項7号のロ）。代替案の比較検討は、環境影響評価制度の支柱ともなる重要なものであるが、事業実施段階では義務付けられていない。事業実施段階であっても、代替案の義務付け規定のないことは欠陥であろう。ただし、前述〔(1)(d)〕の2011年改正法では、「計画段階」の環境影響評価において、代替案の比較検討が組み込まれた。

事業者は、準備書を作成し、知事、市町村長に送付し（15条）、準備書に対する市民などの意見を求めるために、関係地域内の庁舎などに公告・縦覧する（16条）。この縦覧期間内に、事業者は、準備書の説明会を開催する（17

---

(187) スコーピングは、1970年代のアメリカ国家環境政策法の下での訴訟を通じて作られた手続であった。詳細は、坂口洋一、前掲注（149）126〜131頁。

条)。意見を有する者は、意見書の提出ができる（18条）。事業者は、準備書について寄せられた市民からの意見の概要とともに、それらに対する事業者の「見解」を知事と市町村長に送付する（19条）。そして、知事は、市町村長の意見をあわせ、準備書に対する意見を述べる（20条）。

次に、評価書の作成手続に進む。事業者は、知事と市民の意見を検討し、準備書の記載事項を見直し、評価書を作成し（21条）、事業の許認可権者と環境大臣に送付する（22条）。これに対して、環境大臣と許認可権者がそれぞれ意見を述べる（23条・24条）。事業者は、両者の意見を考え合わせたうえで、必要に応じ、再検討し、評価書の修正を行い、評価書を確定し、手続に関与した行政機関に送付する（25条・26条）。評価書は、関係地域に公告・縦覧（27条）されて、手続が終了する。

(g) **審査結果の許認可への反映**

許認可権者は、対象事業が環境保全について適正な配慮がなされるものかについて審査し、その結果を許認可に反映させる（33条）。環境影響評価法33条は、別の法律の定める審査基準と環境影響評価法の審査結果を合わせて判断すると規定しているので、「横断条項」と呼ばれている。道路法、河川法など別の法律が環境配慮を許認可基準に明示していなくとも、環境影響評価法により環境保全の配慮をする必要がある。

(h) **都市計画に関する特例**

都市計画事業、港湾計画、発電所については、特例が設けられている。①都市計画事業の場合には、都市計画決定者が事業者に代わって、都市計画を定めるときに環境影響評価手続を実施する（39〜46条）。事業段階の手続ではなく、計画段階の手続となる。

②港湾計画は、約10年先の姿を示す基本計画であるが、港湾管理者が計画段階の環境配慮措置として手続をとることになる（47〜48条）。以上①と②は、事業段階ではなく、上位の計画段階での環境影響評価となる。

③発電所の場合、特例の部分は電気事業法が適用される。

(2) 地方公共団体の条例

　環境影響評価法と地方公共団体の環境影響評価条例の関係では、第1種事業と第2種事業以外の事業について、地方公共団体が環境影響評価の手続の規定を設けることは自由であると規定している（環影法61条1号）。これにより、日本の環境影響評価の適用案件数は、国の案件よりも条例の扱う案件のほうがはるかに多くなっている。

　したがって、第1に、条例は、法律の対象事業の13種類以外の事業を「横出し」として対象にすることができる。法律の対象とされていない事業、例えば、ゴルフ場などのスポーツ・レクリエーション施設、工場事業場、土石採取事業などである。

　第2に、条例は、法律上の13種の対象事業であっても、第1種事業と第2種事業に満たない規模の事業（中・小規模事業）を「裾出し」として規律対象にすることができる。

　第3に、第1種事業と第2種事業の環境影響評価手続は、法律が規制しているので、条例で重ねて付加（上乗せ）できない（61条2号）。ただし、条例は、地方公共団体の長の意見形成に際して、「審査会」への諮問・答申などの手続の上乗せは可能である。現に、すべての地方公共団体は、首長の意見形成に当たり、第三者機関（審査会、審議会など）への諮問の規定を置いている。また、「公聴会」開催の規定を持つ団体も多い。さらに、準備書の作成後、事業者の提出する「見解書」に対して、事業者に説明会を義務付けることも可能である（東京都環境影響評価条例29条3項）。

　法律は、実施対象について第1種事業と第2種事業を定め、第2種事業にスクリーニング制度を導入し、実施対象にするかどうかの判断をすることにしている。そのために、法律は、大規模事業だけに適用されるので、種類と規模の面から環境影響評価手続を実施しない事業が多数生じることになる。それ故、地方公共団体の条例は、地域特性に合わせ、「横出し」と「裾出し」を組み込むことが必要になる[188]。

---

(188)　地方公共団体が条例や要綱で、国の法令と同じ目的で規制対象外の事項について規制するものを「横出し」といい、国の法令の規制対象事項であっても、規制規模に

225

(3) 戦略的環境影響評価の課題

　戦略的環境影響評価（strategic environmental assessment：SEA）とは、政策（policy）、計画（plan）、プログラム（program）を対象にして行う環境アセスメントである。これに対して、個別事業の実施段階で調査・予測・評価を行う環境影響評価は、道路、鉄道、ダム、廃棄物最終処分場、埋立て・干拓などを対象にしたものであり、環境対策を考えるための「事業影響評価」である。戦略的環境影響評価は、事業段階よりも早期の上位の政策、計画、プログラムの段階での環境影響評価である。
　環境基本法は、国が環境に影響を及ぼすと認められる施策を策定・実施するに当たり、国に環境配慮の義務があることを明示している（環基法19条）。このような環境配慮義務を具体化させるためには、国の施策の策定・実施に当たって、環境に影響を及ぼすか否かを調査し、予測・評価をする手続を導入する必要がある。
　同様に、地方公共団体も、環境保全に関し、国の施策に準じた施策と地域の自然的社会的条件に応じた施策を策定・実施する責務を負っている（環基法7条）。さらに、事業者についても、事業活動に当たり、公害を防止し、自然環境の保全措置を講ずる責務を負い、自ら環境保全に努めるとともに、国などの施策に協力する責務を負う（環基法8条）。
　戦略的環境影響評価制度化の必要性は、これまでの事業段階の環境アセスメントには限界があるからである。事業影響評価は、第1に、事業計画がほぼ固まった段階で実施されるために、影響評価の結果を事業計画に反映できない。第2に、異なる実施時期の複数の事業による複合的・累積的な環境影響に対応できない限界がある。
　そこで、社会の持続可能な発展のためには、個別事業の実施段階だけでなく、政策、計画、プログラムなど上位の意思決定にも環境配慮を組み込む必要が出てきた。今後の課題は、引き続き、政策、計画、プログラムの戦略的

満たない事業を規制することを「裾出し」という。その他に、条例が法律の基準より厳しい基準で規制することを「上乗せ」という。条例は、原則として、横出し、裾出し、上乗せの制定が可能である。

環境影響評価の導入である。計画では、「社会資本整備重点計画」(社会資本整備重点計画法に基づく道路、交通安全施設、空港、港湾など9本の事業分野を1本化した計画)、「道路網整備計画」、「河川整備基本方針」、「河川整備計画」などを対象にする戦略的環境影響評価が必要であろう。

戦略的環境影響評価手続での市民参加は、政策、計画、施策などの作成過程の透明性と合理性を高め、より良い計画づくりにつながる。

第8章　大気汚染防止法

1　大気汚染防止法の概要

(1) 目的と制度の枠組み

(a) 目　的

　大気汚染防止法（大防法）は、大気汚染に関して、国民の健康を保護するとともに、生活環境を保全することを目的にしている。そのために、大気汚染の発生源となる固定汚染源（工場・事業場）からのばい煙・揮発性有機化合物・粉じんの排出を規制し、有害大気汚染物質対策を実施し、移動発生源（自動車）からの排ガス規制を行っている（大防法1条）。

　大気汚染防止法は1968（昭和43）年に制定され、1970（昭和45）年12月の公害国会で大改正がなされた。この時の改正点は、上記目的達成のために、①経済調和条項の削除、②指定地域制の廃止による規制対象の全国への拡大、③規制対象物質の拡大、④都道府県が条例で上乗せ（法規制より厳しくすること）や横出し（法の規制外物質や施設を規制すること）の制定を認め、⑤排出基準規制の違反に直罰制を導入したことにある。

　第1点についてみると、公害対策基本法は、「経済の健全な発展との調和が図れるようにする」（旧規定1条2項）とされていたが、公害国会で調和条項が削除されたことによって基本法の理念が転換された。これに伴い、大気汚染防止法や水質汚濁防止法など個別法も、この方向転換に歩調を合わせ、経済調和条項が削除されることになった。

　第2点の指定地域制の廃止は、ばい煙などの排出規制の対象地域として主要都市21地域が指定されていたが、改正法により、規制を全国に適用するものとした。

第3点についてみると、旧法の「ばい煙」とは、以前には硫黄酸化物とばいじんだけであったが、ばい煙として規制する物質の範囲を拡大し、カドミウム、塩素、フッ化水素、鉛、その他政令で定める有害物質を加えることになった（2条3項）。

第4点の条例による排出規制の強化は、当時、地方公共団体が国の規制より強い規制ができるかどうかには議論がなされており、一般的には否定説が有力であったが、改正法は明文をもって、条例で厳しい規制ができることを認めることになった。上乗せ条例と呼ばれている（4条1項）。

国の規制対象施設以外の施設については、条例によって規制することは認められていたが、操業停止命令などを命じることができるかどうかに疑問があった。改正法は、横出し条例で規制できることを明示した（32条）。

第5点の直罰制の導入は、ばい煙の排出者は、排出基準に適合しないばい煙を排出してはならないものとして、排出基準違反には罰則が適用されることになった。以前、ばい煙排出者は、排出基準を遵守する義務を課されていたが、この義務違反に直ちに適用される罰則規定はなかった。義務違反者には、計画変更命令、改善命令を出し、命令違反に罰則を設けて間接的に実効性を担保するにすぎなかった。改正法では、排出基準に適合しないばい煙排出者に対して、直ちに罰則が適用されることになった（13条、33条の2）。その理由は、「今日の大気汚染の状況改善は、もはや改善命令による改善を待つまでもなく、ばい煙の排出制限（排出基準適合しないばい煙の排出禁止）を定め、この違反者は直ちに罰則をもって臨むことにより未然防止の徹底を図る必要」（第64国会の改正法案想定問答集）があることであった。

併存する直罰制と命令前置制の関係は、基本的には、直罰は過去の排出基準違反に対する行政罰であり、改善命令等は継続的に排出基準に適合しないばい煙を排出する違反に適用される。罰則は命令違反の方が重くなっている（33条、33条の2）。

(b) **環境基準**

環境基本法16条は、人の健康を保護し、生活環境を保全する上で維持することが望ましい基準を設定している。大気環境基準は、二酸化硫黄（SO_2）、

一酸化炭素（CO）、浮遊粒子状物質（SPM）、光化学オキシダント、二酸化窒素（NO_2）、ベンゼン、トリクロロエチレン、テトラクロロエチレン、ジクロロメタン等の物質について設定されている。

　これらの大気環境基準は、かつては行政上の努力目標であると考えられており、目標達成のために各種の措置がとられるものの、法的効力のないものとされた（東京高判昭和62年12月24日、判タ668号140頁）。しかし、環境基準の効力は、一般論で決めるのではなく、具体的なケースの中で検討する必要がある（第6章5(2)参照）。

　第1に、環境基準は、単なる行政の努力目標ではなく、公害環境行政の法的基礎であることから、環境基準の緩和が各種規制に影響を及ぼし、国民の健康に重大な影響を及ぼすので取消訴訟の対象になると考える。なぜなら、廃棄物処理法の焼却施設設置の許可制度では、大気環境基準の達成状況が申請を不許可にできる基準になっており（8条の2第2項、15条の2第2項）、行為規制の基準となっている。この点からすれば、大気環境基準の設定や改定は、処分性を持つと考えられる。したがって、取消訴訟の対象になる。

　第2に、住民は、環境基準を超える汚染により健康被害を受けている場合、環境基準が受忍限度を超えると判断されることから、住民にとって環境基準の目標値を超えることは人格権侵害の意味があると考える。

　第3に、住民の居宅と発生源の工場の所在地の地域は、総量規制の「指定地域」となっているとしよう。総量規制は、環境基準の確保が困難な場合に導入される制度である（大防法5条の2第1項）。環境基準の緩和は、総量規制基準の緩和につながり、工場の総量規制基準の緩和につながることになろう。

　第4に、住民は、環境基本法19条が国の施策に関する環境配慮義務を規定しており、環境基準の設定は国の施策に当たるので、環境基本法の目的を実現するものでなければならず、単なる望ましい基準ではないと主張するであろう。環境基本法19条は前身の公害対策基本法には存在しなかった。

(2)　固定発生源

　大気汚染物質の発生源の種類は、固定発生源と移動発生源に分類される。

固定発生源は、工場、事業場、発電所のように移動しないものを指し、「ばい煙発生施設」（ボイラー・加熱炉・溶鉱炉・廃棄物焼却炉など）、「一般粉じん発生施設」（土石の堆積場・粉砕機・コンベアーなど）、「特定粉じん発生施設」（アスベスト取扱機器など）をいう。移動発生源とは、発生源が移動するものを指し、自動車・航空機・鉄道などが挙げられる。特に、自動車排気ガスに含まれる窒素酸化物と浮遊粒子状物質による気管支系疾患が問題となる。

(a) 規制対象と排出基準

　大気汚染防止法は、公害発生施設を特定し、そこから排出される汚染物質の許容限度（排出基準）を定め、大気汚染物質の排出者に排出基準を守らせるように強制している。排出基準は、環境基準の達成を目標にして設定されることが多い。

　「ばい煙」とは、燃料など物の燃焼に伴い発生する硫黄酸化物、ばいじん（すすなど）、有害物質（カドミウム、塩素、弗化水素、鉛、窒素酸化物など）をいう（2条1項、施行令1条）。ばい煙を排出する施設のうちで、大気汚染防止法では、規制対象施設として、ボイラー、製錬用の焙焼炉など32の施設であって、一定規模以上のものが同法施行令（2条、別表1）で定められている。これが「ばい煙発生施設」である（2条2項）。

　ばい煙の排出基準は、大別すれば、次のように4種類存在する。第1に、ばい煙発生施設ごとに国が定める「一般排出基準」（3条1・2項）、第2に、大気汚染の深刻な地域で、新設のばい煙発生施設に適用されるより厳しい基準である「特別排出基準」（3条3項）がある。

　第3に、一般排出基準、特別排出基準によっては大気汚染の改善が見られない場合、都道府県は条例を制定し、より厳しい「上乗せ基準」を設定できる（4条）。

　第4に、工場・事業場が集中している地域であって、以上の3種の基準のみでは環境基準の達成が困難であるときには、都道府県知事は大規模工場に適用される工場ごとの「総量規制基準」を定める（5条の2、5条の3）。

　ばい煙発生施設を新設又は構造の変更をしようとする者は、あらかじめ60日前までに都道府県知事に届出をしなければならない（6条、8条）。知事

は、その内容を審査し、その施設が排出基準に適合しないと認めるときは、計画変更又は廃止を命じることができる（9条、9条の2）。

　ばい煙発生施設の設置・変更後も、ばい煙排出者に対して、排出基準に適合しないばい煙の排出が禁止されており（13条、13条の2）、違反者には刑罰が科される（33条の2、36条）。水質汚濁防止法と同様に、直罰制度となっている。

　都道府県知事は、排出基準に違反するばい煙を継続して排出するおそれのある施設に対しては、ばい煙処理方法の改善又は一時使用停止を命じることができる（14条）。

　ばい煙排出者は、施設から排出されるばい煙又はばい煙濃度を測定し、その結果を記録しておかなければならない（16条）。都道府県職員は、ばい煙排出者が排出基準を遵守しているかどうかを調べるために、工場・事業場に立ち入ることができるほかに、必要事項に関する報告を求めることができる（26条）。

(b) 揮発性有機化合物の排出規制・抑制

　揮発性有機化合物（VOC）とは、空気中に容易に揮発する物質の総称で、人工的に合成されたものであり、トルエン、キシレンなど200種類に及ぶ。ペンキ溶剤、接着剤、インクなどの製品にも含まれている。英語表記のVolatile Organic Compoundsの頭文字をとってVOCと略されている。揮発性有機化合物は、難分解性であることから、土壌や地下水を汚染するとともに、大気中に放出されると、光化学反応により、オキシダントや浮遊粒子状物質（SPM）の発生にも関与する。1970年代初頭から電機工場、半導体工場での洗浄剤として広く使用され、農薬にも使用されてきた。環境省の試算によれば、日本では大気中に年間185万トン排出されており、排出量も濃度も高い。そこで、2004（平成16）年の大気汚染防止法の改正（17条の3以下追加）により、浮遊粒子状物質、光化学オキシダントの発生原因となる揮発性有機化合物の規制がなされるようになった。

　大気汚染防止法は、溶剤の化学製品製造用の乾燥施設、吹きつけ塗装施設など9項目に分け、一定規模以上の施設を「揮発性有機化合物排出施設」と

定めている（2条5項、施行令別表1の2）。その排出と飛散の防止施策は、①揮発性有機化合物の排出規制、②事業者による自主的な排出・飛散抑制の取組みを組み合わせて実施されることになった（2006年4月1日施行）。

規制の仕組みは、前記ばい煙の規制と類似しており、揮発性有機化合物排出者は、排出基準を遵守する義務があり、排出基準に違反すれば、都道府県知事はその処理方法の改善や使用の一時停止を命じることができる（17条の10、17条の11）。

新たに揮発性有機化合物排出施設を設置又は変更しようとする者は、あらかじめ60日前までに、都道府県知事に届け出なければならない（17条の5）。知事は、その内容を審査し、その施設が排出基準に適合していないと認めるときは、計画の変更又は廃止を命じることができる（17条の8）。

揮発性有機化合物排出者は、その施設から排出される揮発性有機化合物の濃度を測定し、その結果を記録しておかなければならない（17条の12）。都道府県職員は、揮発性有機化合物排出者が排出基準を遵守しているかどうかを調べるために、工場・事業場に立ち入り、必要な事項の報告を求めることができる（26条）。

(c) 粉じん

(i) 粉じんの排出規制

「粉じん」とは、物の破砕、選別、機械的処理、堆積などに伴い発生し、飛散する物質である。大気汚染防止法では、人の健康に被害を生じるおそれのある物質を「特定粉じん」とし、それ以外を「一般粉じん」と定めている。特定粉じんは、現在、石綿（アスベスト）が指定されている（2条8・9項）。

粉じんの排出基準には、一般粉じん基準と特定粉じん基準の2つがある。まず、一般粉じん基準は、破砕機や堆積場などの粉じん発生施設の種類ごとに定められた構造・使用・管理に関する基準である（18条の3）。

次に、特定粉じん（アスベスト）基準は、さらに、工場・事業場の発生施設のほかに、建築物解体など作業基準の2つに分かれる。特定粉じん発生施設の規制基準は、工場・事業場の敷地境界線における大気中濃度の許容限度基準として、1リットルにつきアスベスト繊維10本となっている（18条の5、

規則16条の２）。

　特定粉じん排出作業の規制基準（作業基準）は、吹きつけ石綿などが使用されている建築物を解体・改造・補修する作業において、フィルターを付けた集じん、特定粉じんの作業場内処理などが定められている（18条の14、規則16条の４、同別表７）。

　粉じんの排出者は、大気汚染防止法に定められた基準を遵守する義務がある。都道府県知事は、違反者に対して、基準の適合、一時使用停止を命じることができる（18条の４、18条の８）。

　粉じん発生施設（一般粉じん、特定粉じん）を新設・変更しようとする者、及び特定粉じん排出作業を行おうとする者は、事前に都道府県知事に届け出なければならない。知事は、排出基準に適合しないと認めるときは、計画の変更などを命じることができる（18条、18条の６）。

　特定粉じん発生施設の設置者は、工場・事業場の境界線でのアスベスト濃度を測定・記録しておかなければならない（18条の12）。都道府県職員は、工場・事業場に立ち入り、報告を求めることができる。

(ⅱ)　特定粉じん（アスベスト）使用の建物解体作業の規制

　アスベストを使用した建築材料を大量に使用した古いビルの解体に際して、そのビル所有者は、付近住民の苦情を無視し、アスベスト飛散防止の措置をとらず解体作業を始めたとする。大気汚染防止法上、付近住民はどのような措置をとることができるか。

　付近住民は、知事に対して大気汚染防止法に基づく防止措置の権限行使を求めることができる。アスベスト（石綿）は、大気汚染防止法２条９項の「特定粉じん」に該当する。本件ビルにはアスベストが使用されているので、特定粉じんを発生させる建築材料を使用している建築物ということができる。特定粉じんを飛散させる原因となる建築材料が使用されている建築物の解体作業は、「特定粉じん排出作業」に該当する（２条12項）。特定粉じん排出作業を行うに際して、解体工事施工者は、環境省令によって定められる「作業基準」(18条の14) を遵守する義務を負う（18条の17）。工事施工者がこの作業基準に反した場合、知事は、作業基準の遵守又は特定粉じん排出作業一時停止の「作業基準適合命令」を命じることができる（18条の18）。

ビル所有者は、飛散防止対策を講じないままに解体作業を行っているのであるから、「作業基準」を遵守していない。知事は、ビル所有者に対して、18条の18に基づいて作業基準の遵守を命じるか、又はビル解体作業の一時停止を命じることができる。

さらに、ビル所有者がこの命令に従わない場合には、知事は、告訴することとなる。6月以下の懲役又は50万円以下の罰金となる（33条の2）。

(d) 有害大気汚染物質対策

「有害大気汚染物質」とは、継続的に摂取される場合には人の健康を損なうおそれがある物質で大気汚染の原因となるものをいう（2条13項）。低濃度長期間暴露で発がん性などが懸念される有害な大気汚染物質について、1996（平成8）年の大気汚染防止法改正は、可能性のある物質として248種類あるが、そのうち特に優先的に対策に取り組むべき「優先的取組物質」として23種類を指定した（2013年現在）。例えば、アセトアルデヒド、塩化ビニルモノマー、クロロホルム、水銀及びその化合物、ベンゼン、ダイオキシン類などである。対策方法としては、事業者の自主管理計画により排出抑制に取り組むものとされている。ダイオキシン類については、「ダイオキシン類対策特別措置法」に基づいて対応がなされている。

さらに、優先的取組物質の中でも早急に排出抑制対策の必要な有害物質として、ベンゼン、トリクロロエチレン、テトラクロロエチレンの3物質が「指定物質」に指定されている。これら3物質には「抑制基準」が設定されて規制されている。

(e) ばい煙と有害大気汚染物質対策の対応方法の比較

まず、ばい煙については、環境基準を設定し（環基法16条）、その環境基準を達成するために、大気汚染防止法により、ばい煙発生施設の排出口からの排出に適用される排出基準が定められる[189]。さらに、排出基準だけでは環境

---

[189] 大気汚染防止法の排出基準には、「一般排出基準」（3条2項）、ばい煙発生施設が集合的に立地している地域で新設のばい煙発生施設には、より厳しい「特別排出基準」（3条3項）、都道府県の条例による「上乗せ排出基準」（4条）、以上の基準では環境

基準の確保が困難と認められる地域では総量規制基準が定められる（5条の2）。大気汚染防止法は排出基準と総量規制基準の遵守を義務付ける（13条、13条の2）。その排出基準・総量規制基準に違反すれば、都道府県知事は、改善命令（14条）や罰則（33条の2第1項1号）など強制手段をとる。このように、ばい煙については、科学的知見が得られているので「規制的手法」がとられる。

次に、有害大気汚染物質は、低濃度で長期暴露による健康影響が心配される物質なので（2条13項）、環境基準は設定されず[190]、排出基準もなく、事業者の責務も努力義務とされているにすぎない。対象物質は248種類とされている。そのうち「優先取組物質」として23種がリストアップされている（2013年現在）。

大気汚染防止法の附則では、指定物質を排出・飛散させる指定物質排出施設について、指定物質抑制基準を定めて公表することになっている。優先取組物質23種のうち、特にベンゼン、トリクロロエチレン、テトラクロロエチレンの3物質が「指定物質」とされ、事業者は排出抑制が求められている。都道府県知事は、被害の防止上、報告を求め、勧告をなしうるにとどまっている（附則9～11項）。国は、知事の勧告に関し、地方公共団体に必要な指示を行うとともに、そのために指定物質排出設置者に報告を求めることができるにすぎない（附則12・13項）。有害大気汚染物質の対象物質248種→優先取組物質23種→指定物質3種を取り上げて排出抑制基準を定める手法は、「予防原則」に基づく対策と考えられる。しかし、有害大気汚染物質対策では、事業者の責務にすぎず、改善命令や罰則もなく、事業者の「自主的取組手法」になっている。

両者の対策手法の違いは、科学的知見が十分であるかどうかにより異なる。有害大気汚染物質の場合、科学的知見が不十分なために、環境基準や排

　　基準の達成が困難なときには「総量規制基準」（5条の2）がある。
(190)　有害大気汚染物質は、継続的に摂取される場合、人の健康を損なうおそれがある物質で、大気汚染の原因となるものである（2条13項）。有害大気汚染物質・優先的取組物質のリスト作成と見直しは、「特定化学物質の環境への排出量の把握及び管理の改善の促進に関する法律」（1999年制定）による情報と最新の科学的知見に基づいてなされている。

出基準を定めて強制する方法をとれない。したがって、新たな知見により、規制的手法が必要になれば、適切な環境基準や排出基準を設け、実効性の高い規制を行う必要がある。

(3) 移動発生源（自動車排ガス対策）

自動車排ガス対策は、固定発生源（工場・事業場）とは異なり、発生源が多数で、かつ、移動しているところから、固定発生源の規制と類似の規制をすることは困難である。大気汚染防止法の規制方法は、第1に自動車の構造規制、第2に交通規制の2つの方法を規定している。自動車排ガス対策の場合には、大気汚染防止法のほかに、個別法の「自動車から排出される窒素酸化物及び粒子状物質の特定地域における総量の削減等に関する特別措置法」（自動車NOx・PM法）が重要である。

(a) 大気汚染防止法による規制

第1に、自動車の構造規制は、環境大臣が大気中に排出される排出物に含まれる自動車排出ガスの許容限度を定め、国土交通大臣が道路運送車両法に基づく命令で、許容限度が確保されるように保安基準を設定する（19条）。許容限度は、環境省告示「自動車排ガスの量の許容限度」で示されており、自動車排出ガスの種類（一酸化炭素、非メタン炭化水素、炭化水素、窒素酸化物、粒子状物質、粒子状物質のうちディーゼル黒鉛）と自動車の種別に従い、それぞれ排出ガスの量が定められている。道路運送車両法に基づく自動車検査の結果、保安基準に適合すると認められた自動車の使用者に対して、自動車検査証が交付される。

さらに、環境大臣は、自動車の燃料の性状の許容限度及び燃料に含まれる物質の量の許容限度を定めることになっている（19条の2第1項）。この許容限度は、燃料の種類別（ガソリンと軽油）について、物質（ガソリンの場合は、鉛、硫黄、ベンゼンなど、軽油の場合は、硫黄、セタン指数など）の割合で示されている（平成7年環境庁告示64）。この許容限度は、「揮発油等の品質の確保等に関する法律」に基づき経済産業大臣により確保される（19条の2第2項）。

第2に、交通規制である。都道府県知事は、自動車排ガス（一酸化炭素）

により大気汚染が一定濃度を超えているときは、都道府県公安委員会に対し、道路交通法の規定による措置を要請する（21条）。さらに、緊急時の措置として、知事は、大気の汚染が著しくなり、人の健康・生活環境に被害が生じるおそれのある場合には、自動車運行の制限に協力を要請する他に、都道府県公安委員会に対し、道路交通法に基づく要請ができる（23条）。

(b)　自動車NOx・PM法による規制

　大都市の大気汚染は深刻な状態が続いている。1992（平成4）年に「自動車NOx法」が制定された。この法律は2000（平成12）年までに二酸化窒素の環境基準を達成する目的で制定されたのであった。しかし、その目標達成が不可能となり、粒子状物質（PM）の知見が充実したのに加え、2000年1月の尼崎大気汚染訴訟第1審判決、同年11月の名古屋南部大気汚染訴訟判決と引き続く和解がなされた結果、「自動車NOx法」は、2001（平成13）年に改正され、粒子状物質（PM）を規制対象に加えて、「自動車NOx・PM法」[191]となった。

　本法の目的は、「汚染が著しい特定地域」について、自動車から排出される窒素酸化物と粒子状物質の総量削減に関する「基本方針」と「計画」を策定し、その地域内の自動車について、窒素酸化物と粒子状物質の排出基準を定め、それらの環境基準を達成させることにある（1条）。

　窒素酸化物（NOx）とは、一酸化窒素と二酸化窒素の2つの化合物を含めた用語であり、自動車や工場・事業場の排出ガスに含まれている。排出基準は、窒素酸化物と粒子状物質について定められている。

　粒子状物質は、自動車の排出ガスや工場・事業場から排出される粉じん、ばいじん、ダスト、ミストなどである。自動車から排出される粒子状物質は、ほとんどがディーゼル車からのものであり、気管支喘息や発がん性があるとされている。排出基準は、浮遊粒子状物質（SPM）で設定されている。浮遊粒子状物質とは、大気中に浮遊する粒子のうちで、粒の直径が10マイクロ

---

(191)　粒子状物質は、呼吸器に悪影響を与えるとともに、発がん性のあることが指摘されている。大都市地域では、自動車交通量の増大によって、二酸化窒素と粒子状物質の環境基準の達成が困難な状況だったので、粒子状物質を対象に加える必要があった。

メートル以下のものである。

　微小粒子状物質（PM2.5）は、大気中に浮遊する小さな粒子のうち、粒子の大きさが2.5マイクロメートル以下のきわめて小さな粒子のことをいう。1マイクロメートルは1ミリメートルの1000分の1になる。発生源は、火力発電所、工場、焼却炉、自動車、航空機、家庭内の調理器具やストーブなどである。微小粒子状物質は、自動車だけでなく、多様な発生源から排出されるので大気汚染防止法全体の問題である。PM2.5は、粒子の大きさが非常に小さいので、肺の奥まで入りやすく、喘息、気管支炎など呼吸器系の疾患を引き起こすとともに、肺がんのリスクも懸念されている。そこで、環境省は2009（平成21）年9月9日、PM2.5についての大気環境基準を告示した。その告示によれば、「1年平均値が15μg／㎥以下であり、かつ、1日平均値が35μg／㎥以下であること」とされている。ただし、現在、排出規制はなく、2013（平成25）年2月に、「暫定的な指針となる値」（1日平均70μg／㎥）に対応する1時間平均値85μg／㎥を超えた場合、都道府県等が注意喚起を行うことを推奨されているにすぎない。暫定的な指針となる値を超えた場合、屋外での運動や外出をできるだけ減らすとか、外気を屋内に侵入させないようにする行動が推奨されている。

　自動車NOx・PM法では、第1に、国の総量削減基本方針の作成を規定している。国は、自動車交通の集中している地域で、環境基準の達成が困難な「窒素酸化物対策地域」について、「窒素酸化物総量削減基本方針」を定め、目標、削減施策を明らかにする（6条）。さらに、国は、同様に、環境基準の達成が困難な「粒子状物質対策地域」について、「自動車排出粒子状物質総量削減基本方針」を定める（8条）。

　本法の適用対象となる「対策地域」指定要件は、①自動車交通が集中し、②窒素酸化物と浮遊粒子状物質の大気環境基準の確保が困難な地域となっている。現在の対策地域は、「首都圏」（埼玉県、千葉県、東京都、神奈川県の合計143市町村）、「愛知・三重圏」（愛知県と三重県の合計59市町村）、「大阪・兵庫圏」（大阪府と兵庫県の合計50市町村）の3地域となっている。国の現行の「総量削減基本方針」（2011年3月策定）では、対策地域での二酸化窒素と浮遊粒子状物質について、2020（平成32）年までに環境基準を確保することを

目標に掲げている。

　第2に、都道府県知事は、窒素酸化物総量削減基本方針に基づき、窒素酸化物対策地域における「窒素酸化物総量削減計画」を定める（7条）。さらに、知事は、粒子状物質対策地域においても、基本方針に基づき、「粒子状物質総量削減計画」を定める（9条）。

　第3に、車種規制である。環境大臣は、「対策地域内に使用の本拠の位置を有する」者を対象にして、車両総重量の区分ごとに自動車の窒素酸化物排出基準及び粒子状物質排出基準（許容限度）を定める（12条）。車種規制とは、対策地域内で、トラックやバス（ディーゼル車、ガソリン車、LPG車）及びディーゼル乗用車について、上記の窒素酸化物と粒子状物質の特別排出基準に適合する自動車を使用するための規制である。基準不適合車は車検証が交付されない。車種規制の趣旨は、自動車が集中しており、従来の排出規制では環境基準の確保が困難なので、対策地域内に使用の本拠位置を有する者を対象に特別排出基準を遵守させるのである。

　車種規制には、国の制度のほかに、条例による自治体独自の規制もある。関東1都3県（東京都、埼玉県、千葉県、神奈川県）は、条例を制定し、対象物質は粒子状物質のみだが、対象地域に流入する排出基準に適合しない自動車の走行を禁止している。規制担保手段は、自動車Gメンによる立入検査や路上検査が行われる。命令義務違反者には50万円以下の罰金や氏名公表となっている。また、兵庫県条例では、窒素酸化物と粒子状物質を対象物質として、対象地域に流入する排出基準に適合しない自動車の走行を禁止している。担保手段は、路上検査やカメラ検査であり、違反者には20万円以下の罰金、荷主・事業者の指名公表となっている。

　車種規制は、自動車の買い換えや低公害車の取得を促すものである。排出適合車や低公害車の取得には優遇税制（自動車取得税や自動車税の軽減）、融資（事業者が排出適合車に買い換える場合の低利融資）、低公害車普及事業などに補助金の制度がある。

2　四日市大気汚染訴訟

(1)　四日市大気汚染の背景

　四日市大気汚染の背景には、高度経済成長期における産業の重工業化に伴う硫黄酸化物（SOx）による大気汚染の深刻化がある。日本経済は、1955（昭和30）年頃から高度経済成長期に入り、エネルギー源の主役も石炭から石油に交替した。このために、大気汚染は、黒煙から透明な硫黄酸化物を中心とした汚染に変化しながら広域化していった。

　1955年頃より産業基盤整備の公共投資が行われ、産業の重化学工業化が進んだ。高度成長と重化学工業化は、制度面でみると、国土総合開発法に基づく1962（昭和37）年の第1次「全国総合開発計画」（全総）、1963（昭和38）年の「新産業都市建設促進法」、同年の「工業整備特別地域整備促進法」などにより進められた。これらの法律に基づき、太平洋岸の臨海地帯には、13地域の新産業都市、6地域の工業整備特別地域が指定され、大規模のコンビナートの建設がなされる。その結果、公害の発生源は、臨海工業地帯に立地されることになり、激しい公害被害が全国に広がった。

　新設の工業地帯は、四日市コンビナート、千葉県京葉コンビナート、岡山県水島コンビナート、名古屋市南部地域などである。一方、川崎、尼崎、北九州などの戦前からの工業地帯は、既存の製鉄所に加えて、大規模の発電所や石油精製工場を新たに立地したので、大気汚染は一層深刻になっていった（243頁の資料8-1）。

(2)　四日市石油コンビナート都市の成立

　1955（昭和30）年9月、当時の鳩山一郎内閣は、閣議決定により、旧海軍用地を三菱やシェル・グループなど民間企業に払い下げ、わが国最初の石油化学工業の育成を決定した。ここには、すでに3年前の1952（昭和27）年に三菱モンサント四日市工場が建設され、翌1953年には三菱化成四日市工場と中部電力の発電所も建設され、操業を開始し、後の塩浜コンビナート（第1

241

コンビナート）の中核工場が形成されていた。

やがて、1959（昭和34）年には、昭和四日市石油の四日市製油所が操業を開始し、中部電力は燃料を石炭から石油への転換を行った。四日市はこのようにして、石油精製、石油化学工業、火力発電、石油タンク、煙突がびっしりと立ち並んだ伊勢湾沿いの石油コンビナート都市へと大きく姿を変えていった。第1（塩浜地区）コンビナートでは、1959年4月に製油を基点に、これと連携するコンビナート各社の工場が展開し、エチレン、プロピレン、ブタン、ブタジエンなどを生産し、さらにこれを経由し、タイヤの合成ゴム原料、ポリプロピレン（繊維）、ベンゼン、トルエン（溶剤）など多様な製品を製造することになった。第1コンビナートの稼働に引き続き、第2（午起地区）コンビナートは、1963年11月に稼働する。これとともに、大気汚染は最悪の状態になっていったが、さらに、第3（霞地区）コンビナート計画が持ち上がった（資料8－1）。

それ以前の四日市は、富田浜や霞ヶ浦の浜辺に海水浴客が集まり、湾内ではたくさんの魚が獲れた。海は青く、空も青く澄んでいた。コンビナートの稼働とともに、塩浜地区の三浜小学校と中学校では、海の風によって吹き付ける有害な硫黄酸化物のガスをまともに受けて、夏でも窓を閉めなければ授業ができなかった。この地域の喘息患者の数は日増しに増えていった。

(3) 四日市大気汚染訴訟の争点

すでに第1コンビナートと第2コンビナートの稼働により、多くの被害者が発生しているにもかかわらず、四日市市議会は、1967（昭和42）年2月28日、第3コンビナート計画を賛成多数で承認した。第1コンビナートと鈴鹿川をはさんで隣接する磯津地区に住む大気汚染の被害者9名は、1967年9月1日、第1コンビナートを構成する6企業を相手取り、民法719条の共同不法行為に基づく損害賠償請求訴訟を津地方裁判所に提起した。原告9名は、すべて四日市市の制度による公害病認定病患者であり、塩浜病院に入院していた。

原告・被害者は、昭和四日市石油、三菱油化、三菱化成工業、三菱モンサント化成、中部電力、石原産業の6社に共同不法行為の責任で総額2億58万

第 8 章　大気汚染防止法

資料8-1　四日市コンビナートの地理的分布

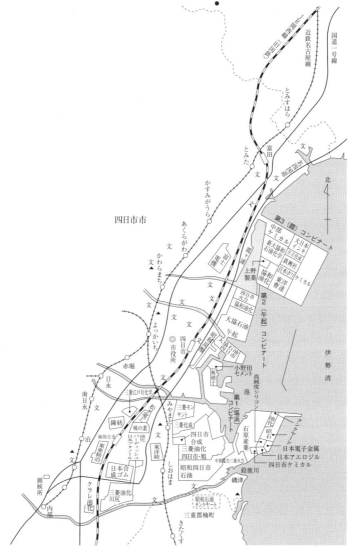

注1　第1コンビナートは1959年から、第2コンビナートは1963年から、第3コンビナートは1972年から操業を開始している。
　2　図中の企業名は建設当時の名前になっている。
(出典：小野英二『原点・四日市公害10年の記録』勁草書房、1971年を一部改変)

6,300円の損害賠償を求めた。四日市大気汚染訴訟以外の4大公害訴訟は、すべて単一の企業によるものであるが、四日市の訴訟は複数企業の事業活動によって引き起こされたものである。民法は、数人が共同の不法行為によって他人に損害を加えた場合、各自が連帯して、損害全体の賠償責任を負うものとしている（719条1項前段）。また、共同行為者のうちいずれが損害を加えたかわからない場合も、同様に、各自が連帯し、全損害の賠償責任を負うとしている（同条1項後段）。

損害賠償の請求は、4大公害訴訟の他の訴訟とは異なり、逸失利益と慰謝料の2つの請求であった。逸失利益とは、得べかりし利益、消極的利益とも呼ばれているが、不法行為がなければ、得ることができたであろうと思われる利益のことであり、病気になったとか、死亡したために失われた将来の賃金の利益や失われた営業利益である。原告側は、逸失利益の算定に当たり、被害者の早期救済を図る観点から全労働者の平均賃金を基準にして計算した。慰謝料は、死者が800から1,000万円、患者が500から800万円の請求をした。

この訴訟での争点の第1は、共同不法行為成立の立証ができるかどうかにあった。当時の通説・判例による共同不法行為の成立要件は、①各人の行為がそれぞれの不法行為の要件を備えること、②行為者間に関連共同性のあることが必要であるとされていた。しかし、この考え方をこの訴訟に適用すれば、原告側は、被告6社につき、個々の行為がそれぞれ被害をもたらす因果関係と過失責任の立証をしなければならない。さらに、被告6社の行為に関連共同性があることを立証しなければならないことになる。この立証は原告側にとって困難なことになる。

そこで、原告側では、709条の不法行為のほかに、719条の共同不法行為を規定した意味について、関連共同性（全体としての行為）と結果との因果関係を立証すれば、個々の因果関係が証明されるという意味だと主張した。被告6社の排出するばい煙と、磯津地区住民の喘息などの被害との間には疫学調査により因果関係が認められる。被告6社は、コンビナートとして関連共同性を持っており、その中でも三菱系の3社については資本的・技術的にも結びつきは一層強力であると主張した。

これに対して、被告側は、コンビナート構成の各工場は、パイプを通じて

原料や製品のやり取りを行う別企業間の通常の取引を行っているにすぎないと主張した。それゆえに、共同不法行為成立には、各社の独立した不法行為の認定が必要であるが、被告各社の不法行為の事実は存在しない。被告側は、従来の通説に従い、各社が独立した不法行為を行った事実の立証がなされておらず、6社の排出する硫黄酸化物との間には因果関係が存在しないと反論した。

争点の第2は過失責任である。原告側は、①日本の煙害事件研究史を指摘しながら、硫黄酸化物の有害性につき、被告側において予見可能性のあることは明らかである。②コンビナート構成の各工場の建設に際し、事前に影響調査・研究を怠ったので「立地上の過失」がある。また、③工場の操業を安全に管理する義務があるにもかかわらず、なんらの防止措置をとらなかったので「操業上の過失」があると主張した。

これに対して、被告側は、当時としては最新の防止措置を設置しており、注意義務を果たしていたので、故意も過失もないと主張した。しかも、コンビナート各社の事業は、国の石油化学工業の育成方針に従ったものであるうえに、国の排出基準を遵守しているので、違法性はないと反論した。さらに、三菱化成と三菱モンサントは、硫黄酸化物の排出量がきわめて少ないという理由で、連帯債務ではなく、分割責任を主張した。

(4) 四日市大気汚染訴訟判決

津地方裁判所四日市支部は1972（昭和47）年7月24日、被告6社の共同不法行為の成立を認め、原告側に総額8,821万円の損害賠償の支払いを命じる判決を言い渡した[192]。提訴から判決まで4年11ヶ月の間に、原告患者9名のうち2名は死亡した。

---

(192) 判時672号30頁。主要な批評・解説は、牛山積「公害問題と共同不法行為」判時672号3頁。淡路剛久「四日市公害訴訟判決の法的意義」判時672号7頁。東孝行「四日市公害訴訟判決の意義」判タ280号13頁。川井健「四日市公害（ぜんそく）事件」民法百選（第2版）1982年、190頁。小賀野晶一「四日市ぜんそく損害賠償請求事件」環境百選2版10頁。加藤雅信「四日市ぜんそく事件」公害環境百選（1991年）21頁。

(a) 共同不法行為と因果関係

判決はまず、共同不法行為の成立要件につき、「共同不法行為が成立するには、各人の行為がそれぞれ不法行為の要件を備えていること及び行為者間に関連共同性があることが必要である」と従来の判例・通説を述べている。しかし、その共同不法行為の成立要件の１つである因果関係については次のように述べている。

「ところで、右因果関係については、各人の行為がそれだけでは結果を発生させない場合においても、他の行為と合して結果を発生させ、かつ、当該行為がなかったならば、結果が発生しなかったであろうと認められればたり、当該行為のみで結果が発生しうることを要しないと解すべきである」。なぜならば、その行為のみで結果の発生を必要とすれば、民法709条のほかに719条を規定した意味がなくなるからであると述べている。

そして、「共同不法行為の被害者において、加害者間に関連共同性のあること及び、共同行為によって結果が発生したことを立証すれば、加害者各人の行為と結果発生との間の因果関係が法律上推定され、加害者において各人の行為と結果の発生との間に因果関係が存在しないことを立証しない限り、責めを免れないと解する」。なぜなら、「719条１項後段によれば、行為者各人の行為と結果の発生との間の因果関係が不明であるときでも、共同行為者全員が連帯債務を負うとされているのであるから、これを訴訟上の観点から見れば、被害者は、一般に（加害者不明か否かを問わず）共同行為者の連帯債務の履行を請求するときには、行為者各人の行為と結果の発生との間の因果関係まで主張立証する必要はないということになる、と解されるからである」。

判決は次に、「関連共同性」を「弱い関連共同性」と「強い関連共同性」に分けて、検討を行っている。

「弱い関連共同性」とは、結果の発生に対して一個の行為と認められる程度の一体性があればよく、被告６社工場の間には弱い関連共同性があるとして次のように述べている。

「共同不法行為における各行為者の行為の間の関連共同性については、

客観的関連共同性をもってたりる、と解されている。……本件の場合には、前認定のように、磯津地区に接近して被告6社の工場が順次隣接しあって旧海軍燃料廠跡を中心に集団的に立地し、しかも、時をだいたい同じくして操業を開始し、操業を継続しているのであるから、右の客観的関連共同性を有すると認めるのが相当である。

このような客観的関連共同性は、コンビナートの場合、その構成員であることによって通常これを認めうるものであるが、必ずしもコンビナート構成員に限定されるものではない」。

「強い関連共同性」とは、より緊密な一体性が認められる場合であり、ばい煙の排出量が少量であって、結果の発生との間に因果関係がないときでも責任を免れないことがあり、三菱油化、三菱化成、三菱モンサントの3社の工場の間に存在すると判示している。

「前認定の被告油化、同化成、同モンサント各工場の間には、特に、緊密な結合関係が見られる。

すなわち、被告3社は一貫した生産技術体系の各部門を分担し、被告油化は、前記のとおりナフサを分解して石油化学の基礎製品であるエチレン等を製造し、被告化成、同モンサントは、これら基礎製品を自社の原料として供給を受け、2次製品たる塩化ビニールや2エチルヘキサノール等を製造し、なかんずく、これら製造工程に不可欠な蒸気を自ら生産することなく、被告油化からそれぞれ相当量供給を受け、又は、受けていた。このほか、被告モンサントから被告油化及び化成へ、それぞれ製品・原料が送られていることも前記のとおりである。そして、これら製品・原料及び蒸気の受け渡しの多くは、パイプによってなされ、当該被告以外の者から供給を受けることが、技術的・経済的に不可能又は著しく困難であり、1社の操業の変更は、他社との関連を考えないでは行い得ないほど機能的経済的に緊密な結合関係を有する。

このように、右被告3社工場は、密接不可分に他の生産活動を利用しながらそれぞれの操業を行い、これに伴ってばい煙を排出しているのであって、右被告3社間には強い関連共同性が認められるのみならず、同社らの間には前記のような設立の経緯ならびに資本的な関連も認められ

るのであって、これらの点からすると、右被告3社は、自社のばい煙の排出が少量で、それのみでは結果の発生との間に因果関係が認められない場合にも、他社のばい煙の排出との関係で、結果に対する責任を免れないものと解するのが相当である」。

最後に、被告側の個別的因果関係は存在しないとの主張について、昭和四日市石油、中部電力、石原産業は、「弱い関連共同性」を持つにすぎないが、各自のばい煙と被害発生との間の因果関係も存在するとした。さらに、三菱化成の硫黄酸化物の排出量0.79パーセント、三菱モンサントは0.15パーセントにすぎないが、三菱油化を含め3社は、「強い関連共同性」があるので、免責の主張も分割責任も認められないと判示している。

(b) 故意・過失

判決は、予見可能性につき、1955（昭和30）年頃までには、硫黄酸化物排出と健康被害発生の予見が可能であったと認めている。さらに、「立地上の過失」と「操業上の過失」を次のように認め、被告側に注意義務違反違反があるとしている。

まず、「立地上の過失」としては、「本件の場合のようにコンビナート工場群として相前後して集団的に立地しようとするときは、右汚染の結果が付近の生命・身体に対する侵害という重大な結果をもたらすおそれがあるのであるから、そのようなことのないように事前に排出物質の性質と量、排出施設と居住地域との位置・距離関係、風向、風速等の気象条件等を総合的に調査研究し、付近住民の生命・身体に危害を及ぼすことのないように立地すべき注意義務があるものと解する。……被告は、その工場立地に当たり、右のような付近住民の健康に及ぼす影響の点についてなんらの調査、研究もなさず漫然と立地したことが認められ、被告石原を除く被告5社について右立地上の過失が認められる」。

次に、「操業上の過失」としては、「……その製造工程から生ずるばい煙を大気中に排出して処理する以上、右ばい煙の付近住民に対する影響の有無を調査し右ばい煙によって住民の生命・身体が侵害されることのないように操業すべき注意義務があると解される。……被告6社が……漫然操業を継続し

た過失が認められる」と判示している。

(c) **違 法 性**

判決は、違法性があるとして次のように判示している。まず、被告行為の公共性について、「本件の被侵害利益が人の生命・身体というかけがえのない重大なものであることを考えると、到底違法性を阻却するものではない」としている。次に、被告側の排出基準の遵守について、「右基準を遵守したとしても、それは行政法上の制裁を受けないにとどまり、右排出基準を遵守したからといって、被害者が当然に受忍しなければならないものとは解し難く、本件被侵害利益の重大性からすると、右基準の遵守をもって受忍限度であるとは到底認め難い」としている。

(d) **損 害 論**

判決は、損害賠償額の認定について、「喪失利益の算定については、被害者が罹患後実際にいかなる収入を上げているかということよりも、いかなる収入を上げる能力が残されているか、逆にいえば、いかなる能力が奪われたかが問題なのであり、……本件の場合は、労働能力の喪失自体を持って損害と認めるのが相当である」と判示している。

慰謝料については、原告各自の事情を検討して、死者のAに500万円、同Bに400万円、患者のCに300万円、その他の患者にそれぞれ200万円ずつ認めた。

(5) **四日市大気汚染判決の意義**

原告は、判決のあった1972（昭和47）年7月24日の午後、三菱油化と三菱化成の両社の社長を訪れて、控訴をしないように求めると、両社長は控訴しないことを言明した。他4社の被告も控訴しなかったので、津地方裁判所四日市支部の判決は確定することになった。判決確定後、第2次訴訟を準備していた被害住民104名は、被告6社と2ヶ月にわたる自主交渉を行い、会社側の示した補償額を受け入れ、妥結している。補償額の内訳は、死者1,000万円、入院患者650万円、通院患者550万円、子供300万円で、総額5億6,900万円であった[193]。

四日市判決は、共同不法行為についての判断として重要な意義を持ち、被告が控訴せず確定したので、下級審判決であるが、指導判例となっている。

判決は、719条1項前段の共同不法行為の成立につき、「各人の行為がそれぞれ不法行為の要件を備えていること」が必要だとしながらも、各行為と結果との因果関係は必ずしも必要とせず、他の行為と合して結果を発生させれば十分だとした。なぜなら、各行為のみで結果の発生が必要であるとすれば、民法709条のほかに719条を規定した意味がなくなるからであるとしている。したがって、共同不法行為の成立には、各人の行為に関連共同性があり、その関連共同した共同行為により損害が発生すれば、因果関係が認められことになる。この点は、従来の判例・通説を変更したことになる。

判決は、「関連共同性」を「弱い関連共同性」と「強い関連共同性」の2つに分けて、弱い関連共同性の認められる場合には損害との間の因果関係が「推定」されるとし、強い関連共同性が認められる場合には損害全部についての連帯責任を認めるとしている。本判決の「強い関連共同性」は、訴訟の中で主張されていた2被告企業の分割責任論を退けるために示した分類であった。強い関連共同性による因果関係が認められれば、分割責任は認められないことを明らかにしたことに意義がある。

ただし、問題は、「弱い関連共同性」のある場合には、共同行為者の各人の行為と損害との間の因果関係が存在しないことを立証すれば、因果関係の推定がくつがえされて、その行為者は賠償の連帯責任を免れるという部分である。学説には批判が多い。弱い関連共同性の場合にも、「判決としては、このような場合については、『法律上推定』ではなく『みなす』と判断すべきであったと、思うのである」[194]。同様に、少なくともコンビナートの構成員については、より強い関連共同性を認めて因果関係の存在をみなしてよかったとする批判がある[195]。これらの批判は重要である。例えば、A社とB社の排出物質が合して住民の身体に被害が発生するが、各自単独の排出だけでは被害が出ない場合、AとBには弱い関連共同性しか認められないとする

---

(193) 川名英之『ドキュメント・日本の公害（第1巻）』（緑風出版、1987年）334頁。
(194) 牛山積「公害問題と共同不法行為」前掲注（192）4頁。
(195) 森島昭夫「大気汚染」（西原・沢井編『損害賠償法講座5』）212頁。

と、それぞれ、自社の排出と被害との間に因果関係のないことを主張・立証すれば、免責されることになる。判旨のいう「弱い関連共同性」のある場合には因果関係を「みなし」、「強い関連共同性」のある場合には、むしろ民法719条2項の教唆のあったとして結論を引き出すべきであった[196]。本判決は、共同不法行為論が進展するための出発点となった。

3　大気汚染訴訟の推移

　二酸化窒素の環境基準緩和（1978年）、公害健康被害補償法の地域指定の全面解除（1988年）など環境政策の後退の結果、都市での大気汚染の状況は悪化した。このような状況を打破するために、被害者の救済と大気汚染の差止請求訴訟が全国各都市で起こされた。ここでは、これまでの大気汚染訴訟の流れをたどり、東京大気汚染事件までの各判決の到達点を眺めることにする[197]。

(1)　西淀川と川崎の大気汚染訴訟

　西淀川大気汚染訴訟は、大阪市西淀川区に住む公害健康被害補償法の認定患者と遺族が関西電力など企業10社、国道43号線・阪神高速道路大阪神戸線などを設置管理する国、阪神高速道路公団を被告として、損害賠償と差止めを求めたものである。裁判は1次訴訟原告から4次訴訟原告に分かれて進められた。この事件は、原告と企業の和解契約、国・道路公団の責任を認める判決、そして、国・道路公団との和解契約が1998（平成10）年7月に成立し、20年にわたる訴訟が終了した。

　大阪地方裁判所の1次訴訟判決は1991（平成3）年3月29日、被告企業の共同不法行為の責任を認め、連帯して損害賠償を被害者に支払うように命じた。この訴訟の最大の争点は、複数企業の工場からの排煙による大気汚染に

---

(196)　川井健「四日市公害（ぜんそく）事件」前掲注（192）190〜191頁。加藤雅信「四日市ぜんそく事件」前掲注（192）21頁。
(197)　法時73巻3号（2001年3月）の「特集・大気汚染公害訴訟の到達点と成果」所収の各論文。

対して、共同不法行為が認められるか否かにあった。被告企業側は、汚染源である工場間において取引関係など緊密な関係にある場合に限ると主張した。しかし、これは認められなかった。被告企業の複数工場からの排煙による大気汚染は、共同不法行為として成立が認められたのである。四日市判決では強い関連共同性も弱い関連共同性も両者共に民法719条1項前段の問題としていたのに対し、本判決は、弱い関連共同性について同条1項「後段」を適用することにより被害者保護を図っている。

　本判決の弱い関連共同性の認定としては、四日市判決と同様に「社会通念上全体として1個の行為」としているが、本判決特長の第1は、企業間の共同性について弱いものも含め、「弱い関連共同性」とした点である。この事件では、四日市大気汚染事件のようなコンビナートを形成していない都市の複数汚染源による大気汚染で企業の責任を認めることになった。被告企業は、地域的に散在しており、各企業の操業開始時期も異なっていた。判決は、多様な汚染源を共同不法行為と捉えることにより、より広範な複数汚染源の大気汚染事件に適用の範囲を拡大することになった。さらに、本判決特長の第2としては、被告企業の排煙がまじり合って汚染源となっている場合、弱い関連共同性であり民法719条1項「後段」が適用されるとした点にある。これにより被害者救済は、より広く認められることになった。

　この結果、まず、企業は1995（平成7）年3月、1次から4次訴訟のすべて原告被害者と和解契約を結び、被害者に謝罪し、解決金を支払うことになった。

　次に、国と被害者との和解である。被告企業と原告・被害者の和解後も、国・道路公団との間では、2次から4次訴訟で裁判が続いていた。大阪地方裁判所は、1995年7月5日、西淀川大気汚染訴訟の2次から4次訴訟で、1971年から1977年までと時代区分をしたうえで、工場排出の二酸化硫黄と自動車排出の二酸化窒素が混じりあうことによる環境影響との因果関係を認め、国・道路公団の設置・管理する幹線道路の大気汚染公害を指摘し、原告側の損害賠償請求を認めた。裁判所は、初めて自動車排ガスの健康影響を認め、十分な対策をとらなかった国と道路公団の道路管理者としての責任を認め、道路沿道50メートル以内に居住した原告に損害賠償の支払いを命じた。

しかし、差止請求は棄却した。差止請求の課題は、尼崎訴訟に引き継がれることになった。

国と道路公団は、2次から4次訴訟判決に対して控訴し、自動車排ガスの責任をくつがえそうとした。高裁での審理は続いた。しかし、道路公害被害者への国民の支援の広がりと「あおぞら財団」の「道路公害をなくす緊急提言」もあり、国と道路公団は1998（平成10）年7月28日に和解を成立させることになった。この和解の特長は、損害賠償に替えて、国と道路公団に自動車排気ガス対策を前進させる約束をさせ、その担保として両者の参加する協議機関を設置したことであった[198]。

川崎大気汚染訴訟は、東京電力、日本鋼管、東燃石油コンビナート、日石化学コンビナート各社の工場排煙（固定発生源）とともに、国と首都高速道路公団の設置・管理する幹線道路の自動車排ガス（移動発生源）を共同被告として、1982（昭和57）年3月18日に提訴された。原告は、公害健康被害補償法の認定患者とその遺族で構成され、1次訴訟から4次訴訟まで合計400名を超えるものとなった。請求内容は、損害賠償請求のほかに、二酸化硫黄、二酸化窒素（旧基準）、浮遊粒子状物質の環境基準までの排出規制・差止請求である。

横浜地方裁判所川崎支部判決は、1994（平成6）年1月25日、1次訴訟につき、二酸化硫黄と健康影響の因果関係を肯定し、加害企業の責任を認めた。しかし、二酸化窒素と健康影響の因果関係を否定し、差止請求を棄却した。その後、西淀川大気汚染事件と同様に、1996（平成8）年12月25日、原告側と加害企業との間に和解が成立した。

横浜地裁川崎支部は1998（平成10）年8月5日、2次から4次訴訟で判決を言い渡し、差止請求を棄却したが、二酸化窒素、浮遊粒子状物質と健康影響との因果関係を認め、共同不法行為で国、道路公団、神奈川県、川崎市に損害賠償を命じた。判決は、現在も進行する道路公害について、「従前の道路行政や公害環境対策を真剣に見直し、抜本的な道路公害対策と公健法に基づく指定地域の再認定を行うことは緊急な課題となっている」と指摘し、交

---

(198) 都留崎直美「西淀川大気汚染公害訴訟」法時73巻3号53頁以下。

通規制をはじめとする自動車交通量削減を中心とする公害環境対策が必要だとしている。

建設省の「川崎南部地域の道路環境改善のための道路整備方針」(1999年1月) 発表の後、同年2月、東京高裁は原告・被告の双方に和解を打診した。和解交渉が繰り返された末、1999 (平成11) 年5月に裁判上の和解が成立した。和解内容は、「本件地域の交通負荷を軽減し、大気汚染の軽減を図る」、「交通の円滑化などの交通流対策、公共交通機関の利用促進対策、交通量の抑制対策などを行う」ことを明記し、実質上、差止請求の目的を目指すものとなった[199]。

(2) 尼崎大気汚染訴訟

尼崎大気汚染訴訟は、尼崎市内に住む公害健康被害補償法の認定患者とその遺族が、関西電力を中心とする企業9社のほか、尼崎南部を東西に走る国道43号線と2号線を管理する国と阪神高速大阪西宮線を設置・管理する阪神高速道路公団を相手に、損害賠償と差止めを請求した事件である。第1次訴訟は、1988 (昭和63) 年12月、483名が神戸地裁に提訴した (長期裁判のため結審時には原告は379名に減少)。第2次訴訟には15名が加わる。請求内容は、損害賠償 (慰謝料) 総額92億6,000万円とともに、二酸化窒素 (旧基準) と浮遊粒子状物質の環境基準を超える排出の差止めの請求である[200]。

各地の大気汚染訴訟で、被告企業の共同不法行為責任を認める判決が相次ぎ、和解が成立し、企業の責任が定着する中で、企業は1999 (平成11) 年2月17日、1審判決前に原告側と和解を成立させている。被告企業9社は、原告らの環境保健と尼崎地域再生の実現目的も含め、総額で24億2,000万円を支払った。

尼崎訴訟の争いは、原告側と被告側の国・道路公団の間で続行されることになった。

尼崎大気汚染訴訟の第1審判決は、2000 (平成12) 年1月31日、神戸地裁

---

(199) 篠原義仁「川崎大気汚染公害訴訟」法時、同上、56頁以下。
(200) 判時1726号20頁以下。大塚直「西淀川事件第1次訴訟」環境百選2版34頁。新美育文「西淀川事件第2次〜4次訴訟」、同上、38頁。

で言い渡された。判決内容は、第1に、千葉大医学部の幹線道路調査の疫学的知見を重視し、国道43号と、その真上に設置された高速道路大阪西宮線の沿道50メートルの範囲内の浮遊粒子状物質（SPM）やディーゼル排気粒子（DPE）にさらされた50名の気管支喘息、ぜんそく性気管支炎の被害との因果関係を認め、国家賠償法2条1項に基づき、道路管理者の共同不法行為による損害賠償の支払いを命じた。第2に、差止請求については、請求の適法性を認め、生命・健康被害（身体権の侵害）の重大性を指摘し、国は浮遊粒子状物質の平均濃度である1時間値の1日平均0.15mg／m³を超える汚染となる排出をしてはならないと命じた。この判決は、差止めを認め、道路大気汚染訴訟で初めて排出の差止めを認めた画期的なものとなった。

1審判決に対しては、当事者双方から控訴がなされたが、2000年12月8日、原告側が損害賠償を放棄し、被告側が道路環境対策の実施に努めることを内容にする和解が成立した[201]。

(3) 名古屋南部大気汚染訴訟

名古屋南部大気汚染訴訟は、愛知県名古屋市、東海市、その周辺地域の公害健康被害補償法や名古屋市条例により公害病の認定を受けた患者とその遺族が、この地域に工場を持つ10の企業のほかに、国道1号、23号、154号、247号を設置・管理する国に対して、損害賠償と大気汚染物質排出の差止めを求めた事件である[202]。

名古屋地裁は2000（平成12）年11月27日、企業と国に対する責任を同時に判断し、原告側勝訴の判決を言い渡した。

判決はまず、損害賠償については、被告企業に対して、1961（昭和36）年から1978（昭和53）年までの硫黄酸化物中心の大気汚染による健康被害との間に因果関係があるとして共同不法行為を認めている。高度の蓋然性で立証された集団的因果関係を前提に、個別的因果関係の判断では、病気発症時期の個別事情を考慮するとともに、アトピー素因や喫煙を減額事由（民法722

---

(201) 山内康雄「尼崎大気汚染公害訴訟」法時73巻3号59頁以下。
(202) 判時1746号3頁。竹内平「名古屋南部大気汚染公害訴訟」法時、同上、62頁以下。
加藤雅信「名古屋南部大気汚染公害事件第1審判決」環境百選2版40頁。

条2項)により減額している。

次に、判決は差止請求について、尼崎大気汚染訴訟判決に引き続き、抽象的不作為請求の適法性を認め、原告の求める差止請求を認めた。請求の特定は、その危険の発生源と結果の特定でよく、強制執行も可能として抽象的不作為請求の適法性を認めたうえで、千葉大調査対象地域における浮遊粒子状物質の平均濃度である1時間値の1日平均0.159mg／m³を超える汚染となる排出をしてはならないとした。

排出差止めを命じられた国と道路公団は、控訴し、控訴審で長期裁判もいとわず、差止判決の破棄を目指す方針で進めていたが、世論の高まりの前に、ついに、2001（平成13）年8月に和解を受け入れることになった。2次と3次訴訟についても同じ内容の和解が成立した。

(4) 東京大気汚染第1次訴訟判決の検討

(a) 事件の概要

原告は、東京都23区内に居住又は勤務し公害健康被害補償法に定める指定疾病に罹患した患者とその遺族であり、国、首都高速道路公団、東京都、自動車メーカーを相手に、人格権に基づき、環境基準を超える二酸化窒素と浮遊粒子状物質の差止請求と国家賠償法（1条1項、2条1項）と不法行為（民法709条）に基づく損害賠償請求を求めた[203]。東京地裁は2002（平成14）年10月29日、東京大気汚染第1次訴訟の判決を言い渡した。この判決について、原告と被告国・道路公団は控訴したが、東京都は控訴せず、都に関する部分については判決が確定した。

争点は、①自動車排ガスと患者の疾病との因果関係（一般的因果関係と個別的因果関係）存在の有無、②道路管理者としての国、道路公団、都の国家賠償法2条1項（設置・管理の瑕疵）に基づく責任の有無、③国と都の国家賠償法1条1項（規制権限の不行使）に基づく責任の有無、④道路管理者の

---

[203] 判時1885号23頁。大塚直「東京大気汚染第1次訴訟第1審判決」判タ1116号31頁以下。小沢年樹「東京大気汚染公害訴訟」法時73巻3号65頁以下。吉村良一「大気汚染公害訴訟の流れと東京判決」（『環境と公害』32巻4号）22頁以下。西村隆雄「東京大気判決と今後の政策課題」同上、30頁以下。渡邉知行「大気汚染・東京訴訟の概要―自動車メーカーの責任をめぐって」法時73巻12号23頁以下。

共同不法行為の成否、⑤ディーゼル車を製造している自動車メーカー7社の責任（民法709条、719条）の有無、⑥差止請求の適否など多岐にわたる。

(b) **因果関係**

　判決は、まず「一般的因果関係」について、東京都23区全域の大気汚染と健康被害の発症との間の因果関係の存在を否定し、原告の主張した「面的汚染」を認めなかった。大気汚染の捉え方には、「線的汚染」と「面的汚染」の対立がある。従来の裁判では、道路沿道の「線的汚染」を認定していた。東京大気汚染訴訟では、網の目状に配置された多数の幹線道路から排出された汚染物質が地域全体を汚染している（「面的汚染」）かどうかが問題になっている。しかし、東京の汚染実態をみると、判決で因果関係があるとされた尼崎大気事件や名古屋南部大気事件の幹線道路沿道（自排局）と東京都内の被沿道（一般局）[204]の汚染を比較すれば、ほぼ同じ水準にあるので、本判決では面的汚染を認めてもよかったのではないだろうか。

　次に、「個別的因果関係」については、昼間12時間の自動車交通量が4万台を超え、大型車の混入率が相当高い幹線道路の沿道50メートル以内に居住しているものについて自動車排気ガスと気管支喘息の発症との因果関係の存在を認めた。その基準により個別に検討した結果、本件地域内には、国道（13路線）、都道（72路線）、首都高速道路（19路線）が張り巡らされており、自動車交通量が多く、大型車の混入率も多く、住民7名（認定患者6名、未認定患者1名）について、自動車排気ガスと気管支喘息との間の因果関係が認められるとしている。

---

[204]　一般局（一般環境大気測定局）とは、都道府県知事が大気汚染の状況を監視するために設置する測定局のうちで、住宅地などの一般的な生活空間の大気汚染の状況を把握するために設置された測定局をいう。自排局（自動車排出ガス測定局）とは、交差点、道路、道路端付近など、交通渋滞により自動車排出ガスによる大気汚染の影響を受けやすい区域の大気の状況を監視するために設置された測定局をいう。都道府県知事は、大気汚染の状況を常時監視し（大防法22条）、さらに交差点、道路、道路周辺区域の自動車排気ガスの濃度測定を行うものとされている（同20条）。

(c) 道路の設置・管理の責任

　判決は、本件道路の共用による自動車排気ガスのために沿道住民に気管支喘息の被害を与えた場合には、道路管理者の道路共用行為が違法な権利侵害となり、国家賠償法2条1項の道路の設置・瑕疵に該当するとしている。予見義務についてみると、二酸化窒素と浮遊粒子状物質についての環境基準や許容限度が定められるに至った1973（昭和48）年頃の時点で、道路管理者には、沿道住民が気管支喘息などに罹患するおそれのあることについて予見可能であった。また、結果回避義務についてみると、環境改善のためにとりうる方策は多様であり、道路管理者に健康被害（結果）回避の可能性もあったとしている。

(d) 道路管理者の共同不法行為

　判決は、2つの道路が近接し、交差し、又は2階建てになっており、両道路を煙源とする自動車排出ガスが渾然一体となっており、4名の居住地に影響を与えているので、国、首都高速道路公団、東京都には客観的な関連共同性があり、「共同行為」があるものとしている。さらに、これらの道路共用が共同不法行為に該当するので、各道路管理者に損害を連帯して賠償するように命じている。

(e) 自動車メーカーの責任

　判決はまず、自動車メーカーには自動車排出ガス中の有害物質について、できる限り早期に、これを低減した技術を取り入れた自動車を製造・販売すべき社会的責務があると指摘している。次に、自動車メーカー側において、1973（昭和48）年頃には膨大な数の自動車が集中し、大気汚染が発生する結果、沿道地域住民が気管支喘息などの病気にかかるおそれのあることについての予見可能性があったとしている。しかし、どの程度まで低減措置を講ずれば結果の回避が可能であるかの予見は困難であり、大気汚染被害につき結果回避義務違反はないとして、自動車メーカー側の責任を認めなかった。

　判決は、結果回避義務違反が認められるかどうかの判断に当たり、結果回避義務を自動車メーカーに課することにより、自動車メーカーと社会がこう

むる不利益の内容・程度を比較考慮すべきだとしている。これにより、大型トラック、バス、ディーゼルエンジン搭載の乗用車と小型貨物車などについては、社会的有用性からして、ガソリン車選択採用義務を課すことは相当でないと述べている。

　判決は、以上の理由で、自動車メーカー（トヨタ、日産、三菱、いすゞ、日野、日産ディーゼル、マツダの7社）の責任を認めなかった。検討の必要な点である。東京の大気汚染が改善されないのは、ディーゼル車の増加も大きな原因となっている。都内の貨物車に占めるディーゼル車の割合は、1975（昭和50）年までは20パーセント以下であったが、1990（平成2）年以降60パーセント（30万台）に増加している。一方、ガソリン車は貨物全体の4割（22万台）と少数派になった。ガソリン車に代替可能な小型・中型貨物車に関しては、国の軽油優遇税制による燃料価格差政策が背景にある[205]。深刻な大気汚染の発生が予想される場合には、自動車メーカーは、技術的にガソリンエンジンが搭載可能な車種にはガソリンエンジンを選択し、ガソリン車を製造・販売すべき義務がある。しかし、自動車メーカーは、ガソリン車からディーゼル車の生産に転換させ、新聞・テレビ広告などの販売戦略を通じて販売を拡大した。その結果、自動車メーカーは、普通トラックの分野では1960年代後半以降、小型トラックの分野では1970年代後半以降ディーゼル車化を進め、東京の大気汚染を一層深刻化させたのである。しかも、トヨタ、日産では、ガソリン普通トラックも生産（生産車の70パーセント）しているが、すべて輸出用であり、国内販売用にはディーゼル・トラックを販売している。以上の理由で、自動車メーカーには、ディーゼル車化を進め、大気汚染を深刻化させた責任（故意・過失）があったといえよう。

　東京の大気汚染は、自動車が大量に集中した結果、自動車排気ガスが集積したことにより発生したものである。今日の都市では、個々の自動車ユーザーの意思いかんにかかわらず、大量の自動車が集中し、排ガスを集積する社会の構造となっている。特に東京ではその傾向が顕著である。自動車の大量販売は、本件地域内の自動車集中を促進し、大気汚染と被害の発生をもた

---

(205)　東京都環境局『東京都のディーゼル車対策─東京の空をきれいにするために、「ディーゼル車規制」を実施します』（パンフレット、2003年）9頁以下。

らす（因果関係）。自動車メーカーは、すでに1960年代には自動車工業会の調査・研究などにより、自動車排気ガスによる大気汚染の危険を認識していた。

判決も、自動車メーカー側は、1973（昭和43）年頃には自動車が集中し、排気ガスが集積する結果、沿道住民がこれに暴露されることにより気管支喘息など呼吸器疾患に罹患するおそれのあることについて予見可能であったとしている。予見可能であれば過失の成立を認めてよいであろう。しかし、本判決は、過失について、予見可能性を前提とした結果回避義務という考え方を採用している。結果回避義務の有無の判断基準には、①権利侵害の蓋然性の程度、②被侵害利益の重大性の程度のほかに、③結果回避義務を被告メーカーに課すことにより被告メーカー側と社会がこうむる不利益の内容・程度を比較考慮すべきだとしている。判決は、③との関連で、大型トラック、バス、乗用車、小型貨物などの社会的有用性にかんがみれば、自動車メーカーにガソリン車選択・採用義務を課すことは相当ではないとして、自動車メーカーの過失責任を認めなかった。

4大公害訴訟判決では、「最高の技術をもってしてもなお住民の生命・身体に危害が及ぶおそれのある場合には、企業の操業短縮はもちろん操業停止まで要請されることもある」（新潟水俣病判決、本書35～36頁）と述べている。大審院は、1916（大正5）年に大阪アルカリ事件判決で「相当の設備」論として結果回避コストを考慮する判断枠組みを提示したが、その差戻審を含め、その後の裁判例では「相当の設備」をなしたとは認められないとして被告企業の不法行為責任を認めている。その考え方の背景には、「付近住民の特別の犠牲の下に、企業や国民一般が利益を受けるのは公平ではなく、その利益は住民に何らかの形で還元される必要があり、企業が賠償をしてその部分を製品価格に転嫁することが望ましい面がある」[206]。本件は、自動車メーカーの損害賠償責任を認め、それにつき、市場を通じて社会全体が負担すべき場合であろう。

---

(206) 大塚直、前掲注（203）37頁。

(f)　差止請求

　判決は、差止めの基準について、一定の数値を超える汚染濃度の大気に一定期間暴露した場合、健康被害が生じる高度の可能性があることが証明されなければならないとしている。本件では、差止めの基準となる二酸化窒素と浮遊粒子状物質など大気汚染物質の濃度を認定することができないので、差止請求は認められないとしている。

　過去の損害賠償が認められただけでは大気汚染公害の解決にはならない。汚染状況を改善しなければ、被害者の病状は改善せず、新たな患者も発生する。ここに、大気汚染物質の差止めを求める必要性がある。判決は、行政の目標としての環境基準が差止めの基準になりえないとした。しかし、抽象的不作為請求であっても適法であるとし、差止めの基準は、原告らの健康被害が発生することが高度の蓋然性をもって予測しうる濃度でなければならないとし、この基準を認定できないとして差止請求を棄却した。本判決の判断枠組みによれば、12時間・4万台・50メートル以内の被害者に損害賠償を認めているので、少なくとも、この基準を用いて、差止めを認めてもよかったのではないだろうか。東京23区の汚染濃度は、尼崎判決、名古屋判決の差止め基準を上回っているので、差止請求を認める必要はあったと思われる。

4　大気汚染訴訟の到達点

　大気汚染訴訟の進展は、複数汚染源の大気汚染事件に広く適用されることになった共同不法行為論、公権力発動不適法論の綻び、抽象的不作為を命じる差止請求の適法性を認めた差止請求論の分野に見られる[207]。

(1)　共同不法行為の進展

　共同不法行為では、コンビナートを形成しない複数の汚染源による大気汚染事件で企業の責任が認められた。西淀川事件第1次訴訟判決によれば、四日市大気汚染事件と異なり、被告企業は地域的に散在しており、各企業の操

---

(207)　吉村良一「環境民事訴訟—公害・環境民事訴訟の展開を中心に」（日本弁護士連合会編『ケースメソッド環境法』第3版）14～31頁。

業時期も異なっていたが、関連共同性を強い関連共同性と弱い関連共同性に分け、弱い関連共同性の場合、民法719条1項の「後段」を適用し、被告側で事故の寄与の程度についての反証がない限り連帯責任を負うとした。

(2) 抽象的不作為差止請求の不適法論の綻び

民事差止請求では、もう1つの問題となっていた「抽象的不作為差止請求の不適法論」が適法とされたことにある。差止請求は、加害者に対して、一定の作為又は不作為を請求することにある。「40メートルの高層マンションについて、20メートル以上の部分を取り壊せ」といったように作為を請求することもある。この場合は特定性があるので問題はない。

しかし、大気汚染訴訟で原告住民の差止請求では、浮遊粒子状物質、二酸化窒素、あるいは二酸化硫黄を原告ら居住地で環境基準を超えるような排出をしてはならない」といったような不作為を請求することになる。このように被告がとるべき具体的な措置を明示していない請求は、請求に特定性がないので、抽象的不作為命令を求める訴えであり不適法だとする判例の流れがあった[208]。

他方、近時、抽象的不作為差止請求は適法であるとの判例が続き、その適法化の流れが固まった。西淀川2次～4次訴訟判決（1995年）[209]、国道43号線最高裁判決[210]、川崎2次～4次訴訟判決（1998年）[211]は、いずれも差止請求を棄却したものの、抽象的不作為請求を適法として審理に入っている。

さらに進んで、2000（平成12）年1月31日の尼崎大気汚染訴訟判決[212]、同年11月27日の名古屋南部大気汚染訴訟判決[213]は、いずれも、抽象的不作為請求の適法化だけでなく、原告の差止請求も認めた。これにより抽象的不作

---

(208) 国道43号線訴訟第1審判決（神戸地判昭和61年7月17日、判時1203号1頁）、西淀川大気汚染事件第1次訴訟判決（大阪地判平成3年3月29日、判時1383号22頁）など。
(209) 大阪地判平成7年7月5日、判時1538号17頁。
(210) 最判平成7年7月7日、判時1544号18頁、判夕892号124頁。
(211) 横浜地川崎支判平成10年8月5日、判時1658号3頁。
(212) 神戸地判平成12年1月31日、判時1726号20頁、本書254～255頁。
(213) 名古屋地判平成12年11月27日、判時1746号3頁、本書255～256頁。

為差止請求の適法化は固まったと見ることができる[214]。

---

(214) 淡路剛久「大気汚染公害訴訟と差止論」法時73巻3号（2001年）9～10頁。

第9章　低炭素社会づくりの法

　低炭素社会とは、地球温暖化の原因となる温室効果ガスの排出量が少ない社会であって、排出量と吸収量が同じとなる状態（カーボンニュートラル）を目指す社会をいう。吸収とは、森林、海の植物などが二酸化炭素を吸収することである。二酸化炭素の排出量が、吸収量と同じレベルに減れば、望ましい低炭素社会といえる。低炭素社会づくりには、再生可能エネルギーの活用、無駄なエネルギーの削減、エネルギー効率の向上を図るとともに、循環型社会、自然共存社会づくりとの連携も必要になる。

1　日本の地球温暖化対策

(1)　京都議定書目的達成計画

　政府は、地球温暖化対策の推進に関する法律（地球温暖化対策法）8条に基づき、2005（平成17）年4月28日に「京都議定書目的達成計画」を新たに決定した。その後、2006（平成18）年に一部変更があり、2008（平成20）年3月28日に全部改正がなされた。

　京都議定書目標達成計画（目標達成計画）とは、地球温暖化対策の基本的な考え方、京都議定書の6パーセント削減約束を達成するための温室効果ガス別の目標値、6パーセント削減を実現するための施策が述べられている。

　目標達成計画は、2012（平成24）年までに、①森林吸収分（3.8パーセント）と②京都メカニズム（1.6パーセント）で合計5.4パーセント削減する。さらに、③排出抑制対策・施策では、0.8～1.8パーセント削減するとしていた。

　2008年改訂目標達成計画では、排出抑制の追加対策として、①産業界の自主行動計画、②住宅・建築物の省エネ性能の向上、③トップランナー機器などの対策、④工場・事業場の省エネ対策の徹底、⑤自動車の燃費の改善、⑥

中小企業の排出削減対策の推進、⑦農林水産業、上下水道、交通流などの対策、⑧都市緑化、廃棄物・代替フロンなどの対策、⑨新エネルギー対策の推進が盛り込まれた。

横断的施策の追加対策としては、①排出量の算定・報告・公表制度、②国民運動（クールビズ、省エネ製品の選択など）の展開が述べられている。

(2) 地球温暖化対策法

地球温暖化対策法は、地球温暖化対策につき、「京都議定書目標達成計画」を定め、経済活動による温室効果ガス排出の抑制措置をとり、国民の健康で文化的な生活の確保と人類の福祉に貢献することを目的にしている（1条）。

「地球温暖化対策」とは、温室効果ガス排出の抑制、植物などによる二酸化炭素の吸収作用の保全と強化、国外での地球温暖化防止を図る施策をいう（2条2項）。「温室効果ガス」とは、①二酸化炭素（CO_2）、②メタン（CH_4）、③一酸化二窒素（N_2O）、④ハイドロフルオロカーボン（HFC）、⑤パーフルオロカーボン（PFC）、⑥六弗化硫黄（SF_6）の6種である（2条3項）。「温室効果ガス総排出量」の計算は、二酸化炭素の温暖化に及ぼす影響を1として、他のガスの影響度を地球温暖化係数として、それぞれのガス排出量に係数をかけて合計量を計算することになる（2条5項）。

事業者と国民は、事業活動と日常生活において、温室効果ガス排出の抑制に努めることになっている（5条、6条）。京都議定書目標達成計画には、温室効果ガス排出量が多い事業者の排出抑制措置の策定と公表に努める計画事項を定めること（8条2項8号）とある。

2005年改正法は、京都議定書の発効を受けて、温室効果ガスを一定程度以上排出する者が温室効果ガス排出量を算定し、国に報告を義務付け、国が報告されたデータを集計・公表する制度を導入した（21条の2〜21条の10）。この温室効果ガス排出量算定・報告・公表制度の趣旨は、排出者自らが排出量を算定することにより、自主的取組のための基盤を確立するとともに、情報を公表することにより、取組を進めることにあるとされている。報告様式は、省エネ法の定期報告様式と併用になっている。初回報告は2007年度から行われている。

2008年改正法の第1点は、業務部門の排出量の増加に対する追加対策であるが、算定・報告・公表制度について、事業所単位(施設や店舗)から事業者単位(企業)・フランチャイズチェーン単位へと移行したことにある(21条の2第2項)。この改正は、業務部門を中心に適用対象を拡大することになった。

　第2点は、地方公共団体実行計画の拡充であり、地方公共団体の行う事務・事業に限定せず、区域全体の温室効果ガスの排出抑制のための施策を行うように求めることになった。地方公共団体実行計画には、①太陽光、風力、バイオマスなど再生可能エネルギーの導入支援、②事業者や住民の行う温室効果ガス排出の抑制活動の促進、③公共交通機関の整備、都市内緑地の整備・保全によるヒートアイランド対策などの実施、④循環型社会の形成に関する事項も定めることになった(20条の3第3項)。地方公共団体実行計画の策定・実施に当たっては、連絡調整を行うために、地方行政機関、事業者、住民などが参画する「協議会」を組織できることができる(20条の4)。

　京都議定書第1約束期間は2012(平成24)年をもって終了した。日本は第2約束期間(2013年〜2020年)に参加していないが、2013年以降も引き続き地球温暖化対策に取り組むとしている。

(3) 省エネ法

(a) 背　　景

　「エネルギーの使用の合理化等に関する法律」(省エネ法)は、1970年代の2度にわたる石油危機による原油価格の高騰に対応し、省エネが強く叫ばれたことを受けて、1979(昭和54)年6月に制定された。本法は今日、化石燃料の保護だけでなく、大気汚染防止や地球温暖化防止にも期待が持たれている。省エネ法の改正(1998年、2002年、2005年、2008年)は、1997(平成9)年12月に採択された京都議定書により、一層、エネルギーの使用の合理化を進める必要が出てきたことを受けたものであった。省エネ法は、地球温暖化対策法と両輪の輪として省エネと温暖化対策に効果を持ちうる制度といってよい。しかし、1998年改正では、二酸化炭素の削減どころか、削減目標を大きく上回る排出量の進行を抑えることもできなかった。

二酸化炭素は、温室効果ガスの中心になっているが、日本の排出量の約9割がエネルギー使用から発生しているので、削減目標の達成のためには省エネの促進が重要になってきた。そこで、京都議定書が2005（平成17）年2月に発効したことに伴い、省エネ法も同年に削減目標を達成するための改正がなされた。さらに、2008（平成20）年には、京都議定書の第1約束期間（2008～2012年度）の最終年度を控え、地球温暖化対策法の改正と歩調を合わせつつ改正が行われた。

(b) **目的と定義**

　省エネ法の目的は、燃料資源の有効利用を図るために、工場、輸送、建築物、機械器具などの「エネルギー使用の合理化」（省エネ）の措置を講じて、経済発展に寄与することを目的にしている（1条）。地球温暖化対策法の目的は、温室効果ガスが大気中に放出され、地球環境に被害が及ぶことを防ぐために、地球温暖化対策の推進を図り、現在と将来の国民の健康で文化的な生活の確保と人類の福祉に貢献することを目的としている（温対法1条）。
　省エネ法は、さらなる石油危機が来ても国民生活が混乱しないように配慮した法律なので、エネルギーを使用する様々な場合に対処するように規定している。個別のエネルギー使用の場合に省エネの対策措置を設けて化石燃料を抑制しようとしている。省エネ法と地球温暖化対策法は、それぞれ、制定された背景と報告内容は異なるものの、低炭素社会を実現するために必要な措置を講じている点では共通している。
　省エネ法で「エネルギー」とは、燃料、熱及び電気などをいう（2条1項）。「燃料」とは、原油、揮発油（ガソリン・ベンジンなど）、重油（分留の残り）、天然ガス、石炭、及びコークスなどをいう（2条2項）。

(c) **基本方針と判断基準**

　経済産業大臣は、エネルギー使用の面で大きな割合を占めている工場・事務所・事業場（工場等）の事業者、輸送事業者、建築物の建築主、機械器具の製造者や輸入業者の省エネの努力目標となる「基本方針」を定め、公表する（3条）。

さらに、経済産業大臣は、工場の省エネを図るために、「工場等事業者の判断基準」となる事項を定めて、公表する（5条）。経済産業大臣と国土交通大臣は、「貨物輸送業者・荷主・旅客輸送事業者の判断基準」となる事項（52条、59条、66条）、建築物の省エネを図るために「建築主の判断基準」となる事項を定めて公表する（73条）。さらに、経済産業大臣は（自動車の判断基準は国土大臣とともに）、機器ごとに「製造事業者の省エネの判断基準」となる事項を定めて、公表する（78条）。

(d) **工場・事務所・事業場への省エネ措置**
　本法は、一定規模以上の工場・事務所・事業場（第1種エネルギー管理指定工場等と第2種エネルギー管理指定等工場）に対して、エネルギー使用状況の定期報告、省エネ目標達成のための中長期計画の作成・提出、エネルギー管理の組織づくりなどを義務付けている。

　「第1種エネルギー管理指定工場」は、エネルギーの年度使用量が3,000キロリットル以上の工場であり、省エネを特に進める必要のある工場として指定されたものである（7条の4）。第1種事業者は、判断基準にそって省エネを実施する「努力の義務」のほか、エネルギー管理者の選任（8条）、エネルギーの使用量・消費設備・省エネ設備の設置改廃などの報告（15条）、省エネ目標達成のための「中長期計画」作成と提出（14条）、定期報告（15条）などの義務を負う。

　工場事業者の省エネの取組が判断基準に照らして「著しく不十分であると認められるとき」、主務大臣は、判断根拠を示して、指示・命令ができる（16条）。指示・命令違反には100万円以下の罰金の規定がある（95条2号）。

　「第2種エネルギー管理指定工場」は、エネルギーの年間使用量が1,500リットル以上であって、第1種エネルギー管理指定工場等以外の工場であるが、第1種の工場等に準じて省エネを図る必要があるとして指定された工場等である（17条）。規制内容は、判断基準にそって省エネを実施する努力義務、エネルギー管理の組織づくり義務、エネルギー使用状況の記録、定期報告の義務などである。判断基準に照らして、著しく不十分なとき、主務大臣は、指示・命令ができる（16条）。指示・命令違反には100万円以下の罰金の

規定がある（95条2号）。

2005年改正法では、従来分離して管理していた「熱」と「電気」を一体とする管理を義務付けた結果、事実上、指定工場の裾切り値を引き下げ、対象工場数を約10,000から13,000工場に拡大した。例えば、ある工場の電気が750キロリットルで、熱が800キロリットルであった場合には、旧法であれば、電気と熱の基準が別々だったので、いずれの基準にも達成しないため、指定されなかった。しかし改正法では、合算するので、1,550キロリットルになり、第2種特定事業者に指定されることになる。

工場に比べて、業務部門のスーパーや百貨店、オフィスビル、ホテル、飲食店、レジャー施設、学校などの省エネルギーは進んでいなかった。省エネ法の適用対象は、産業部門（工場）で87パーセントが対象となっていたが、業務部門では13パーセントにすぎなかった。なぜなら、年間1,500キロリットル（原油換算）の事業所を対象にしていたので、工場が対象になっていた。業務部門のオフィスビルや小売業の店舗は、1施設当たりのエネルギー消費量が少ないので、省エネ法の対象ではなかった。

そこで、2008年改正法では、工場に対する規制並みの厳しい省エネルギー規制を業務部門にも課すために、適用対象を事業所単位ではなく事業者（企業）単位にすることにした。以前には、事業所単位で規制されていたが、改正法により事業者（企業）単位でエネルギー管理をすることになったので、企業単位ですべて合計して計算することにより、適用対象が拡大することになった。

さらに、2008年改正法は、コンビニエンスストアのように、一店舗としては個人経営だが、チェーンの店舗をすべて合わせ、1,500キロリットル以上のエネルギーを使用していれば、「特定連鎖化事業者」（フランチャイズチェーン）の店舗をすべて合わせて省エネ法の対象とすることにしている。この場合、フランチャイズの本部が規制対象となり、それぞれの店舗に省エネ対策を実施していくことになる。

業務部門の対象は、事業者単位（企業単位）の導入と連鎖化事業者の導入により、約1割から5割に拡大することになった。これにより、電気代に換算すれば、全店舗・施設合わせて、毎月800万円以上となれば、省エネ法と

地球温暖化対策法の適用対象になるとされる。例えば、食品のスーパーマーケットの場合、標準的な店舗で300坪（年商10～20億円）を想定すれば、8店舗もあれば、1,500キロリットルになる。コンビニエンスストアの場合、標準的店舗100坪（年商1.6～2.3億円）を想定すれば、15店舗もあれば、1,500キロリットルに達する[215]。

(e) **運輸への省エネ措置**

　輸送事業者（貨物・旅客）と荷主を省エネ法の対象とする規定は2005年改正で新設されたものである。貨物輸送の省エネを図るために、省エネの判断基準を定め、貨物輸送事業者（52～57条）、荷主（58～65条）、旅客輸送事業者（66～69条）の大規模な事業者に対して、届出、中長期計画の作成、定期報告、勧告、命令ができる規定が設けられた。

　「特定輸送事業者」（保有車両数がトラック200台以上、鉄道300両以上）は、中長期計画の提出、エネルギー使用状況の定期報告の義務がある（55条、56条、69条）。判断基準に照らして著しく不十分であるとき、大臣は勧告、公表、命令できる（57条、69条）。

　「特定荷主」（年間輸送量が3,000万トンキロ以上）は、計画の提出、委託輸送に関するエネルギー使用状況の定期報告の義務を負い（62条、63条）、主務大臣は、判断基準に照らし著しく不十分であるときは勧告、公表、命令ができる（64条）。

　「航空輸送」については、輸送能力が一定以上の航空輸送事業者に対する指定、届出、中期計画の作成、定期報告、勧告、命令の措置がとられる（71条）。

(f) **住宅・建築物への省エネ措置**

　「第1種特定建築物」（延べ床面積2,000平方メートル以上の住宅を含む建築物）の新築、大規模改修を行う建築主・所有者（特定建築主など）は、所管官庁（都道府県など）に省エネ措置の届出をしなければならない（75条）。所管官庁は、

---

[215] 村井哲之『省エネ法・温対法対応究極マニュアル』（環境新聞社、2008年）33～34頁。

判断基準に照らし著しく不十分であるときは変更の指示、命令ができる（75条2・4項）。

「第2種特定建築物」（延べ面積2,000平方メートル未満で300平方メートル以上の建築物）の新築、増改築には届出義務があり（75条の2第1項）、不十分であれば、勧告がなされる（同条第2項）。

2008年改正法は、家庭部門と業務部門の省エネルギー対策を強化するために、以上のように、①大規模な住宅・建築物の担保措置として指示、公表だけでなく、「命令」を追加し、②中小規模の住宅・建築物にも届出義務を追加した。

(g) 機械器具への省エネ措置

機械器具製造事業者・輸入業者の省エネの努力義務である。エネルギーを消費する機械器具の製造又は輸入事業者（製造事業者等）は、機械器具の性能向上を図ることにより、省エネに資するように努めなければならない（77条）。経済産業大臣は、対象機器ごとに製造事業者等の判断基準を定め、公表する。自動車については、経済産業大臣及び国土交通大臣が作成・公表する（78条1項）。

省エネルギー基準の設定方法についてみると、従来が「平均的製品」を基準にしていたが、これを改め、1998年改正法は「トップランナー方式」を導入した。2005年改正は、トップランナー方式の運用を拡大することになった。トップランナー方式とは、エネルギーを多く使う機器とか、車とか特定の機器に対して、現在商品化されている製品のうち、エネルギー消費効率が最も優れている機器（トップランナー）の性能水準を目標値とするものである。

対象機械器具は、従来の①ガソリン乗用車、②エアコン、③照明器具（蛍光灯）、④テレビ、⑤複写機、⑥電子計算機、⑦磁気ディスク装置、⑧ガソリン貨物自動車、⑨VTRの9種の機器に加えて、⑩電気冷蔵庫、⑪ディーゼル自動車、⑫ディーゼル貨物自動車など22品目に加え、2005年改正法で、液晶、プラズマTVなどが追加されることになった。

2 地球温暖化対策の新たな展開

(1) 地球温暖化対策とビジネスチャンス

　温暖化防止対策は、経済への打撃ではなく、低炭素社会と循環型社会に踏み出す絶好のチャンスになっている。環境に配慮したビジネスは、太陽光発電、風力発電、小水力発電、バイオマス発電などの再生可能エネルギー、省エネ型の家電器具（冷蔵庫・エアコン・洗濯機・照明器具など）、無公害・省エネ型の自動車、太陽熱温水器、高断熱・高気密住宅、長持ちする住宅、再生紙など沢山ある。

　環境に配慮した商品やサービスを普及させる目的の「グリーン購入法」が2001（平成13）年4月1日に施行された。政府や行政独立法人は、本法に基づき、省エネ型のオフィス機器や自動車などの環境配慮製品の購入を義務付けられた。自治体も調達方針の作成が努力義務とされ、企業や国民も、できる限り環境配慮製品を購入する責務があるとされている。「グリーン購入条例」作りも進んでいる。消費者の側からも環境配慮型企業育成のための圧力が働くことになった。

　持続的発展が可能な社会の形成は、先進国のためだけではなく、途上国の発展する権利を保障するためにも必要になる。途上国が先進国の歩んだ道をたどるとしたら、低炭素社会づくりの目的は、到底達成できなくなる。欧米諸国や日本のたどってきた道を通過せず、バイパスを抜けて持続的発展が可能な豊かな社会に到達できるのではないか。そのためにも、日本は、持続的発展が可能な社会を率先して築き上げて、途上国に伝える必要がある。

(2) 地球温暖化防止のための新たな3政策

　地球温暖化防止を進めるための新たな法政策とは、再生可能エネルギーの固定価格買取制度（本章3）、地球温暖化対策税（本章4）、国内排出量取引制度（本章5と6）の導入である。ようやく、有効な温暖化対策が追加されるようになった。

第1に、再生可能エネルギー固定価格買取制度は、再生可能エネルギーの導入と拡大を促進する法政策であるが、二酸化炭素の削減を進めると同時に、エネルギー自給率の向上による安全保障、新産業の育成、雇用拡大、エネルギー自活の地域経済の推進に役立つ。

第2に、地球温暖化対策税は、石油、天然ガス、石炭などの化石燃料に対して、二酸化炭素の排出量（環境負荷）に応じて課税するものであり、二酸化炭素の排出抑制を促し、再生可能エネルギー導入の促進につながる。

第3に、国内排出量取引制度は、国の温室効果ガスの排出総量を設定し、総量排出削減目標を確保するために、企業ごとに排出量（枠）を割り当て、企業同士での排出量の取引を認める制度である。排出量取引は、市場での経済的インセンティブを活用し、新技術の導入や排出枠の購入など対策の選択肢を増やし、社会全体の削減費用を最小にすることができる。

以下、地球温暖化対策を進めるための主要な3政策を順次説明する。

3 再生可能エネルギーの固定価格買取制度

(1) 固定価格買取制度の概要と目的

再生可能エネルギーの固定価格買取制度は、2011（平成23）年8月26日に成立した「再生エネ買取法」[216]に基づき、太陽光、風力、バイオマス発電などの再生可能エネルギーにより発電した電気を固定価格（国が定めた価格）で一定期間にわたって、電気事業者（電力会社）に買い取ることを義務付けることにより、再生可能エネルギーの利用拡大を図る制度である。再生エネ買取法は、福島第1原発の事故後、安全で、地方分散型、使用しても減ることのない再生可能なエネルギーへの転換に注目が集まり、地球温暖化対策に役立つ制度として期待されて成立した。

再生可能エネルギーによる発電事業の実施者は、再生可能エネルギーで作った電気を電力会社の送電線につないで送電する。これに対して、電力会

---

(216) 正式名は、「電気事業者による再生可能エネルギー電気の調達に関する特別措置法」といい、2012年7月1日に施行された。

社は、送電された発電量に応じ、国が定める期間、決められた価格で買い取り代金を支払う。再生可能エネルギーを買い取るための費用は、賦課金という形で国民利用者の電気料金から徴収される。

再生可能エネルギー導入拡大は、エネルギー自給率の向上、地球温暖化対策、新たな産業の育成とともに、まちづくりや社会変革にとっても必要になっている。

再生エネ買取法の目的は、再生可能エネルギーの利用を促進することにある。また、再生可能エネルギーを促進することにより、国際競争力の強化、産業の振興、地域の活性化、国民経済の健全な発展に寄与することにある（1条）。

(2) 買取対象

買取の対象は、再生可能エネルギーであるが、実用化された再生可能エネルギーとしての太陽光発電、風力発電、中小水力発電、地熱発電、バイオマス発電の5種類となっている。

業務用の場合、買取対象は「発電量の全量」となっている。ただし、家庭用の場合、住宅用発電、例えば、住宅用の太陽光発電等（10キロワット未満）は、買取対象が「余剰電力」となる。中小水力発電は3万キロワット未満の発電になっている。

(3) 買取価格と買取期間

買取価格は、長期間であって、適正な利潤が出るような価格になれば、再生可能エネルギーへの投資が増え、再生可能エネルギーの導入拡大が進む。しかし、買取価格が低く抑えられ、短期間であれば、導入拡大が進まない。買取の費用は、電気料金に上乗せさせられるので、買取価格が高すぎるとか、買取期間が長期間であれば、家庭や企業の負担が増える。買取価格と買取期間の決定は、再生可能エネルギーの普及拡大と消費者の負担との間のバランスをとることが重要になる。そこで、再生エネ買取法によれば、経済産業大臣は、買取価格と期間を定めるとき、関係大臣と協議し、意見を聞くとともに、「調達価格等算定委員会」の意見を聞くことになるが、この委員会の意

見が尊重されることになっている（3条5項）。調達価格等算定委員会は、5人の委員で組織され、その委員は両議院の同意を得て、経済産業大臣により任命される（32条、33条）。調達価格等算定委員会の案（2012年4月27日）が取りまとめられ、パブリック・コメントを経て、同年6月18日に経済産業大臣の告示がなされた。

(4) 電気事業者の接続義務

電気事業者は、再生エネ事業者（特定供給者）から変電用、送電用、配電用の電気工作物との接続することが求められたときは、原則として、接続を拒否できない。拒否できる場合とは、①再生エネ事業者が接続に必要な費用を負担していないとき、②円滑な供給に支障があるとき、③「経済産業省令で定める正当な理由があるとき」に限られている（5条1項1～3号）。再生エネ事業者は、再生可能エネルギー設備を導入したとしても、接続を拒否されれば、せっかく設備を設置しても、売却することができず、損害を受けることになる。

第1に問題になるのは、上記③の経済産業省令で定める正当な理由によれば、電気の供給量が需要量を上回ることが見込まれる場合に、電気事業者は、再生エネ事業者の供給する再生可能エネルギー電気を補償なく抑制することができるとしている点であろう（省令46号、6条3号）。電気事業者が電気の供給量が需要量を上回ることが見込まれることを理由にして出力抑制を要請すれば、再生エネ事業者に損害が生じる。したがって、このような抑制を防止するためには、再生可能エネルギーの優先接続（給電）の原則を明記し、抑制は、原子力発電や火力発電など旧来電気を先にし、再生可能エネルギーを後にするべきであろう[217]。欧州諸国の法律では再生可能エネルギーの優先接続が明記されている。

北海道北部や東北で懸念されている拒否理由は、送電網が弱いために、再生可能エネルギーの発電量が増えると、送電トラブルを起こしかねないこと

---

(217) ドイツ再生可能エネルギー法（EEG）5条1項は、再生可能エネルギー優先の原則を規定し、再生可能エネルギー発電は伝統的な発電よりも優先して送電網に接続されなければならないとしている。

を理由に接続拒否の可能性がある。

　第2の問題は、上記①の再生エネ事業者が接続に必要な費用を負担していないとき、電気事業者（送電側）は拒否できるとなっているが（5条1項1号）、むしろ、電気事業者の負担とすべきであろう。スペインやオーストリアなど欧州の多くの国では、各発電所からの連系費用は送電側の負担となっている[218]。風力発電所や小水力発電所は、人里離れた産地や海岸に設置されるので、接続可能な送電線のあるところまで自分で枝線を張らなければならない。その結果、日本の再生可能エネルギーは海外よりも高くなってしまう[219]。

　電気事業者が正当な理由なくして接続を行わなければ、経済産業大臣は、勧告し、また、勧告の措置をとらなければ、措置命令を命じることができる（5条3・4項）。措置命令に違反した者は100万円以下の罰金に処される（45条）。

(5) 電気使用者に対する賦課金

　電気事業者は、納付金に充てるため、電気使用者から賦課金を請求する。賦課金の額は、電気使用者の消費した電気の量に納付金単価を乗じた額となる（16条1・2項）。電気事業者の買取費用は、使用者の電気料金に上乗せされることになる。使用者の負担する金額（賦課金の単価）は、電気事業者が買い取った実績に基づき費用負担調整機関で調整される。2012（平成24）年6月18日の経済産業省の告示によれば、初年度（7月から翌年3月まで）の再生可能エネルギー賦課金は、標準家庭の負担水準で見れば、全国平均で87円／月となった。

　再生エネルギーの固定価格買取制度は、再生可能エネルギーの促進を目的にする制度であり、再生可能エネルギーを増やし、地域にある太陽光、風、

---

(218) ドイツ法によれば、送電管理者は、再生可能エネルギーの購入・送電・配電を保障するために送電網を最適にし、昇電し、拡張する義務を負うとしている（EEG 9条1項）。しかし、例外として、送電管理者は、「経済的に不合理」である場合にはその義務はないとも規定している。
(219) eシフト（脱原発・新しいエネルギー政策を実現する会）編『脱原発と自然エネルギー社会のための発送電分離』（合同出版、2012年）70頁。

森林などの資源を活用し、地域の再生に役立つ。賦課金の意味も、やがては、地域の住民と自治体の利益に結び付くようにすべきであろう。

4　地球温暖化対策税

(1)　地球温暖化対策税の意義

　地球温暖化対策税とは、温暖化の原因となる二酸化炭素を排出する化石燃料（石油・石炭など）を対象にして、その炭素の含有量に応じて課する税である。石油や石炭など化石燃料に炭素含有量に応じた税金を課せば、化石燃料が高くなるので、人の行動は、経済的に有利な行動を選択し、省エネを図り、あるいは再生可能エネルギーを導入し、燃料の使用量を減らすことにつながる。地球温暖化対策税は、従来の「規制的措置」や「自主的取組」では、二酸化炭素の削減が難しい民生部門、運輸部門、産業部門の削減にも有効な政策措置となる。

　環境税は、環境に負荷を与える商品や行為に課税し、その値段を高くすることにより、その使用を減らし、環境保全に貢献する税である。環境税は、規制的手法とは異なり、経済的手法と呼ばれている。課税客体により分類すれば、温暖化に負荷を与える商品や行為に課税する「地球温暖化対策税・炭素税」、産業廃棄物には処理費用の汚染者負担の意味で「廃棄物税」、農薬には自然を破壊するので「農薬税」、環境を汚染する使い捨て容器には「使い捨て容器税」などが考えられる。地球温暖化対策税は環境税の一種である。

　地球温暖化対税の特長は、第1に、合理的で実効性のある政策措置である。対策をとる者は、省エネ対策など二酸化炭素の排出削減をとればとるほど税金の額が安くなるので、削減対策をとろうとする意欲が湧いてくることになる。規制的措置では、日本の全世帯の4,600万世帯（人口1億2,000万人）を規制できないが、地球温暖化対策税であれば、エネルギーの使用量を減らすことが経済的に有利になるので、すべての人に省エネを促すことができる。地球温暖化対策税は、産業部門で省エネや燃料の転換を図る行動を促すだけでなく、民生部門の業務と家庭ではオフィス・住宅の省エネ促進、効率の良い

機器の選択を促進するとともに、運輸部門では二酸化炭素排出の少ない交通機関を選択し、ハイブリット車のような燃費の良い自動車を選択することになる。

　第2に、公平な政策措置でもある。地球温暖化対策税は、すべての人に対して、それぞれ自分の排出した二酸化炭素の排出量に応じた費用を負担する制度であるので公平である。規制的措置では、例えば、省エネ法の第1種・2種エネルギー管理指定工場などのような大規模事業者（268頁）にのみ適用されるにすぎないが、地球温暖化対策税ではすべての者に排出量に応じた負担を求めることになる。また、「自主的取組」であれば、一生懸命に対策をとる者は、とるほど損をするが、地球温暖化対策税はすべてのものに適用されるので公平である。

(2) 地球温暖化対策税の導入

　地球温暖化対策税は、2012（平成24）年3月30日に「租税特別措置法等の一部を改正する法律」が国会で成立し、同年10月1日より施行されることになった[220]。第4次環境基本計画（2012年4月）によれば、日本では低炭素社会の実現に向けて、2050年までに80パーセントの温室効果ガスの排出削減を目指しており、地球温暖化対策が重要な課題となっていた（PDF版69頁）。日本で排出される温室効果ガスの約9割は、エネルギー利用による二酸化炭素であり、エネルギー起源の二酸化炭素の排出抑制の対策が必要とされていた。このような背景を踏まえて、地球温暖化対策税の導入は、再生可能エネルギーの推進や省エネ対策とともに、化石燃料による二酸化炭素排出の抑制強化をすることになった。

　改正法は、全化石燃料を課税ベースとする現行の石油石炭税に二酸化炭素の排出量に応じた税率を上乗せする方法で地球温暖化対策税を課す特例を設けるものである。上乗せする税（地球温暖化対策税）率は、原油と石油製品には1キロリットルにつき760円、ガス状炭化水素（石油ガス、LPG、天然ガス、LNG）は1トンにつき780円、石炭は1トンにつき670円とされている。

---

(220)　地球温暖化対策税の導入についての資料は、環境省、国税庁、経済産業省などのホームページに掲載されている。

第 9 章　低炭素社会づくりの法

　原油・石油製品、ガス状炭化水素、石炭の税額は、上乗せ分を含めれば、2012年10月 1 日以降、原油と石油製品が 1 キロリットルにつき2,800円（760円上乗せ）、ガス状炭化水素については 1 トンにつき1,860円（780円上乗せ）、石炭については 1 トンにつき1,370円（670円上乗せ）の税率で計算した金額となる（租税特別措置法90条の 3 の 2 ）。ただし、導入に当たっては、急激な負担増を避けるために、税率の引き上げは 3 年半にわたり 3 段階で実施される（同90条の 3 の 2 、改正法附則43②③）。

　環境省と経済産業省の試算によれば、地球温暖化対策税の導入による国民の負担は、 1 世帯当たりの追加的な負担額で、年間1,200円程度であり、月にすれば100円の負担増になると見込まれている。二酸化炭素の削減効果は、課税を通じた二酸化炭素の排出抑制効果（価格効果）と税収による二酸化炭素抑制施策実施による効果（財源効果）が考えられる。その結果、二酸化炭素でいえば、1990（平成 2 ）年比では、－0.5パーセントから－2.2パーセント削減となり、量にすれば、約600万トンから2,400万トンの削減が見込まれるという。

(3)　地球温暖化対策税の免税・還付措置

　地球温暖化対策税は、一定の分野について免税・還付措置が設けられている。

　①輸入・国産石油化学製品製造用揮発油、②輸入特定石炭、③沖縄の発電用特定石炭、④輸入・国産農林漁業用A重油、⑤国産石油アスファルトについては、2012年改正法以前から石油石炭税の免除・還付措置が設けられてきたが、改正法による上乗せ税（地球温暖化対策税）についても免税・還付措置が適用される。

　地球温暖化対策税の税収は、初年度（2012年度）が391億円、平年度（2016年度）が2,623億円と見込まれている。この税収は、省エネルギー対策、再生可能エネルギーの普及、化石燃料のクリーン化の施策に活用される。

279

(4) 地球温暖化対策税の政策効果

　人間は、温暖化の影響についての知識を持っており、エネルギーの節約を決意しただけでは、実際上、省エネの実行をすることは難しい。石炭、石油、ガソリンなどに課税し、省エネ効率の悪い電気製品、自動車、住宅などの価格が高くなれば、その製品を買う人が少なくなる。効率の良い製品が市場で優位を占めるので、二酸化炭素の排出量が減少し、温暖化防止のためになる。自動車の場合を考えると、ガソリンに課税されるので、人々は、燃費の良い自動車を利用したほうが得になると考える。その結果、燃費の良い自動車がよく売れるようになり、燃費の良い自動車が市場で優位を占める。同時に、自動車メーカーも、燃費の良い自動車の開発に熱心になるので、技術開発が進むことになる。電気製品も同様に、購入するとき、エネルギー消費の少ない製品を買うことが得になり、エネルギー消費の少ない製品が市場で優位を占めることになる。住宅を購入するとか、リフォームするときにも、断熱性が高く暖房費が安い住宅、給湯・厨房・照明・動力などエネルギー効率の良い機器が設置されている省エネ型の住宅を購入することが得になる。省エネ効率の悪い自動車・機器・住宅は、長い目で見ると、不利になるので、市場から締め出される。省エネ技術開発も進む。その結果、日本の経済成長にもつながることになる。

5　東京都の総量削減義務と排出量取引制度

(1) 東京都の総量削減義務と排出量取引制度の概要

　東京都は、2020（平成32）年までに温室効果ガスを2000年比で25パーセント削減する目標を達成するために「温室効果ガス総量削減義務と排出量取引制度」を2010（平成22）年4月より実施している。2006（平成18）年に策定された東京都の『10年後の東京』〔第3章3(2)〕では、2020年までに25パーセントの二酸化炭素削減を目標にカーボンマイナスプロジェクトを展開してきた。しかし、従来のように、排出削減を義務付けず、排出量の報告と削減

目標の設定にとどまる内容の制度を継続しても、25パーセント削減の目標を達成できないので、東京都は、「環境確保条例」を改正[221]し、総量削減義務と排出量取引制度（キャップ・アンド・トレード制度）を導入することになった。この制度は2010年4月に開始となった[222]。

東京都内の大規模事業所は、二酸化炭素排出量の総量削減が義務付けられる。その削減義務を履行するためには、①自ら削減するために、エネルギー効率の良い施設や機器を更新するとともに、②削減目標量を達成できなければ、排出量取引により他者の削減量を取得することになる。

総量削減義務の対象範囲は、事業所単位であり、前年度の燃料、熱、電気の使用量が原油換算で1,500キロリットル以上の規模の事業所となっている。事業所単位であるので、1企業内であっても、事業所ごとに温室効果ガスの排出削減と「地球温暖化対策計画書」の作成が義務付けられる。対象範囲は、1,350事業所以上で、内訳はオフィスビルなどの業務部門の約8割、工場などの約2割となっている（2012年現在）。

総量削減義務の対象者は、都内の大規模事業所の所有者である。ただし、一定規模以上のテナント業者も義務者になることもあるので、一事業所に義務対象者が複数存在することもある。

削減計画期間は、第1計画期間が2010年度から2014年度の5年間であり、この5年間に総排出量以下に抑えればよいことになる。第2計画期間は、2015年度から2019年度となっている。排出量の把握と報告書は毎年提出する必要がある。

排出義務の対象は、燃料、熱、電気の使用に伴って排出される二酸化炭素

---

(221) 環境確保条例は、正式名を「都民の健康と安全を確保する環境に関する条例」といい、2008年の改正で「総量削減義務と排出量取引制度」の導入と中小規模事業所を対象とする「地球温暖化対策報告書制度」を整備した。この条例改正は、2009年4月1日より施行されているが、大規模事業所の排出削減義務については2010年4月より開始された。
(222) 本制度の解説には、東京都環境局のホームページ上の多数のガイドライン、説明書・パンフレットのほかに、小澤英明・前田憲生・浅見靖峰・諸井領児・柴田陽介・寺本大輔『東京都の温室効果ガス規制と排出量取引—都条例逐条解説』（白揚社、2010年）、月間環境ビジネス編『東京都のキャップ&トレード制度』（日本ビジネス出版、2010年）がある。

となっている。

(2) 大規模事業所の総量削減義務の内容

条例の対象事業所は、大規模事業所であるが、前年度の燃料、熱、電気の使用量が原油換算で年間1,500キロリットル以上である。まず、年間1,500キロリットル以上使用量の事業所は、「指定地球温暖化対策事業所」に指定される。次に、1,500キロリットル以上使用が3ヵ年連続して続くと「特定地球温暖化対策事業所」に指定される。総量削減義務を課される事業所は「特定地球温暖化対策事業所」となる。

大規模事業所（特定地球温暖化対策事業所）の削減義務内容は、削減計画期間中の排出量を一定程度以上削減する義務である。削減義務量は、「基準排出量」に「削減義務率」を掛けて出される。特定地球温暖化対策事業所は、5年間の排出量を削減義務量以下にする義務がある。例えば、基準排出量が10,000トンで、オフィスビルで削減義務率8パーセント（第1計画期間）の場合、9,200トン（10,000トン×8パーセント）×5年間で、排出可能な二酸化炭素排出量の限度は、46,000トンとなる。したがって、自ら削減できなければ、排出量取引により、5年間の排出量を46,000トン以下にしなければならない。

なお、毎年度、前年度の排出量を検証機関の「検証」を受けたうえで、知事に報告しなければならない。

(3) 基準排出量

基準排出量は、年度排出量の増減を比較する基準となる量を指し、過去3年間の平均排出量で設定される。

(4) 削減義務率

特定地球温暖化対策事業所は、事業所ごとに「基準排出量」が決められる。基準排出量は、温室効果ガス排出量の増減を比較する基準となる量を指す。「削減義務率」とは、その基準排出量に対して課せられる削減すべき割合をいう。

第9章　低炭素社会づくりの法

　第１計画期間（2010～2014年度）の削減義務率は、８パーセント又は６パーセントとなっているが、区分により異なる。
　第１に、「区分Ⅰ－１・オフィスビル等」の削減義務率は８パーセントであり、事務所、営業所、官公庁の庁舎、百貨店、飲食店、ホテル、学校、病院、結婚式場、遊園地等であって、次の「区分Ⅰ－２」に該当するものを除くものである。
　第２に、「区分Ⅰ－２・オフィスビル等」の削減義務率は、「区分Ⅰ－１」のうちで、地域冷暖房等を20パーセント以上利用している事業所であり、６パーセントになっている。地域冷暖房(223)の利用率が高い事業所は、熱供給設備の規模が小さいと考えられるので、低い削減率が設定されている。
　第３に、「区分Ⅰ－１」と「区分Ⅰ－２」以外の事業所であり、削減義務率は、６パーセントであり、工場、上下水道、廃棄物処理施設などである。
　削減義務率は、省エネの努力を進めてきた企業とそうでない企業との間にバランスを欠くおそれがある。そこで、地球温暖化対策推進の程度が「極めて優れた」事業所は、「トップレベル事業所」に認定されて削減義務率を１／２に減らし、また、「特に優れた」事業所は「準トップレベル事業所」に認定されて３／４に減らす制度もある。
　なお、第２計画期間（2015～2019年度）の削減義務率は約17パーセントになる予定になっている。

(5)　排出量取引

　特定地球温暖化対策事業者は、自らの事業所で削減対策を行い、削減義務を達成するか、取引によりオフセットクレジットなどを取得して達成するかを選択することになる。事業者は、エネルギー効率の良い設備への更新のための費用と、排出量取引での「超過削減量」や「オフセットクレジット」の取得費用を比較検討し、より費用のかからない方法を選択することになるで

---

(223)　地域冷暖房とは、個々の建物に冷暖房や給湯の熱源を設けず、一定地域の複数建物の冷暖房や給湯に利用するために１カ所の熱源プラントで蒸気、温水、冷水などを集中的に製造し、配管で供給するシステムをいう。地域冷暖房の利点は、エネルギーの効率的利用、大気汚染防止、地球温暖化防止、個々の建物スペースの節約、都市防災防止などに役割を果たしている。

あろう。

　超過削減量とは、特定地球温暖化対策事業者が削減義務量を基に計算される値を超えて排出量を削減したときに発行されるものであって、排出量取引の対象となる。超過削減量は、削減義務量を削減計画期間の各年度に按分し、その超過量については、計画期間の2年度目からでも売却が可能になる。ただし、売り手側では、売却可能な量が基準排出量の1／2を超えない範囲の削減量に制限される。その理由は、対策によらず排出量が大幅に減少した事業所が過大な削減量売却利益を得ないようにするためである。買い手側は、特に制限なく、必要な量を削減義務に利用できる。

　オフセットクレジットとは、排出量取引の対象となる削減量のうち、都内中小クレジット、再エネクレジット、都外クレジット、埼玉連携クレジットの4種類を指す。

　まず、都内中小クレジットとは、削減量の算定・検証手続の簡素化により、中小規模の排出量取引への参加を促す仕組みである。都内の中小規模の事業者は、削減量クレジットの売り手として排出量取引に参加することになる。都内中小規模事業者とは、燃料・熱・電気の使用量が原油換算で、年間1,500キロリットル未満の事業所を指す。参加要件は、原則として建物単位となるが、エネルギー使用量を計量できれば、テナント単位や区分所有者単位など建物の一部分とすることも可能であり、いずれの場合にも、クレジットの削減量を算定する年度について、「地球温暖化対策報告書」を提出していることである。削減量算定の方法は2通りあり、いずれか小さいほうの量がクレジットの量とされる。第1に、基準排出量から算定年度の排出量を差し引いた量を出すものであり、第2に、東京都が提示する削減対策項目ごとの削減量（対策削減量）を合計した量の10パーセント増しした量である。

　再エネクレジットとは、再生可能エネルギーによる発電や熱利用の環境価値換算量を温室効果ガス排出量の削減に換算してクレジット化したものである。再生可能エネルギーによる電気利用の場合、クレジット（削減量）の量については、換算率が異なる。太陽光（熱）、風力、地熱、水力（1,000キロワット以下）は1.5倍に換算される[224]。バイオマス（バイオマス比率が95パーセントの者以上に限られる。黒液は除く）は1.0倍で換算される。水力（1,000キロワッ

第9章　低炭素社会づくりの法

ト以上10,000キロワット以下）は1.0倍で換算される。

　都外クレジットとは、都外（全国）の大規模事業所での削減量であり、一定の制限つきで発行されるものであり、取引の対象となる。

　埼玉連携クレジットとは、首都圏キャップ・アンド・トレード制度の波及をめざし、東京都と埼玉県の協定により、総量削減義務の履行手段である排出量取引において「超過削減量」と「中小クレジット」について、都と県の垣根を越えて相互利用を可能にした制度である。埼玉県内の大規模事業所で発行された超過削減量を都内の大規模事業所の削減義務にも利用できる。逆の場合も可能となっている。埼玉県内の中小規模事業所で発行された中小クレジットを、都内の大規模事業所の削減義務にも利用できる。逆の場合も可能となっている。

(6)　実効性の確保

　特定地球環境温暖化対策事業者は、対象事業所の取り組みが不十分で、削減計画期間（5年間）に削減義務が達成できなければ、まず、削減義務不足量の1.3倍の量に加重された削減義務を次の第2計画期間に履行するように措置命令を受ける（8条の5第1項）。

　次に、命令の履行期限を過ぎても、履行されない場合、その違反事実の公表と50万円以下の罰金に処される。あわせて、知事が事業者に代わって不足した削減量を調達し、都の削減量口座簿に記録する。したがって、命令違反者は、罰金とともに、知事が命令した不足量を調達した費用も請求されることになる（8条の5第3・4項）。

(7)　東京制度の実績

　東京都の対象事業所の二酸化炭素排出総量は、東京都環境局の発表（2014年3月）によれば、2010年度13パーセント削減、2011年度22パーセント削減、

---

(224)　太陽光による発電量1,000kWhの場合を考える。一般的な場合では、1,000kWh×電力の二酸化炭素排出係数（$0.382kgCO_2$／kWh）$=382kgCO_2$となる。東京都の付与する再エネクレジット価値は、1,000kWh×電力のCO_2排出係数（同上）×1.5=$573kgCO_2$となる。

285

2012年度も22パーセント削減となった。2012年度の排出量は、震災と福島原発事故により、増加が懸念されていたが、22パーセントの大幅削減になった。排出量取引制度は、有効な施策であることが証明されたといえよう。

6 国内排出量取引制度

(1) 国内排出量取引

　排出量取引（emission trading or cap and trading）とは、国の温室効果ガスの排出総量を設定し、その削減目標を確保するために、企業ごとに排出枠を割り当て、各企業が新技術導入などにより排出削減の努力を行い、削減義務量を達成し、さらに排出枠を下回った場合、その超過量についてはクレジットとして他の参加者に売却できる。逆に、排出量が排出枠を上回った場合には、排出量の削減義務を履行するために、他の参加者からクレジットを買い取らなければならない。排出量取引は、市場での経済的インセンティブを活用し、対策の選択肢を増やし、柔軟な方法で温室効果ガスの削減目標を達成することができる。対策費用が割高な参加者は、自社で削減するよりも排出枠を購入することで安く目標を達成できるので、社会全体の削減費用を最小にすることができる。

(2) 国内排出量取引制度と法的論点

　日本では、国の制度としてキャップ・アンド・トレード方式の国内排出量取引制度は制定されていないが、制度の導入に備えて、環境省内に「検討会」が開かれ、憲法、行政法、民事法上の論点が検討されている。東京都の先行実績を踏まえ、国の法制化が必要になっている。ここでは、検討会の「中間報告」(2012年) を参考にし、いくつかの法律問題を紹介したい[225]。

---

(225)　国内排出量取引制度の法的課題に関する検討会『国内排出量取引制度の法的課題について（第一次〜第四次中間報告）』2012年。

(a) 憲法上の論点

　憲法上の論点には次のような問題がある。第1に、国内排出量取引制度は、企業に温室効果ガスの排出を規制することになるので、憲法の営業の自由（憲法22条1項）に違反しないのかどうかの問題がある。第2に、規制対象となる業種や企業を区別すること、排出枠設定の際、既存事業者に排出枠を無償（グランドファザリング方式）で設定し、新規参入者に有償（ベンチマーク方式）で設定するなど、特定の事業者に不利な設定をした場合、平等原則（憲法14条）に違反しないのかどうかの問題になる。第3に、排出枠は、財産的価値を持っているので、政府が事後的に制度変更や価格上限設定などを行った場合、企業に損失を生じたときに損失補償の必要があるかどうかの問題がある。

　まず、職業選択の自由（憲法22条1項）の保障の中には、営業の自由も含まれる。営業の自由は、財産権行使の自由を含むので、公共の福祉の要請に基づく制限が加えられることがある（憲法29条）。

　国内排出量取引制度は排出枠の無償割当であれ、有償割当であれ、規制対象者に温室効果ガスの排出規制への対策を求めるので、営業の自由の制約にあたるが、合憲のためにはその制約が本排出量取引制度の正当な目的と手段に比例したものである必要がある。

　「本制度の目的」は地球温暖化の防止である。「排出規制の手段」は排出総量規制を前提にしつつ、柔軟性を持たせ、排出枠の取引を認めており、営業の自由に対する侵害度は単なる排出量規制に比較すればゆるいといえる。本制度は、比例原則に照らし、営業の自由を侵害しているとはいえない[226]。

　次に、憲法の保障する平等原則に反するかどうかが問われる。例えば、①対象となる業種・セクターを一定範囲に限定すること、②規制対象となる企業の選択、③競争関係にある部門内の適用規模要件の「裾切り」などが問題になる。以上の各点には、合理的区別であるといえるので、平等性の原則に反するとはいえない[227]。

　最後に、①事後の制度変更による損失、②価格上限の設定など制度の当初

---

(226) 国内排出量取引制度の法的課題に関する検討会、同上、14～16頁、21頁。
(227) 同上、17～18頁、21頁。

から定められていた措置で損失を被った場合の損失補償である。制度変更による損失は、「排出枠の性質・制度変更の程度・保護公益の性質の3点の相関関係により判断されることになる。行き過ぎた制度変更でない限り、制度変更自体は排出枠に内在する制約であるとみなすことも可能である」。同様に、価格上限の設定は、予定された措置でもあり、損失を被った場合、排出枠に内在する制約として補償は不要となる[228]。

(b) 行政法上の論点

国内排出量取引制度は、国の温室効果ガスの排出総量を設定し、その総量排出削減目標を確保するために、企業ごとに排出枠を割り当て、各企業が新技術導入などにより排出削減の努力を行い、実際の排出量が下回った場合には、下回った分をクレジットとして他の参加者に売却できる。逆に、排出量が排出枠を上回った場合には、排出量の削減義務を履行するために、他の参加者からクレジットを買い取らなければならない。この制度は、大気汚染防止法や水質汚濁防止法の総量規制と類似しており、特定施設の設置について届出制をとっており、行為義務を課している。「排出枠提出に係る行為義務を前提とした制度設計」となれば、政府は、割当対象者に対して排出枠の割り当てを行い、割当対象者は期限に排出量に相当する排出枠を提出する義務を負うことになる。期限に排出枠を提出できない場合は、割当対象者は、不足分につき義務不履行を問われ、違反に対して課徴金が課される。この割り当ては行政処分となる。

政府の具体的な割り当ては、関係者の意見を聞き、「割当計画」を作成し、その割当計画に従い、排出枠の「割り当て」が行われることになる。割当対象者は、「法律上の利益」を有するので、違法であれば、排出枠の割り当ては無論、割当計画の段階でも取消訴訟が提起できる[229]。

(c) 民事法上の論点

排出枠は、有体物ではなく、排出量取引制度によって作られた無体財産と

---

(228) 同上、19〜20頁、21頁。
(229) 同上、22〜29頁。

しての性格を有する。排出枠保有者の権利は、所有権とは異なり、使用・収益は想定されず、他人の使用に対する妨害排除請求権も想定されない。ただし、財産権性を有するので、憲法上財産権とみなされる。

　民事法上、排出枠の保有者は、第1に、一定量の排出をすることができ、第2に、他の参加者に譲渡することができる「特殊な財産権」を有する。排出枠は、二酸化炭素1トン毎に固有のシリアル番号が付けられ、登録簿上の電子情報として存在する[230]。制度化に当たっては、排出枠の帰属、移転についての効力発生要件、保有の推定、善意取得についての規定が必要になる。さらに、排出枠の差押え手段の検討、制度対象者が破産した場合の排出枠処分の禁止・課徴金支払い義務の優先的支払いの取り扱いなどの検討が必要になる[231]。

　排出枠取引においては、民法の売買（555条）、贈与（549条）、交換（586条）、同時履行の抗弁権（533条）、債務不履行による損害賠償（415条）、契約解除（541条以下）などの規定は直接適用される。

---

(230)　同上、44～45頁。
(231)　同上、47～49、78頁。

第10章　水質汚濁防止法

1　水質汚濁防止法の概要

(1)　法制定の背景

　本州製紙江戸川工場の排水問題を契機に「水質保全法」（公共水域の水質の保全に関する法律）と「工場排水規制法」（工場排水等の規制に関する法律）の水質2法が制定された。しかし、水質2法には様々な限界があったので、全国の水質汚濁の状況は悪化することになった。そこで、1970（昭和45）年12月の公害国会では、水質2法を統合し、水質汚濁防止法（水濁法）を制定した。水質汚濁防止法は、水質2法の欠点であった①経済調和条項を削除し、②指定水域制度を廃止し、規制水域を全国に拡大した。③遵守強制措置の統合強化を図り（各種法律の統合・直罰制度の導入など）、④水質監視測定体制を整備するとともに、都道府県条例による上乗せ排水基準の制度（水濁法29条）を採用した。その後、1972（昭和47）年には無過失損害賠償責任の規定（水濁法19条）が追加されている。

(2)　環境基準

　環境基準は、「人の健康を保護」し、「生活環境を保全」する上で、大気、水、土壌、騒音について、どの程度に維持することが望ましいかの基準であり、行政上の政策目標である（環基法16条1項）。この環境基準は、常に科学的判断のもとに設定され、必要な改定がなされなければならない（同条3項）。環境基準は、予防原則の適用とも考えることができる。水質や大気の環境基準の達成が困難な水域や地域には、総量規制が導入されるからである（水濁法4条の2以下、大防法5条の2以下）。

第10章　水質汚濁防止法

　人の健康に影響する汚染物質の濃度は、水域ごとに基準が異なることは考えられない。しかし、生活環境の保全に関する環境基準については、水域の利用形態を考慮する必要がある。その利用目的を大別すれば、自然環境保全、水道、水産、工業用水などであり、個々の水域において利用目的を考慮して類型指定がなされている。

　水質汚濁に関する環境基準は、1971（昭和46）年に環境庁より告示された。この環境基準は、「人の健康保護に関する環境基準」と「生活環境に関する環境基準」とに分けて設定されており、以後必要に応じて改定がなされている。

(a)　人の健康保護に関する環境基準

　人の健康保護に関する環境基準は、現在、カドミウム、全シアン、鉛など27項目について基準値が設定されており、全公共用水域に一律に適用され、かつ、ただちに達成し、維持するものとされている。

資料10-1　人の健康の保護に関する環境基準（別表１）

項目	基準値	項目	基準値
カドミウム	0.003mg/L 以下	1,1,2-トリクロロエタン	0.006mg/L 以下
全シアン	検出されないこと。	トリクロロエチレン	0.03mg/L 以下
鉛	0.01mg/L 以下	テトラクロロエチレン	0.01mg/L 以下
六価クロム	0.05mg/L 以下	1,3-ジクロロプロペン	0.002mg/L 以下
砒素	0.01mg/L 以下	チウラム	0.006mg/L 以下
総水銀	0.0005mg/L 以下	シマジン	0.003mg/L 以下
アルキル水銀	検出されないこと。	チオベンカルブ	0.02mg/L 以下
ＰＣＢ	検出されないこと。	ベンゼン	0.01mg/L 以下
ジクロロメタン	0.02mg/L 以下	セレン	0.01mg/L 以下
四塩化炭素	0.002mg/L 以下	硝酸性窒素及び亜硝酸性窒素	10mg/L 以下
1,2-ジクロロエタン	0.004mg/L 以下	ふっ素	0.8mg/L 以下
1,1-ジクロロエチレン	0.1mg/L 以下	ほう素	1mg/L 以下
シス-1,2-ジクロロエチレン	0.04mg/L 以下	1,4-ジオキサン	0.05mg/L 以下
1,1,1-トリクロロエタン	1mg/L 以下		

備考
　1　基準値は年間平均値とする。ただし、全シアンに係る基準値については、最高値とする。
　2　「検出されないこと」とは、測定方法の項に掲げる方法により測定した場合において、その結果が当該方法の定量限界を下回ることをいう。別表２において同じ。

3 海域については、ふっ素及びほう素の基準値は適用しない。
4 硝酸性窒素及び亜硝酸性窒素の濃度は、規格43.2.1、43.2.3又は43.2.5により測定された硝酸イオンの濃度に換算係数0.2259を乗じたものと規格43.1により測定された亜硝酸イオンの濃度に換算係数0.3045を乗じたものの和とする。

(出典:環境省)

(b) 生活環境の保全に関する環境基準

　生活環境に関する環境基準は、河川、湖沼、海域ごとに利水目的に応じた水域類型を設け、それぞれの水域類型ごとに水素イオン濃度(PH)、生物化学的酸素要求量(BOD)、化学的酸素要求量(COD)などの基準値が示されている。具体的な水域への類型当てはめは、都道府県知事が決定する仕組みになっている。類型当てはめ(類型指定)とは、国が類型別の基準を示し、これに基づき、都道府県が河川などの状況に即して指定していく方式である。

資料10-2　生活環境の保全に関する環境基準(別表2)

1　河川
　(1)　河川(湖沼を除く。)
　ア

項目類型	利用目的の適応性	基準値					該当水域
		水素イオン濃度(pH)	生物化学的酸素要求量(BOD)	浮遊物質量(SS)	溶存酸素量(DO)	大腸菌群数	
AA	水道1級 自然環境保全及びA以下の欄に掲げるもの	6.5以上 8.5以下	1 mg/L以下	25mg/L以下	7.5mg/L以上	50MPN/100mL以下	第1の2の(2)により水域類型ごとに指定する水域
A	水道2級 水産1級 水浴 及びB以下の欄に掲げるもの	6.5以上 8.5以下	2 mg/L以下	25mg/L以下	7.5mg/L以上	1,000MPN/100mL以下	
B	水道3級 水産2級 及びC以下の欄に掲げるもの	6.5以上 8.5以下	3 mg/L以下	25mg/L以下	5 mg/L以上	5,000MPN/100mL以下	
C	水産3級 工業用水1級及びD以下の欄に掲げるもの	6.5以上 8.5以下	5 mg/L以下	50mg/L以下	5 mg/L以上	—	

第10章　水質汚濁防止法

D	工業用水2級 農業用水及びEの欄に掲げるもの	6.0以上 8.5以下	8 mg/L以下	100mg/L以下	2 mg/L以上	―
E	工業用水3級 環境保全	6.0以上 8.5以下	10mg/L以下	ごみ等の浮遊が認められないこと。	2 mg/L以上	―
測定方法		規格12.1に定める方法又はガラス電極を用いる水質自動監視測定装置によりこれと同程度の計測結果の得られる方法	規格21に定める方法	付表9に掲げる方法	規格32に定める方法又は隔膜電極を用いる水質自動監視測定装置によりこれと同程度の計測結果の得られる方法	最確数による定量法

備考
1　基準値は、日間平均値とする（湖沼、海域もこれに準ずる。）。
2　農業用利水点については、水素イオン濃度6.0以上7.5以下、溶存酸素量5 mg/L以上とする（湖沼もこれに準ずる。）。
3　水質自動監視測定装置とは、当該項目について自動的に計測することができる装置であって、計測結果を自動的に記録する機能を有するもの又はその機能を有する機器と接続されているものをいう（湖沼、海域もこれに準ずる。）。
4　最確数による定量法とは、次のものをいう（湖沼、海域もこれに準ずる。）。
　試料10ml、1 ml、0.1ml、0.01ml……のように連続した4段階（試料量が0.1ml以下の場合は1 mlに希釈して用いる。）を5本ずつBGLB醗酵管に移植し、35～37℃、48±3時間培養する。ガス発生を認めたものを大腸菌群陽性管とし、各試料量における陽性管数を求め、これから100ml中の最確数を最確数表を用いて算出する。この際、試料はその最大量を移植したものの全部か又は大多数が大腸菌群陽性となるように、また最少量を移植したものの全部か又は大多数が大腸菌群陰性となるように適当に希釈して用いる。なお、試料採取後、直ちに試験ができない時は、冷蔵して数時間以内に試験する。

(注)　1　自然環境保全：自然探勝等の環境保全
　　　2　水道1級　　　：ろ過等による簡易な浄水操作を行うもの
　　　　　水道2級　　　：沈殿ろ過等による通常の浄水操作を行うもの
　　　　　水道3級　　　：前処理等を伴う高度の浄水操作を行うもの
　　　3　水産1級　　　：ヤマメ、イワナ等貧腐水性水域の水産生物用並びに水産2級及び水産3級の水産生物用
　　　　　水産2級　　　：サケ科魚類及びアユ等貧腐水性水域の水産生物用及び水産3級の水産生物用
　　　　　水産3級　　　：コイ、フナ等、β－中腐水性水域の水産生物用
　　　4　工業用水1級：沈殿等による通常の浄水操作を行うもの
　　　　　工業用水2級：薬品注入等による高度の浄水操作を行うもの
　　　　　工業用水3級：特殊の浄水操作を行うもの
　　　5　環境保全　　　：国民の日常生活（沿岸の遊歩等を含む。）において不快感を生じない限度

イ

項目類型	水生生物の生息状況の適応性	基準値			該当水域
		全亜鉛	ノニルフェノール	直鎖アルキルベンゼンスルホン酸及びその塩	
生物A	イワナ、サケマス等比較的低温域を好む水生生物及びこれらの餌生物が生息する水域	0.03mg/L以下	0.001mg/L以下	0.03mg/L以下	第1の2の(2)により水域類型ごとに指定する水域
生物特A	生物Aの水域のうち、生物Aの欄に掲げる水生生物の産卵場（繁殖場）又は幼稚仔の生育場として特に保全が必要な水域	0.03mg/L以下	0.0006mg/L以下	0.02mg/L以下	
生物B	コイ、フナ等比較的高温域を好む水生生物及びこれらの餌生物が生息する水域	0.03mg/L以下	0.002mg/L以下	0.05mg/L以下	
生物特B	生物A又は生物Bの水域のうち、生物Bの欄に掲げる水生生物の産卵場（繁殖場）又は幼稚仔の生育場として特に保全が必要な水域	0.03mg/L以下	0.002mg/L以下	0.04mg/L以下	
測定方法		規格53に定める方法（準備操作は規格53に定める方法によるほか、付表10に掲げる方法によることができる。また、規格53で使用する水については付表10の1(1)による。)	付表11に掲げる方法	付表12に掲げる方法	

備考
1　基準値は、年間平均値とする。（湖沼、海域もこれに準ずる。）

（出典：環境省）

(c) 地下水の環境基準

　地下水に関しては、1997（平成9）年に「地下水の水質汚濁にかかる環境基準について」の告示がなされた。地下水の環境基準は、水質汚濁にかかる環境基準の「人の健康を保護することが望ましい基準」と同じ27項目について同じ基準値が設定されている。この基準は、すべての地下水に適用され、ただちに達成、維持されるように努めるものとされている。

(3) 排出水の排出規制

　水質汚濁防止法の排出水の規制は、公共用水域を対象にした①全国一律の「排水基準」規制、②「上乗せ排水基準」による規制のほかに、③東京湾、伊勢湾、瀬戸内海など閉鎖性水域での「総量規制」の3種類がある。

(a) 排水基準

　排水基準は、汚染物質を排出する施設からの排出水についての基準であり、濃度規制であるが、その遵守が義務付けられるものである（水濁法3条1・2項、排水基準を定める省令）。排水基準は、「人の健康の保護に関する基準」（健康項目）と「生活環境の保全に関する基準」（生活環境項目）のそれぞれについて、全水域一律の排水基準として、資料10−3のように設定されている。遵守義務者は、特定施設を設置する工場・事業場である。

　健康項目に関する排水基準は、工場・事業場の規模を問わず、一律に適用される。有害物質（健康項目）の排水基準は、排出口から公共用水域へ排出されると約10倍希釈されるとの考えから、水質基準のほぼ10倍に設定されている。

　生活環境項目に関する排水基準は、一日平均排出量が50立方メートル以上の工場・事業場に適用される。生活環境項目は、河川の水質指標では生物化学的酸素要求量（BOD）、海域と湖沼には化学的酸素要求量（COD）[232]が適用されており、最大値と日平均の許容限度で示されている。

---

(232)　生物化学的酸素要求量（BOD）とは、微生物が水中の汚物（有機物）を硝酸、二酸化炭素、窒素などに分解するために必要とする酸素の量をいう。化学的酸素要求量

資料10-3　一律排水基準
■健康項目

有害物質の種類	許容限度	有害物質の種類	許容限度
カドミウム及びその化合物	0.1mg/L	1,1-ジクロロエチレン	1 mg/L
シアン化合物	1 mg/L	シス-1,2-ジクロロエチレン	0.4mg/L
有機燐化合物（パラチオン、メチルパラチオン、メチルジメトン及びEPNに限る。）	1 mg/L	1,1,1-トリクロロエタン	3 mg/L
鉛及びその化合物	0.1mg/L	1,1,2-トリクロロエタン	0.06mg/L
六価クロム化合物	0.5mg/L	1,3-ジクロロプロペン	0.02mg/L
砒素及びその化合物	0.1mg/L	チウラム	0.06mg/L
水銀及びアルキル水銀その他の水銀化合物	0.005mg/L	シマジン	0.03mg/L
アルキル水銀化合物	検出されないこと	チオベンカルブ	0.2mg/L
ポリ塩化ビフェニル	0.003mg/L	ベンゼン	0.1mg/L
トリクロロエチレン	0.3mg/L	セレン及びその化合物	0.1mg/L
テトラクロロエチレン	0.1mg/L	ほう素及びその化合物	海域以外 10mg/L 海域 230mg/L
ジクロロメタン	0.2mg/L	ふっ素及びその化合物	海域以外 8 mg/L 海域 15mg/L
四塩化炭素	0.02mg/L	アンモニア、アンモニウム化合物亜硝酸化合物及び硝酸化合物	(*)100mg/L
1,2-ジクロロエタン	0.04mg/L	1,4-ジオキサン	0.5mg/L

(*) アンモニア性窒素に0.4を乗じたもの、亜硝酸性窒素及び硝酸性窒素の合計量。

備考　1.「検出されないこと。」とは、第2条の規定に基づき環境大臣が定める方法により排出水の汚染状態を検定した場合において、その結果が当該検定方法の定量限界を下回ることをいう。
　　　2. 砒（ひ）素及びその化合物についての排水基準は、水質汚濁防止法施行令及び廃棄物の処理及び清掃に関する法律施行令の一部を改正する政令（昭和49年政令第363号）の施行の際現にゆう出している温泉（温泉法（昭和23年法律第125号）第2条第1項に規定するものをいう。以下同じ。）を利用する旅館業に属する事業場に係る排出水については、当分の間、適用しない。

（COD）とは、酸化剤（過マンガン酸カリウムなど）により、水中の汚物を化学的に酸化・安定化させるために必要な酸素の量をいう。

■生活環境項目

生活環境項目	許容限度	生活環境項目	許容限度
水素イオン濃度（pH）	海域以外 5.8-8.6 海域 5.0-9.0	亜鉛含有量	2 mg/L
生物化学的酸素要求量（BOD）	160mg/L（日間平均120mg/L）	溶解性鉄含有量	10mg/L
化学的酸素要求量（COD）	160mg/L（日間平均120mg/L）	溶解性マンガン含有量	10mg/L
浮遊物質量（SS）	200mg/L（日間平均150mg/L）	クロム含有量	2 mg/L
ノルマルヘキサン抽出物質含有量（鉱油類含有量）	5 mg/L	大腸菌群数	日間平均3000個/cm^3
ノルマルヘキサン抽出物質含有量（動植物油脂類含有量）	30mg/L	窒素含有量	120mg/L（日間平均60mg/L）
フェノール類含有量	5 mg/L	燐含有量	16mg/L（日間平均 8 mg/L）
銅含有量	3 mg/L		

備考　1.「日間平均」による許容限度は、1日の排出水の平均的な汚染状態について定めたものである。
　　　2.この表に掲げる排水基準は、1日当たりの平均的な排出水の量が50立方メートル以上である工場又は事業場に係る排出水について適用する。
　　　3.水素イオン濃度及び溶解性鉄含有量についての排水基準は、硫黄鉱業（硫黄と共存する硫化鉄鉱を掘採する鉱業を含む。）に属する工場又は事業場に係る排出水については適用しない。
　　　4.水素イオン濃度、銅含有量、亜鉛含有量、溶解性鉄含有量、溶解性マンガン含有量及びクロム含有量についての排水基準は、水質汚濁防止法施行令及び廃棄物の処理及び清掃に関する法律施行令の一部を改正する政令の施行の際現にゆう出している温泉を利用する旅館業に属する事業場に係る排出水については、当分の間、適用しない。
　　　5.生物化学的酸素要求量についての排水基準は、海域及び湖沼以外の公共用水域に排出される排出水に限って適用し、化学的酸素要求量についての排水基準は、海域及び湖沼に排出される排出水に限って適用する。
　　　6.窒素含有量についての排水基準は、窒素が湖沼植物プランクトンの著しい増殖をもたらすおそれがある湖沼として環境大臣が定める湖沼、海洋植物プランクトンの著しい増殖をもたらすおそれがある海域（湖沼であって水の塩素イオン含有量が1リットルにつき9,000ミリグラムを超えるものを含む。以下同じ。）として環境大臣が定める海域及びこれらに流入する公共用水域に排出される排出水に限って適用する。
　　　7.燐（りん）含有量についての排水基準は、燐（りん）が湖沼植物プランクトンの著しい増殖をもたらすおそれがある湖沼として環境大臣が定める湖沼、海洋植物プランクトンの著しい増殖をもたらすおそれがある海域として環境大臣が定める海域及びこれらに流入する公共用水域に排出される排出水に限って適用する。

※「環境大臣が定める湖沼」＝昭60環告27（窒素含有量又は燐含有量についての排水基準に係る湖沼）
　「環境大臣が定める海域」＝平5環告67（窒素含有量又は燐含有量についての排水基準に係る海域）

（出典：環境省）

(b) 上乗せ排水基準

都道府県は、自然的、社会的条件から判断して、上記の排水基準によっては人の健康を保護し、生活環境を保全することができない地域がある場合、条例を制定し、上乗せ排水基準を定めることにより、全国一律の排水基準に「かえて適用」し、さらに厳しい排水基準の設定ができる（水濁法3条3項）。横出し（項目の追加）も可能である。

(c) 総量規制

東京湾、伊勢湾、瀬戸内海などの閉鎖性水域は、外洋との水の交換が悪く、汚染物質が滞留しやすい地理的条件にあり、ひとたび水質が悪化すれば、改善が難しいという性質を持っている。さらに、その背後の陸地には、大都市や大工業地域からの産業排水や生活排水が流入するために、水質汚濁が進行し水質環境基準の達成は一層困難になる。上乗せ排水基準の設定や下水道整備などの努力にもかかわらず、生活環境保全に関する環境基準の達成が困難であった。従来の排水規制は、濃度基準であるために特定施設（工場・事業場）の新設・増設の届出があった場合、排水量が増大し、汚濁負荷量が増大しても、濃度基準に適合しているかぎり、有効に対処できなかった。

広域的な閉鎖水域の水質改善を図るためには、濃度規制ではなく、排出される汚染物質の総量を計画的に規制する「総量規制」が必要になった。総量規制は、1978（昭和53）年の水質汚濁防止法の改正により導入された制度であり、排水基準だけでは環境基準の達成が困難な水域を対象にしており、現在、瀬戸内海、東京湾、伊勢湾の3閉鎖性海域が指定されている。指定項目は、当初は化学的酸素要求量（COD）だけだったが、改善の兆しが見えず、赤潮の問題も発生したので、第5次水質総量規制（2000年度より）以来、化学的酸素要求量に加えて、新たに窒素とリンが加えられている。

総量規制の手順は、まず、環境大臣が「総量削減基本方針」を定め、指定水域ごとに汚濁負荷量の削減目標量、目標年度、達成方法などを定めることになる（水濁法4条の2）。次に、都道府県知事が、総量削減基本方針に基づき、削減目標量を達成するための計画（総量削減計画）を定める（同4条の3）。

(d) 地下への浸透防止

　トリクロロエチレンやテトラクロロエチレンなどの有機塩素系化合物は、電機電子産業の部品や衣類などの油汚れを取り除く溶剤として広く使用され、土壌汚染と地下水汚染を引き起こすことが問題になった。有害物質の地下汚染を防止するために、有害物質使用特定事業場の設置者は、その排出先が公共用水域であるか、地下であるか、下水道であるかを問わず、排水基準に適合しない特定地下浸透水を浸透させてはならない（同12条の3）。この規定は地下水汚染の未然防止の措置を命じるものである。地下水の水質汚濁に関する環境基準は、健康項目の環境基準と同じである（資料10-1）。

　都道府県知事は、特定事業場において指定有害物質が地下に浸透することにより、人の健康に被害が生じ、又は生じるおそれのあるときには、地下水の水質浄化のための措置をとるように命じることができる（同14条の3）。この規定は、汚染された地下水を浄化するという事後の措置を命ずる制度である。

(e) 遵守確保の制度

　排水基準、上乗せ排水基準（義務付けのある場合）、総量規制、地下浸透防止は、水質汚濁防止法上、いずれも遵守が義務付けられている（12条、12条の2、12条の3）。遵守確保の規制は、特定施設の設置前と設置後に分けて検討する必要がある。

　まず、設置前として、工場・事業場から公共用水域に排水する者は、地下に有害物質を浸透させる者も同様に、特定施設を設置しようとするとき、施設の種類・構造、汚水処理の方法・汚染状態・量などの事項を都道府県知事に届け出なければならない（5条）。都道府県知事は、排水口において排水基準に適合しないと認めるとき、又は地下浸透水が有害物質を含むと認めるとき、計画変更命令又は計画廃止命令ができる（8条）。総量規制基準に適合しないと認めるとき、都道府県知事は、水質汚濁防止法8条と同様に、計画変更、計画廃止を含む他に、構造・使用方法の変更、汚水処理方法の改善、施設の一時停止など総量規制基準に適合させるために必要な措置が採れる（8条の2）。

次に、設置後において、排出水を排出する者は、事業場の排水口において排水基準・上乗せ排水基準に適合しない排出水を排出してはならない（12条）。指定地域内の事業場の設置者は、その指定地域に関する総量規制基準を遵守しなければならない（12条の2）。

有害物質使用特定事業場から排水する者は、地下浸透水を浸透させてはならない（12条の3）。都道府県知事は、以上の排水基準などに適合しない排出水を排出するおそれがあるときは、改善命令、一時停止命令ができる（13条、13条の2）。

排水基準に違反する者は処罰される。直罰規定である。(12条1項、31条)。直罰制（規定）とは、法規違反の行為があった場合、直ちに罰則を適用する規定である。まず行政庁が違反者に違反行為の改善命令、一時中止命令を出し、その命令に違反した場合に初めて罰則を適用する「命令前置制」とは異なる。

総量規制の場合には、改善命令に違反した者が処罰の対象になる（8条、8条の2、13条1・3項、13条の2、14条の3、30条）。これらの罰則は、国民に対して命令や禁止の義務を課し、その義務履行を確保し、行政法規の実効性を確保するためである。

(f) 生活排水対策

生活排水対策（2章の2）は、1990（平成2）年の水質汚濁防止法改正により導入されたものである。第1に、生活排水対策を進めるうえで、市町村、都道府県、国の責務を明確化している。市町村は、下水道施設を自ら整備するとともに、個人が生活排水施設を設置する場合にもその支援・促進に努める必要がある（14条の5）。

第2に、国民の責務を規定している。国民は、調理くず、廃食用油などの処理、洗剤使用を適正に行うとともに、国・地方公共団体の生活排水対策に協力しなければならない（14条の6）。生活排水を排出する者は、汚濁の負荷の低減に資する設備の整備に努力する（14条の7）。

第3に、生活排水対策の計画的推進である。都道府県知事は、水質汚濁が激しい公共用水域であると認めるとき、「生活排水対策重点地域」を指定す

る（14条の8）。その地域内の市町村は、「生活排水対策推進計画」を定め、生活排水処理施設の整備と啓発の活動を展開する（14条の9、14条の10）。生活排水対策推進市町村の長は、排出者に対して、その計画推進に必要な指導・助言・勧告ができる（14条の11）。

第4に、総量規制地域では、他の地域より規制対象施設の範囲を広くする必要があり、この地域内で規制対象となる「指定地域特定施設」が新たに設けられた。この施設としては、処理対象人員201人から500人のし尿処理槽が指定されている（2条3項、施行令3条の2）。

(g) 汚染状況の監視

都道府県知事は、公共用水域及び地下水の水質の汚染状況を常時監視し、水質測定計画に基づき測定しなければならない（15条、16条）。知事は、この測定結果を見ることにより、水質の汚染状況を把握することができ、自らの義務の履行が可能になるからである。

2 イタイイタイ病事件

(1) イタイイタイ病事件の概要

「イタイイタイ病」は、昼も夜も、体中が痛くて、骨がポキポキ折れ、くしゃみをしただけで肋骨の骨が折れてしまうほど骨がもろくなっており、患者がイタイイタイと泣き叫ぶので名付けられた。イタイイタイ病は、大正時代から発生していた。第2次世界大戦後から日本の高度経済成長期にかけて多数の患者が出ている。最初は、富山県神通川流域の水を利用する農家の特有の奇病だと思われていた。富山県の報告書（1967年）によれば、患者は、35歳以上の出産経験のある女性に多く、腰、肩、膝の鈍い痛みとして始まり、大腿（腰から膝の部分）や腕の部分に神経痛のような痛みを訴えることがあり、アヒルのような格好の歩き方になる。この頃はまだ歩ける。杖にたよっても歩けなくなると、つまずいたり、転んだりしても簡単に骨が折れる。病床の生活になる頃には、寝返りを打っただけでも、笑っただけでも骨が折れ

る。耐え難い痛みを伴う。全身72カ所の骨が折れた例や脊椎が押しつぶされて身長が30センチも短くなった例がある。わかっているだけでも、この奇病で死亡した人は、100人近いと推定されている[233]。男性の発生は少なかった。

神通川流域は、きれいな水が流れ、多くの水田の灌漑用水や飲み水として使用され、地元では「神の通る川」と呼ばれていた。ところが、この川の中にカドミウムが含まれていたのである。イタイイタイ病の原因を突き止めたのは、地元の医師である萩野昇博士であり、患者の診察を続けながら、河川の水の利用を通して、体内に蓄積されたカドミウムにより、骨がもろくなる骨軟化症であるとして、1955（昭和30）年に医学会で発表した。萩野医師の発表は、医学会では長らく無視されていた。それ以来、事件の解決は訴訟で勝訴が確定する1972（昭和47）年まで17年もかかった。解決が長引いた背景をみると、富山県は工場誘致を進めており、公害病が世間に知れ渡ると開発が進められず、困るので、公表を抑えていたことにあった。

萩野医師は、小林純（岡山大学教授）、吉岡金一（金沢大学教授）の協力を得て、神通川上流の三井金属鉱業神岡鉱業所の廃液に含まれるカドミウムによる中毒であることを証明した。これにより、被害者14人の患者は1968（昭和43）年3月9日、三井金属鉱業神岡鉱業所を相手に損害賠償訴訟を起こした（第1次訴訟）。引き続き、第2次から7次まで患者と家族合計489人の原告が訴訟を提起した[234]。

原告側の損害賠償請求の根拠は、民法の不法行為ではなく、鉱業法109条の無過失責任の規定である。不法行為の規定であれば、原告は企業の責任を認めさせるために「故意又は過失」の立証をしなければならない。鉱業法の無過失責任規定によれば、原告側は、企業の賠償責任を認めさせるために、企業の故意又は過失の立証をする必要がなく、企業の排出した廃水や鉱さいに含まれる原因物質（カドミウム）とイタイイタイ病の発生という「因果関係」と損害の証明である。イタイイタイ病訴訟の最大の争点は、因果関係の立証をめぐって争われることになる。

---

(233) 『富山県地方特殊病対策委員会報告書』(1967年)。内容の紹介は、松波淳一『イタイイタイ病の記憶』（桂書房、2002年）2頁。
(234) イタイイタイ病事件の全体については、川名英之、前掲注（193）292〜318頁。

鉱業法は、①鉱物掘採のための土地の掘さく、②鉱水や廃水の放流、③鉱さいの堆積、④鉱煙の排出などの行為により他人に損害を与えれば、その損害賠償の責任があると規定している（109条1項）。上記4つの原因のどれかに該当すれば、無過失賠償責任が適用されることになる。しかし、鉱業関係の汚染事件でも、上記4つ以外の原因であれば、民法の過失責任の規定による。イタイイタイ病の場合は、鉱業法109条1項の②鉱水や廃水の放流と③鉱さいの堆積に該当することになる。原告側は、1968（昭和48）年5月のイタイイタイ病を公害病と認定する厚生省見解を踏まえて、患者と農業被害発生地の疫学的究明を加えて主張を補強した。

政府（厚生省）の公害病認定発表は、萩野医師が学会発表をして以来、13年も経っていた。厚生省見解は次のように述べている。

「1．イタイイタイ病の本態は、カドミウムの慢性中毒であり、まず腎臓障害を生じ、次いで骨軟化症をきたし、これに妊婦、授乳、内分泌の変調、老化及び栄養としてのカルシウム等の不足などが誘引となって、イタイイタイ病という疾患を形成したのである。」

三井金属鉱業神岡鉱山は、亜鉛生産量では日本一であり、鉛では5番目であった。神岡鉱業所は、鉛鉱や亜鉛鉱を掘り、精錬して、廃棄物を神通川の支流の高原川に流していたのである。

(2) 富山地方裁判所の判決

被害者14名は、1968（昭和43）年3月9日、三井金属鉱業を相手に富山地方裁判所に損害賠償請求訴訟を起こした（その後の追加提訴を含め182名となる）。1971（昭和46）年6月30日に判決の言い渡しがあった。

(a) 争　点

過失の立証をする必要はないので、最大の争点は、被告側の加害行為と原告患者の被害発生との因果関係の存在であった。原告側は、厚生省見解を踏まえて、イタイイタイ病の原因について、三井金属鉱業神岡鉱業所の工場廃水や鉱さいに含まれるカドミウムである。神通川に排出されたカドミウムが

水、魚、米などを通じて腎臓の尿細管障害を起こし、イタイイタイ病になったと主張した。これに対して、被告側はカドミウムとイタイイタイ病は無関係であり、因果関係を厳密に立証しなければならないと反論した。

次の争点は損害論である。原告側は、従来の算定方式をとらず、財産的損害と精神的損害を一括し、慰謝料の名義で、しかも一律の請求をした。生存患者400万円、死亡患者500万円の慰謝料を請求した。損害額は、当時の自動車損害賠償責任保険の支払額が300万円であったことを踏まえて決定された。一括・一律の請求が認められるかどうかである。

(b) 富山地方裁判所判決

裁判所の審理は、鉱業法の適用により、過失の立証が必要なく、当初の予想より速く進み、提訴以来3年3ヶ月で第1審の判決を迎えることになった。「富山新聞」（7月1日付）は、1971年6月30日の判決の朝の情景について、「富山地裁周辺は全国各地の公害被害地からかけつけた住民代表や支援団体、〈歴史的瞬間〉を伝える新聞、テレビなど報道陣を含め、約500人の人波。……地裁3階報道室の窓から突然〈勝利〉の垂れ幕が下がった。……この一瞬、場外にいた約500人の輪から「バンザイ、やったぞー！　勝利だ」の歓声がどよめき、……この勝利のどよめきを確かめるようにガンバロウの歌がどこともなく沸き起こった。」と書いている[235]。

判決によれば、第1に、イタイイタイ病は、カドミウムによる慢性中毒によって引き起こされた骨軟化症である。原因物質をカドミウムであると特定している。イタイイタイ病の症状は、腎臓障害と骨軟化症であるが、その主因はカドミウムであり、補助要因として妊娠、出産、授乳、カルシウムの摂取不足が挙げられる。患者の発生は、神通川下流域に限定して多発しており、疫学的見地から見ると、原因はカドミウム以外に考えられない[236]。イタイイ

---

(235) 松波淳一、前掲注（233）153～154頁。
(236) 腎臓は、「糸球体」と「尿細管」と呼ばれる部分からなっている。血液中の物質は、糸球体でろ過されながら尿細管に送られる。尿細管では、身体に必要なものは再度吸収され、残りが尿として排出される。腎臓は、この機能により血液中の身体に必要なものを保ち、不要なものを排出する働きをしている。イタイイタイ病の患者は、カドミウムのために尿細管に障害が生じるために、身体に必要な物質が尿とともに体の外

タイ病の発生地域は、カドミウムに汚染されている地域の疫学調査とも一致している。

　カドミウムは、三井金属鉱業神岡鉱業所の操業過程や堆積した鉱さいから出て、廃水に含まれ、神通川の上流の高原川に放流された。その結果、工場廃水は、神通川を流れ、その水を利用し、飲んだり、農作物を食べたり、住民が長年にわたり口からカドミウムを体内に入れたために、イタイイタイ病に罹ったといわなければならない。

　裁判所は、①疫学的調査の結果、②イタイイタイ病の臨床及び病理所見、③外国文献中に現れたカドミウム中毒研究報告、④動物実験の4点を根拠にし、因果関係を認めたのである。特に、本判決では疫学を法的因果関係の立証に活用したことが特長であった。

　判決は第2に、損害賠償額について、原告の請求はほぼ認めているが、4人については減額している。その内訳は、生存患者8人には請求の通りそれぞれ400万円を認めた。死亡者6人のうち、2人に請求通り500万円を認めたが、残る4人には減額をした。

(c)　訴訟救助の申立

　訴訟は、三井大財閥と力の弱い被害農業者の対決である。従来このような訴訟では被害者が訴訟費用を支払えなくて、訴えを取り下げてしまうことが多かった。原告弁護団は1968年10月8日、訴訟救助を裁判所に申請した。訴訟費用を支払う資力がないとき、民事訴訟法では、裁判所が訴訟費用（訴状に貼る印紙代・切手代）の支払いを猶予する規定がある。訴訟救助が認められるための条件には、①「資力がない者」、②「勝訴の見込み」がなければならない（旧民訴118条、現82条1項）。勝訴の見込みは、厚生省見解と鉱業法109条でよい。しかし、「資力のない者」とは、従来の取り扱いによると、生活保護を受けている者などの生活困窮者でなければならないとされてきたの

に出てしまう。骨は細胞の周りにカルシウムが取り込まれて硬くなったものである。骨には絶えずカルシウムが補給されなければならず、その補給がなければ、軟化し、体重を支えられなくなってしまう。イタイイタイ病の患者は、カドミウムのために骨の中のカルシウムが不足し、骨軟化症となり、骨は曲がりやすく、骨折しやすくなる。

で、田んぼや家を所有している原告たちにとって、訴訟救助が認められるかどうかが問題になった。島林弁護士によれば、三井は半期で18億円ぐらいの純利益を上げている会社である。他方、原告・住民側は、平均年間60万から100万円程度の所得しか上げ得ない農業者である。この2者の対決関係は比較にならない。従来の扱いのように生活保護、民生委員の証明書を基準にするのではなく、判断を相手方の資力との関係で捉えるならば、本件の原告らは十分、無資力であると主張した（弁護団は「相対的無資力論」と呼ぶ）。富山地裁は原告側の訴訟救助を認めた。これに対して、被告側は、名古屋高裁金沢支部に不服を申し立て（即時抗告）、原告1人1人財産を調べるように反論した。高裁では、書面による主張、反論、再反論、再再反論を繰り返した末、1971年2月8日に訴訟救助を認める決定が出された。これで2次以降の訴訟の開始が容易になった[237]。

　裁判所の審理過程では様々な対立がある。被告側は1969年12月6日、鑑定を申請した。鑑定とは、裁判官の判断能力を補充するために、学識経験者に専門知識を報告させる証拠調べである。申請内容は、①カドミウムを口から摂取した場合、体内へのカドミウム吸収率はどうか、②カドミウムを口から摂取した場合、腎尿細管の機能障害が生じるのか、その場合カドミウムの量はどの程度かなど4点にわたるものである。鑑定人は、金沢大、岡山大以外の東大、慶応大の教授に求めた。これに対して、原告弁護団は、鑑定申請は裁判を果てしない科学論争に引き込み、裁判の引き延ばしを図るものであり、鑑定申請を却下するように主張した。

　被告側からは鑑定申請の採用を迫る書面が出され、原告側からは却下を求める反論書が出された。裁判長は12月21日、これまで双方から提出された証拠資料でこの因果関係の存否の判断が可能であるとして、被告の鑑定申請を却下している[238]。

---

(237)　松波淳一、前掲注（233）101～102頁。「富山イタイイタイ病裁判判決をめぐって（座談会）」(法時1971年7月臨時増刊）島林発言70～71頁。
(238)　松波淳一、同上、151～152頁。

(3) 名古屋高裁金沢支部の判決

　三井金属鉱業側の控訴理由は、1審での主張とほぼ同じであり、準備書面〈1〉で次の5点を述べている。①疫学調査に欠陥がある。例えば、患者がカドミウムをどのくらい摂取したかわかっていない。②他の鉱山にイタイイタイ病がいない。③カドミウム工場で起こっていない。④男女等しくない。⑤同じ地域でかからない人がいる。

　さらに被告側は、準備書面〈2〉では、色々な資料を集め、①イタイイタイ病の原因がカドミウムというのは妄想である。②イタイイタイ病の原因は栄養の摂取不足にある。③元々「くる病」の多い地域であるとの3点を加えた。これに対して、弁護団は、1審での立証概要を示すとともに、被告側が引き伸ばしを図り、被害者の困窮を待つ作戦であり、控訴棄却・早期判決を求めた[239]。名古屋高等裁判所金沢支部は1972（昭和47）年8月9日に判決を言い渡した。

(a) 判決の概要

　第1に、判決は、因果関係の存否の判断について、次のように述べている。①臨床医学や病理学の検討だけでは十分解明ができない場合であっても、疫学の活用により、疫学的因果関係が証明された場合には、原因物質が証明されたものとして、法的因果関係も存在するものと解される。カドミウムがイタイイタイ病の原因物質であるという疫学的因果関係の証明は、臨床及び病理学による解明により、その証明をくつがえされないかぎり、法的因果関係は肯定される。②臨床と病理所見から見たイタイイタイ病の発生原因は、疫学的観点からの原因追求の結果と一致している。③動物実験の結果も、カドミウム中毒が原因だとする疫学と臨床病理面からの結論と同じである。④病理機序（メカニズム）においても、疫学的因果関係は、臨床病理面からの考察と同様であり、法的因果関係存在を肯定できる。

　第2に、因果関係の競合については次のように述べている。妊婦、出産、

---

(239)　松波淳一、同上、158頁。

授乳等は、人間の本能に基づく行為であり、栄養摂取不足、内分泌変調、老化等についても人体の生理作用である。イタイイタイ病は、主たる因子であるカドミウムの作用によらなければ発生しえない。したがって、上記の補助因子（妊娠・出産など）は、鉱業法113条[240]の被害者の責めに帰すべき事由（過失相殺）に該当しないから損害賠償の責任と範囲を定めるに当たり斟酌しない。

　第3に、損害論については次のように述べている。損害賠償請求は、通常であれば、財産上の損害と精神上の損害を区別して請求することになっているが、財産上の損害については立証困難や審理期間の長期化が避けられないので、被害者救済の遅延を防止するために、慰謝料の額に含ませることは可能である。その意味での一括請求は違法ではない。しかし、被害者側の個別事情を考慮することなく、一律に損害額を算定請求するというのであれば許されない。判決は、原告側の倍増請求額を求めて、死者それぞれ1,000万円、患者それぞれ800万円を認めた。また、弁護士費用とした請求認容額の20パーセントが認められた[241]。

(b)　イタイイタイ病事件判決の意義

　原告は、不法行為で損害賠償を請求するために、因果関係の存在を立証しなければならない。本件では、カドミウムがイタイイタイ病の原因物質であるかどうかが争点となった。原告・被害者側は、因果関係の立証ができなければ敗訴になる[242]。農業者や市民は普通、科学の専門知識を持っているわけ

---

(240)　鉱業法113条は賠償額についての斟酌の規定であり、「損害の発生に関して被害者の責めに帰すべき事由があったときは、裁判所は、損害賠償の責任及び範囲を定めるのについて、これをしんしゃくすることができる。……」と規定している。
(241)　判時647号25頁、判タ280号182頁。判例解説には、吉村良一「イタイイタイ病事件——公害における疫学的因果関係」（環境百選2版50頁以下）。
(242)　不法行為の因果関係は、事実的因果関係（自然的因果関係）と法的因果関係に区別されている。イタイイタイ病の場合、事実的因果関係とは、原因物質がカドミウムであることと、工場の操業に伴い、排出されたカドミウムが河川に流れ、下流域の農作物に蓄積され、飲料水に含まれ、人間がイタイイタイ病になったという因果関係である。被害者（原告）が自然的因果関係の存在の立証責任を負うので、この立証責任の軽減が課題となっている。法的因果関係とは、事実的因果関係を前提にして、原因行為者に賠償責任を負わせる範囲を確定する因果関係をいう。

ではない。専門知識がなければ、専門家に依頼して原因究明を頼めばよいが、それには莫大なお金が必要になる。これに対して、加害者側には、技術者や医療機関も持っているし、莫大なお金を持っている。仮に良心的科学者が被害者の援護を申し出ても、企業内に立ち入って資料を取れるわけでもなく、科学者に社会的な妨害も加えられることも多い。加害企業と被害者双方の事情と立場を考慮して、被害者の立証責任の軽減を図る必要が出てくる。本判決の意義は、従来の病理学的な因果関係の立証でなくとも、疫学的な因果関係の立証でよいとして、被害者の立証責任の軽減を図ったことにある。イタイイタイ病事件1審の富山地方裁判所判決が、この疫学的な考え方を法律上の因果関係の中に取り入れた最初の事例であった。名古屋高等裁判所金沢支部の本判決で確立されたのである[243]。

疫学とは、人間の多数集団を対象として、疾病の原因や発生条件を統計的に明らかにする学問である。その後、公害・環境裁判では、疫学の方法を用いて、2つの事柄の蓋然的関係を明らかにする証明方法が用いられることになった。疫学的因果関係は、疾病発生の分布状態を考察し、原因と疾病との間に一定の関連性があることが認定された因果関係のことである。この関連性が認められるためには、①因子（本件ではカドミウム）が疾病に先行して存在すること（関連の時間性）。②因子があれば高い確率で疾病が発生する（関連の特異性）。③時間・場所・集団が異なっても、同様の関連性が認められる（関連の一致性）。④因子の量が多くなれば、疾病の発生率が大きくなる（関連の強固性）。⑤以上の関連性が矛盾なく説明できることが必要となる（関連の整合性）。疫学的因果関係論は、四日市大気汚染事件・津地裁四日市支部判決（1972年7月24日）、西淀川事件・大阪地裁判決（1991年3月29日）でも取り入れられており、この疫学的因果関係の考え方が承認された。

因果関係の証明の程度を緩和し、かなりの程度の確からしさを示す立証でよいとする「蓋然性説」と本判決の疫学的因果関係論との関係については、①疫学的因果関係を蓋然性説の具体化と見る考え方[244]と、②蓋然性の程度

---

(243) 牛山積『現代の公害法（第2版）』（勁草書房、1991年）84～93頁。
(244) 加藤一郎「『日本の公害法』総括」ジュリ310号104頁、野村好弘「イタイイタイ病事件」『公害・環境判例（第2版）』有斐閣、1980年、47頁他。

の証明を超えているとの考え方がある[245]。

本判決については、疫学を基本に置きながら、臨床と病理所見、動物実験を付加し、証明が十分だとしているのであり、蓋然性の立証ではなく、完全な立証であったと見ることができる。この立場では、本判決の疫学的立証を「かなりの程度の蓋然性」を超えた証明として見ることになる[246]。

損害論についてみると、被告側（三井金属鉱業）は、原告それぞれの年齢、職業、生活状況、栄養状況、発病年齢などを考慮して、個別損害の積み上げ方式で算定すべきだと主張していた。

判決は、財産上の損害と精神上の損害を一括する「一括請求」を認めたが、「一律請求」を理論上否定した。しかし、事実上、一律請求を認め、賠償額は1審判決の倍額となった。この考え方は、熊本水俣事件判決（1973年）の包括請求へと発展し、さらに、近時の包括請求の算定方法に採用されている[247]。

(4) 神通川流域カドミウム汚染農地の復元

被害者は、損害賠償請求の訴訟で勝訴しても、「ふるさと」が原状に戻らない限り、苦しみは簡単にはなくならない。被害者団体は、1972（昭和47）年8月の控訴審判決で勝訴した翌日、加害者の三井金属鉱業と「イタイイタイ病の賠償に関する誓約書」、「土壌汚染問題に関する誓約書」、「公害防止協定書」という3つの誓約書・協定書を締結した。この合意書に基づき、被害者団体は、患者救済、汚染土壌復元、発生源対策の活動を41年間にわたり進めて来た。

かくして、2013（平成25）年12月17日、被害者団体と三井金属鉱業は、汚染対策のうち復元事業が完了するめどがついたことから、「神通川流域カドミウム問題の全面解決に関する合意書」を締結した。これにより、被害者団体は、加害者側の謝罪を受け入れることになった。控訴審で確定した勝訴判

---

(245) 吉田克己「疫学的因果関係と法的因果関係論」ジュリ440号104頁以下、吉村良一、前掲注（241）50頁他。
(246) 豊田誠・山下潔両氏発言「富山イタイイタイ病裁判判決をめぐって（座談会）」前掲注（237）66頁以下。
(247) 吉村良一、前掲注（241）53頁。

決と３つの誓約書・協定書の締結以来、紛争の解決まで実に41年も経っている。

　汚染農地の復元事業は、イタイイタイ病をきっかけとして1970（昭和45）年に制定された「農用地の土壌の汚染防止等に関する法律」（農地汚染防止法）と「公害防止事業費事業者負担法」に基づいて行われる。農地汚染防止法では、農用地でのカドミウム、銅、ヒ素など特定有害物質が一定基準を超える場合に、都道府県知事により「農用地土壌汚染対策地域」が設定され（３条）、「農用地土壌汚染対策計画」（５条）を定め、復元事業が実施される。この計画に基づき、富山県は、神通川流域で合計1,500ヘクタールを農用地土壌汚染対策地域に指定した。

　復元事業の開始は、1979（昭和54）年の富山県営公害防除特別土地改良事業「神通川流域地区」の実施に始まる。事業開始以前には工事工法の検討がなされていた。汚染土壌を取り除いて、他から汚染されていない土を運び入れる「排土客土工法」は、排出される汚染土が多すぎるので処分が困難だとされた。そこで、1973（昭和48）年から６年間にわたり、実験田を10カ所設置し、復元工法を検討した結果、「埋込客土工法」と「上乗せ客土工法」が採用された。

　「埋込客土工法」とは、工事の順序を追って見ていくと、第１に、水田の汚染表土をはがし、第２に溝を掘り、第３にその溝に汚染表土を埋め込む。第４に溝を掘ったときの砂利を使って耕盤を造り、第５に他の山土を使用し、客土として搬入するものである。

　「上乗せ客土工法」とは、汚染された表土の上に礫質土を耕盤として造成し、その上に山土を客土とするものである。

　神通川の上・中流では、耕盤に適した礫質土があるので、「埋込客土工法」が使われた。下流では、礫質土がないので「上乗せ客土工法」が採用された。復元工事は、1979年に始まり、工事が2012（平成24）年に完了し、対策地域1,500ヘクタールのうち763ヘクタールの復元工事を完了した。事業費は360億円だった。土壌復元費用については、浅尾優紀子によれば、原因企業の三井金属鉱業が39.39パーセント、国が40.41パーセント、県が18.18パーセント、市町村が2.02パーセントであった。ただし、用水のコンクリート代の一部が

受益者負担となった[248]。

　三井金属鉱業は、被害者団体と1972年8月に締結した「土壌汚染問題に関する誓約書」の中で、「農用地復元対策事業が行われた場合、Ⓐ原因者として事業費総額を負担する、Ⓑ右事業に伴う区画整理など被害農民の損害となる部分についてその費用を負担する、Ⓒ右事業に伴う減収などの損害を負担する」と誓約していた。だが、実際のところ、この減額措置は、公害防止事業費事業者負担法（事業者負担法）の第4条1項「その原因となると認められる程度に応じた」規定により、事業者の負担総額の減額を行い、公費負担（国、県、市町村）と被害者に肩代わりさせている。

　事業者の負担は、事業者負担法の「その原因となると認められる程度に応じた」（4条1項）負担とするとの規定により、上流に存在した三菱金属以外の過去の「不存在事業者」と「自然汚染」など他原因を減額理由にしたのである（7条1号）。無視してもよいと思われる「不存在事業者」や「自然汚染」を過大評価し、かねてからの鉱業界の要望を受け入れた措置であった。復元面積縮小と負担割合縮小化は、被害者の犠牲と公費による肩代わりであり、原因者負担・汚染者負担の原則から検討が必要である。

---

(248)　浅尾優紀子「イタイイタイ病とカドミウム汚染田復元の現状について」37頁、http://www.tym.ed.jp/chiri/itaiitai32PDF

第11章　土壌汚染対策法

1　土壌汚染対策法の目的と対象

　土壌汚染対策法は、国民の健康保護を目的としている（1条）。そのために、まず、調査を行い、土地の土壌汚染を見つける。次に、汚染が発見されれば、健康被害の発生を防止するために土地を管理することにしている。措置内容や対策の実施も、国民の健康保護の視点から定められているので、健康保護に必要な限度を超える措置や実施を要求していない。

　本来、土壌は、水、空気、太陽光、動植物とともに自然生態系を構成しており、土壌の中に住む生き物（土壌生物）の活動の場として、有機物を無機物に変える働きをしており、生態系を支えている。本法は、国民の健康保護を目的にしているが、今後、生態系保護と生活環境保護を目的に加えることが課題であろう。

　本法の対象となる「特定有害物質」とは、土壌に含まれることにより人の健康に被害が生じるおそれのある物質として政令で定めるものをいう（2条1項）。土壌汚染による健康への悪影響は、①土壌が有害物質で汚染した土地周辺の地下水を飲むことによる悪影響（地下水経由の摂取リスク）と②風に飛び散った汚染土壌を口にするような場合や砂場遊び中に口にする場合などの悪影響（直接摂取リスク）の2つの場合がある。特定有害物質は、地下水経由の摂取リスクの観点から合計25物質が設定されている。直接摂取によるリスクの重金属等は、カドミウム、鉛、六価クロム、ヒ素、総水銀、セレン、フッ素、ホウ素、シアンの9物質となっている[249]。

---

(249)　土壌汚染対策法の解説書は、小澤英明『土壌汚染対策法』（白揚社、2003年）、土壌汚染対策研究会『土壌汚染対策法と企業の対応』（産業環境管理協会、2010年）、土壌環境法令研究会（新日本法規、2003年）などを参考にした。

2　土壌汚染状況調査

　土壌汚染状況の調査報告義務は以下3つの場合に生じる。①有害物質使用特定施設の使用の廃止時（3条）、②3,000平方メートル以上の土地の形質変更の届出の際に、都道府県知事等による土壌汚染のおそれがあるとの認定されたとき（4条）、③都道府県知事等による土壌汚染により健康被害が生じるおそれがあるとの認定されたとき（5条）である。土地の所有者等は、土壌汚染状況を調査し、その結果を都道府県知事等に報告する義務がある。

(1)　有害物質使用特定施設の使用廃止時

　有害物質使用特定施設を設置していた者は、その施設を廃止し、工場・事業場として管理されなくなった場合、土壌汚染状況を調査し、その結果を都道府県知事等に報告しなければならない（3条1項）。有害物質使用特定施設とは、水質汚濁防止法2条2項の特定施設であり、特定有害物質をその施設で製造し、使用し、又は処理する施設をいう。

　調査義務者は、所有者、管理者、占有者（所有者等）であるが、調査のために、その土地に立ち入り、ボーリング調査を行い、掘削することも必要なので、その土地に権限を持っている者に調査義務を負わせる趣旨となっている。通常、原則として、土地所有者となる。しかし、例外的であるが、破産管財人、土地所有者が海外に居住するために契約で管理を受託した管理会社なども含まれる。土地所有者等が調査責任を負うとした趣旨は、汚染土壌を保有することにより、周囲に危険な状態を発生させているので、その危険の状態を支配している者がその危険を除去する規制に服するべきだとする「状態責任」である。

(2)　3,000平方メートル以上の土地の形質変更の届出の際に、都道府県知事等が土壌汚染のおそれがあると認定したとき

　3,000平方メートルを超える土地の形質変更を行おうとする者は、都道府県知事等に工事の30日前までに届出をしなければならない（4条1項）。そ

の届出を受けた都道府県知事等は、施行規則に定める基準に従い土壌汚染のおそれがあると認めるときは、土地所有者等に土壌汚染状況調査の実施命令を出す。

　土壌汚染のおそれがあるかどうかの基準は、①特定有害物質による汚染が土壌溶出量基準[250]及び土壌含有量基準[251]に適合しない土地、②特定有害物質が埋められ、飛散し、流出し、地下に浸透していた土地、③特定有害物質を製造・使用・処理していた土地、④特定有害物質が貯蔵・保管されていた土地、⑤その他に②から④と同等程度に特定有害物質によって汚染されているおそれがあると認められる場合である（施行規則26条）。

(3) 都道府県知事等による土壌汚染により健康被害が生じるおそれがあると認定されたとき

　都道府県知事等が健康被害のおそれがあると認めるときは、土地の所有者等に土壌汚染状況調査の実施命令が出される（5条1項）。

(4) 自主的な調査

　土壌汚染状況調査に占める自主調査の割合は大きい。毎年、環境省が公表している施行状況調査結果によれば、調査数全体の9割を占めている。自主調査は、法律に基づく調査よりも多い。その理由としては、第1に、有害物質使用履歴のある土地では土壌汚染発生の確率が高く、知らないうちに土壌汚染や地下水汚染が発生すれば、大きなリスクを負うことになりかねないので、自主的な調査を行う努力がなされるようになったといえよう。第2に、将来、工場・事業場の廃止時や一定規模以上の土地の形質変更時には、法律

---

[250]　溶出量基準値とは、土壌の中の特定有害物質がどれだけ水に溶けだすかという基準であり、土壌に10倍量の水を加え、十分に振り混ぜた場合に溶出する特定有害物質の濃度が、それぞれ水質環境基準以下の値以下であることを条件として定められている。溶出量基準と土壌環境基準（環基法16条1項）は測定方法も基準値も同じになっている。

[251]　含有量基準値とは、直接摂取リスクについて、その可能性のある表層土壌に残留しやすい重金属について、汚染土壌の直接摂取を通じた暴露を前提とした含有量の基準値が定められている。

や条例に基づく調査義務が発生する可能性があるので、そのような義務の発生に備えて、事前に調査や対策が行われている。ただし、自主調査であっても、公正さと信頼性が求められるので、後日に調査義務が発生した場合に備えて、法律に規定する内容を守り、指定調査機関により実施されることが重要となる。

(5) 区域の指定

都道府県知事等は、上記の(1)工場・事業場の使用廃止時、(2)一定規模以上の土地の形質変更の際に土壌汚染のおそれありと認定、(3)健康被害が生ずるとの認定に基づき、それぞれ土壌汚染状況調査の結果報告を受け、又は、(4)の自主調査により汚染が判明したので指定の申請があった場合（14条)、健康被害のおそれの有無に応じ、次節で述べるように、「要措置区域」又は「形質変更時要届出区域」に指定する。

3 要措置区域

都道府県知事等は、土壌汚染状況調査の結果、①汚染状態が土壌溶出量基準又は土壌含有量基準に適合せず（6条1項1号、施行規則32条)、かつ、②土壌汚染の摂取経路があるために健康被害が生ずるおそれがあれば（同条同項2号)、汚染除去等が必要な区域として「要措置区域」に指定する（6条1項)。

要措置区域の指定要件は、①基準に適合しない汚染状態にあることに加え、②人の健康に被害が生じ又は生じるおそれのある場合の2要件を満たす必要がある。それに対し、①の要件を満たすが、②の要件を満たさない場合は「形質変更時要届出区域」に指定される。

都道府県知事等は、要措置区域の場合、人の健康に被害が生じ、又は生じるおそれがあるので、健康被害を防止するために必要な限度で、その要措置区域内の土地所有者等又は汚染原因者に対して汚染除去等の措置をとるように「指示」し、この指示が履行されないときには、その指示措置を命ずることができる（7条)。

要措置区域内では、土地の形質変更が原則として禁止となる（9条本文）。例外としては、非常災害のための応急的な土地の形質変更、施行規則が定める帯水層への影響を回避するための土地の形質変更は認められる（同条ただし書き）。

　要措置区域は区域内の土地の形質変更が原則として禁止となり、形質変更時要届出区域では事前に届出の義務が生じる。したがって、これらの区域指定は、行政処分であり、土地所有者には不利益処分なので、行政手続法による事前の弁明手続が必要になり、処分後であれば、都道府県知事に対し、行政不服審査法に基づく異議申立て、又は行政事件訴訟法に基づく処分の取消訴訟を提起できる。

　宅地建物取引業者は、指定区域の土地の売買の際、重要事項説明書において、要措置区域内の土地の形質変更の禁止、形質変更時要届出区域での届出義務のあることを説明する義務がある（宅建業法施行令3条1項32号）。故意に事実を告げず、または不実を告げることを禁止しているので（宅建業法47条）、違反すれば、行政処分（同法65条）や罰則（同法80条）の対象になり、民事法上も、損害賠償の対象となる。

4　形質変更時要届出区域

　形質変更時要届出区域は、土壌汚染状況調査の結果、汚染状態が土壌溶出量基準又は土壌含有量基準に適合していないが、土壌汚染の摂取経路がないために、健康被害が生じるおそれがない土地に指定される（11条1項、施行規則47条）。形質変更時要届出区域は、健康被害が生じるおそれがないために、汚染除去等の措置は必要ないが、土地の形質変更時に都道府県知事等に計画の届出が必要になる（12条）。その届出を受けた都道府県知事は、施行方法に汚染拡散の防止の基準に適合しないと認めるときは、その施行方法の変更を命ずることができる（12条4項）。

5 要措置区域内の土地の汚染除去等の指示と措置命令

(1) 汚染除去等の指示と措置命令

都道府県知事等は、要措置区域内の土地の所有者等に対し、相当の期限を定めて、汚染除去等の措置を講ずべきことを指示することになる（7条1項本文）。ただし、土地所有者等以外に汚染原因者が明らかな場合であって、その原因者に措置を講じさせることが相当と認められ、かつ、措置を講じさせることについて土地の所有者等に異議がなければ、汚染原因者に指示をすることになっている（7条1項ただし書き）。

都道府県知事等は、要措置区域内の土地所有者等に対して土壌汚染の除去の指示を行った場合、その指示措置を履行していないと認めるときは汚染除去等の措置命令を発動する（7条4項）。ある土地が要措置区域に指定された場合、都道府県知事等は、その所有者等に対して直ちに措置命令を発動するのではない。最初に、指示措置をとるよう命じ、次に、その指示措置を講じていないと認めるときに、措置命令を発動することになる。

汚染除去等の措置の内容は、汚染状況や土地利用状況に応じて、地下水摂取と直接摂取の視点から規定されている。考え方は、土壌中の有害物質は、拡散・希釈されるので、有害物質を除去しなくとも、人への暴露経路を遮断すればよいとしている。そのために、措置内容は、原則として、土壌表面を覆うとか、土壌中の有害物質が地下水に溶け出さないようにすればよいとされている。実際上、汚染の除去（浄化、掘削除去）は、例外的に限られた場合にしか求められない。

(2) 指示措置の内容

指示措置は、①土壌溶出量基準に適合しておらず、周辺で地下水の飲用利用がある場合、②土壌含有量基準に適合しておらず、人が立ち入ることができる区域である場合の2つに分けて施行規則で規定されている。

まず、土壌溶出量基準に適合しておらず、周辺で地下水の飲用利用がある

場合であって、地下水汚染が生じている場合の指示措置は、「第2溶出量基準」に適合するように指示される。第2溶出量基準とは、特定有害物質の種類ごとに土壌溶出量基準の3倍から30倍までの溶出量で定められる。具体的には特定有害物質の種類ごとに規定されている。

第1種特定有害物質（揮発性有機化合物）の指示措置は、「原位置封じ込め」又は「遮水工封じ込め」により汚染状態を第2溶出量基準に適合させることが必要になる。第2種特定有害物質（重金属など）は指示措置も、第1種特定有害物質の場合と同様となっている。第3種特定有害物質（農薬など）の指示措置は、①第2溶出量基準に適合しない場合は「遮水工封じ込め」となり、②第2溶出量基準に適合するが、土壌溶出量基準に適合しない場合には「原位置封じ込め」又は「遮水工封じ込め」となる。

次に、土壌含有量基準に適合しておらず、人が立ち入ることができる区域の場合の措置は、原則として、「盛土」となっている。ただし、もっぱら住居用の建築物の場所では、盛土することで住居用に著しい支障が生じるときは「土壌の入れ替え」とされている。

乳幼児の遊び場では「土壌汚染の除去」が命じられる。

6　土地所有者等への汚染除去等の措置の指示と措置命令

措置指示や措置命令の対象者は、調査義務を負う者と同じであり、指示内容などを実施するために必要な土地の掘削など形質変更を行う権原を有する者となっている。具体的には、土地の所有者、占有者、管理者（土地所有者等）をいう（7条1項本文）。所有者等が複数存在する場合には、全員ではなく、そのうち土地の掘削を行うに必要な権原を有する者だけが対象となる。土地が共有の場合は、共有者のすべてが指示を受け、指示を履行すべき義務を負うことになる。

土地が債権担保のために抵当権や譲渡担保が設定されている場合には誰が対象者になるか。まず、抵当権者は、土地の使用と占有をしておらず、土地の管理権原を有していないので対象者にはならない。

次に、譲渡担保の場合、債権者（所有者）と債務者又は物上保証人のいず

れかが問題となる。譲渡担保とは、債権の担保として不動産や動産など目的物の所有権を債権者に移転し、債務が弁済されると、債務者・物上保証人に所有権が復帰する慣習上の制度である。債務不履行になれば、債権者はその財産から優先弁済を受ける。土地に譲渡担保が設定されれば、所有権の移転登記がなされるので、登記簿上の所有者は譲渡担保権者（債権者）となる。担保なので、所有権は債権者に移転するものの、実際上は、依然と債務者が目的財産の利用と占有をしていることが多い。この場合、施行通知によれば、土地の所有権を譲渡担保により債権者に形式上譲渡した債務者は、土地の掘削等を行うために必要な権原を有しているとされている。

土地所有者が倒産し、破産法上の法的手続がとられた場合には、破産者は管理権原を失い、破産管財人が選任され、財産の占有・管理権を持つので（破産法185条）、破産管財人が対象者になる。

7　汚染原因者への汚染除去等の措置の指示と措置命令

汚染原因が明らかな場合には、汚染原因者に措置の指示と措置命令がなされる。7条1項ただし書きによれば、汚染原因者への措置の指示と措置命令の要件は、第1に、その土地所有者等以外の者の行為によってその土地に特定有害物質の汚染が生じたことが明らかなこと。

第2に、その行為者に汚染除去等の措置を講じさせることが相当なこと。その行為者には、相続、合併又は分割によりその地位を承継した者も含む。「措置を講じさせるのに相当でない場合」とは、汚染原因者に措置を実施する資力がなく、命令を出しても、実行できる可能性がない場合をいう。この場合には、汚染原因者ではなく、土地所有者等に指示や措置命令が出される。

第3に、その者に措置を講じさせることについて土地所有者等に異議がないときになっている。措置の指示と措置命令により土地に制約が生じるので、土地所有者等に異議を述べる権利が認められる。汚染原因者が措置をとることに土地所有者等が承諾した場合、土地所有者等の土地管理権は、指示措置の実行に必要な限度で制約を受ける。土地所有者等が承諾するか否かの判断は、行政を加えて、土地所有者等と汚染原因者の話し合いにより決定す

ることになる。話し合いでは、①措置の費用をめぐり、汚染原因者はできるだけ安価に済むように考え、土地所有者等は高額を望むので、どれくらいの費用にするかの決定が問題になる。②法律の定める措置のうちどの措置をとるのかについては、措置の選択により費用が異なるので、当事者と行政庁が事前調整をすることになる。③また、行政庁は、相当の期限を定めて措置の指示や措置命令を出すことになっているので、「相当の期限」につき、汚染状況、汚染原因者の経済的・技術的な能力を勘案して決める（7条1項、施行規則33条3項）。

8　土壌汚染対策法に基づく土地所有者等の費用請求権

(1)　土壌汚染対策法上の費用請求権

　都道府県知事等から指示を受けた土地の所有者等は、指示措置を講じた場合、汚染原因者にその指示措置のために使った費用の請求ができる（8条1項）。土地所有者等の費用請求権が行使される場合には次のようなことが考えられる（土壌汚染対策研究会、前掲注（249）124～125頁）。

　①都道府県知事等から措置の指示のあった時点では汚染原因者が不明であったものの、土地所有者等が措置を講じた後になって、汚染原因者が判明した。②汚染原因者が無資力であったので、土地所有者等に都道府県知事等から措置の指示がなされ、その措置を実施したが、後に汚染原因者の資力が回復した。③汚染原因者が判明しているものの、汚染原因者が行う措置に異議が出されたために、都道府県知事等が土地所有者等に指示を出し、措置が実施された場合があろう。

　請求できる費用の範囲は、「指示措置に要する費用の額」とされている（8条1項本文）。費用は、措置のためにかかった費用に限定されるので、土地汚染状況調査のための「調査費用」は認められないことになる。指示措置を上回る補強工事を行ったとしても、上回った補強分の費用は請求できない。ただ、調査費用は、土壌汚染対策法では請求できないが、民法上の不法行為法や瑕疵担保責任に基づく損害賠償請求は可能となる。

土地所有者等が指示の措置を実施したとしても、すでに汚染原因者が措置費用を負担し、又は負担したものと認められるときは、費用の請求はできない（8条1項ただし書き）。例えば、現在の土地所有者等が以前の土地所有者である汚染原因者から土壌汚染を理由にして著しく安い価格でその土地を購入した場合、あるいは、土地所有者等が瑕疵担保、不法行為など民事上の請求権を行使することにより、すでに措置費用の相当する金額を受け取っている場合が含まれる（施行通知4の1、(7)ⅲ・ⅴ）。

(2) 土壌汚染対策法と民事法の請求権の関係

土地所有者等の求償権は、指示措置の実施に要した費用に限定される（8条）。これに対して、不法行為に基づく損害賠償責任や契約上の売主の瑕疵担保責任は、被害者や買主が被った損害の填補を求める請求であり、措置費用の請求には限定されない。それ故、本法8条の求償権と民事法上の請求権は、それぞれ別個に成立する。

9　民事法上の請求権

(1) 不法行為に基づく損害賠償請求権

不法行為とは、他人の権利又は利益を侵害して損害を及ぼす行為であって、加害者にその損害を賠償すべき義務を負わせる原因である。他人に損害を及ぼすことは、契約関係にある当事者間で、契約の本旨に従った履行をしないことによっても生じる。不法行為は、そのような特別の関係にない者の間で、被害者に生じた損害を、その損害を与えた原因者（加害者）に負担させる制度である。民法709条によれば、故意または過失によって、他人の権利や利益を侵害した者は、この侵害行為（不法行為）によって生じた損害の賠償をする責任を負うと定めている。

被害者は、損害賠償の請求だけでなく、人の生命や身体への侵害行為については人格権に基づき、あるいは、土地所有権の侵害行為については所有権に基づき、汚染原因者を相手として、その侵害行為を排除し、又は将来生じ

る侵害の予防のために侵害行為の差止めを請求することもできる。

　不法行為により損害賠償や差止めを請求するためには、次の成立要件を被害者（原告）が立証しなければならない。①損害が加害者の故意又は過失ある行為によって加えられたこと。②加害行為の違法性、③加害者の故意・過失のある違法行為と、被害者に生じた損害との間に因果関係があること。

　土壌汚染で不法行為が問題となる事例には、汚染地の汚染が拡大し、付近住民の土地に与える損害、汚染物質が飛散し、人が吸い込む健康被害、有害物質が地下水に溶け出し、地下水を飲んで受ける被害などが考えられる。

　汚染行為者である以前の所有者から土地を購入した買主の被害は、売買契約上の瑕疵担保責任に基づく損害賠償請求権のほかに、不法行為に基づく損害賠償請求権が競合して存在するが、どちらを選んでも請求できる。瑕疵担保責任では、不法行為のように過失などを立証する必要がないので、責任の追及がしやすい。ただし、請求期間が短く、瑕疵の存在を知ってから1年（民法570条）又は6か月（商法526条2項）以内に追及する必要がある。

(2)　瑕疵担保責任に基づく契約解除権と損害賠償請求権

(a)　土壌汚染の瑕疵担保責任

　瑕疵担保とは、売買の目的物に隠れた瑕疵があったときに売主が負う責任をいう。土地売買で目的物の土地に土壌汚染が存在していたことは土地の瑕疵となる。瑕疵の存在を知らなかった買主は、売主に対して損害賠償の請求ができ、さらに、瑕疵のために契約の目的を達することができないときは契約の解除もできる。これらの権利行使は、事実を知ったときから1年又は6か月以内にしなければならない。

　瑕疵担保責任を主張するためには、①土壌汚染が瑕疵であり、②その瑕疵（土壌汚染）が土地の売買契約当時、「隠れた瑕疵」であって、③民法上、瑕疵の存在を知ってから1年以内に瑕疵担保責任を追及することが必要となる。

　第1に、土壌汚染が瑕疵といえるか。瑕疵とは、売買の目的物が有すべき品質を備えないことをいう。判例によれば、土地も売買契約締結後に法令の規制物質に指定された場合には、瑕疵に当たらないとしている。

　「ふっ素が、それが土壌に含まれることに起因して人の健康に係る被害

を生じるおそれがあるなどの有害物質として、法令に基づく規制の対象となったのは、本件売買契約締結後であったというのである。……本件売買契約の当事者間において、それが健康を損なう限度を超えて本件土地の土壌に含まれていないことが予定されていたものとみることはできず、本件土地の土壌に溶出量基準及び含有量基準値のいずれをも超えるふっ素が含まれていたとしても、そのことは、民法570条にいう瑕疵には当たらないというべきである。」(252)

第2に、瑕疵担保責任を生じるためには、その瑕疵が隠れたものでなければならない。そこで、土地売買契約当時、土壌汚染が「隠れた瑕疵」であったといえるかが問題となる。隠れた瑕疵とは、取引上一般的な注意では発見できないことをいう。言い換えれば、買主が気づかなかったもので、かつ、気づかなかったことに過失がないということである。

第3に、買主は、瑕疵の存在を知ってから1年以内に瑕疵担保責任を追及することが必要となる。この1年は除斥期間であり、その保存のためには、担保責任を問う意思を裁判外で明確に告げればよい（最判平成4年10月20日、民集46巻7号1129頁）。

最後に、瑕疵担保責任の免除の特約について述べる。民法の担保責任の規定は、任意規定であり、特約により軽減しても加重してもよい。しかし、民法はこの特約に一定の制限を設けた。売主は、担保責任を負わないという特約をしたとしても、自分の知っていて告げなかった事実については責任を免れない（民法572条）。したがって、売主が自ら有害物質を排出してきた場合、あるいは土地の来歴上から有害物質が排出されてきた事実を知りながら買主に告げなかった場合は責任を免れない。

消費者契約法は、消費者利益のために、事業者の損害賠償の責任を免除する条項を無効としている（8条1項5号）。売買土地に土壌汚染があるとき、その瑕疵により消費者に生じた損害を賠償する事業者の責任を全部免除する条項は無効となる。

宅地建物取引業法も、瑕疵担保の特約をについて、売主の宅地建物取引業

---

(252) 最判平成22年6月1日、民集64巻4号953頁、判時2083号77頁、判タ1326号106頁。

者は買主に不利な特約は無効になると規定している（40条）。

(b) 損害賠償の範囲

　損害賠償の範囲は、法定責任説によれば、その瑕疵がなかったと信頼したことによる利益の賠償としての「信頼利益」に限られる。契約責任説によれば、債務不履行の原則により（民法416条の適用）、瑕疵のない物の給付がなされたなら受けたであろう利益としての「履行利益」も含まれる。損害が売買の目的物以外に拡大した損害の扱いは、「予見可能性」（同416条2項）により範囲が決まる（土壌汚染対策研究会、前掲注(249)139～143頁)。

(3) 錯誤、詐欺、消費者契約法、宅地建物取引業法に基づく
　　　契約の無効・取消権

　瑕疵担保責任の内容は、契約の目的を達しえない場合に、損害賠償の請求とともに、契約を解除し、契約締結以前の状態である原状回復を求める方法であった。契約の効果を消滅させる方法は、瑕疵担保責任のほかにも、民法上の錯誤や詐欺の規定、消費者契約法、宅地建物取引業法による方法もある。
　第1に、錯誤は、土地の売買が行われ、買主は通常の土地を買い受けたつもりであったが、実は土壌が有害物質に汚染されており、買主は思い違いをしていた場合である。民法95条は、法律行為の要素に錯誤があったとき、買主（表意者）に重大な過失がなければ契約の無効を主張することを認めている。瑕疵担保の規定（570条）は、錯誤の規定（95条）の特則とみるべきで、適用は瑕疵担保の規定を優先することになる。
　「法律行為の要素」とは、重要な部分という意味であり、判例上、錯誤がなかったならば、その契約をしなかったであろうと考えられるような契約上の意思表示の重要な部分をいう。買主は、住宅を建てるための土地を購入するにあたり、土壌汚染は存在しないと思っていたが、後に、土壌汚染が発覚した場合は錯誤にあたると考えられる。判例通説によれば、動機の錯誤は、要素の錯誤にならないが、動機を相手方に表示したときは要素の錯誤になる（最判昭和29年11月26日民集8巻11号2087頁)。「住宅を建てるために」その土地を購入するという場合は、買主の動機が表示されているので、買主は錯誤

で契約の無効を主張できる。

　第2に、消費者契約法による契約の取消しの主張ができる。消費者契約法は、消費者と事業者の情報力・交渉力の格差を前提として、消費者側の利益保護を目的として2000（平成12）年に制定された。

① 　事業者が勧誘の際に、契約目的の品質など重要な事柄について「事実と異なることを告げ」、消費者がその告げられた内容を信用して契約した場合、契約を取り消すことができる（消費者契約法4条1項1号）。売主や仲介業者など事業者が土壌汚染の事実を知っているにもかかわらず、消費者である買主の質問に答えて、「汚染はない」と答えたので、これを信用して購入した場合、買主は、消費者契約法で契約を取り消すことができる。この場合には、民法の詐欺の規定でも取り消すことができる（民法96条）。

② 　事業者が勧誘の際に、消費者の利益となる話をしながら、重要な事柄にもかかわらず、消費者に不利なことを故意に隠したので、消費者が不利益なことが存在しないと信じて契約をした場合、消費者は契約を取り消すことができる（消費者契約法4条2項）。買主である消費者から質問がなかったとしても、売主や仲介業者である事業者が土地の性質・状態の説明の中で、土壌汚染の事実を知っているにもかかわらず、告げなかった場合は、買主は契約を取り消すことができる。

　第3に、宅地建物取引業法による契約の取消しの主張ができる。宅地建物取引業者は、契約の締結の勧誘に際し、相手方に対して、「故意に事実を告げず、または不実のことを告げる行為」を禁じている（宅建業法47条）。違反行為は、罰則の対象（同80条）になるとともに、民事上の損害賠償義務の対象になる。

　要措置区域又は形質変更時要届出区域内の土地の売買であれば、宅地建物取引業者は、重要事項説明書で、形質の変更の禁止、届出義務があることを説明する義務がある（土対法9条、12条1・3項）。

10　地下水への有害物質汚染問題の対応

「Cは、有害物質のカドミウムと鉛を含んだ水を30年間にわたり工場敷地の地下に浸透させてきた。Dは、2014年9月にCから同工場を譲り受け、県知事に届け出るとともに、引き続き、同工場を操業している。
B宅は、同工場の隣にあり、長年、井戸水を利用してきたが、Bが中毒になったので、同年12月に調査したところ、環境基準を上回るカドミウムと鉛が検出された。」

このような事案の場合、第1に、2014年12月の段階で、県知事はどのような対応ができるか。第2に、2014年12月の段階で、Bは、CとDに対してどのような請求ができるであろうか[253]。

(1)　県知事の対応

工場の製造過程では、カドミウムと鉛を含む水が工場敷地の地下に浸透していたことから、これにより付近一帯の地下水が汚染された。カドミウムと鉛は水質汚濁防止法と土壌汚染対策法の規制対象となっている有害物質であるので、県知事は、水質汚濁防止法と土壌汚染対策法に基づく対応ができる。水質汚濁防止法と土壌汚染対策法の双方の命令要件を充足する場合、実務上、水質汚濁防止法を優先させることになっている。その理由は、水質汚濁防止法の命令要件の範囲が狭いこと、原因者負担原則にかなうことなどが挙げられている。

(a)　水質汚濁防止法上の対応

本件工場の施設は、水質汚濁防止法2条2項の特定施設に該当し、都道府県に届出がなされている（水濁法5条）。さらに、本工場は、カドミウムや鉛

---

[253]　この問題は、司法試験2007年度の問題を若干変更し、簡略にしたものである。なお、2007年度論文式問題の解説と解答例については、池田直樹『法学セミナー増刊2007』にある。

など有害物質を含む汚水を地下に浸透（特定地下浸透水）させているので、「有害物質使用特定事業場」に該当する（同2条7項）。有害物質使用特定事業場から水を排出する者は、8条の要件（有害物質の種類ごとに定める汚染状態の検出）に該当する特定地下浸透水を浸透させてはならない（同12条の3）。有害物質使用特定事業場の設置者は、その水の排出先が公共用水域であるか、地下であるか、下水道であるかを問わず、それぞれの排水基準の遵守が義務付けられている。特定施設の承継については、Dが水質汚濁防止法に基づく届出をすることになる（同11条1・3項）。

まず、県知事は、地下浸透禁止の措置をとることができる。2014年12月の段階では、Dに対して特定施設の構造、使用方法、汚水処理など改善命令、又は一時停止命令を命じることができる（同13条の2第1項）。

さらに、県知事は、現に人の健康被害が生じたものとして、設置者に対して地下水の水質浄化措置を命じることができる（同14条の3第1項本文）。ただし、浸透当時に特定事業場の設置者でなかった場合には、原因者負担主義の考え方により、措置命令の対象者とはならないので（同条同項ただし書き）、本件ではDに対しては措置命令を出せない。そのために、県知事は、浸透当時の設置者であるCに対して措置命令を出すことになる（同条2項）。その場合、所有者であるDはその措置に協力しなければならない（同条3項）。

水質汚濁防止法と土壌汚染対策法の命令要件を充足する場合には、前述のように、実務上、水質汚濁防止法の地下水浄化命令を先行している。理論上でも、水質汚濁防止法の命令要件は、土壌汚染対策法よりも狭く、また原因者負担の原則を踏まえていることを挙げることができる。

(b) 土壌汚染対策法上の対応

(i) 土地所有者等の土壌汚染調査義務

土壌汚染対策法上の所有者等（所有者、管理者、占有者）の調査義務は、①使用が廃止された有害物質特定施設にかかる工場・事業場の敷地であった土地の調査（土対法3条1項）、②土壌汚染のおそれがある土地の形質変更（3,000平方メートル以上）が行われる場合の調査（同4条2項）、③土壌汚染による健康被害が生ずるおそれがある土地の調査（同5条1項）の3通りの

場合である。調査費用は、汚染者負担とは限らず、調査の実効性確保のために危険責任（状態責任）により所有者等に課している。

本件では、工場廃止や土地形質変更ではなく、人の健康被害が生じている。従って、知事は、所有者であるDに対して、自己負担で調査をするように命じることができる（同5条1項）。その結果、事案のように環境基準を上回るカドミウムと鉛が検出されたと考えられる。

(ⅱ) 要措置区域の指定

前記調査の結果、次の指定要件を満たせば、知事は、汚染除去・防止措置をとることが必要な「要措置区域」に指定する（土対法6条1項）。その指定要件は、①環境省令の定める基準に適合しないこと、②人の健康に被害が生じ、又は生ずるおそれがあるものとして環境省令が定める基準に該当することの2点である（同6条1項1・2号）。要措置区域では、原則として、土地の形質変更が禁止となる（同9条）。

(ⅲ) 措置命令

本件ではすでに健康被害が生じているので、知事は、土地所有者であるBとDに対して、汚染除去措置を講ずるように指示することができる（同7条1項本文）。除去措置に必要な費用は第一義的には指示を受けた所有者等が負担する。所有者等は、その指示措置を講じた場合、汚染原因者に対して、その費用を請求することができる（同8条1項本文）。しかし、本件の場合でみると、Bは付近住民の被害者であって、Bに汚染除去費用の負担をさせることは適当ではない。

汚染原因者が明らかな場合であって、土地所有者に異議がなければ、知事は、土地所有者等ではなく、汚染原因者に汚染除去措置を命じることができる（同7条1項ただし書き）。

本件の場合では、汚染原因者がCであることが明白であり、Cに対策をとらせることが相当である場合にあたる。前提の説明は長くなったが、結論として、本件の場合、知事は、BとDではなく、汚染原因者のCに汚染除去措置を指示することになる（同7条1項ただし書き）。その場合、費用負担者も、汚染原因者のCとなる。

(2) 住民被害者の対応

(a) 水質汚濁防止法に基づく損害賠償請求

　Bは、水質汚濁防止法に基づく損害賠償の請求ができる。Cは、カドミウムと鉛の汚水を地下に浸透させ、地下水を飲用水にしたBに中毒の被害を与えたので、Bの「健康被害」に関する限り、水質汚濁防止法により無過失の賠償責任を負う（水濁法19条1項）。

　他方、Dは、2014年9月から12月までBが飲用水として利用していた場合のみに健康被害の無過失責任を負う。ただし、共同不法行為の場合、Dの原因程度が著しく小さいとき、裁判所により損害額が斟酌される（同20条）。

(b) 不法行為に基づく損害賠償請求

　Bは、不法行為に基づく損害賠償の請求ができる。Cは、有害物質を地下に浸透させれば、近隣で井戸水を飲用する住民に健康被害や財産被害が出ることは予見でき、結果を回避できたので、被害者Bに対して、不法行為で賠償責任を負う（民法709条）。Dは、2014年9月から12月までBに生じた一部の損害に責任を負う。財産的損害（浄化費用など）は不法行為責任を主張する実益がある。DとCは共同不法行為者となるが、弱い関連共同性にとどまる（民法719条1項後段）。

(c) 差止請求

　Dが特定施設の設置者であり、本工場を譲り受けた9月より引き続き操業をしているので、Bは、Dに対して、人格権に基づき、侵害行為の排除を求める差止請求（仮処分又は本訴）ができる。健康被害が発生しているので受忍限度を超える違法性が認められる。

(d) 義務付け訴訟

　知事が改善命令・停止命令や浄化措置を命じない場合、Bは、知事を相手に、規制権限行使を求め、施設の改善命令、停止命令を命じることを求め（水濁法13条1項）、あるいは浄化措置請求を命じることを求め（同14条の3）、

義務付け訴訟ができる（行訴法3条6項、37条の2）。

第2部　環境汚染をめぐる法と紛争

第12章　廃棄物処理法

1　廃棄物処理法の目的と定義

　廃棄物処理法の目的は、廃棄物の「排出を抑制」し、「分別、保管、収集、運搬、再生、処分」などの「処理」をすることにより、「生活環境の保全」と「公衆衛生の向上」を図ることを目的にしている（1条）。
　「処理」の用語は、分別、保管、収集、運搬、再生、処分に至るまでの過程のすべてを含んでいる。「処分」には「中間処理」（ごみ処理場での焼却・破砕・選別）と「最終処分」（埋立て）が含まれており、「再生」は再び製品の原材料とするための再資源化をいう。
　廃棄物処理法による「廃棄物」の定義は、「ごみ、粗大ごみ、燃え殻、汚泥、ふん尿、廃油、廃酸、廃アルカリ、動物の死体、その他の汚物又は不要物であって、固形状又は液状のもの……をいう」（2条1項）。廃棄物は「不要物」ということになる。不要物と廃棄物でないもの（有価物）の区分判断にはやっかいな問題がある。本法は、廃棄物について定めた法律であるので、有価物には適用されない。一般には、他人が金を出して買ってくれるものが「有価物」、金を出して持っていってほしいものが「廃棄物」と理解されている。例えば、A会社の工場から排出された物を10万円でB会社に売ることになった。買主のBが運送を受け持つことになったので、売主Aは買主Bに運送経費として50万円支払ったという場合、形式上は有価物の売買に見えるが、Aは、実際上、40万円支出しているので、廃棄物処理法の適用を免れるための脱法行為である。Bは、10万円支払ったが、50万円受け取ったので、40万円手元に届く。不法投棄の便法のためによく使われた手段であるが、これは廃棄物（不要物）になるであろう。
　Aは、ひびの入った古めかしい花瓶を骨董品として有価物であると考えて

いる。一般の人にとって見れば、何の価値もない汚らしい花瓶にすぎない。仮に、骨董品であるとすれば、有価物である。しかし、占有者のAが主観的に有価物であると主張したとしても、実際上、売れなければ廃棄物である。家畜の糞尿は、都市の勤め人にとっては不要物であるものの、有機農家やリサイクル業者の肥料作りであれば有価物となろう。

　さらに、同じ物であっても、有価物であるか廃棄物であるかの区別判断が難しいこともある。廃棄物であれば、廃棄物処理法の適用があるので、廃棄物処理業の許可取得、不法投棄、罰則、排出者責任、原状回復などの様々な問題となる。「おから」が、廃棄物（不要物）であるか否かをめぐって争われた裁判として「おから裁判」がある。被告Yは、無許可で「おから」を収集・運搬し、熱処理を行い、飼料・肥料を製造したことを理由に、廃棄物処理法14条1項・4項違反で起訴された。最高裁は1999（平成11）年3月10日、「『不要物』とは、自ら利用し又は他人に有償で譲渡することができないために事業者にとって不要になったものをいい、これに該当するか否かは、その物の性状、排出の状況、通常の取扱い形態、取引価値の有無及び事業者の意思等を総合的に勘案して決するのが相当である」と判決している。無許可で「おから」を収集、運搬、熱処理していたとして起訴された被告については、「おからは豆腐製造業者によって大量に排出されているが、非常に腐敗しやすく、本件当時、食用などとして有償で取り引きされて利用されるわずかな量を除き、大部分は、無償で牧畜業者等に引き渡され、あるいは、有料で廃棄物処理業者にその処理が委託されており、被告（控訴人、上告人）は、豆腐製造業者から収集、運搬して処分していた本件おからについて処理料金を徴していたというのであるから、本件おからが……『不要物』に当たり、……『産業廃棄物』に該当する」として、無許可営業で罰金刑に処されている[254]。詳細な検討は、本章の4（336頁以下）を参照。

　このことから、廃棄物か否かは、性状、社会性、環境への影響、商取引状況等々を総合して判断することになっている。この解釈は、「総合判断説」と呼ばれている。総合判断説は、現場泣かせの解釈であり、実際上は、ケー

---

(254)　最判平成11年3月10日、刑集53巻3号339頁、判時1672号156頁、判タ999号301頁。

スパイケースにならざるを得ないともいわれている。しかし、最高裁判決後、占有者意思の解釈は、客観的に解釈されることに異論はない[255]。

2 廃棄物の分類

廃棄物処理法は、発生の仕方というよりも、処理体系により、「一般廃棄物」と「産業廃棄物」に大別し、さらに、爆発性、毒性、感染性、その他人の健康又は生活環境に被害を生じるおそれのある性質のものを、それぞれ、一般廃棄物の中に「特別管理一般廃棄物」、産業廃棄物の中に「特別管理産業廃棄物」を区分している。

第1に、「産業廃棄物」とは、事業活動によって生じた廃棄物のうち、燃え殻、汚泥、廃油、廃酸、廃アルカリ、廃プラスチック、ゴムくず、金属くず、ガラス・陶磁器くず、建設廃材、紙くず、木くず、繊維くず、動植物性残さ、鉱さいをはじめ20種類をいう（2条4項、施行令2条）。

第2に、「特別管理産業廃棄物」は、燃えやすい廃油、強酸・強アルカリ、感染性廃棄物、有害産業廃棄物（廃PCB、PCB汚染物、指定下水汚泥、廃石綿、水銀やカドミウムなど有害物質）がある（2条5項、施行令2条の4）。

第3に、「一般廃棄物」とは、産業廃棄物以外の廃棄物をいう（同法2条2項）。一般廃棄物には、単に家庭から排出されるものだけでなく、企業の事務所・ビル、工場、商店などから排出される廃棄物であっても、上記の産業廃棄物の指定がなされていないものは一般廃棄物となる。

第4に、「特別管理一般廃棄物」とは、廃エアコン、廃テレビ・廃レンジに含まれるPCB使用部品、ばいじん（ごみ焼却施設で発生したもの）、感染性廃棄物をいう（2条3項、施行令1条）。

廃棄物の処理については、一般廃棄物の処理は主として市町村が行い、産業廃棄物の処理は、排出事業者又は事業者からその処理を委託された処理業者が行う。ただし、「事業系の一般廃棄物」は、排出事業者に処理責任がある。

---

(255) 大塚直『環境法（第2版）』(有斐閣、2006年) 380〜381頁。

3　一般廃棄物の規制

(1)　規制の概要

① 市町村は、「一般廃棄物処理計画」を策定し（6条）、その計画にしたがって、一般廃棄物を処理（収集・運搬・処分）しなければならない（6条の2）。処理に当たっての基準は、「一般廃棄物処理基準」、「特別管理一般廃棄物処理基準」として政令で定められている（施行令4条）。
② 事業者は、自己処理に努め、処分しきれない場合、市町村の処理又は一般廃棄物の運搬・処分を他人に委託することができるが、許可を受けた業者（一般廃棄物収集運搬業者、一般廃棄物処分業者）に委託し、委託基準にしたがうこととすることとされている（6条の2第6・7項）。
③ 一般廃棄物の収集、運搬、処分を業とする者は、一般廃棄物収集運搬業者又は一般廃棄物処分業者として市町村長の許可を受けなければならない（7条）。市町村長は、監督処分として、基準不適合者に対して、事業停止、許可の取消しができる（7条の3、7条の4）。
④ 市町村以外の者が「ごみ処理施設」、「し尿処理施設」、「一般廃棄物最終処分場」などの一般廃棄物処理施設を設置する場合には、都道府県知事（保健所設置市・区では市長・区長）の許可が必要である（8条）。その許可申請があった場合、都道府県知事は、住民に公示し、生活環境の保全上の見地から市町村長の意見を聞かなければならない（8条4・5項）。住民は意見書の提出ができる（8条6項）。

(2)　家庭系一般廃棄物の処理責任

家庭から出るごみ（家庭系一般廃棄物）の処理責任は、廃棄物処理法では市区町村にあるとされている（6条の2）。これは、家庭ごみの内容が「生ごみ」を中心にした時代の制度をそのまま維持しているものである。家庭ごみの構成が「生ごみ」を中心にしているのであれば、税金での負担は合理的である。しかし、家庭ごみの構成・材質は大きく変化した。2002年度の京都

市の調査によれば、容積の調査では、容器包装が一番多く、約60パーセント、食品以外の商品が10パーセント、食品が8パーセントになっている。湿重量比（収集時の水を含んだ重量）では、食品由来のごみが約40パーセント、容器包装材（缶、ビン、ペットボトルなど）が22パーセント、食品以外の商品が12パーセントになっている[256]。ペットボトルなど容器包装は、生産量が増えており、生産者の生産のための費用は安いが、廃棄物になった場合の処理費は高い。この処理費は現在、税金で負担している。処理費は、税金で負担するのではなく、生産者に負担させる制度に変えれば、処理費用が製品価格に上乗せされるので、生産者は上乗せする費用をできるだけ小さくする努力をすることになる。そうすれば、生産者は、高額の処理費を避けることにより、再生利用よりも再利用のリターナブル容器を選択することになろう。最近の「ごみ有料化」は、若干の変化があるものの、税金負担と同様であり、費用の取り方が税金から消費者に変化するにすぎない。生産者は処理費用を価格に上乗せする努力をすることはしないであろう。むしろ、ごみの有料化は、不法投棄や自家焼却の増加につながるおそれがある[257]。一般廃棄物の処理費は、税金ではなく、生産者に負担させる制度に改革すべきであろう。

4　産業廃棄物処理の規制

次のような問題を考えてみよう。

「Aは、県知事の許可を得ないで、「おから」の処分費用を無料とする一方で、運搬費の名目で金銭を受け取り、複数の豆腐製造業者から「おから」を収集・運搬したうえで、自己の工場で飼料や肥料を製造していた。食品リサイクル法施行以前、大量の「おから」再生利用は、困難な点もあるといわれていた。当時の「おから」再生利用を5パーセントとする。」

しかし、食品リサイクル法の施行（2001年）以降、「おから」の再生利用は進んだ。2011（平成23）年の報告によれば、「おから」の再生利用は90パーセントになっている。

---

[256]　左巻健男・金谷健編『ごみ問題・100の知識』（東京書籍、2004年）14〜15頁。
[257]　熊本一規『ごみ行政はどこが間違っているのか？』（合同出版、2000年）79〜92頁。

以上の事実により、検察官は、Aを無許可で産業廃棄物の収集・運搬・処分を行った者であるとして起訴した。

検察官の主張と、それに対するAの弁護人の反論を述べなさい。法的処理は、「おから」の再生利用が5パーセントの時と90パーセントの時で異なるか。」[258]

(1) 前提の説明

この問題に取りかかる前に、産業廃棄物処理の規制の概要を見ておこう。

第1に、産業廃棄物の事業者は、自ら運搬・処分を行う場合以外、運搬又は処分を他人に委託処理している。産業廃棄物収集運搬業者及び産業廃棄物処分業者は、いずれも自己の事業区域を管轄する都道府県知事の許可を受けた者でなければならない（14条1項本文）。

第2に、専ら再生利用の目的となる産業廃棄物のみを収集・運搬し、あるいは処分を行う者については都道府県知事の許可を受ける必要はない（14条1項ただし書き）。

第3に、産業廃棄物再生利用を行おうとする者は、環境省の認定を受ければ、特例として許可を受けることなく、収集・運搬・処分をすることができる（15条の4の2、一般廃棄物の場合であれば9条の8）。

第4に、罰則規定がある。まず、一般廃棄物であれ、産業廃棄物であれ、「何人も、みだりに廃棄物を捨ててはならない」（16条）とされており、これに違反して廃棄物を捨てた者は不法投棄の罪として処罰される（25条1項14号）。

次に、許可を受けずに廃棄物の収集・運搬・処分を行った者は無許可での処分の罪により処罰される（25条1項1号）。これらの罪に対しては、自然人は、5年以下の懲役、若しくは1,000万円以下の罰金に処し、又はこれを併科することとされる。法人については、不法投棄・無許可処理の場合には1億円以下の罰金が科せられる（32条）。両罰規定となっている。

無許可業者に委託した場合には1,000万円以下の罰金が科せられる（25条1

---

(258) この問題は、2008（平成8）年の司法試験問題（第1問）を参考に変更を加えた。

項6号)。

そこで、循環型社会では、再生利用をする場合には、特例としての環境省の認定を受けていない場合でも、「不要物」といえないことがあるので、罪として処罰すべきでない場もあるという問題が提起されてくる。

(2) **検察官の主張**

検察官としては、第1に、「おから」が「廃棄物」(2条1・4項)に該当すること、第2に、「おから」が廃棄物処理法14条1項ただし書き、同6項ただし書きの「専ら再生利用の目的となる産業廃棄物」に該当しないことを主張する。

① 「おから」は廃棄物である。

廃棄物(不要物)とは、最高裁判例によれば、占有者が自ら利用し、又は他人に有償で譲渡することができないために事業者にとって不要になったものをいい、これに該当するか否かは、その物の性状、排出の状況、通常の取扱い形態、取引価値の有無及び事業者の意思を総合的に勘案して判断される。廃棄物は、再生利用の可能性がまったくない無価値であることまでは必要ではなく、単に占有者において利用することができない物であるといえる。利用できなければ、不法投棄が生じるおそれがある。Aは、おからを「運搬費名義」で「処理料金」を受け取っていたのであるから、その「おから」は「不要物」に当たり、廃棄物処理法2条4号の産業廃棄物に該当する。

② 「おから」は「専ら再生利用を目的となる産業廃棄物」とはいえない。

「おから」の回収・再生・利用のルートは、技術的経済的に確立しているとはいえず、「専ら再生利用の目的となる産業廃棄物」とはいえない。

③ したがって、無許可のAの行為は犯罪を構成し、Aの行為は有罪である。

(3) **弁護人の主張**

Aの弁護人は、第1に、「おから」が「廃棄物」(2条1項)に該当せず、産業廃棄物(2条4項)にも該当しないことを主張する。第2に、Aの飼料

と肥料の製造のための収集・運搬・処分は、「専ら再生利用の目的となる産業廃棄物」のみの処理をしていたので無罪である。
① 「おから」は廃棄物ではない。
　廃棄物処理法が不要物（廃棄物）の処分について規制をしている趣旨は、廃棄物が不要であるがゆえに、利用価値がなくて、不法投棄などのように粗略に扱われるおそれがあるので、行政の監視の下に置き、生活環境と公衆衛生の向上を図るためである。Aは、おからを飼料や肥料に再生利用する意図を持って収集していたのであり、実際にも、飼料などを製造していた。「おから」は、有用な物であり、再利用できるものである。したがって、おからは、廃棄物に該当せず、産業廃棄物にも該当しない。
② 「おから」は、「専ら再利用の目的となる産業廃棄物」である。
　Aは、回収した「おから」を熱処理により飼料や肥料に加工していた。この行為は、「専ら再利用の目的となる産業廃棄物」の収集を行っていたことになる。廃棄物処理法は、再生利用目的で産業廃棄物を扱っている場合については、不法投棄のおそれがないので、規制をはずしているのである。このような解釈こそ法の趣旨に合致する。
③ 以上の理由により、Aの行為は、犯罪を構成せず、無罪となる[259]。

(4) おからの再生利用率が異なる場合

まず、「おから」の再生利用が5パーセントであれば、検察官の主張のように、「おから」は、「廃棄物」であり、「専ら再生利用を目的となる産業廃棄物」ではない可能性が高いので、無許可Aの行為は犯罪を構成し、有罪となろう。

次に、「おから」の再生利用が90パーセントであれば、弁護士の主張のように、「おから」は「廃棄物」ではなく、「専ら再生利用の目的となる産業廃棄物」となる可能性が高くなり、そうであれば、Aの行為は犯罪を構成せず、無罪となろう。

---

(259) 司法試験2008年度の問題については、柳憲一郎の解説がある（『別冊法学セミナー2008』335～337、362～363頁）。

(5) おからの現状

「おから」は、豆乳、豆腐、豆腐加工品の製造に伴って発生するが、食品やバイオマス資源として再生利用できる。ただ、欠点は、70パーセント程度の水分を含み、腐敗しやすいことにある。

日本豆腐協会の「食品リサイクル法に係る発生抑制」(2011年12月2日)[260]によれば、年間66万トンのおからが発生している。その再生利用の形態は、飼料用65パーセント、肥料用25パーセント、その他が10パーセントになっている。「その他」の内訳は、産業廃棄物が5～9割であり、食用が1パーセント以下である。「おから」は、1999（平成11）年の「おから裁判」最高裁判決[261]以降に再生利用が進んだが、その理由は食品リサイクル法の施行である。

5 循環型社会の「廃棄物等」と「循環資源」
　　―新たな動向―

以上の問題とは離れるが、廃棄物と循環資源の概念をめぐり新たな紛争が生じている。

① 水戸地判平成16年1月26日、LEX／DB28095210

被告人Yは、県の許可を受けないで、業として、産業廃棄物の処分を行ったとして起訴された。本件材木は、建物解体業から排出された当初は産業廃棄物である「木くず」の一部であった。しかし、裁判所は、排出会社が選別の作業をしたことにより、Yの工場に搬入した段階では、分離ないし処理されて「有用物」になったと認められるとして、本件材木が産業廃棄物である「木くず」に該当しないとして無罪を言い渡した。

② 東京高判平成20年4月24日、判タ1294号307頁

産業廃棄物であれば、許可を持つ業者に処分を委託しなければならない（12条3項）。本控訴審判決は、建物解体業者が無許可者に処分を委託した「木くず」が産業廃棄物に該当するとし、委託基準違反として解体業者に有

---

(260) 環境省「食品廃棄物の発生抑制の目標値検討WG業界団体ヒアリング」資料2～6。
(261) 刑集53巻3号339頁、判時1672号156頁、判タ999号301頁。

罪を言い渡した。その理由として、東京高裁は、①本件木くずは、無償で譲渡されており、取引価値はなかった。②受託工場では、必要以上の木くずが受け入れられており、管理不行き届きの状態が続き、火災が生じたこともあった。③受託工場は、木くずの再生利用の処理施設を準備している段階であった。④受託工場は、製造業として確立した状況になかった。したがって、木くずは産業廃棄物であり、廃棄物処理法の適用があるとした。

この判決によれば、再生利用の対象物が廃棄物でなく、循環資源となるためには、再生利用事業が軌道に乗り、収益を上げる製造業として確立し継続されていれば、廃棄物処理法の規制を適用する必要はないことになる。

③　不要物（廃棄物）と循環資源の区別

第1に、物の性状（再生利用に適さない有害性があるか）、第2に、再生利用が製造業として確立し、売却実績のある製品の原材料として利用されているかどうか、第3に、名目にかかわらず「処理料金」を受け取っているかどうか、などが問われる。

④　廃棄物にあたるとされた事例を挙げよう。第1に、プラスチック・ガラス・金属などの粉砕・圧縮物は、製造者から有償で引き取っていたが、製造者の支払う運送処分料がはるかに高かったので、廃棄物と判断される（仙台高判平成14年1月22日）。

第2に、汚泥に固形剤を投入したうえでこれを山林に投棄した事件では、固形剤を加えても価値が生じたとはいえず、また、固まる前に投棄したので、再生利用の意思が認められないとして、廃棄物にあたるとされた（大阪高判平成15年12月22日、判タ1160号94頁）。

6　産業廃棄物処理規制の変化と実際

(1)　排出事業者の責任

排出事業者の責任規定はどのようになっているか。廃棄物処理法は、産業廃棄物について事業者の「排出者責任の原則」を規定している（11条1項）。ただし、自治体は、一般廃棄物とあわせて産業廃棄物を処理できるとしてい

る（11条2・3項）。排出事業者は「自ら処理しなければならない」が（11条1項）、廃棄物処理業者に委託して処理することが認められている（12条5〜7項、12条の2第5〜7項）。従来は、受託業者が不法投棄など不適正な処理をしても排出者は責任を負わないとされてきたので、この点に批判が強かった。排出者責任は、1970年の改正で導入されたが、委託処理を認めていたので、十分な役割を果たせなかった。改正のたびに強化が目指されてきたものの、実は掛け声だけで終わり、30年間にわたり不徹底なものであった。そのために不法投棄が取り締まれなかった。

　2000年改正では、排出者が産業廃棄物の処理を処理業者に委託するとき、適正な対価を負担していない場合に、不法投棄など不適正な処分を知っていたか、又は知ることができたとき、排出企業に原状回復のための責任を負わせることができるようになった（19条の6）。排出者が処理を委託するとき、廃棄物処理費用を安く抑えることにより、不法投棄に至らせたことが明らかになれば、知事は、排出者に対し、原状回復を求めることや、その費用を支払えという措置命令も可能になったのである。行政がこの規定を厳格に行使すれば、特に、「適正な価格を負担していないとき」、排出事業者に原状回復措置を命ずることができるので、「排出者責任の原則」を徹底させることにより、ひいては廃棄物の抑制にまでつなげる可能性もある。

(2)　産業廃棄物の不法投棄と原状回復をめぐる規制措置規定の変化と背景

　前述のように、排出事業者責任の原則に基づき、事業者は、その事業活動によって生じた廃棄物を自らの責任において適正に処理しなければならないというものの、排出事業者自らの手で処理するほかに、許可業者に処理を委託することができることになっている（12条5〜7項）。実際には、自ら処理するよりも、処理を専門にする人に委託して処理するほうが多い。廃棄物処理法は、処理業者による適正な処理を確保するために、産業廃棄物の処理を業として行う収集運搬業や処分業を行う場合、それぞれ都道府県知事の許可を受ける必要がある（14条1・6項）。中間処理施設（焼却施設・破砕施設など）や最終処分場（埋立て）などの産業廃棄物処理施設を設置する場合も許可が

必要となる（15条1項）。

　一方、廃棄物処理法は、生活環境を保全する観点から、「何人も、みだりに廃棄物を捨ててはならない」（16条）と定め、不法投棄を禁止する規定を置き、罰則によりそれを抑止している（25条1項）。しかし、刑事責任は、共謀などがないかぎり排出者には及ばない。「みだりに」とは、「社会通念上許されないこと」を意味し、本法の目的と趣旨に照らし、生活環境の保全及び公衆衛生の向上に支障が生じる行為をさす。その行為は、反復、継続して行う場合だけでなく、1回捨てた場合も含まれる。産業廃棄物は、自社の工場敷地内であっても、野積み状態に放置していた場合、不法投棄となる（最判平成18年2月20日、刑集60巻2号182頁、判時1926号155頁、判タ1207号157頁）。排出事業者、運搬業者・処分業者などが処理基準に反する処理をする場合を「不適正処理」といい、廃棄物を捨てることを「不法投棄」という。

　また、不法投棄廃棄物の原状回復義務についても、かつてのように、行為者責任を貫くとすれば、不法投棄を行ったものが直接の責任を負うことになる（19条の5の処分者）。

　しかし、産業廃棄物の処理を他人に委託するときは、委託基準に従うことになっているが、委託基準では、①許可を受けた産業廃棄物処理業者であって、②契約は書面で行うことになっている。産業廃棄物の委託基準さえ守れば、処理料金をいくらに決めるかは自由となっているので、排出事業者は安い処理業者に委託することになる。多数の処理業者が見積書を持ってくれば、排出事業者は最も安い処理業者と契約を結ぶであろう。

　処理業者は、請け負った安い料金で適正な処理ができないとなれば、不法投棄をすることになる。このような場合、不法投棄の責任は、かつては、排出事業者ではなく、受託者の処理業者の責任となっていた。

　旧法では、知事が排出事業者に原状回復の措置命令を出すことは難しかった。排出者が適正に委託している限り、処理業者が不法投棄をした場合に排出者に措置命令を出すことはできなかった（旧19条の4第1項、12条3項）。

　廃棄物処理法の2000年改正法は、排出事業者にも原状回復責任が及ぶようにした。その仕組みは次のようになっている。

　第1に、産業廃棄物管理票制度（マニフェスト制度）の強化にある。排出

事業者が産業廃棄物の運搬や処分を処理業者に委託する場合、最終処分までの廃棄物の流れを管理するために産業廃棄物管理票制度が完備された（12条の3）。これは排出事業者の自己管理制度であり、不法投棄を防止しようとする趣旨である。旧法であれば、中間処理業者に委託したところで管理票が切れてしまっていた。2000年改正法では、中間処理をはさんだ場合にも、中間処理業者から管理票が送付されることにより排出事業者にわかるようにした（12条の3第4項）。

第2に、19条の6の規定は、排出事業者が委託基準を守って、適正な委託契約をしたとしても、不法投棄を行った者に資力がない場合に、①「適正な対価を負担していない」とき（同条1項2号）、②不法投棄を知ることができたとき（同条1項1号）、排出事業者に原状回復の措置命令が出せることにした。本条が2000年改正法の最も重要な規定である。

第3に、19条の8の規定は、行政代執行法の特例的手続を定める規定であり、簡易迅速な手続により、処分基準に違反する不法投棄の原状回復を可能にするものである。排出事業者が措置命令の対象者になったところから、処分者（同条2項）のみならず、排出事業者（同条3・4項）も措置命令の対象にした。

不法投棄の原因は、排出事業者が多数の収集運搬業者に対して優越的地位にあるところから、排出事業者が適法に委託した場合でも、処理業者の不法投棄が多いので、排出事業者の処理責任を問う法制を望む声が多かった。処理業者による不法投棄や産業廃棄物管理票の虚偽記載などが横行し、排出事業者の責任強化が社会的に求められていた。2000年改正法は、その声に対応するものであった。

資力の乏しい産業廃棄物処理業者が受託した産業廃棄物の不法投棄を行い、それが放置され、地域の生活環境が悪化するような場合、自治体が税金によって原状回復せざるを得ないとすれば不合理である。排出事業者は、自己の経済活動に伴い廃棄物を排出し、利益を得ていることから、そのために他人を使用して処理責任を果たす道を選択したものであり、原状回復義務を負う必要がある。

(3) 青森・岩手県の県境原野での産業廃棄物不法投棄事件と
排出事業者の責任

(a) 事件の特徴

　青森・岩手県境産業廃棄物不法投棄問題とは、国立公園十和田湖に近い岩手県二戸市と青森県田子町にまたがる原野約27ヘクタールに燃え殻、汚泥、廃油、ごみ固形物などの不法投棄事件である。産業廃棄物の量は、両県の調査によれば、青森県側11ヘクタールの原野に67万立方メートル、岩手県側16ヘクタールの原野に15万立方メートルが確認された。国内最大の不法投棄事件となった。

　本件の特徴は、不法投棄を行った処理業者のみならず、排出事業者への措置命令（原状回復）責任の追求がなされていることにある。両県の調査によれば、処理業者から提出された産業廃棄物管理票（マニフェスト）の整理や排出事業者に対する報告徴収により、対象事業者は首都圏の企業を中心に1万2,000社・団体を超えた。調査の結果、措置命令は、これらの排出事業者のうち、違法性の明らかな排出事業者に対して出されている[262]。

(b) 刑事事件の摘発

　産業廃棄物処理業者の三栄化学工業株式会社（三栄化学社）は、三栄興業株式会社（三栄興業社）に対して、1998（平成10）年ごろから産業廃棄物の中間処理した物を売却していた。それを購入した三栄興業社は堆肥を製造していたとされる。しかし、実際のところ、肥料の販売実績はなかった。同年12月に三栄興業社から岩手県に肥料取締法に基づく特殊肥料製造の届出があったので、県職員が調査に行ったところ、悪臭と汚水の流出が見つかった。住民からの汚染に関する情報提供もあった。二戸保健所は1999（平成11）年1月、廃棄物処理法に基づく現地調査、報告徴収を行い、調査と監視を続けた。

　一方、岩手県警は1999年夏、岩手県生活環境部から寄せられた情報をもと

---

[262] この事件の詳細は、津軽石昭彦・千葉実『青森・岩手県堺産業廃棄物不法投棄事件』（第一法規、2003年）、県のホームページを参照。

に内定調査を進めていたが、埼玉県の産業廃棄物処理業者の「県南衛生社」が不法投棄を繰り返している事実を突き止め、廃棄物処理法違反として強制捜査に入った。岩手・青森両県警察の合同捜査本部は、2000（平成12）年5月、産業廃棄物8,000トンの不法投棄をしていたとして、三栄化学社と県南衛生社の関係者を逮捕し、同年6月に法人としての2社とそれぞれ代表者の2名を起訴した。

2001（平成13）年5月、盛岡地方裁判所は、三栄化学社と県南衛生社にそれぞれ罰金2,000万円、県南衛生社の代表者個人に懲役2年6月（執行猶予4年）、罰金1,000万円を命じる判決を下した。廃棄物処理法は、個人と法人の両罰規定となっている。

(c) **大量の有害物質不法投棄の発覚**

1999年6月、岩手県は、岩手県警からの情報を受け、現場の掘削調査を行った結果、4～5メートルの地下に有害物質のテトラクロロエチレンやトリクロロエチレンを含む廃油の入ったドラム缶を発見した。ドラム缶の数は218本にのぼった。これらのドラム缶は、2001年3月、三栄化学社により撤去された。

2000年5月、不法投棄現場の廃棄物調査分析の結果、ジクロロメタン、テトラクロロエチレン、ナマリ、カドミウムなどが検出された。特に、ダイオキシンは、現場の水溜りでは環境基準の82倍を超えた。

2000年9月から10月にかけて200ヶ所のガス調査が行われた結果、高濃度のトルエン、キシレン、テトラクロロエチレンなど高濃度汚染が判明した。同年11月のボーリング調査では、ダイオキシンの汚染は地下10メートルに及ぶことが判明した。同年12月のパワーシャベルによる試掘調査では、県南衛生社が首都圏で集めた食品廃棄物や廃プラスチックが判明した。不法投棄物の内容は、ここに多種多様で膨大な産業廃棄物であることがわかった。

(d) **県の対応**

① 処理業者に対する措置命令

岩手県と青森県では、不法投棄が判明するたびに、処理業者に原状回復を

求める措置命令を出した。

② 処理業者に対する原因解明の指導

県は、処理会社の三栄化学社に土壌ガス調査とボーリングの実施を求めた。処理会社は、自己の費用負担で専門業者に調査の委託をした。

③ 民事保全法による財産保全措置

産業廃棄物の不法投棄事件では、通常、行政が原状回復のために行政代執行を行い、代執行の費用を処理業者に求償し、支払わなければ、処理業者の財産の差し押さえが可能となる。しかし、大規模不法投棄事件の場合、実態調査と原状回復には長い時間がかかり、債権額が確定した時点では、処理業者の財産が散逸してしまうことがある。あるいは倒産・解散になれば、費用（税金）の回収はなされないことになる。これまでの不法投棄事件では、代執行費用の回収ができないことが多かった。

そこで、岩手県は2001（平成13）年2月、将来の事務管理費用（撤去費用）の償還請求権を根拠にした財産の仮押えの申立てを盛岡地裁に行い、同年3月、その申立てを認める決定を受けた。岩手県は、三栄化学社に措置命令を出したが、その履行がうまくいかず、その保有財産が他社に移転することが懸念されたので、民事保全法に基づき仮差押の申立てを行った。財産の保全は認められた。預金と不動産の合計は約2億6,300万円であった（盛岡地決平成13年2月23日、判例集未登載）。

④ 排出事業者に対する責任の追及

（i）排出事業者に対する措置命令

県は、2002（平成14）年10月から2003（平成15）年2月にかけて、約1万600社の排出事業者に報告徴収を実施。説明会を開催した。順次、措置命令を出した（19条の6）。措置命令の履行に応じない場合、排出事業者に対する刑事告発がなされた結果、履行する例もあった。

（ii）排出事業者による自主撤去（費用の拠出）

排出事業者は、自主撤去の申出を行い、撤去費用の拠出を行う事例も増えた。青森・岩手県境に不法投棄された産業廃棄物の撤去は、2013年度に終了したので、2014年以降は地下水浄化、自然再生、地域振興が取組の課題となっている。

(4) 排出事業者の遵守事項

　排出事業者の責任内容は、処理基準を守ること（12条1項、12条の2第1項）、処理責任者を置き、帳簿を備えること（12条6・11項、12条の2第12項）、処理計画を策定し、報告すること（12条7項、12条の2第8項）、委託基準を守ること（12条4項、12条の2第4項）、産業廃棄物管理票を正しく使用すること（12条の3第1項）である。特に、排出者責任では、「委託基準の遵守」と「産業廃棄物管理票の正しい使用」の2点が重要である。

　産業廃棄物の排出者は、自分で処理するよりも、処理業者に委託して処理していることのほうが多いので、委託基準を守ることが重要になる。委託基準とは、委託相手は14条産業廃棄物の許可を持っている業者であるとともに、産業廃棄物の委託品目、収集運搬・中間処理・最終処分の別などの可能な範囲の業者を相手に、必ず、「書面」で契約書を締結することが必要になる。委託契約の内容は政令・省令で細かく規定されている。重要なことは、適正な価格を支払って委託することである。

　さらに、排出者は産業廃棄物管理票を正しく使用しなければならない。産業廃棄物管理票の正式名は、「産業廃棄物管理票」であり、単に、「マニフェスト」、「積荷目録」とも呼ばれている。産業廃棄物管理票は産業廃棄物の受け渡しを伝票により確認する方法である。

(5) 施設の許可

　産業廃棄物処理施設を設置しようとする者は知事の許可を受けなければならない（15条1項）。許可の申請者は、処理施設の設置場所、処理施設の種類、処理能力、維持管理計画とともに、生活環境調査の結果を記載した書類を添付する。この書類は、1ヶ月間公衆の縦覧に供せられる。この処理施設の利害関係者は、2週間以内に生活環境保全の見地から意見書を提出できる（15条2～6項）。廃棄物処理法で「簡易環境影響評価」の手続が導入されたが、地方自治体の条例などで環境影響評価の手続も定められている。

　知事は、その設置計画が技術基準とともに、「周辺地域の生活環境の保全について適正な配慮」がなされていることなど国の定める「許可の基準」に

適合していなければ許可することはできない。また、廃棄物施設の集中により大気環境基準の確保が困難になる場合、許可を行わないこともできる（15条の2第1・2項）。

さらに、許可を受けた廃棄物処理施設の設置者でも、廃棄物処理法又は本法に基づく処分に違反する行為をすれば、知事は許可を取り消すことができる（15条の3）。

(6) 罰　　則

① 廃棄物処理法に違反した者に対する罰則は、改正のたび毎に強化されており、現在、無許可営業、委託基準違反、廃棄物の不法投棄などには、最高5年の懲役若しくは最高1千万円以下の罰金、又はこれが併科される（25条、26条）。法人は3億円の罰金以下となっている（32条）。不法投棄・不法焼却には、未遂も罰せられることになった（25条2項）。
② 廃棄物処理施設の維持管理記録（産業廃棄物も一般廃棄物も同じ）は、事業所内に備えておく義務があり、生活環境保全上の利害関係者から要求があれば、閲覧させなければならない（8条の4、9条の3第6項、15条の2の3）。

7　廃棄物処理施設（焼却場・埋立地）の建設と操業の計画手続

ここでは、最終処分場の処理施設を取り上げ、廃プラ、ゴムくず、金属くず、陶器・ガラスくず、建設廃材など安定型処分場の建設と操業を計画している事業者（Y社）の立場に立ちつつ、許可申請から操業開始までに考慮すべき事項と手続の流れを見ることにしよう。

(1) 廃棄物処理法上の建設・操業規制の概要

廃棄物は、一般廃棄物と産業廃棄物に分けられる（2条2・4項）。Y社の取り扱う廃棄物は、廃プラ、ゴムくず、金属くずであるが、通常であれば、産業廃棄物と考えられるので、安定型処分場に投棄される。しかし、一般家庭から排出された一般廃棄物である可能性もある。一般廃棄物であれば、原

則として市町村が処理責任を負う（6条の2）。産業廃棄物については事業者が処理責任を負う（11条1項）。

いずれの場合にも、許可業者による処分や処理施設の設置運営が必要になる（7条6項、8条1項、14条6項、15条1項）。以下、事業者が扱う廃棄物を産業廃棄物として説明をする。

(2) 処理施設設置の規制

事業者は、知事の許可を受けなければならない（15条1項）。操業までに考慮すべき問題点は次のようになる。

(a) 技術上の基準

設置許可の要件である技術上の基準は政令7条で定められている。産業廃棄物処理施設とは、中間処理施設と最終処分場をいう。最終処分場は、安定型最終処分場（政令7条14号ロ）、管理型最終処分場（同14号ハ）、遮断型最終処分場（同14号イ）の3種類がある。廃プラ、ゴムくず、金属くずは安定型処分場に処分されるものであり、遮水工（粘土層、遮水シート、集水施設など）は求められてはいない。

(b) 生活環境影響調査書の添付

産業廃棄物処理施設の設置計画と維持管理計画については、周辺地域の生活環境の保全及び周辺施設について、適切な配慮がなされていることが求められている（15条の2第1項2号）。Y社は、処分場の設置許可申請に際し、生活環境調査を行い、その結果を添付する必要がある（15条3項）。その趣旨は、施設設置に基づく周辺地域への影響を事前に予測させ、その影響を可能な限り防止することにある。環境影響評価の手法が導入されているので「ミニアセスメント」とも呼ばれている。Y社は、調査費用を負担し、正確な影響調査を行い、周辺地域の環境に負荷を与えないようにする必要がある。なお、知事は、関係する市町村長の生活環境保全上の意見を聞く（15条5項）。

廃棄物処理法上の「簡易環境影響評価」規定と環境影響評価法や条例上の

環境影響評価との関係を見ておこう。対象事業が廃棄物処理法だけでなく、環境影響評価法や条例の対象事業である場合、環境影響評価法や条例が適用される。したがって、廃棄物処理法上の「簡易環境影響評価」は、環境影響評価法や条例の対象事業になっていない施設に適用されるにすぎない。

(c) 経理的基礎

　施設の設置維持管理を行うために充分な経理的基礎を有する必要がある（15条の2第1項3号）。判例は後述10(2)(b)、365頁で述べる。

(d) 住民の同意

　自治体によっては、廃棄物処理施設の設置申請に先立ち、事業者に対して、要綱に基づく行政指導で地域住民の同意を求めることがある。自治体が住民の同意を求める理由は、住民と事業者の間の紛争防止、廃棄物処理法上の許可基準が不十分などの理由である。要綱上の住民同意を得ないで許可申請された場合であっても、知事は、審査を開始しなければならない（行政手続法7条）。

　要綱に従わないことを理由にして不許可にすれば、その不許可処分は取り消され（札幌地判平成9年2月13日、行集48巻1・2号97頁）。あるいは事業者に申請書を返すことは違法となり、行政指導を継続し、強制にわたれば、損害賠償も認められることになる（大阪高判平成16年5月28日、判時1901号28頁、環境百選2版56事件）。

　しかし、要綱に基づく行政指導は、強制にわたれば許されないが、そうでない限り、違法とはいえない。その要綱には法的拘束力はない。とはいえ、事業者は住民の同意を求める努力が必要であろう。

(e) 条　　例

　廃棄物の処分場を事実上規制する独自の条例（水源保護条例や紛争防止条例など）を有する自治体があることにも注意する必要がある（条例は次の8で説明）。

第 2 部　環境汚染をめぐる法と紛争

(f)　訴　　訟

　廃棄物処分場をめぐる紛争は多発しており、特に、安定型産業廃棄物処分場については、他の廃棄物の混入の危険性が争点とされている。事業者は、行政の許可が得られたとしても、付近住民からの民事上の差止請求や行政訴訟で許可処分の取消訴訟が起こされることも予想される。判例は後述10（358頁以下）。したがって、事業者は、有害な廃棄物の混入を防止するために、廃棄物の分別の徹底や搬入前の検査措置を整備する必要がある。

8　条　　例

(1)　法律と条例

　廃棄物処理法に基づいて都道府県が処理する事務の多くは法定受託事務である（24条の4）。自治体は、「自治事務」とともに、「法定受託事務」についても、憲法94条に基づき、「法律の範囲内で条例を制定ができる」ことになった。言い換えれば、条例は、法律に背かない限りどのようなことも制定できることになる。地方自治法は、これを具体化し、「普通公共団体は、法令に違反しない限りにおいて第 2 条第 2 項の事務に関し、条例を制定することができる」と規定している（自治法14条 1 項）。条文中に引用されている 2 条 2 項とは、「普通地方公共団体は、地域における事務及びその他の事務で法律又はこれに基づく政令により処理することとされるものを処理する」と規定している。これにより、自治体は、自治事務と法定受託事務について自治体の事務として条例を制定できる。「徳島市公安条例事件」の最高裁判決[263]によれば、法律と条例は、規制対象が同一であっても、規制目的が異なるときには、条例制定は認められる。また、条例は、法律と目的が同一であっても、法律が全国の一律基準を定めるときには、地方の実情に応じて、法律を上回る「上乗せ」や「横出し」条例の制定も認められる。

　条例は、廃棄物処理法との関係でみると、「法律実施条例」、「並行条例」

---

(263)　最大判昭和50年 9 月10日、刑集29巻 8 号489頁。

に整理できる。法律実施条例とは、規制対象や規制基準など規定内容が法律の一部となり、廃棄物処理法と融合的に機能する条例をいう。特徴は、許可や不許可は廃棄物処理法に基づいて行うが、法律の基準を「具体化」するとか、「上乗せ」、「横出し」をするものである。

並行条例とは、同一の廃棄物処理施設について、廃棄物処理法に基づく手続に加え、廃棄物処理法とは独立に市町村の手続を行う条例をいう[264]。

(2) 紛争予防条例

紛争予防条例とは、廃棄物処理施設の設置者と周辺地域の住民との間の紛争を未然に防止することを目的に掲げて制定される条例である。法律実施条例に属する。

廃棄物処理法は、1997（平成9）年の改正で、設置の許可申請書には周辺地域の生活環境に及ぼす影響調査を記載した書類を添付することを義務付けた（15条3項）。知事は、許可申請があった場合、その書類を1ヶ月間公衆の縦覧に供する（同条4項）。さらに、知事は、市町村長から意見を聞かなければならない（同条5項）。

施設の設置に関して「利害関係を有する者」は、知事に意見書を提出できると規定された（同条6項）。

1997年改正法の趣旨は、法案準備のための審議会の報告書によれば、現行法には住民とのかかわり合いに関する規定がないので、自治体が要項などで住民のかかわりを求める対応をしている。したがって、円滑な施設の設置を進めるためには、地域の生活環境への影響を十分に配慮し、住民の十分な理解を得ていくことが重要であり、法律上、施設の設置手続の中に、その理解を得るための仕組みが必要だとの提案であった[265]。

しかし、1997年改正法制定後においても、各地の自治体では、手続の上乗せ条例の制定が続いた[266]。その理由は、第1に、住民の意見提出の時期にあ

---

(264) 北村喜宣『環境法』（弘文堂、2011年）489〜490頁。
(265) 厚生省生活環境審議会廃棄物処理部会産業廃棄物専門委員会『今後の産業廃棄物対策の基本方向について』（平成8年9月）。
(266) 条例制定の例としては、「鳥取県廃棄物処理施設の設置に係る手続の適正化及び紛争の予防、調整等に関する条例」(2005年)、「浜松市廃棄物処理施設の設置等に係る紛

る。法律の意見提出時期は、許可申請後となっており遅い時期にある。条例では、事前に、事業計画書の段階で説明を聞き、意見書を出せるように規定している。

第2に、法律は住民の意見書の提出だけを規定しているにすぎない。条例は、事業者の事業計画に関する住民への説明会、住民の意見書提出、その意見書に対する事業者の見解書の公表、見解書に対する再意見書の提出の受領と再見解書の公表、事業者主催の討論会の開催などを規定している（浜松市条例9条）。そして、以上の手続を踏まえて、許可権者の知事に報告することになっている。条例は、住民の参加を一歩進めることにより、住民の生活環境悪化の不安に応えようとしている。以上の比較を踏まえれば、条例は、法律に手続を上乗せすることにより、住民の不安に対応するとともに、知事の許可判断にあたり、「周辺地域の生活環境の保全」(15条の2第1項2号）を実質的に確保しようとしているからであろう。

(3) 水道水源保護条例

水道水源保護条例は、水源の保護を目的とした条例であり、その目的内容を分類すれば、①水源枯渇防止、②水質汚濁防止があり、③水源の枯渇と汚濁防止の双方の目的を持つ条例がある。自治体と水道水源の関係を見れば、水道法は、自治体の責務を具体化し、「国及び地方公共団体は、……水源及び水道施設並びにこれらの周囲の清潔保持並びに水の適正かつ合理的な使用に関し必要な施策を講じなければならない」（2条1項）と規定している。さらに、水道法は、自治体に対して、地域の自然的社会的条件に応じて、水道施策・水道事業の適正な運営に努めることを求めている（2条の2第1項）。水道水源保護条例は、水道法に基づき、自治体の責務に従い、水道水源を保護し、地域住民の生命と健康を守ることを目的にした条例である。並行条例に属する。

ここでは紀伊長島町水道水源保護条例事件を取り上げる。

争の予防と調整に関する条例」(2005年) をはじめに、秩父市 (2006年)、香美市 (2007年)、久留米市 (2008年)、豊橋市 (2010年)、行田市 (2011年)、宇陀市 (2011年) と続いている。

第12章　廃棄物処理法

(a) 事件の概要

　三重県紀伊長島町（2005年に海山町と合併し、現・紀北町）は、熊野灘に面した町であるが、町の中心地から少し離れた山間地に計画された産業廃棄物の中間処理施設の設置をめぐり争われることになった。この事件は、産業廃棄物処分業者のXが中間処理施設の設置を計画したところ、「紀伊長島町水道水源保護条例」2条5号に基づき、町長Yが「規制対象事業場」としての認定をする処分をしたので、Xが町長Yに対してその処分の取消しを求めた訴訟である[267]。

　本件水源保護条例は、町の水道の水質汚濁を防止し、その水源を保護し、住民の生命、健康を守ることを目的にしている（条例1条）。町長は、対象事業を行う工場その他の事業場のうち、水道に関わる水質を汚濁させ、若しくは水源の枯渇をもたらし、又はそれらのおそれのある工場その他の事業場を規制対象事業場と認定することができる（条例2条5号、13条3項）。水源保護地域に指定された区域での規制対象事業場の設置は禁止となる（条例12条）。

　さらに、水源保護地域内で対象事業を計画する事業者は、あらかじめ町長に協議を求めるとともに、関係地域の住民に説明会の開催などの措置をとることが義務付けられている。事業者からの事前協議の申出があったとき、町長は、町の水道水源保護審議会の意見を聞き、規制対象事業場と認定するかどうかの判断をするとされている（条例13条）。

　Xの施設の設置予定地は、町の水道取水施設の上流地域に位置している。Xの計画を知った町は、1994（平成6）年3月に本件水源保護条例を制定した。町長Yは、条例上の手続を行い、1995（平成7）年5月31日、本件施設が対象事業のうち「水道水源の枯渇」をもたらし、又はそのおそれのある事業場に当たるとして、規制対象事業場の認定処分を行った。

　なお、Xは産業廃棄物処理施設設置の許可申請をしていたが、1995年5月10日に三重県知事の許可を受けている。このままでは設置ができないので、Xは、町長Yの処分の取消しを求めた。

---

(267)　最判平成16年12月24日、判時1882号3頁、判タ1172号123頁、環境百選2版57事件、大久保規子「規制対象事業場認定処分取消事件―三重県紀伊長島町―」判自17号63頁。

第1審では、水源の枯渇のおそれの有無が争点となったが、本件施設の地下水の取水は、水道水源の水位を低下させるおそれがあるので、処分は適法であるとしてXの請求を棄却した。控訴したXは、控訴審において、1審での争点に加えて、本条例が廃棄物処理法に違反するので、本条例の無効を主張した。しかし、名古屋高裁は2000（平成12）年2月29日、「水道法2条の2によって、地方公共団体に施策を講ずることが定められた結果、住民の生命と健康を守るため、安全な水道水を確保する目的で同町が制定した本件条例とではその目的、趣旨が異なるのであるから、本件条例が前記廃棄物処理法に反して無効ということはできない」としてXの控訴を棄却した。Xが上告した。

(b) **最高裁の判決要旨**

「規制対象事業場認定処分が事業者の権利に対して重大な制限を課すものであることを考慮すると、本件条例の定める事前協議の手続は本件条例の中で重要な地位を占めるものである。本件条例の制定経過を考慮すると、被上告人としては、上告人に対して本件処分をするに当たっては上記手続において、上告人の立場を踏まえて、十分な協議を尽くし、上告人に対して地下水使用量の限定を促すなど適切な指導をし、上告人の地位を不当に害することのないよう配慮すべき義務があったというべきであって、本件処分がそのような義務に違反してされたものである場合には、本件処分は違法となる。」

(c) **本判決の意味**
① 本判決は、本件条例に基づき本件処分をするに当たっては、条例の規定する手続において配慮すべき義務に違反した場合には本件処分が違法となるとして、原審に差し戻したものである。したがって、条例の適法性を前提に判断したものである。
② 本条例は、Xが県に廃棄物処理法に基づく手続を始めた後に制定されたものであり、設置の阻害の意図があったことが読み取れる。しかし、そのことによって、本条例が違法、無効となるものではない。最高裁は、「本件条例の規定する事前協議の手続において、Xの立場を踏まえて、十分な

協議を尽くし、Xに対して地下水使用量の限定を促すなどして予定水量を水源保護の目的にかなう適切なものに改めるよう適切な指導をし、Xの地位を不当に害することのないように配慮すべき義務があった」と述べている。本件条例の手続の中で、本件事実を踏まえて、Xの地位を不当に害することのないように配慮すべき義務があるとしているのである。
③　協議の結果、様々な代替案を検討しても、協議が整わず、水源枯渇のおそれが解決できなければ、再び認定処分を行うことも可能であろう[268]。

9　協　定

　公害防止協定や環境保全協定は、行政と廃棄物処理施設の設置者（企業）の間、あるいは住民と廃棄物処理施設の設置者の間において、地域住民の生命・健康や自然環境を守ろうとする場合や公害発生後の紛争処理を目的に結ばれる契約である。協定の拘束力は両当事者の合意に基づいて生じる。契約である以上、拘束力を持つ。ただし、条項の内容により、企業の道義的な責任を定めるとか、抽象的な条項であれば、拘束力は持たず、裁判所で強制的に履行してもらえないことになる。また、協定は、強行規定や公序良俗に反すれば無効となる。
　「福津市最終処分場事件」では公害防止協定に定められた「使用期限条項」の適法性が争われた[269]。事案を簡単にして説明すれば、産業廃棄物処分業者は、市（合併以前は町）と公害防止協定を締結し、最終処分場施設の使用期限の条項において、期限を越えて産業廃棄物の処分を行ってはならない旨の取り決めをしていた。しかし、処分業者は、使用期限経過後においても、知事の許可が効力を有していると主張して、本処分場を使用していた。そこで、市長は、協定に基づく義務の履行として、処分場としての使用の禁止を求めた事件である。福岡地裁は、期限条項の法的拘束力を認め、市長の請求を認めた。しかし、福岡高裁は、法的拘束力を認めず、市の請求を棄却した。市

---

(268)　大久保規子、前掲論文。
(269)　最判平成21年7月10日、判タ1308号106頁、判時2058号53頁。石井昇法セ659号123頁。

長が上告した。最高裁判所は原判決を破棄し、原審に差し戻した。

最高裁は、廃棄物処理法と協定について、「知事の許可が、処分業者に対し、許可が効力を有する限り事業や処理施設の使用を継続すべき義務を課すものではないことは明らかである。そして、同法には、処分業者にそのような義務を課す条文は存在せず、かえって、処分業者による事業の……廃止、処理施設の廃止については、知事に届出で足りる旨規定されているところであるから……処分業者が、公害防止協定において、協定の相手方に対し、その事業や処理施設を将来廃止する旨を約束することは、処分業者自身の自由な判断で行えることであり、その結果、許可が効力を有する期間内に事業や処理施設が廃止されることがあったとしても、同法に何ら抵触するものではない」と述べている。要するに、公害防止協定の期限条項は、許可期限とは別であるので、廃棄物処理法の趣旨に反するものではなく、適法であり、法的拘束力を有し、その履行を裁判で請求できるとされた。

さて、行政と企業の締結する協定は、地域全体の環境の保全のために締結されるが、住民と企業の間の協定にも同じような公益性を持つ点では両者に異なることはない。協定の当事者ではない住民（第三者）が協定を援用したい場合、その協定を、第三者（住民）のためにする契約（民法537条）と解し、環境利益の享受ができる[270]。協定の締結をするとき、簡明にするために、行政は、住民団体とともに連名で締結することが望ましい。

10 産業廃棄物処理施設をめぐる訴訟の動き

(1) 民事訴訟の差止請求

(a) 人格権としての平穏生活権に基づく廃棄物処理施設の差止請求

焼却炉（中間処理場）や埋立地（最終処分場）建設の周辺住民は、健康を維持し、安全な生活をするために、処理場の処理基準違反があれば、知事に改善命令の措置を講じるように求めたり、処理業の許可の取消しを求めたり、

---

(270) 野澤正充「公害防止協定の私法的効力」（『淡路・阿部還暦記念・環境法学の挑戦』日本評論社、2002年）139頁。

知事の行動が鈍い場合には、公害紛争調停や、仮処分、訴訟を提起している。最近、住民の差止めを求める訴えは相次いで住民の勝訴になっている[271]。

産業廃棄物処理施設の建設計画の差止請求の根拠は、人格権に基づく仮処分や本訴が一般的である。指導事例は、仙台地裁1992（平成4）年2月28日の丸森町廃棄物処分場事件の決定である[272]。処理場の種類は、「安定型処分場」の建設計画であるので、ゴムくず、金属くず、ガラス・陶器くず、廃プラスチック類、建築廃材など安定型5品目を素掘りの穴に投棄し、覆土するものである。廃棄物処理業者のYは、宮城県伊具郡丸森町に取得した山林に最終処分場設置を計画し、許可を受け、その設置工事はすでに完了した。これに反対して、周辺住民Xらは、水質汚濁による差し迫った危険性があることを理由にして、処分場の操業差止めの仮処分を申請した。住民Xらは、井戸水や湧水・沢水を利用し、飲料水、洗濯や風呂などの生活用水として利用していたので、生活環境権、人格権、財産権、又は不法行為を根拠にして差止請求をした。

これに対して、仙台地裁は、第1に、差止請求の根拠としては、人格権に基づく差止請求を認めた。第2に、住民Xらの生活用水（井戸水・沢水）には、雨水を通じて汚染物質が混入するおそれがあり、その結果、人格権の一種としての「平穏生活権」侵害の蓋然性があるとしてXらの差止請求の申請を認めた。第3に、立証責任については、公平な負担の見地から住民Xの立証負担を軽減する立場を採用した。

仙台地裁決定は、まず、差止請求の根拠について、「人格は人のすべての面で法律上の保護を受けるべきであるから、民法710条に明示されている人格権としての身体権・自由権・名誉権は人格権の内容の例示と理解するのが相当であって、それぞれの生活の場面に応じてそれに相応する権利（例えば、精神的苦痛や睡眠妨害を味わわない平穏生活権等）が、右民法の規定を実定法

---

(271) 判例の動きと整理については、神戸秀彦「産業廃棄物処分場の差止について―廃棄物処理法の自己責任原則との関連で」（『市民法学の課題と展望―清水先生古希記念論集』日本評論社、2000年）413～430頁。日本弁護士連合会編『環境法（第2版）』（日本評論社、2006年）113頁。
(272) 仙台地決平成4年2月28日、判時1429号109頁。判タ789号107頁。環境百選2版53事件。

上の根拠として、人格権の一種としてみとめられるものと解される」。

次に、本決定の特長ともいうべき指摘であるが、人格権には、「身体的人格権」とともに、平穏な生活を侵害する「平穏生活権」を含むとして、水が「一般通常人の感覚に照らして飲用・生活用に供するのを適当としない場合には、……平穏な生活を営むことができなくなるというべきである。したがって、適切な質量の生活用水、一般通常人の感覚に照らして飲用・生活用に供されるのを適当とする水を確保する権利があると解される。……侵害が生ずる高度の蓋然性のある状態におかれた者は、将来生ずべき侵害行為を予防するため事前に侵害行為の差止めを請求する権利を有するものと解される」としている。

最後に、「証明の公平な負担の見地から、住民が侵害発生の高度の蓋然性について一応の立証をした以上、業者がそれにもかかわらず侵害発生の高度の蓋然性のないことを立証すべきであり、それがない場合には、裁判所としては、侵害発生の高度の蓋然性の存在が認められるものとして扱うのが相当である」としている。

丸森町廃棄物処分場事件決定は、これ以降の判例に大きな影響を与えており、今日まで、廃棄物処理場の差止めを認める判決が多く出されている。代表例を挙げれば、①大分県野津原町の安定型産業廃棄物処分場の操業開始後、飲用水が汚染され、所有する土地・建物が崩壊するおそれがあるとして住民が差止めを求めた事件で、大分地裁は1995（平成7）年2月20日、土地建物が崩壊する蓋然性があるとして、「平穏な生活を営む権利（人格権）」に基づき、処分場の使用・操業の差止めを認めた[273]。②熊本県山鹿市の産業廃棄物処理業者の安定型処分場計画差止請求事件で、熊本地裁は1995年10月31日、周辺住民の人格権に基づく差止めを認めた[274]。③福岡県川崎町では1998（平成10）年3月26日、設置許可を取得した安定型処分場の差止めを認めた福岡地裁田川支部の決定が出されている[275]。さらに、④茨城県水戸市全隅町でも、水戸地裁は1999（平成11）年3月15日、水道水・井戸水・農業用水使

---

(273) 判時1534号104頁。
(274) 判時1569号101頁。
(275) 判時1662号131頁。

用者の人格権・水利権に基づき安定型処分場建設の差止めを認めている(276)。安定型処分場の差止めを認める判例は定着した。さらに、⑤鹿児島県鹿屋市管理型処分場建設計画では2000（平成12）年3月31日、鹿児島地裁の管理型処分場の差止めを認める決定が現れた。

　判例の到達点は、第1に、人は、通常人の感覚から見て、水が飲用・生活用に適さなければ平穏な生活ができないとして、平穏生活権の概念を指摘した。飲用・生活用水に関する人格権は、人の健康に関する「人格権としての身体権」のほかに、「人格権の一種としての平穏生活権」も含み、平穏生活権に基づき差止めが可能である。立証の分配については、住民側が侵害発生の高度な蓋然性を立証すれば、事業者側で、これを否定する立証をしなければならないとされた。第2に、安定型処分場の事例では、搬入予定の安定5品目の安全性・予定外廃棄物の混入・地下水汚染の可能性などが争点になったが、住民側の勝訴が続いている。第3に、防水シート使用の管理型処分場でも、差止めが認められるに至っている(277)。

　最終処分場だけでなく、焼却炉（中間処理場）の差止めを求める訴えでも、住民勝訴が相次いでいる。①甲府地方裁判所は1998年2月、ダイオキシン発生の可能性を理由にして、焼却施設の建設続行の禁止を認める仮処分決定を言い渡した(278)。これ以降、②仙台地方裁判所は1998年10月、焼却炉の処理能力を理由に操業禁止の仮処分を認め、③名古屋地方裁判所も、同年同月に廃プラスチック焼却施設建設の差止めの仮処分決定を出している。④三重県津地方裁判所は1999年2月、焼却炉の木くずなどの焼却によりダイオキシン類が発生し付近住民の生命、身体が侵害されるおそれがあるとして、操業禁止の仮処分決定を出している(279)。

　差止請求の方法は、多様であり、人格権ではなく、入会権に基づく工事禁止の仮処分を認めた決定もある。地方自治体が建設する一般廃棄物処理場の建設差止請求をめぐる事例で、入会権者は、集落に居住する入会権者全体の

---

(276)　同上、1686号86頁。
(277)　神戸秀彦、前掲注（271）420〜427頁。
(278)　判時1637号94頁。
(279)　判時1706号99頁。

合意がない以上建設することは違法であると主張した。鹿児島地裁名瀬支部は、廃棄物処理場の建設がなされれば、入会権者としての使用収益が不能となり、また、権利回復も困難になるという理由で工事禁止を認めた[280]。

(b) **水戸市最終処分場差止事件**

水戸市最終処分場差止事件は、水戸市全隈町(またぐまちょう)に設置が許可された安定型処分場の操業の差止めをめぐり争われ、水道水を利用する水戸市内の住民が求めた差止請求を認めた裁判である[281]。

東京高裁の判決は、第1に、「水源地がある河川から取水する水道施設により水道の供給を受ける者は、当該水源地への有害物質の搬入によりその生命、身体、健康が侵害されることを理由に、人格権に基づき、有害物質の当該水源地への搬入の差止めを請求することができる」としている。

第2に、人格権に基づいて産業廃棄物処理施設（最終処分場）の設置の差止めを求める者は、「当該産業廃棄物処理施設に有害物質が搬入されれば、水源地が汚染され、自分に供給され、水道水が有害物質によって汚染される蓋然性があることを主張立証すれば、これにより、……水道水の供給を受ける者の生命、身体、健康が侵害されるおそれがあることが事実上推定され」る。一方、事業者に対しては、有害物質が搬入されないことを示す客観的な根拠を示し、かつ、有害物質が搬入されても、水源池の汚染を防止できる客観的な根拠の2点を特別事情として立証しなければならないとした。

第3に、本件処分場の検討を行い、有害物質が搬入されれば、その地理的状況により、水道利用者に対して、「供給される水道水が有害物質によって汚染される蓋然性があるというべきである」と結論付けている。

本件の意義は、民事訴訟の差止請求事件で、因果関係の証明につき、最終処分場に有害物質が搬入された場合、水源地が汚染され、水道水が汚染される蓋然性のあることを証明すれば、生命、身体、健康が侵害されるおそれのあることが推定されると明言したことにある。そして、事業者の立証する特別事情については、①産業廃棄物管理票（マニフェスト）による有害物質の

---

(280) 判時1787号138頁。
(281) 東京高判平成19年11月29日、判例集未登載、環境百選2版62事件。

搬入阻止、②安定型処分場で有害物質が水道水源に流出することの防止措置の2点いずれも十分ではないと否定された。

(c) 林道の使用禁止

　産業廃棄物の運搬車両が林道を通行すれば、林道は傷み、林道としての使用に支障をきたすことにもなる。地方自治体は、市民の要望にこたえ、自己の管理する林道の使用禁止の主張が可能となる。林道使用の禁止は、認められた事例と認めない事例に分かれている。

① 　佐賀地裁は1997（平成9）年2月14日、町の林道使用規則に基づき不許可を是認し、産業廃棄物処理業者の使用許可申請の不許可処分の取消請求を認めなかった。産業廃棄物処理業者Xは、運搬のためにY町長の管理する林道（幅員4メートル）の使用許可申請をした。Y町長は、町の林道管理規則2条に規定する「主として林産物の搬出」に該当しないとの理由で不許可処分にした。これに対して、Xは、Y町長が法律の授権によらず林道の使用を規制し、裁量の範囲を逸脱し、不許可処分にしたことを理由に、その不許可処分の取消しを求めた。

　　佐賀地裁は、この林道は町が開設した民有林林道であり、森林の保全と営林事業を目的に開設されたものであり、自治事務に属し、町が管理権を有する。道路は、幅員が狭く、カーブが多く、簡易舗装であり、これを利用する利益は一般人の権利とまではいえない。したがって、Y町長は、法律の授権や条例によらない規則に基づく規制が可能であるとして、Xの請求を認めなかった。

② 　さらに、産業廃棄物処理業者Yが山林での廃棄物処理施設の設置計画の下に、町の管理する林道上に盛土をし、山林への侵入路の工事を始めたので、X町がY事業者に林道の使用差止めを求めた事件がある。京都地裁は1997年10月31日、X町のY事業者に対する林道使用の差止めを認めた[282]。争点は、X町の使用差止請求の根拠とその理由にあった。京都地裁は、X町には林道の管理権があり、Y事業者が産業廃棄物を搬入によって林道を

---

(282)　判時1651号122頁。

使用するためには町長の許可を得なければならず、産業廃棄物の搬入のために林道使用などに支障をきたすおそれがあれば、その使用差止めが認められると判決している。

ただし、以上の流れとは異なり、逆に、③福岡高裁は不許可処分を違法とした判決もある[283]。

(2) 施設周辺住民の取消訴訟

(a) 取消訴訟と執行停止

取消訴訟とは裁判所に行政処分を取り消してもらう訴訟である。ここでは、処分の相手方ではなく、廃棄物処理施設の許可が行われたことにより迷惑を被る周辺住民が起こす取消訴訟が問題となる。取消訴訟の要件には、争いの対象になる「行政処分」に当たること（処分性）、原告が取消訴訟で原告になりうるだけの利益を有していること（原告適格）、裁判所が裁判をするに値する客観的な実益があること（訴えの利益）、出訴期間内に訴訟を提起することなどがある[284]。

これまでの環境行政訴訟では、原告適格が重要な争点であり、第三者である住民が取消訴訟を起こす場合、原告適格（「法律上の利益」）がないとされ、訴えが却下され、本案審理までなされないことが多かった。しかし、今日では、産業廃棄物処理施設の周辺住民の原告適格は認められている。廃棄物処理法では、1997年改正法により、産業廃棄物処理施設の許可基準として「周辺地域の生活環境の保全」について適正に配慮しなければならないことになっている（15条の2第1項2号）。判例は、「ダック事件」（横浜地判平成11年11月24日、判タ1054号121頁、環境百選2版48事件）、「最終処分場許可取消事件」（千葉地判平成19年8月21日、判自2004号62頁、環境百選2版60事件）をはじめ、原告適格を認めている。

執行停止とは、行政処分の取消訴訟が起こされた時には、判決が出るまでは、その行政処分を執行しないことをいう。日本の行政事件訴訟法は、「処

---

(283) 判タ1069号91頁。
(284) 出訴期間は、行政処分から1年、又は行政処分を知った日から6か月である（行訴法14条）。

分の取消しの訴えの提起は、処分の効力、処分の執行又は手続の続行を妨げない」(25条1項)と規定し、「執行不停止原則」をとっている。裁判は判決までに長い時間がかかる。仮に、地方裁判所(第1審)で勝っても、相手方の行政庁が上訴し、高裁や最高裁まで争うことになれば、相当長期に及ぶことにもなる。取消判決が確定しない以上有効だとして、処分が執行されれば、長い年月かけて行政処分の取消判決をもらった時には、もはや手遅れとなってしまう。

そこで、行政事件訴訟法は、「処分の取消しの訴えの提起があった場合において、処分、処分の執行又は手続の続行により重大な損害を避けるため緊急の必要があるときは、裁判所は、申立てにより、決定をもって、処分の効力、処分の執行又は手続の続行の全部又は一部の停止(以下「執行停止」という。)をすることができる」(25条2項)と規定し、原告が処分の取消訴訟のほかに、特別に「執行の申立て」をすれば、裁判所が例外的に執行停止を認めることがあるとしている。重要な要件は、執行停止が行われないと、「重大な損害を避けるために緊急の必要がある」ことであるが、緩やかに判断されるべきであろう(参考「たぬきの森事件」環境百選2版104事件)。

(b) 最終処分場許可取消事件
　(i) 事件の概要と背景

千葉県知事は2001(平成13)年3月1日、廃棄物処理法15条及び15条の2に基づき管理型最終処分場設置の許可をした。これに対して、周辺住民は、同年5月29日に、本件許可処分は廃棄物処理法15条の2第1項に規定する許可要件を欠き違法であると主張し処分の取消しを求めた。

廃棄物処理法15条の2第1項は、産業廃棄物処理施設の許可基準として、①施設基準(1号)、②周辺地域の生活環境保全の配慮基準(2号)、③処理施設の設置・維持管理(経理的基礎)の能力基準(3号)、④欠格基準(4号)を規定している。但し、事業者が許可申請をした後に法改正により、②周辺地域の生活環境の保全が追加されたので、本件では、②の配慮基準は適用されなかった。したがって、本件では、③経理的基礎(15条の2第1項3号、同法施行規則12条の2の3第2号)が主要な争点となった[285]。千葉地方裁判

所は2007（平成19）年8月21日、次のように産業廃棄物最終処分場の設置許可を取り消した。産業廃棄物処理施設の設置許可の取消訴訟では初めて認める判決となった[286]。

(ii) 判決要旨

第1に、本件では、前述のように「生活環境の保全への配慮」は適用されないので、経理的基礎の不足が、生活環境への悪影響を及ぼすか否かが争われた。判決は、設置者の経理的基礎が不十分であれば、処分場の設置維持管理が困難となるので、不適正な産業廃棄物の処分が行われる。その結果、経理的基礎の不足は、有害物質が排出され、周辺住民の生命・身体に災害を及ぼすことがありうるとした。

第2に、被告（知事）に高度な調査義務があるか否かである。経理的基礎があるかどうかは、許可処分時において、処分場の設置・維持管理に必要な経理的基礎を有していたかどうかが問われる。したがって、①設置者に債務がある場合には、被告が知っているか否かにかかわらず、経理的基礎の判断に用いるべきである。②被告の知不知にかかわらず、提出された貸借対照表に未記載の借入（簿外債務）も含めて経理的基礎を判断すべきである。

第3に、本件は、上記の第2と第3から判断すれば、周辺住民らが生命、身体に重大な被害を受けるおそれのある災害を想定されるほどに経理的基礎を欠く状態にある。

第4に、経理的基礎が不足しているのに、県知事が許可したことは、違法な処分であり、これを取り消すとした。

本判決は、申請書から合理的に判断できる範囲で、行政庁の調査義務に言及している。

---

(285) 環境省令（施行規則）12条の2の3第2号には、申請者の能力について、「産業廃棄物処理施設及び維持管理を的確にかつ継続して行うにたる経理的基礎を有すること」と定められている。
(286) 千葉地判平成19年8月21日、判時2004号62頁、判タ1260号107頁、判自298号41頁、環境百選2版60事件。

(3) 不法投棄と義務付け訴訟

(a) 義務付け訴訟

不法投棄とは、「何人も、みだりに廃棄物を捨ててはならない」（投棄禁止16条）に違反することをいう。不法投棄は、公道や農地に投げ捨てる行為だけでなく、自社用地、他人の所有地に保管し、燃料・再利用・再生利用など有価物と称して不適正保管する行為を含む。不適正処理とは、事業者の産業廃棄物処理基準違反（12条）、事業者の特別管理産業廃棄物処理基準違反（12条の2）、産業廃棄物管理票（マニフェスト）の不交付（12条の3）などを指す。都道府県知事は、不法投棄や不適正処理により生活環境保全上の支障のおそれがあれば、原状回復などの措置命令ができる（19条の5、19条の6、19条の8、19条の9）。

2004（平成16）年6月の行政事件訴訟法改正は、新しく「義務付けの訴え」を法定化した。義務付けの訴えとは、「行政庁が一定の処分をすべきであるにもかかわらずこれがされないとき」に、行政庁に「その処分」を「すべき旨を命ずることを求める訴訟」である（3条6項1号）。義務付け訴訟には2類型ある。1つは、「申請型義務付け訴訟」であり、処分又は採決を申請する権利のある国民が申請したが、申請を拒否されたとか、行政庁が不作為の状態を続けている場合、その申請の認容を求める義務付け訴訟をいう。もう1つは、「非申請型義務付け訴訟」であり、国民が行政庁に規制権限の行使を義務付ける判決を求める義務付け訴訟をいう。環境法では、主に、後者の非申請型義務付け訴訟が重要であり、行政庁が違法業者の違法行為を確認しながらも、措置命令も、告発もせず、見逃す場合の義務付け訴訟の活用である。

義務付け訴訟の要件は、①「一定の処分がされないことにより重大な損害を生ずるおそれがある」ことと、②「その損害を避けるために他に適当な方法がないとき」の2点となっている（37条の2第1項）。その際、裁判所は、「重大な損害が生ずるか否か」を判断するときの基準として、「損害の回復の困難の程度を考慮するものとし、損害の性質及び程度並びに処分の内容及び性質をも勘案する」（同条2項）ものとするとしている。

(b) 産業廃棄物処分場廃棄物の措置命令処分の義務付け事件

　福岡高裁は2011（平成23）年2月7日、産業廃棄物処分場廃棄物の措置命令の義務付け請求事件で、措置命令がなされないことによる周辺住民に「重大な損害」が生じるおそれがあるか否かをめぐり争われたが、県に対して措置命令を命じた[287]。

　周辺住民は、違法に埋め立てられた廃棄物から有害物質が発生し、環境基準を超過し、有害物質が河川に流出し、地下水にも浸透しており、生活環境の保全上の支障が生じ、又は生ずるおそれがあるので、県知事に支障の除去措置をとるべきことを命じるべきだと主張した。これに対して、県側は、19条の5第1項によれば、措置命令につき、「命ずることができる」と規定しており、措置命令を行うか否かは、行政庁の裁量にゆだねられている。仮に、産業廃棄物処理基準の違反があったとしても、生活環境の保全上の支障の程度と危険性を勘案すれば、措置命令をなしうる状況にはないと主張した。

　福岡高裁は、重大な損害を生じるか否かを判断するに当たり、損害の回復の困難の程度を考慮するものとし、損害の性質・程度及び処分内容・性質も勘案するものとする（行訴法37条の2第2項）。本件処分場の地下には浸透水基準を大幅に超過した鉛を含有する水が浸透している。本処分場は、安定型最終処分場であり、外周仕切設備や遮水工事は行われておらず、地下に浸透した鉛が地下水を汚染し、処分場の外に流出する可能性が高い。鉛で汚染された地下水が周辺住民の生命、健康に損害を生ずるおそれがあると認められる。その損害は回復が困難であり、代替執行又は措置命令がなされなければ、「重大な損害」が生じるおそれがある。処理基準に適合しない廃棄物の処分が行われており、生活環境の保全上の支障が生じ、又は生じるおそれがあるので、県知事は、措置命令をすることができる（19条の5第1項1号）。措置命令の義務付けが認容されるためには、県知事が措置命令をしないことが、知事の裁量権の範囲を越え若しくは濫用と認められることが必要になる（行訴法37条の2第5項）。

　判決は、これを検討し、県知事の措置命令を命じる権限は、周辺住民の生

---

(287) 福岡高判平成23年2月7日、判自356号69頁。

第12章　廃棄物処理法

命、健康の保護を目的にしており、適切に行使されるべきものである。県知事が規制権限を行使せず、措置命令をしないことは、法の趣旨、目的、権限の性質上、著しく合理性を欠くものであり、その裁量権の範囲を超え若しくはその濫用と認められるとしている。

第13章　循環型社会づくりと法

1　循環基本法

(1)　循環型社会

　「循環型社会形成推進基本法」(循環基本法)は、循環型社会の形成に向けた施策と個別法の方向を示すための法律であり、2000(平成12)年6月に制定された[288]。

　「循環型社会」とは、定義条項によれば、第1に廃棄物の発生を抑制し、第2に排出された廃棄物は「循環的利用」を行い、最後に利用できないものは廃棄物として処分される社会だとされている(2条1項)。「循環的利用」とは、「再使用、再生利用、及び熱回収」(2条4項)であって、「循環的利用」間の順位は、まず再使用であり、次に再生使用となる(7条)。別の言葉でいえば、循環型社会とは、天然資源の消費が抑制され、使用済製品の回収と循環的利用の費用が製品の価格に組み込まれることにより環境への負荷の少ない商品が優位を占める市場が形成され、廃棄物の処理(焼却・埋立)がゼロに近づく社会といってよいであろう。循環型社会の概念を考えるに当たっては、まず、取り入れた天然資源の循環的利用だけでなく、天然資源投入の抑制を最も重視すべきであろう。次に、循環的利用では再使用(リユース)が優先されるべきである。現状は、大量リサイクル(再生利用)社会となっているが、天然資源の抑制(リデュース)と再使用(リユース)を優先する社

---

[288]　循環型社会形成推進基本法については、循環型社会法制研究会編『循環型社会形成推進基本法の解説』(ぎょうせい、2000年)。大塚直「循環型諸立法の全体的評価」(ジュリ1184号、2000年)。熊本一規「拡大生産者責任と廃棄物法制度―日本の循環型社会づくりの方向を誤らせる循環基本法」(『リサイクル文化』63号、リサイクル文化社、2001年)。

会への転換が求められている。

　循環型社会は、現代の大量生産、大量消費、大量廃棄の社会経済構造（大量廃棄社会）を転換することにより実現される。資源投入はできるだけ抑える。廃棄物は出さない、出た廃棄物は循環資源として利用し、最後にどうしても利用できず処分する廃棄物をゼロに近づけていくことが基本になる。そのための経済的手法は、使用済製品の回収と循環的利用のための費用を製品価格に組み込み、環境への負荷の少ない商品が優位を占める市場を形成することにある。これを法制度の視点から見れば、製品の生産者が生産と流通過程だけでなく、廃棄のことを考慮して設計・製造する「拡大生産者責任」（Extended Producer Responsibility：EPR）を法律に盛り込むことになる。拡大生産者責任の核心は、誰が回収と循環的利用を行うかではなく、誰がその費用を負担するかである。拡大生産者責任は、回収と循環的利用を税金でまかなうのではなく、負担を納税者から生産者に移し、処理費用を製品価格に内部化することにより実現される。したがって、大量廃棄社会を循環型社会に転換するために重要な点は、拡大生産者責任を導入し、生産者が製品の生産と流通過程だけでなく、廃棄後の使用済製品の回収と循環的利用のことを考慮する制度になることが必要である。

　本法では、「対象物」につき、有価か無価かを問わず「廃棄物等」の用語を用いて一体的に捉え、その中で有用なものを「循環資源」として位置付け、これを循環させて利用することを定めた。「廃棄物の処理及び清掃に関する法律」（廃棄物処理法）上の「廃棄物」概念とは異なり、「等」を追加することにより、「廃棄物等」の有用性に注目し、「循環資源」の概念を導入し、循環させることによる利用を図ろうとしている。廃棄物処理法の廃棄物概念は、ごみ、粗大ごみ、ふん尿、廃油などの「汚物又は不要物」であると定義されている。循環基本法の「廃棄物等」の概念は、廃棄物処理法上の「廃棄物」に加えて、使用済製品、製品の製造過程や建設工事など生産活動に伴う副産物も含む概念になった。「循環資源」とは、「廃棄物等」のうちから「廃棄物」を除き、有用なものをいう（2条2・3項）。

(2) 廃棄物対策の優先順位

　循環基本法では、廃棄物対策の優先順位につき、第1に発生抑制、第2に再使用、第3に再生利用、第4に熱回収、最後に適正処分と規定した（7条）。
　優先順位は、すでに「第1次環境基本計画」(1994年) にも書き込まれたが、本法になって初めて法律の条文に規定されることになった。しかし、事業者の抑制措置は単なる「責務」にすぎない（11条）。この優先順位の規定をみても、「技術的及び経済的に可能な範囲で」という抜け穴もある（7条）。もう1つの問題は、熱回収であり、リサイクルの名のもとに広域・大量焼却主義への道を切り開くおそれもある。
　容器包装リサイクル法の下での大量リサイクル（再生利用）社会は、抑制（リデュース）と再使用（リユース）の「2R」を優先する社会へと転換が求められている。

(3) 事業者及び国民の責務

(a) 排出者責任

　まず、事業者の排出者責任についてみると、事業者は、廃棄物の抑制をするとともに、事業活動から出た循環資源を自ら「循環的な利用」を行い、循環的利用の行われない循環資源についても自ら「処分」する責務がある（11条1項）。
　この排出事業者の責任を確保するために、国は、第1に、事業活動により発生した循環資源の循環的利用と処分が事業者自らの責任において適正になされるように規制措置をとらなければならない（18条1項）。第2に、国は、事業者の不法投棄などにより環境上の支障が生じたとき、その事業者に原状回復の費用を負担させるために必要な措置を講じなければならない。廃棄物処理法の2000年改正は、不法投棄の関与者や適正な対価を負担しない排出事業者にも措置命令を出すことができるようになった（本書343～344頁）。第3に、国は、排出事業者が無資力であり、倒産している場合にも、原状回復費用の確保ができるように、事業者による「基金」設置の措置を講じなければならない（22条）。都道府県の原状回復に必要な資金を支援するために「産

業廃棄物処理推進センター」が創設されている（廃棄物処理法13条の15）。

次に、国民の排出責任についてみると、国民は、製品を長期間使用すること、再生品を使用すること、循環資源の分別・回収に協力し、廃棄物の抑制と循環資源の循環的な利用に努めるとともに、その処分について国と自治体の施策に協力する責務があると規定されている（12条）。

(b) 拡大生産者責任

拡大生産者責任とは、生産者の製造した製品が消費者に利用されて廃棄された後の使用済製品の回収、循環的利用及び処分にも生産者が責任を負うという考え方である。拡大生産者責任で大切な点は、誰が回収、循環的利用、処分を行うかではなく、誰がこれらの費用を負うかということであり、これらを生産者の責任（負担）としていることである。生産者が使用済製品の回収・循環的な利用・処分の費用負担をすることになれば、生産者は、製品の設計、製造の段階で、廃棄後の回収・循環的利用・処分が容易で安価な製品を生産することになる。これらの費用を安く抑えた生産者の製品は、販売価格も安くなるので市場の競争で優位に立つことになる。その結果、廃棄物の最終処分量の減少にもつながっていく。したがって、循環型社会づくりの方向は、生産者が使用済製品の回収・循環的利用・処分の費用を負担する規定が法律に盛り込まれるかどうかにかかっているといってよい。

ところで、循環基本法は、製品や容器の製造者の責任について、製品の耐久性の向上、修理の実施体制など廃棄物排出の抑制の措置とともに、製品や容器の設計の工夫、材質や成分の表示、循環的利用に必要な措置、及び廃棄物の適正処分に必要な措置の「責務を有する」と規定している（11条2項）。

さらに、製品や容器の製造事業者は、製品や容器が循環資源になった場合、それを自ら引き取り、循環的利用を行う責務があると規定している（11条3項）。

以上が製造者の責任規定であるが、その責任を確保するために、国は、製品や容器が循環資源になった場合、事業者がそれを引き取り、又は循環的利用を行うために必要な措置を講じなければならない（18条3項）。また、国は、製品や容器の循環的利用、処分が行われるに必要な材質・成分やその処

分方法などの情報の提供を事業者に求める措置を講じなければならないとしている（20条2項）。

(4) 循環型社会形成推進基本計画

本法は、循環型社会づくりの施策を総合的・計画的に進めるために、「循環型社会形成推進基本計画」（循環基本計画）の策定を義務付けている（15条1項）。

循環基本計画は、循環型社会づくりに関するかぎり、国の他の諸計画の「基本」になる（16条）。循環基本計画は、おおむね5年ごとに見直しがなされる（15条7項）。

循環基本計画は、循環型社会づくりに関するかぎり、他の計画の基本になるという高位の位置付けがなされたのであるから、計画の決定に当たっては、実効性ある方向の「拡大生産者責任」を盛り込む必要があろう。

第3次循環基本計画は、2013（平成25）年5月31日に閣議決定された。本計画の物質フロー指標は、循環型社会への到達度を図る指標であり、「資源生産性」、「循環利用率」、「最終処分量」で示されている。

資源生産性は、産業や個人の生活において、いかに資源を有効に利用しているかを総合的に表示する指標である。資源生産性は、2000年が25万円／資源1トンであったが、2015年には42万円／資源1トンを目標にしていた。新たな第3次循環基本計画によれば、2020年には46万円／資源1トンを目標にしている。

循環利用率は、2000年には10パーセントであったが、2015年には15パーセントを目標にしていた。第3次循環基本計画では2020年に17パーセントを目標にしている。

廃棄物の最終処分量は、2000年には5,600万トンであったが、2015年には1,900万トンを目標にしていた。第3次循環基本計画では、1,700万トンを目標に掲げている。

2　容器包装リサイクル法

「容器包装に係る分別収集及び再商品化の促進等に関する法律」(容器包装リサイクル法)は、深刻化するごみ問題の解決を目的に、1995(平成7)年6月に公布、97年4月に施行された[289]。容器包装廃棄物は、一般廃棄物のうち容積で60パーセント、重量比で30パーセントを占めている。本法の目的は、一般廃棄物の「減量」と「再生資源の有効利用」を図り、生活環境の保全と経済発展に寄与することにある(1条)。法律の仕組みは、消費者が「分別排出」、市町村が「分別収集」、事業者が「再商品化」を行うことになっている。このような仕組みでは、市町村の費用負担が重く、事業者負担が軽いので法律の目的達成が困難になっている。

(1)　容器包装の定義

容器包装リサイクル法の対象となる「容器包装」とは、商品を入れるとか、包んだりするものであり、中身の商品を消費・分離した後に不要になったものをいう(2条1項)。

容器包装廃棄物には、ガラスびん、PETボトル、紙製容器包装、プラスチック製容器包装、アルミ缶、スチール缶、紙パック、段ボールなどがある。これらのうち、アルミ缶、スチール缶、紙パック、段ボールは、本法が制定される前から市町村が収集し、販売しているものであるので、円滑な再商品化が進んでおり、企業に再商品化の義務はない。

(2)　消費者・市町村・事業者の分担

本法は、「容器包装廃棄物」について、消費者による分別排出、市町村による分別収集、事業者による再商品化義務の3者の分担を規定している。まず、消費者は、市町村が「分別収集計画」と分別基準に従って分別収集をするとき、その分別基準に従って排出しなければならない(10条2・3項)。

---

(289)　厚生省監修『容器リサイクル法』(国政情報センター出版局、2000年)。大塚直「容器リサイクル法の特色と課題」(ジュリ1074号、1995年)。

次に、市町村の分担は、容器包装廃棄物の分別収集と「分別基準適合物」の保管である。本法は、模範として参考にしたドイツやフランスの法律と異なり、市町村の負担（税金）による分別収集を前提にして構成されている。市町村が分別収集を行うとき、国の定める「基本方針」と「再商品化計画」を勘案して「分別収集計画」を定めなければならない。この計画の計画期間は5年となっており、3年ごとに見直しがなされる（8条1～3項）。もっとも、市町村は、地域の実状に合わせ、独自の分別方法にしてもよいことになっている。

最後に、事業者の再商品化義務は、市町村が分別収集し、「分別基準適合物」として施設に保管したものを受け取ることから始まる。「再商品化」とは、製品の原材料や製品として譲渡できる状態にすることであるが（2条8項）、具体的には、ペットボトルは、破砕・洗浄されてペレットにされ、プラスチックの原料になる。無色と茶色のびんは、破砕・洗浄されて、ペレットにされ、びんの原料となる。段ボールは製紙原料になる。

事業者が再商品化義務を果たすには、「指定法人ルート」、「独自ルート」、「自主回収ルート」の3つの方法がある。

まず、指定法人ルートを選ぶ場合、事業者は、国の認定を受けた指定法人「公益財団法人日本容器包装リサイクル協会」に委託することにより、再商品化義務を果たすことができる（14条、21条、32条）。事業者は、ほとんど日本容器包装リサイクル協会に再商品化を委託する道を選んでいる。次の独自ルートは、自ら再商品化を実行するか、又は、指定法人以外のリサイクル業者に委託して再商品化を行う方法である（14条～18条）。

最後の自主回収ルートは、事業者が販売店ルートを通じて、自らの容器包装廃棄物を回収し、再使用を行う場合である（18条）。例えば、ビールびんの回収・再利用のように、リターナブル容器の回収の方法をいう。

(3) 市町村の分別収集

市町村は、容器包装廃棄物を分別収集することになっている。その種類・分別区分は、スチール缶、アルミ缶、無色ガラスびん、茶色ガラスびん、その他の色のガラスびん、紙（紙パック）、プラスチック（ペットボトル）、紙（段

ボール)、紙（その他）、プラスチック（ペットボトル以外）である。市町村は、アルミ缶、スチール缶、紙パック、段ボールの4品目を有料で売却している。事業者の商品化義務は、市町村が分別収集した段階で発生するのではなく、市町村が国の定める分別基準にしたがって、「洗浄」、「圧縮」などの処理を行い、指定施設に保管している「分別基準適合物」を引き取ってからである。

　市町村の担当する「分別基準適合物」の加工とは、「容器包装廃棄物の分別収集に関する省令」（施行規則）2条によれば、ガラス容器は、他の素材の容器や容器以外のものが混入されておらず、洗浄されており、色別に区別され、ふたが除去されている必要があると定められている。また、ペットボトルは、ふたが除去され、圧縮されており、他の素材が混入・付着されておらず、洗浄されていなければならない。

　さらに、市町村は、この分別基準適合物を保管しなければならない。事業者の再商品化義務の対象は、市町村の施設に保管されている分別基準適合物である（2条8項）。

(4)　事業者の再商品化

　本法により再商品化の義務を負う事業者とは、①「特定容器利用事業者」（販売する食品・飲料・医薬品など中身商品のために特定容器を利用する事業者、輸入業者も含む）、②「特定容器製造等事業者」（特定容器の製造を行う事業者、輸入業者も含む）、③「特定包装利用事業者」（販売する商品に包装紙など特定包装を利用する事業者、輸入業者も含む）の3種類であって、大規模事業者と一定の中小規模事業者である。これら3者は総称して「特定事業者」と呼ばれる（2条11～13項）。ただし、小規模事業者であって次の要件を満たす者は、再商品化義務の対象にはならない。その小規模事業者とは、製造業では、売上高2億4,000万円以下で、かつ従業員20人以下の事業者であり、小売業・サービス業の場合では、売上高7,000万円以下で、かつ従業員5人以下の事業者をいう。

　特定事業者は、製造量又は販売量に応じた再商品化の義務がある（11条～13条）が、義務の実施に当たっては、(2)で述べたように、「指定法人」に委託料金の支払いをし、再商品化義務を果たすことが多い。指定法人への委託

料は、原則として、「再商品化義務量（排出見込量×算定係数）×委託単価」で算出される。ただし、スチール缶、アルミ缶、紙パック、段ボールの容器包装は、事業者に再商品化の義務は生じない。

(5) 中味販売業者と容器製造業者の責任―ライフ事件―

「ライフ事件」では容器包装リサイクル法の合憲性が争われた[290]。小売業を営む「ライフコーポレーション」社は、①容器包装リサイクル法が特定容器利用業者に特定容器製造業者よりも過重な負担をかけているので（11条2項2号）、憲法（14条1項、29条1・3項）違反であり、②本規定が違憲無効であるから、日本容器包装リサイクル協会に支払った再商品化委託料は法律上の原因を欠くと主張して、不当利得返還請求権に基づき、国と日本容器包装リサイクル協会に約6億円の支払いを求めた。争点は、容器包装リサイクル法が憲法に違反するかどうかであった。

容器包装リサイクル法は、循環基本法の目的（1条）を実現するために拡大生産者責任を法制化したものである。判決は、次のように述べ、原告ライフコーポレーションの請求を棄却した。

「拡大生産者責任の下では、特定容器については、どのような容器を用いるかについてに主な選択権を有するのは、これを利用する事業者であるが、これを製造等する事業者も利用事業者の選択の枠内で技術的側面からの（容器の諸特性を決める選択権）を有すると考えられる」。特定容器利用業者の比率は、「利用事業者及び製造等事業者各自の再商品化すべき量を、費用が内部化されるべき販売額を基礎とし、これに応じて按分することとしたものである。……もって容器包装廃棄物の減量化、再資源化を促進しようとするものであり、拡大生産者責任の考え方に依拠した一つの合理的な業種別特定容器利用事業者比率の定め方というべきであって、立法目的と合理的な関連性がある」。「したがって、特定容器利用事業者を特定容器製造等事業者に比べて不合理に差別するものとはいえず、憲法14条1項に違反しない」。また、「業種別特定容器利用業者

---

(290) 東京地判平成20年5月21日、判タ1279号122頁。

第13章　循環型社会づくりと法

比率を用いて再商品化義務量を按分し、再商品化費用を負担させることは、財産権に対する公共福祉の実現を図るために合理的な制約であって、憲法29条1項、3項に違反しない」。

(6)　日本とドイツ・フランスの「容器包装リサイクル法」の違い

ドイツでは1991年6月の「包装廃棄物の発生回避に関する政令」に基づき、容器包装廃棄物の収集・運搬費用と再商品化費用の「全部」が製造業者と販売業者の責任になっている。ただし、生ごみについては、自治体が回収し、処分している。

容器包装（缶、びん、プラスチック容器、トレイ、紙パック）については、製造業者と販売業者が出資して設立した民間会社のDSD（デュアル・システム・ドイッチュラント）社が回収と再生利用（再商品化）を行っている。事業者の行う回収・再生利用には、数値の目標が定められている。

デュアル・システム・ドイッチュラント社の回収・再生利用事業に参加している事業者の容器包装材には、「グリュンネ・プンクト」と名付けられたマーク（GPマーク）が付けられている。家庭から排出される容器は、デュアル・システム・ドイッチュラント社の設置する回収容器に入れられて、無料で回収される。

グリュンネ・プンクト・マークのついていない容器は、自治体により回収されるものの、その費用はデュアル・システム・ドイッチュラント社が自治体に支払う。回収ルートは、ここに2つあるのでデュアル（2重の）と呼ばれている。いずれのルートにせよ、製造・流通の事業者は、包装廃棄物の収集・運搬及び再生利用の費用を負担することになっている。ドイツの制度は、自社の製品が廃棄物になったとき、その会社が費用を負担することにしたものであり、世界で初めての制度であった。これが廃棄物問題に悩む世界の国々の人々に解決の方向を指し示したものといってよい。

フランスの容器包装リサイクル・システムは、1992年4月に定められた「包装廃棄物に関する政令」に基づき、費用負担については、ドイツと同じように、家庭から排出されるすべての包装廃棄物処理費用を製造・輸入業者に負わせている。ドイツと異なる点は、フランスの分別・収集そのものは自

治体が行うのであるが、その費用については、事業者の出資により設立されたエコ・アンバラージュ社が自治体に支払う方法をとっていることにある。再利用については、エコ・アンバラージュ社が自治体から引き取って実施するのである[291]。

　日本の「容器包装リサイクル法」は、ドイツとフランスの制度を参考にして制定されたが、これらの国の制度とは異なり、事業者の負担が軽すぎるので、企業の設計・製造の段階で環境配慮型製品製作のための工夫のインセンティブが期待できない。廃棄物の回収と再商品化の費用負担を義務付ければ、事業者は、廃棄後の回収・商品化の費用をできるだけ少なくする方向に動機付けが与えられるからである。日本の場合、分別収集・保管という重い負担を市町村が税金で分担しているので、事業者は、容器包装の減量、リターナブル容器の選択、再生利用（リサイクル）しやすい容器製造への変更を考える必要性を感じないのである。

　1997（平成9）年に容器包装リサイクル法が施行され、再生利用（リサイクル）は進んだものの、大量生産・大量廃棄の社会は変わることなく、むしろ大量生産の構造が進行した。

　本法の施行に伴い、ペットボトルの回収量と回収率が急速に上昇し、リサイクルが進んだ。しかし問題は、生産量は減少せず、むしろ、21万8,800トン（97年度）、28万1,900トン（98年度）、32万7,000トン（99年度）と生産量が急増しているところにある。

　容器包装リサイクル法の問題点は、事業者の負担が軽く、自治体の負担が重いので、リサイクルが進むが、むしろ生産量は増えたことにある。同時に、リターナブル容器（リユース）が市場から追い払われることにもなった。

　容器包装リサイクル法の下での事業者と自治体の負担額を比較してみよう。市町村の分担する収集・運搬・分別・保管には多大な費用がかかる。ガラスびん（500ミリリットル・無色）1本当たりのリサイクル総費用は15.7円であるが、その内訳をみれば、容器製造事業者が0.02円であり、中身を販売する容器利用事業者が0.25円で両事業者の負担合計額が0.27円であり、負担

---

[291]　川名英之『どう創る循環型社会―ドイツの経験に学ぶ』（緑風出版、1999年）89頁以下。

割合が2パーセントにすぎない。それに対して、自治体の負担は15.4円であり98パーセントになっている。

　ペットボトル（500ミリリットル）1本当たりでは、リサイクル総費用が6.0円であるが、その内訳をみると、容器製造事業者が0.3円であり、中身を販売する容器利用事業者が1.2円で、両事業者の負担合計が1.5円（25パーセント）、自治体負担額が4.5円であり、75パーセントの負担となっている。

　その他のプラスチックでは、1キログラム当たりでみると、容器製造事業者が0.7円、容器利用事業者が21.8円で両事業者の合計が22.5円で14パーセント、自治体負担が139円で86パーセントになっている。

　以上の調査[292]によれば、使い捨て容器のリサイクル費用の7割から9割は、自治体負担（税金）で行われている。その結果、事業者は、安上がりに済む使い捨て容器を選ぶことになる。わが国では、容器包装リサイクル法自体が、使い捨て容器の生産量を引き上げ、リターナブル容器を市場から締め出すための法制度になってしまっている。事業者が10割負担のリユースの容器（リターナブルびん）は、採用する事業者が減る一方で、リサイクル（再生量）が増えることになった。

　ドイツやフランスのように、自治体にでなく、事業者に回収と再商品化の費用を課す制度にすれば、使い捨て容器の代金が高くなる。リターナブル容器の利用費は安くなる。その結果、事業者は、使い捨ての容器の使用をやめて、リターナブル容器の使用を選択することになるであろう。リターナブル容器は、ごみの排出抑制の視点から見ると、望ましいのだが、わが国の実状では、減少の一途をたどっている。循環基本法の優先順位（7条）に反する結果になっている。

　法律は、環境保全のための企業活動をすることが市場競走場不利にならない仕組みにすることが必要になる。その意味で、容器包装リサイクル法は、循環型社会づくりのために、容器包装廃棄物の回収と再商品化の費用負担を税金ではなく、事業者負担に変更するように改正される必要がある。

（292）　事業者と自治体の負担額の比較は、「ビン再使用ネットワーク」の名古屋市での調査（2001年度例）を参照した。

(7) 再商品化費用が効率化された分の半分を市町村に拠出する2006年改正法

市町村は容器包装廃棄物の分別収集を行い、事業者は再商品化（リサイクル）を行っているが、市町村が異物の除去や消費者への分別排出の徹底など行い、質の高い分別収集を行った場合、再商品化費用が低減され、当初想定していた費用を下回ることになる。2006年改正法は、実際の再商品化費用額が想定額（当初想定していた費用）を下回った部分のうち、市町村の分別収集努力の寄与度を考慮し、その差額の2分の1を市町村に拠出することにした（10条の2）。この改正法では、納税者の重い負担がほとんど改善されていない。

2006年改正法による資金拠出の仕組み図

- 想定される再商品化費用
- 実際の再商品化費用
- 事業者の再商品化費用
- 市町村の分別収集費用
- 再商品化費用が効率化された分の2分の1を市町村に拠出(10条の2)
- 平成23年度　24年度

(8) 容器リサイクル法改正のための課題

① 現在、市町村が実施している分別収集、選別保管の費用は、税金で行われているので、納税者負担ではなく、分別収集から再商品化までのリサイクル費用を製品価格に内部化し、製品購入時に消費者が負担するように変更する必要がある。

② 現状は、8割が税金負担、2割が特定事業者の負担となっているが、これを変更し、税金ゼロ、特定事業者負担を10割にすれば、発生抑制が5倍になると考えられる。特定事業者は、市町村に分別収集費用を支払うとともに、リサイクル費用を製品価格に内部化する必要がある。

③ 小売業者は、無包装・簡易包装による販売方式を強化し、リユース製品取扱や容器引き取り（自主回収）が優先できるようにする。

④ 特定事業者には、過大包装抑制と環境配慮設計を義務付ける。

⑤ 法律名「容器包装リサイクル法」(略称)は改め、「容器包装発生抑制、再使用及再利用法」(略称)とし、発生抑制（リデュース）と再使用（リユース）を重視する仕組みにする。

第14章　人と自然の共存社会

1　里地里山

(1)　里地里山の現状

　里地里山とは、奥山（原生自然地域）と都市の間に位置し、農林業など人間の働きかけを通じて形成されてきた場所であり、集落、二次林（雑木林）、農地、小川（農業用水路）、ため池、草原などが広がる地域である。里地里山は、生物多様性の保全と持続可能な利用を図り、人と自然の共存社会を築きあげるために最も重要な地域である。現在、わが国の里地里山は、二次林が約800万ヘクタール、農地などが約700万ヘクタールで、全国土の約4割を占める。

　里地里山での絶滅危惧種の分布状況を見よう。動物の場合では、里地里山地域にはレッドデータブック記載種の絶滅危惧種が集中する地域の49パーセントが分布している。植物の場合は、絶滅危惧種が集中する地域の55パーセントである。つまり、里地里山地域は、絶滅危惧種の集中地域であることが判明している[293]。さらに、かつて身近な生物であったにもかかわらず、現在、絶滅危惧種になっている種、又は急減している種の調査によれば、里地里山地域には、メダカ66パーセント、ギフチョウ58パーセント、トノサマガエル62パーセント、ノコギリクワガタ53パーセント、サシバ65パーセントが分布することがわかった。以上のことから、絶滅危惧種が集中して生息する地域は、原生的な自然地域よりむしろ、里地里山地域であることがわかる。

---

(293)　環境省調査では、里地里山を二次林、二次林が混在する農地、二次草原の3タイプと捉え、メッシュ10キロメートル四方のレベルで分布地域が作成されており、そのメッシュ内に絶滅危惧種が5種以上生息する地域を基準としている。

また、里地里山では、かつては身近な生物であったにもかかわらず、現在では絶滅危惧種に記載されている種、又は急速に減少している種は、いずれも、全生息地の5割以上を占めている。

(2) 里地里山の減少と荒廃の原因

　第1の危機は、開発による自然生態系の破壊、分断、劣化を通じた生息・生育地の消失である。その結果、全国の多様な里地里山が失われてきた。

　第2の危機は、農業の衰退と里地里山の管理放棄の影響である。高度経済成長期以来、日本は、大量生産、大量消費、大量廃棄の道を進み、農林業よりも工業・商業・運輸通信業を優先し、労働力を地方から大都市に移動させ、農村の過疎対策をとってこなかった。さらに、工業製品の貿易黒字を維持するために、農林産物の輸入自由化を受け入れ、農林業の弱体化をもたらしてしまった。農業は、化石燃料輸入と多量の農薬使用の農業へと大きく変わった。薪・炭・堆肥など農業用の雑木林（二次林）や二次草原は、放置され、農地の耕作放棄も拡大し、管理維持されない里地里山の自然生態系は劣化し、多くの生物種が絶滅の危機にさらされることになった。

　第3の危機は、外来生物と化学物質の影響である。2005年に「外来生物法」が制定されたが、外来種からの地域固有の生物と生態系の保全復元はこれからの課題である[294]。また、化学物質の生態系への影響も心配されている。

　第4の危機は、地球温暖化による生物多様性への影響である。

2　生物多様性の保全と再生の方向

　第1に、人間活動による自然生態系の破壊（第1の危機）に対しては、自然公園法、希少種保存法、鳥獣保護法、都市緑地法、都市公園法などに基づく各種の「保護地域」の拡大と強化が重要である。自然再生法に基づく自然再生地の拡大も必要になる。保護地域の拡大と強化は、生物多様性の確保を効率良く進めるために、生態系ネットワーク計画に従い、数値目標を定めて

---

(294) 外来生物法については、坂口洋一『生物多様性の保全と復元―都市と自然再生の法政策』（上智大学出版、2005年）217頁以下。

取り組む必要があろう。

さらに、自然保護法だけでなく、森林法や公有水面埋立法など開発行為の許可や手続きを定める開発関係の法律にも、自然保護の観点からの配慮と規制が必要である[295]。

第2に、里地里山の管理放棄（第2の危機）に対しては、土地所有者、都市住民、NPOなど新たな担い手との協働による取組みとともに、有機農業への移行を進めることが重要である。有機農業は、国民の食糧の安全だけでなく、生物多様性の確保にもつながるので、国が助成金を与えて奨励する制度とする必要がある[296]。里地里山の再生、食糧自給率の向上、生物多様性確保のための農業環境政策は、わが国の緊急の課題になっている。

第3に、最も重要なことは、里地里山の破壊と消失を防止し、農業地域を再生し、生物多様性の保全・復元と人間の共存を実現することであり、そのために、食料とエネルギーの地産地消の自給圏のまちづくりを進めることにある。里地里山の保全と再生の担い手は、所有者、NPO、都市住民、消費者、行政、研究者、生徒・学生など様々な主体が協働できる体制が必要になる。里地里山は、風力、太陽エネルギー、バイオマス、地熱などを活用するまちづくりに適している地域である[297]。

3 生物多様性基本法

(1) 目的と意義

生物多様性基本法の目的は、生物多様性の保全と持続可能な利用のための施策を推進し、将来にわたって生物多様性から得られる恵沢を享受できる自然共生（存）社会の実現を図り、あわせて地球環境の保全に寄与することにある（1条）。本法は、環境基本法の理念に基づく基本法として、生物多様

---

(295) 日本弁護士連合会編『ケースメソッド環境法（第2版）』（日本評論社、2006年）202頁。
(296) 欧州、特にイギリスの例については、坂口、前掲注（294）115〜134頁。
(297) 生物多様性確保のための農業環境政策、食糧自給率の向上、エネルギー自給圏のまちづくりと取り組みについては、坂口洋一『里地里山の保全案内―保全の法制度・訴訟・政策―』（上智大学出版、2013年）第5章「里地里山の保全と再生の政策」を参照。

性分野の個別法を束ねる法律として位置付けられている。本法は2008（平成20）年5月に制定され、同年6月6日に公布された[(298)]。

本法は、生物多様性の保全と持続可能な利用の基本原則と方向を明らかにし、その施策を推進するために制定された（前文）。

生物多様性とは、「生態系の多様性」、「種（種間）の多様性」、「遺伝子（種内）の多様性」の3つのレベルでの多様性をいう。第1に、生態系の多様性は、干潟の生態系、田んぼの生態系、森林の生態系、川の生態系など多様な景観の自然環境があることである。第2に、種の多様性は、多様な動物・植物が生息していることである。現在、未知のものまで含めれば、世界に1,000から3,000万種存在しているといわれている。鳥類は、世界に9,000種生息し、日本だけでも、スズメ、キジ、コウノトリ、トキなど524種存在している。第3に、遺伝子の多様性とは種内の多様性である。アサリの貝殻の模様が種々様々に変わっており、ヒトの顔や性格も千差万別であることをいう。

(2) 基本原則

基本原則は、第1に、生物多様性の「保全」であり、野生生物の種の保存とともに、地域の自然的社会的条件に応じて多様な自然環境（生態系）の保全である（3条1項）。生物多様性の保全は、生態系の多様性、種の多様性、遺伝子の多様性の3つのレベルで多様性を保全することであるが、なによりも「つながり」を含めて保全することが重要である。さらに、種内の「個性」の保全とともに、森林、干潟、河川など生態系についても、それぞれの地域の自然的社会的条件に応じた「個性」を持つ生態系の保全が重要である。

第2に、「持続可能な利用」の原則とは、生物多様性に及ぼす影響が回避され又は最少となるように、国土と自然資源を持続可能な方法で利用することにある（3条2項）。「自然資源」とは、生物資源だけでなく、生物の働きがかかわるものすべてを含むので、水や土壌なども含まれる。この原則は、過剰な開発、過剰な農業、樹木の過剰伐採、魚介類の乱獲など生物多様性への悪影響を回避し、国土と自然資源を持続可能な方法で利用することを求め

---

(298) 本法の全体の解説には、谷津義男・北川知克・盛山正仁・末松義規・田島一成・村井宗明・江田康幸『生物多様性基本法』（ぎょうせい、2008年）がある。

ている。

　第3に、予防的手法と順応的手法の原則である。生物多様性の「保全」と「持続可能な利用」には、「予防的な取組方法」と「順応的な取組方法」の2つの考え方をとる必要がある（3条3項）。「予防的な取組」とは、科学的知見が十分でない場合、生物多様性に影響が現れる前に、予防対策を講じる取組をいう。「順応的な取組」とは、事業に着手した場合であっても、その後、生物多様性の状況を絶えず監視し、予想が外れることもあるので、場合によっては、事業の中止・変更も含めて対応を変える取組をいう[299]。

　第4に、生物多様性の保全と持続可能な利用は、長期的観点で行われるべきことを規定している（3条4項）。本項は、短期的な利益ではなく、長期的な利益の享受を踏まえて生態系の保全と「再生」に努め、自然資源を将来世代に引き継ぐことを規定している。例えば、干潟に潮受け堤防を作り、干拓を行い、農地を開発することは、公共事業で一時的な利益も生まれるが、長期的に見れば、地域の生物種の激減、漁業の衰退、水質浄化やレクリエーションなど生態系サービスの機能は永久に失われてしまう。そもそも、「農地造成」とはいえ、付近に耕作放棄地がたくさん存在するので、新たに耕作地造成の必要はなく、このような公共事業は「無駄な公共事業」が多い。

　第5に、生物多様性の保全と持続可能な利用は、温暖化対策と連携して行われなければならない（3条5項）。地球温暖化は生物多様性に深刻な影響を及ぼす。ある種は、生息可能な場所に移動するか、又はその場所にとどまり生き延びるかもしれないが、いずれの方法も採れなければ、その種は絶滅することになる。島嶼（とうしょ）や高山地帯など環境の変化に弱い地域での生物の影響が心配される。その意味で、地球温暖化対策は、地球温暖化防止とともに、生物多様性の保全対策を進めることにもなる。一方、森林の樹木や草原、土壌、湿地の生物は、光合成により炭素を吸収し、固定するので、生物多様性の保全は、地球温暖化を防止することにもつながっている。その意味で、3条5項は、生物多様性保全と持続可能な利用と地球温暖化対策との連携の必要性を明記したのである。

---

(299)　予防原則については、大塚直『環境法BASIC』（有斐閣、2013年）34頁以下。本書198頁以下。

(3) 法制・財政・税制上の措置

政府は、生物多様性の保全と持続可能な利用に関する施策を実施するために必要な法制上、財政上、税制上の措置を講じなければならない（8条）。

「法制上の措置」とは、新法案や改正案など必要な法律案を作成し、国会に提出することと、政省令の制定を意味する。本法は、新しい基本原則を明記した生物多様性基本法であり、各施策の実施に必要な新法を制定するとともに、従来の法律の改正が必要になる。法制上の措置は、生物多様性の保全と持続可能な利用にかかわるものである限り、自然保護や景観に関係する法律だけでなく、開発関係の法律も改正されなければならない。既存の関係個別法の見直しと改善の必要性は、後述の附則（本節の(7)）でも強調されている（附則2条）。

「財政上の措置」とは、施策の実施に必要な資金を国の予算に計上することである。

「税制上の措置」とは、各施策の実施に必要な税の減免や新たな税制の立案であるとされている。里山の雑木林減少の最大原因は、開発行為にあるが、相続による相続税の支払いのために、土地所有権が売却され、その後、開発が進んでいる。雑木林や生物多様性の現状が保全され、自然環境が残される限り、原則として、相続税減免の措置がとられるべきであろう。

(4) 生物多様性国家戦略と他の計画との関係

政府は、国民の意見を反映させ、中央環境審議会の意見を聞き、生物多様性の保全と持続可能な利用に関する基本計画として「生物多様性国家戦略」を定めなければならない（11条1・3項）。生物多様性国家戦略は、環境基本計画（環基法15条1項）を基本として策定される（12条1項）。他の各計画との関係は、生物多様性と持続可能な利用に関する限り、生物多様性国家戦略を基本とすることが明示されている（12条2項）。本戦略は、生物多様性に関するかぎり、国が策定する他の計画に優位する。戦略の改正に際しては、国土形成計画、河川整備基本方針など事業省庁に遠慮せずに、実効性のある戦略をつくる必要がある。

『生物多様性国家戦略2010』は、戦略（第1部）と行動計画（第2部）からなり、合計356頁からなっている。自然共存社会づくりのための目標として2020年（短期目標）、2050年（中長期目標）、100年先（グランドデザイン）を描き、施策の行動計画となっている。特長は、生態系ネットワークの形成を戦略とし、優れた自然環境（生態系）を核地域として、河川、農地、緑地など様々な生息生育環境をつなぎながら、効率良く生物多様性の維持と回復を図る方法をとっていることにある[300]。

(5) 国の基本施策

(a) 生物多様性の保全に重点を置いた施策

第1に、国は、わが国の自然環境を代表する自然的特性を持つ地域と多様な生物の生息・生育地として重要な地域の「保全と再生」を行う（14条1項）。さらに、国は、里地里山などの保全を行うとともに（14条2項）、生物多様性保全上重要な地域の間をつなぎ、それらの地域を一体として保全することを明示している（14条3項）。本条は、再生、保全、生態系ネットワークでつなぐ発想なので、生物多様性の保全施策を進めるうえで重要な規定である。

生物多様性の保全を効率良く進めるためには、全国各地の自然的特性を持つ生態系や生物多様な生息・生育地として重要な地域を「保護地域」として指定し、十分な規模と規制内容を持った保護地域の体系として「保全と再生」を図り、かつ、重要地域を核として全国規模から地域規模まで多様な生態系のネットワークを形成することが必要である[301]。

第2に、国は、野生生物の生息・生育状況を調査し、生物種が置かれている状況に即して、生息・生育環境の保全、捕獲や譲渡しの規制、保護増殖事業に必要な措置を講じなければならない（15条1項）。わが国の絶滅のおそれのある生物種は、レッドリストにまとめられているが、絶滅のおそれのあ

---

(300) 環境省『生物多様性国家戦略2010』（ビオシティ、2010年）63〜72、87〜90、100〜103、152頁。
(301) 坂口洋一『生物多様性の保全と復元―都市と自然再生の法政策』（上智大学出版、2005年）15頁以下、環境省『生物多様性国家戦略2010』100頁以下。

る野生動植物の種の保存に関する法律（希少種保存法）の「国内希少野生生物種」に指定し、その捕獲や譲渡しを規制するとともに、生息地生育地保護区の指定や必要に応じて保護増殖事業を行うことになっている。指定数を実情に即して増やし、保全措置をとる必要がある[302]。

(b) **持続可能な利用に重点を置いた施策**

国は、地域の生態系に配慮した国土利用を行い、自然資源の減少をもたらさない利用措置をとる必要がある（17条）。したがって、国土形成計画法に基づく全国計画や広域地方計画、首都圏整備法に基づく首都圏整備計画などを作成する際には、地域の生態系のもつ価値に配慮するとともに、諸計画に生態系ネットワークを組み込み（14条）、国土と自然資源を適切に利用・管理することになる。

(c) **「保全」と「持続可能な利用」に共通する施策**

第1に、国は、地球温暖化防止のために、二酸化炭素を吸収・固定している森林、里山、草原湿原を保全するとともに、間伐、採草などのバイオマスの利用を推進する措置を講ずる（20条）。この施策は、地球温暖化防止に役立つとともに、バイオマスを利用したまちづくりのためにも重要な方法となる。

第2に、国は、事業者、国民、民間団体、専門家と連携・協働することに努めるとともに（21条1項）、政策形成に当たっても、民意を反映し、事業者、民間団体、専門家など多様な主体の意見を求め、これを十分考慮したうえで、政策形成を図るものとする（21条2項）。本条は、多様な主体の協働の重要性を強調し、政策形成に当たり、市民・団体の参加と協働を促すとともに、生物多様性保全について、市民と団体の権利確立の方向を指し示したものである。

第3に、学校教育と社会教育での生物多様性教育の推進が盛り込まれた（24条）。国は、学校教育や社会教育で生物多様性の教育を推進することに

---

(302) 坂口洋一、前掲注（297）41頁。

より、専門知識を有する人材の育成と国民の理解を深めるために必要な措置をとらなければならない。

「環境保全活動・環境教育推進法」2011年改正法は、訓示規定を中心とする旧法から実践的な法体系に改正された。新しい目的条項（1条）には、持続可能な社会づくりのために、国民、民間団体、事業者の協働活動が重要になっていることを踏まえて、環境教育と協働取組の推進が加えられた。本法の「協働取組」とは、国民、民間団体、国、地方公共団体がそれぞれ適切に役割を分担し、対等の立場で相互に協力して行う環境保全活動、環境保全意欲の増進、環境教育への取り組みをいう（環境保全・教育法2条4項）。環境教育は持続可能な社会をめざす人間を育成するうえで重要である。環境教育は、小学生から社会人に至るまで知識の習得が必要であるが、成長するにつれて、特に、大学生・大学院生・社会人になれば、知識を活用し、自ら考え、判断し、行動し、成果を導き出すことのできる人間像が求められる。環境保全活動を行い、生活と社会を変え、新しい社会をつくる人材の育成が重要である[303]。

第4に、事業計画の立案段階での環境影響評価を推進すべきことを規定している（25条）。本条は、事業の計画立案の段階から実施までの段階において環境影響評価を行い、その結果に基づいて、生物多様性の保全からの配慮をすることを規定している。旧環境影響評価法は、「事業環境影響評価」と言われており、事業計画がほぼ固まった段階で実施されるために、環境影響評価の結果を事業計画に反映できないとされていた。そこで、2011年環境影響評価改正法は、計画段階配慮事項につき検討を行い、調査・予測・評価を行い、その結果をまとめ、それを「計画段階環境配慮書」に書き込まなければならないとしている（環影法3条の3）。本来の「戦略的環境影響評価」とは、政策、計画、施策を対象にした環境影響評価制度である。

(6) 生物多様性地域戦略

生物多様性基本法によれば、まず、地方公共団体は、基本原則（3条）に

---

[303] 環境省『今後の環境教育・普及啓発の在り方を考える検討チーム報告書』(2011年) 28頁（図6-2）発達に応じた環境教育のアプローチ（感性-知識-行動）。

第14章　人と自然の共存社会

のっとり、国の施策に準じ、その区域の自然的社会的条件に応じた施策を実施する責務を負う（5条）。次に、都道府県、市町村は、各地域の自然的社会的条件に応じ、「生物多様性地域戦略」を策定する努力義務がある（13条）。

　地方公共団体による生物多様性地域戦略の策定は、地域ごとの異なる生物多様性の状況や課題、住民の暮らしのあり方にもかかわるので、各地域の自然と調和する地域づくりのためにも重要な意味を持っている。また、その地域戦略の策定には、市民、市民団体、専門家参加と連携が重要になる。

　生物多様性は、各地域の地質、地形、温度・降雨、植物、動物など地域により異なり、地域固有の財産として地域の生活と文化の多様性も支えている。自然度の高い地域もあれば、都市化した地域もある。里地里山のように人の手の加わった地域もある。山岳もあれば、海域もある。北海道から沖縄まで景観も大きく異なる。したがって、都道府県や市町村の「生物多様性地域戦略」の策定は重要である。

　最後に、「生物多様性地域連携促進法」は、地域の様々な人々の連携した保全活動を進めるために2011（平成23）年10月に施行された[304]。「地域連携保全活動」とは、地域の自然的社会的条件に応じて、地方公共団体や民間団体、地域住民、農林漁業者、企業、専門家など様々な関係者が連携して行う活動である。その活動例は、身近な生態系や希少な野生生物を保護するための活動、雑木林の下草刈りなどの里地里山の保全活動、海の生物を保護する干潟・藻場・サンゴ礁の保全活動、市民参加による生き物調査・外来種の駆除・ビオトープ作りの活動、生態系に配慮した農業や観光のまちづくりの活動が挙げられる。保全計画は、市町村が単独又は共同して、作成することができる（4条1・2項）。民間団体は、計画案の提案も可能である（同条4・5項）。地域連携保全活動は地域の合意を図りながら進めていくことになるので、市町村は、市民、土地所有者、専門家などを含める「協議会」を置くことができる（5条）。また、国の援助（14条）などが定められている。地域住民は、「生物多様性地域連携促進法」を身近な自然の保全活動の出発点と

（304）　「生物多様性地域連携促進法」とは、正式名を「地域における多様な主体の連携による生物の多様性の保全のための活動の促進等に関する法律」といい、2010年12月10日公布、2011年10月1日に施行された。

して捉えて、活用することが望まれる。

(7) 生物多様性の保全に関係する個別法の検討と改正

政府は、生物多様性基本法の目的を達成するために、生物種の保存、生態系の保全と再生、生物多様性に係る法律の検討を行い、必要な措置を採らなければならない（附則2条）。本法は、生物多様性の保全に係る個別法全体を束ねる法律であるので、本章3(3)で述べた「法制上の措置」（8条）と相まって、自然公園法や希少種保存法など「自然保護法」のみならず、都市計画法、河川法、公有水面埋立法、森林法、港湾法、土地改良法など「開発関係法」の個別法を改正する検討の対象としている[305]。人と自然の共存社会づくりには、生物多様性の保全と持続可能な利用の視点から開発関係法のすべてを含めた点検と改正が緊急な課題であろう。

自然保護法の全般、人と自然が共存するための法制度については、別著『里地里山の保全案内―保全の法制度・訴訟・政策―』（上智大学出版、2013年）を参考にされたい。本書では、生物多様性の保全と持続可能な利用のあり方を詳細に述べている。

---

(305) 生物多様性に関する法律は数十におよぶ。環境省『生物多様性地域戦略策定の手引き』（2010年）59〜62頁（参考資料4）に法律名と概要の一覧表がある。

索　引

あ

阿賀野川　32
尼崎大気汚染訴訟　254
安全が確保される社会　153

い

伊方原発事件　63
和泉市火葬場事件　209
イタイイタイ病　301
委託基準　343、348
溢水勉強会　100
一般廃棄物　334
一般排出基準　231
一般粉じん　233
移動発生源　**231**、237
井戸謙一　81
岩手県産業廃棄物税条例　168
因果関係　35、36、307

う

牛深市し尿処理場事件　209
埋込客土工法　311
埋立税　167
宇和島市ごみ焼却場事件　210
上乗せ基準　231
上乗せ客土工法　311
上乗せ排水基準　298

え

永久示談契約　7
疫学的因果関係　309
エネルギー　267
エネルギー基本計画　127
エネルギー政策推進の基本原則　128

お

汚悪水論　**20**、25
大飯原発3、4号機運転差止判決　120
大崎の方法　86
大間原発差止請求訴訟　115
おから裁判　333
荻野昇　302
汚染原因者への措置の指示と措置命令　320
汚染者負担の原則　187
汚染状況重点調査地域　106
汚染除去等の指示と措置命令　318
汚染農地の復元事業　311
小田急高架事業事件　210
オフセットクレジット　284
温室効果ガス　265

か

化学的酸素要求量（COD）　295
拡大生産者責任　196、371、**373**、378
核燃料サイクル政策　131
過失　35、37
家庭系一般廃棄物　335
金井式　86
可搬設備　92
河上肇　11
川崎大気汚染訴訟　253
川俣事件　9
環境　137
環境影響評価準備書　221
環境影響評価書　221
環境影響評価条例　225
環境影響評価方法書　222
環境会計　173
環境基準　183、290
環境基準緩和と訴訟　185
環境基本計画　156
環境教育　202、392
環境損害　112、**113**
環境負荷　141
環境報告書　172
環境保全協定　176、357
環境ラベル　173
鑑定　306
管理協定　176

き

紀伊長島町水道水源保護条例事件　354
基準地震動S_2　84
基準排出量　281

か

規制基準　184
規制的手法　160
揮発性有機化合物　232
基盤サービス　149
義務付け訴訟　330、367
キャップ・アンド・トレード　169
供給サービス　148
協働　203
　　───と市民参加　206
　　───取組　392
共同不法行為と因果関係　246
京都議定書目的の達成計画　264
緊急炉心冷却装置　46

く

熊本県漁業調整規則　**27**、31
クロロキン薬害訴訟判決　97

け

計画段階環境配慮書　221
計画的手法　154
経済的手法　164
経済的助成措置　164
経済的負担措置　165
形質変更時要届出区域　317
原告適格　73、214、364
原状回復請求　107
原子力委員会　51
原子力規制委員会　**51**、52
原子力事業者　55
原子力損害　55、112
　　───賠償紛争解決センター　61
原子炉等規制法　51
原賠法　54

索　引

―――3条1項と民法709条　100

こ

合意的手法　175
公害　140
公害健康被害補償法　190
公開ヒヤリング　67
公害防止協定　175、357
公害防止事業費事業者負担法　189
鉱業法　303
航空輸送事業者　270
工場排水規制法　27
工場廃水説　33
高速増殖炉　71
　　―――もんじゅ事件訴訟　70
国定公園　191
国内排出量取引　168
国分市し尿処理場事件　210
国立公園　191
固定発生源　231

さ

再エネクレジット　284
最終処分場　350
　　―――許可取消事件　365
最終ヒートシンク　94
再生エネ買取法　273
再生可能エネルギー促進の道　133
埼玉連携クレジット　285
財物賠償　101
削減義務率　282
錯誤　325
　　動機の―――　325
差止請求　330

里地里山　384
　　―――の生態系　147、149
産業廃棄物　**334**、340
　　―――管理票制度　343
　　―――の排出事業者の責任　195

し

支援機構法　59
志賀原発2号炉差止請求訴訟　81
資源生産性　374
自主回収ルート　376
自主調査　315
自主的取組手法　177
自然共存型社会　152
執行停止　364
指定地球温暖化対策事業所　282
指定廃棄物　104
指定法人ルート　376
自動車NOx・PM法　238
自動車メーカーの責任　258
市民参加　204
市民の意見提出　205
市民緑地　176
車種規制　240
循環型社会　152、370
循環基本計画　374
循環的利用　370
循環利用率　374
順応的な取組　388
省エネ法　266
蒸気発生器伝熱管破損事故　77
　　―――の安全審査　80
使用済核燃料　124
情報的手法　171

397

殖産興業　2
食品衛生法　**28**、32
除染特別地域　105
除染の費用負担　107
人格権　82、121
新規制基準　90
審査結果の許認可への反映　224
申請型義務付け訴訟　367

す

水質2法　27
水質保全法　27
水道水源保護条例　354

せ

生活環境影響調査書　350
生活環境の保全に関する環境基準　292
生活排水対策　300
政策手法の組合せ　178
生息地等保護区　193
生態系　139、146
　　──サービス　148
　　──手法　145
　　──ネットワーク　390
　　──ピラミッド　113
製品課税　166
生物化学的酸素要求量（BOD）　295
生物多様性国家戦略　389
生物多様性地域戦略　393
生物多様性の保全　387
責任集中　57
設置許可処分の違法性判断　68
絶滅危惧種の集中地域　384
1977年基準　**40**、42、43

戦略的環境影響評価　226

そ

操業上の過失　248
総合判断説　333
総量規制　298
　　──基準　231
訴訟救助　305
措置命令　329
　　──の義務付け請求事件　368
損害論　308

た

第1種エネルギー管理指定工場　268
第1種事業　220
第1種特定建築物　270
対策地域内廃棄物　104
代替案　211、218
第2種エネルギー管理指定工場　268
第2種事業　220
第2種特定建築物　271
第2水俣病　32
第2溶出量基準　319
宅建業者訴訟判決　97
田中正造　**4**、9、10、12

ち

地域特性　143
地域冷暖房　283
地域連携保全活動　393
地下水の環境基準　295
地球温暖化対策　265
　　──税　165、277
地球環境保全　142

筑豊じん肺訴訟　95
中間指針第4次追補　101
抽象的不作為差止請求の不適法論　262
超過削減量　284
調整サービス　149
直罰制　300

つ

強い関連共同性　247

て

低炭素社会　151、264
手続的手法　173
デポジット制　170
電気事業法　53
────39条　94

と

土居町し尿処理場事件　210
東京大気汚染訴訟　256
東京電力の原状回復義務　110
東京都の総量削減義務と排出量取引制度　280
都外クレジット　285
徳島市公安条例事件　352
────判決　144
独自ルート　376
特定地球温暖化対策事業所　282
特定荷主　270
特定粉じん（アスベスト）　233
特定輸送事業者　270
特定連鎖化事業者　269
特別管理一般廃棄物　334
特別管理産業廃棄物　334
特別排出基準　231
土壌汚染の瑕疵担保責任　323
土壌含有量基準　315
土壌溶出量基準　315
トップランナー方式　271
都内中小クレジット　284
取消訴訟　364

な

名古屋南部大気汚染訴訟　255
ナトリウム（冷却材）漏れ事故　75
────の安全審査　80
生業訴訟　93

に

新潟水俣病判決　35
西淀川大気汚染訴訟　251

の

農薬流出汚染説　33

は

ばい煙　231
廃棄物　**332**、338、341
廃棄物処理法の2000年改正法　343、372
廃棄物対策の優先順位　372
排出課徴金　166
排出事業者の責任　**341**、345、372
排出量取引　286、288
排水基準　295
発電のための現実的費用　130
パブリック・コメント　205

ひ

東日本大震災　46
微小粒子状物質　239
非申請型義務付け訴訟　367
人の健康保護に関する環境基準　291
広島衛生センター事件　209

ふ

風景地保護協定　176
福島原発事故被害の特徴　47
福津市最終処分場事件　357
富国強兵　2
不適正処理　343、367
不法投棄　343、346
不要物　**332**、338、341
フラット35　102
ふるさと喪失の慰謝料　102
文化サービス　149
粉じん　233
紛争予防条例　353
分別基準適合物　377

へ

平穏生活権　360、361
並行条例　353
ベースライン・アンド・クレジット
　　169

ほ

防止原則　197
法律実施条例　353
補完的補償条約　111
細川一　24

ま

松田式　86
丸森町廃棄物処分場事件　359

み

水戸市最終処分場差止事件　362
水俣病　14
　　———関西訴訟　26、**29**
　　———の認定訴訟　38
見舞金契約　19、21

む

無限責任　57
無効確認訴訟　75

め

命令前置制　300

も

専ら再利用の目的となる産業廃棄物
　　339
モントリオール議定書　199

ゆ

有害大気汚染物質　235
有価物　332

よ

容器包装廃棄物　375
要措置区域　**316**、329
四日市大気汚染訴訟　241
　　———判決　245
予防原則　44、198

———に基づく水俣病事件の検討　200
予防的な取組　388
弱い関連共同性　246

ら

ライフ事件　378

り

リオ宣言第10原則　204
リオ宣言第15原則　199
リサイクル（再生利用）　370
立証責任　68、82、122
立地上の過失　248

リデュース（抑制）　370
粒子状物質　238
リユース（再使用）　370

ろ

炉心崩壊事故　78
炉心崩壊をもたらす事故の安全審査　80

わ

渡良瀬川　4

※特に重要な掲載箇所を太字で示している。

【著者紹介】

坂口洋一(さかぐちよういち)
　現職　上智大学名誉教授
　専攻　環境法
　著書　『地球環境保護の法戦略』青木書店、1992年（増
　　　　補、1997年）
　　　　『循環共存型社会の環境法』青木書店、2002年
　　　　『生物多様性の保全と復元―都市と自然再生の
　　　　法政策―』上智大学出版、2005年
　　　　『里地里山の保全案内―保全の法制度・訴訟・
　　　　政策―』上智大学出版、2013年
　　　　その他

環境法案内

2015年2月12日　第1版第1刷発行

　　著　者：坂　口　洋　一
　　発行者：髙　祖　敏　明
　　発　行：Sophia University Press
　　　　　　上　智　大　学　出　版
　　　　　〒102-8554　東京都千代田区紀尾井町7-1
　　　　　　URL：http://www.sophia.ac.jp/

　　　　　　制作・発売　㈱ぎょうせい
　　　　〒136-8575　東京都江東区新木場1-18-11
　　　　TEL　03-6892-6666　FAX　03-6892-6925
　　　　フリーコール　0120-953-431
　　　〈検印省略〉　　URL：http://gyosei.jp

　　　Ⓒ Yoichi Sakaguchi, 2015, Printed in Japan
　　　　印刷・製本　ぎょうせいデジタル㈱
　　　　　　ISBN978-4-324-09871-4
　　　　　　　　（5300234-00-000）

　　　　［略号：(上智) 環境法案内］
　　　　　　NDC 分類519.12

Sophia University Press

　上智大学は、その基本理念の一つとして、
「本学は、その特色を活かして、キリスト教とその文化を研究する機会を提供する。これと同時に、思想の多様性を認め、各種の思想の学問的研究を奨励する」と謳っている。
　大学は、この学問的成果を学術書として発表する「独自の場」を保有することが望まれる。どのような学問的成果を世に発信しうるかは、その大学の学問的水準・評価と深く関わりを持つ。
　上智大学は、(1) 高度な水準にある学術書、(2) キリスト教ヒューマニズムに関連する優れた作品、(3) 啓蒙的問題提起の書、(4) 学問研究への導入となる特色ある教科書等、個人の研究のみならず、共同の研究成果を刊行することによって、文化の創造に寄与し、大学の発展とその歴史に貢献する。

Sophia University Press

One of the fundamental ideals of Sophia University is "to embody the university's special characteristics by offering opportunities to study Christianity and Christian culture. At the same time, recognizing the diversity of thought, the university encourages academic research on a wide variety of world views."

The Sophia University Press was established to provide an independent base for the publication of scholarly research. The publications of our press are a guide to the level of research at Sophia, and one of the factors in the public evaluation of our activities.

Sophia University Press publishes books that (1) meet high academic standards; (2) are related to our university's founding spirit of Christian humanism; (3) are on important issues of interest to a broad general public; and (4) textbooks and introductions to the various academic disciplines. We publish works by individual scholars as well as the results of collaborative research projects that contribute to general cultural development and the advancement of the university.

A Guide to Environmental Law

©Yoichi Sakaguchi, 2015
published by
Sophia University Press

production & sales agency : GYOSEI Corporation, Tokyo
ISBN 978-4-324-09871-4
order : http://gyosei.jp

上智大学出版 発行 環境政策・法学関連図書ご案内

企業環境法 第2版
吉川栄一【著】 定価（本体 3,200 円＋税）

企業に求められる地球環境問題への取り組みや環境責任・管理を検証。これからの「環境調和型」企業の在り方を探る。

環境規制の政策評価　環境経済学の定量的アプローチ
有村俊秀／岩田和之【共著】 定価（本体 1,800 円＋税）

1000 円高速、環境税、省エネ法――。環境先進国、日本が実施した環境規制の費用対効果を定量的に明らかにする。

公共調達と競争政策の法的構造
楠　茂樹【著】 定価（本体 1,905 円＋税）

非競争から競争へ――。独占禁止法など諸法令の特徴と構造を明らかにし、公共調達制度改革にともなう諸課題について考察。

International Law　An Integrative Perspective on Transboundary Issues
村瀬信也【著】 定価（本体 4,000 円＋税）

気候変動に関する政府間パネル（IPCC）でノーベル平和賞を受賞したほか、日本人では5人目となる国連国際法委員会（ILC）に選出された著者による 1977～2009年の研究論文の集大成。国際法研究者必読の一冊。全英文。

ライフサイエンスと法政策

ヒト由来試料の研究利用　試料の採取からバイオバンクまで
町野　朔／辰井聡子【共編】 定価（本体 1,600 円＋税）

諸外国の動向を参考に、ヒト由来試料についてわが国の法的・倫理的枠組みを論じ、研究推進のための法政策を考察。

バイオバンク構想の法的・倫理的検討　その実践と人間の尊厳
町野　朔／雨宮　浩【共編】 定価（本体 1,900 円＋税）

遺伝子解析やクローン技術など、ヒト由来試料を用いた研究から生じる「倫理的問題」とは何か。法学からのアプローチにより、現実的な規制枠組みの確立を目指す。

医科学研究の自由と規制　研究倫理指針のあり方
青木　清／町野　朔【共編】 定価（本体 2,000 円＋税）

「研究倫理指針」という行政ルールが研究者を規制する日本。現場から指摘される問題、生命倫理に及ぼすひずみとは？　行政担当者、法学研究者らが医科学研究と生命倫理の現状と展望を論じる。

お近くの書店または弊社までご注文ください。

株式会社ぎょうせい
〒136-8575 東京都江東区新木場1丁目18-11

フリーコール　TEL：0120-953-431 ［平日9～17時］
FAX：0120-953-495 ［24時間受付］
Web　http://gyosei.jp ［オンライン販売］